编委会成员

主　　编：董明丽　罗海江

副 主 编：刘海江　何　劲　孙　聪　高锡章

编　　委：杨海军　李文君　黄忠辉　刘慧明　于佩鑫

苏里旦·买提克力木　阿里玛斯　于　洋　张起明

江倩倩　王　刚　陆泗进　周　冏　康　晶　董贵华

温倩倩　崔　凯　袁烨城　谢桃芬

国家重点生态功能区县域生态环境质量监测评价与考核工作手册

（第三版）

GUOJIA ZHONGDIAN
SHENGTAI GONGNENGQU XIANYU
SHENGTAI HUANJING ZHILIANG
JIANCE PINGJIA YU KAOHE
GONGZUO SHOUCE

生态环境部生态环境监测司
中 国 环 境 监 测 总 站 编

中国环境出版集团 · 北京

图书在版编目（CIP）数据

国家重点生态功能区县域生态环境质量监测评价与考核工作手册/生态环境部生态环境监测司，中国环境监测总站编. —北京：中国环境出版集团，2022.9

ISBN 978-7-5111-5324-1

Ⅰ. ①国… Ⅱ. ①生…②中… Ⅲ. ①县－区域生态环境－环境质量评价－中国－手册 Ⅳ. ①X321.2-62

中国版本图书馆 CIP 数据核字（2022）第 168046 号

出 版 人 武德凯
责任编辑 曲 婷
责任校对 薄军霞
封面设计 宋 瑞

出版发行 中国环境出版集团
（100062 北京市东城区广渠门内大街 16 号）
网 址：http://www.cesp.com.cn
电子邮箱：bjgl@cesp.com.cn
联系电话：010-67112765（编辑管理部）
发行热线：010-67125803，010-67113405（传真）
印 刷 玖龙（天津）印刷有限公司
经 销 各地新华书店
版 次 2022 年 9 月第 1 版
印 次 2022 年 9 月第 1 次印刷
开 本 787×1092 1/16
印 张 24
字 数 470 千字
定 价 140.00 元

前　言

国家重点生态功能区是指在水源涵养、水土保持、防风固沙、生物多样性维护等方面具有关键作用的区域，对维护国家或地区生态安全具有重要意义。2010 年，国务院发布了《全国主体功能区规划》，将国土空间划分为优化开发区域、重点开发区域、限制开发区域及禁止开发区域四类，国家重点生态功能区作为限制开发区域的重要组成部分，列出了水源涵养、水土保持、防风固沙、生物多样性维护四种生态服务功能类型的 25 个国家重点生态功能区，同时确定了每个重点生态功能区包括的县域名单。《全国主体功能区规划》规定，国家重点生态功能区的功能定位是：保障国家生态安全的重要区域，人与自然和谐相处的示范区；以保护和修复生态环境、提供生态产品为首要任务，因地制宜地发展不影响主体功能定位的适宜产业，引导超载人口逐步有序转移。在开发管制方面，要遵循以下原则：①对各类开发活动进行严格管制，尽可能减少对自然生态系统的干扰，不得损害生态系统的稳定性和完整性；②开发矿产资源、发展适宜产业和建设基础设施，都要控制在尽可能小的空间范围之内；③严格控制开发强度，逐步减少农村居民点占用的空间，腾出更多的空间用于维系生态系统的良性循环；④实行更加严格的产业准入环境标准，严把项目准入关；⑤在现有城镇布局基础上进一步集约开发、集中建设，重点规划和建设资源环境承载能力相对较强的县城和中心镇，提高综合承载能力；⑥加强县城和中心镇的道路、供排水、垃圾污水处理等基础设施建设。

为落实《全国主体功能区规划》，财政部于 2008 年开展了国家重点生态功能区财政转移支付，探索建立国家主体功能区限制开发区的生态补偿制度，制定了《国家重点生态功能区转移支付办法》，用以规范转移支付资金的管理、绩效及奖惩。目前，国家重点生态功能区转移支付涉及 29 个省（自治区、直辖市）及新疆生产建设兵团的 810 个县（区、市）。该项资金对国家重点生态功能区县级政府加强生态环境保护，切实维护好生态系统在水源涵养、水土保持、防风固沙、生物多样性维护方面的功能具有重要作用。同时该项工作具有明确的政策导向，给地方政府发出强烈的信号，保护生态环境不仅关乎国家整体利益，而且与自身利益紧密相关。

为评估国家重点生态功能区财政转移支付资金使用效果，环保部、财政部于 2009 年启动了国家重点生态功能区县域生态环境质量监测与评价工作，以生态环境质量监测、定量化评价作为衡量转移支付资金使用效果的依据，建立了国家重点生态功能区转移支付绩效评估技术方法体系和业务化体系。为全面贯彻党的十九大和十九届历次全会精神，深入贯彻习近平生态文明思想，落实《关于深入打好污染防治攻坚战的意见》等文件要求，以推动高质量发展为主题，以生态环境质量改善为核心，结合国家生态环境管理新需求，生态环境部与财政部于 2022 年联合制定并印发了《“十四五”国家重点生态功能区县域生态环境质量监测与评价指标体系及实施细则》（环办监测函〔2022〕30 号），用于“十四五”期间的国家重点生态功能区县域生态环境质量监测与评价工作。

本手册是在 2019 年出版的《国家重点生态功能区县域生态环境质量监测评价与考核工作手册》（第二版）的基础上，编者整理了最新的国家重点生态功能区县域生态环境质量监测与评价工作有关制度和技术方案，更新了重点生态功能区县域生态环境质量监测、评价与考核系统使用指南等，方便参与国家重点生态功能区县域生态环境质量考核工作的管理及技术人员使用。

目　录

上篇　有关制度和技术方案

下篇　重点生态功能区县域生态环境质量监测与评价系统使用指南

上　篇

有关制度和技术方案

第1章
关于印发《“十四五”国家重点生态功能区县域生态环境质量监测与评价指标体系及实施细则》的通知

（环办监测函〔2022〕30号）

各省、自治区、直辖市生态环境厅（局）、财政厅（局），新疆生产建设兵团生态环境局、财政局：

为贯彻落实习近平生态文明思想和党的十九届五中、六中全会精神，加强国家重点生态功能区生态环境保护，支撑好中央财政国家重点生态功能区转移支付绩效评价，生态环境部会同财政部编制了《“十四五”国家重点生态功能区县域生态环境质量监测与评价指标体系及实施细则》。现印发给你们，请遵照执行。

生态环境部办公厅

财政部办公厅

2022年1月24日

“十四五”国家重点生态功能区县域生态环境质量监测与评价指标体系及实施细则

第一部分 总 则

为进一步加强“十四五”期间国家重点生态功能区县域生态环境质量监测与评价工作，推动国家生态安全屏障建设，特制定《“十四五”国家重点生态功能区县域生态环境质量监测与评价指标体系及实施细则》。

国家重点生态功能区县域生态环境质量监测与评价指标体系包括技术指标和监管指标两部分（表1）。

表1 国家重点生态功能区县域生态环境质量监测与评价指标体系

<table>
<tr><th colspan="2">指标类型</th><th colspan="2">一级指标</th><th>二级指标</th><th>三级指标</th></tr>
<tr><td rowspan="20">技术指标</td><td rowspan="15">防风固沙</td><td rowspan="10">生态质量</td><td rowspan="4">生态格局</td><td>生态组分</td><td>生态用地面积比指数</td></tr>
<tr><td rowspan="3">生态结构</td><td>生态保护红线面积比指数</td></tr>
<tr><td>生境质量指数</td></tr>
<tr><td>重要生态空间连通度指数</td></tr>
<tr><td rowspan="3">生物多样性</td><td>重点保护生物</td><td>重点保护生物指数</td></tr>
<tr><td rowspan="2">重要生物功能群</td><td>指示生物类群生命力指数</td></tr>
<tr><td>原生功能群种占比指数</td></tr>
<tr><td>生态功能</td><td>防风固沙</td><td>防风固沙指数</td></tr>
<tr><td rowspan="2">生态胁迫</td><td>人为胁迫</td><td>陆域开发干扰指数</td></tr>
<tr><td>自然胁迫</td><td>自然灾害受灾指数</td></tr>
<tr><td colspan="2" rowspan="5">环境质量</td><td>土壤环境质量</td><td>土壤质量安全点位比例</td></tr>
<tr><td rowspan="2">地表水水质</td><td>达到或优于III类水质比例</td></tr>
<tr><td>地表水水质指数</td></tr>
<tr><td rowspan="2">环境空气质量</td><td>空气质量优良天数比例</td></tr>
<tr><td>空气质量综合指数</td></tr>
<tr><td rowspan="5">水土保持</td><td rowspan="5">生态质量</td><td rowspan="5">生态格局</td><td rowspan="2">生态组分</td><td>生态用地面积比指数</td></tr>
<tr><td>海洋自然岸线保有率指数*</td></tr>
<tr><td rowspan="3">生态结构</td><td>生态保护红线面积比指数</td></tr>
<tr><td>生境质量指数</td></tr>
<tr><td>重要生态空间连通度指数</td></tr>
</table>

指标类型		一级指标		二级指标	三级指标
技术指标	水土保持	生态质量	生物多样性	重点保护生物	重点保护生物指数
				重要生物功能群	指示生物类群生命力指数
					原生功能群种占比指数
			生态功能	水土保持	水土保持指数
			生态胁迫	人为胁迫	陆域开发干扰指数
					海域开发强度指数*
				自然胁迫	自然灾害受灾指数
		环境质量		土壤环境质量	土壤质量安全点位比例
				地表水（海水）水质*	达到或优于III类水质比例
					地表水水质指数
					海水优良水质面积比例*
				环境空气质量	空气质量优良天数比例
					空气质量综合指数
	生物多样性维护	生态质量	生态格局	生态组分	生态用地面积比指数
					海洋自然岸线保有率指数*
				生态结构	生态保护红线面积比指数
					生境质量指数
					重要生态空间连通度指数
			生物多样性	重点保护生物	重点保护生物指数
				重要生物功能群	指示生物类群生命力指数
					原生功能群种占比指数
			生态功能	生态活力	植被覆盖指数
					水网密度指数
			生态胁迫	人为胁迫	陆域开发干扰指数
					海域开发强度指数*
				自然胁迫	自然灾害受灾指数
		环境质量		土壤环境质量	土壤质量安全点位比例
				地表水（海水）水质*	达到或优于III类水质比例
					地表水水质指数
					海水优良水质面积比例*
				环境空气质量	空气质量优良天数比例
					空气质量综合指数
	水源涵养	生态质量	生态格局	生态组分	生态用地面积比指数
				生态结构	生态保护红线面积比指数
					生境质量指数
					重要生态空间连通度指数
			生物多样性	重点保护生物	重点保护生物指数
				重要生物功能群	指示生物类群生命力指数
					原生功能群种占比指数

<table>
<tr><th colspan="2">指标类型</th><th colspan="2">一级指标</th><th>二级指标</th><th>三级指标</th></tr>
<tr><td rowspan="8">技术指标</td><td rowspan="8">水源涵养</td><td rowspan="3">生态质量</td><td>生态功能</td><td>水源涵养</td><td>水源涵养指数</td></tr>
<tr><td rowspan="2">生态胁迫</td><td>人为胁迫</td><td>陆域开发干扰指数</td></tr>
<tr><td>自然胁迫</td><td>自然灾害受灾指数</td></tr>
<tr><td colspan="2" rowspan="5">环境质量</td><td>土壤环境质量</td><td>土壤环境安全点位比例</td></tr>
<tr><td rowspan="2">地表水水质</td><td>达到或优于III类水质比例</td></tr>
<tr><td>地表水水质指数</td></tr>
<tr><td rowspan="2">环境空气质量</td><td>空气质量优良天数比例</td></tr>
<tr><td>空气质量综合指数</td></tr>
<tr><td colspan="2" rowspan="3">监管指标</td><td colspan="4">生态环境保护管理</td></tr>
<tr><td colspan="4">自然生态变化详查</td></tr>
<tr><td colspan="4">突发环境事件与突出生态环境问题</td></tr>
</table>

注：*表示涉海县域评价指标，目前有 18 个，分别为河北省秦皇岛市北戴河区和抚宁区，山东省烟台长岛海洋生态文明综合试验区，海南省海口市秀英区、龙华区、美兰区，三亚市、三沙市、儋州市、琼海市、文昌市、万宁市、东方市、澄迈县、临高县、昌江黎族自治县、乐东黎族自治县和陵水黎族自治县。按照生态功能类型，除河北省秦皇岛市北戴河区和抚宁区属于水土保持类型外，其余均为生物多样性维护类型。

技术指标由生态质量指标和环境质量指标组成，突出水源涵养、水土保持、防风固沙和生物多样性维护等四类生态功能类型的差异性。

监管指标包括生态环境保护管理指标、自然生态变化详查指标，以及突发环境事件与突出生态环境问题指标三部分。

第二部分 技术指标

一、生态质量指标

生态质量指标、指标计算及权重系数采用我部制定印发的《区域生态质量评价办法（试行）》（环监测〔2021〕99 号）。

1. 生态用地面积比指数

指评价区林地、草地、湿地、农田、沙地、近海等具有生态属性的用地面积占比情况。

$$\begin{aligned}\mathrm{EL} = A_{\mathrm{el}} \times [&\text{有林地面积} + \text{灌木林地面积} + \text{疏林地面积} + \text{草地面积} + \text{河流面积}\\ &+ \text{湖泊（近海）面积} + \text{滩涂面积} + \text{永久性冰川雪地面积}\\ &+ \text{沼泽面积} + \text{沙地面积} + \text{其他林地面积} \times 0.7\\ &+ \text{水库面积} \times 0.7 + \text{水田面积} \times 0.7 + \text{旱地面积} \times 0.5] / \mathrm{LA}\end{aligned}$$

式中，EL —— 生态用地面积比指数；

A_{el} —— 生态用地面积比指数的归一化系数，参考值为 100.502 2；

LA —— 区域国土面积，km^2。

2. 海洋自然岸线保有指数

指评价区海洋自然岸线长度占海岸线总长度的比例（不包括海岛岸线）。

$$NONC_{rr} = A_{NONC} \times NC_l / CL_t$$

式中，$NONC_{rr}$ —— 海洋自然岸线保有指数；

A_{NONC} —— 海洋自然岸线保有指数的归一化系数，参考值为 100；

NC_l —— 自然岸线长度，km；

CL_t —— 海岸线总长度，km。

3. 生态保护红线面积比指数

指评价区生态保护红线面积占比情况。其中沿海地区的生态保护红线面积比指数包括陆域生态保护红线面积比例、海洋生态保护红线面积比例和陆海统筹生态保护红线面积比例。

$$ECRR = [A_{ecrr} \times (ECRA/LA)]/5 + 50$$

式中，ECRR —— 生态保护红线面积比指数；

A_{ecrr} —— 生态保护红线面积比指数的归一化系数，参考值为 102.880 6；

ECRA —— 生态保护红线面积，km^2；

LA —— 区域国土面积，km^2。

4. 生境质量指数

指评价区由于生态系统类型不同而体现的生物栖息地质量差异。

$$HQI = A_{bio} \times (0.35 \times SF + 0.21 \times SG + 0.28 \times SW + 0.11 \times SC + 0.04 \times SB + 0.01 \times SU) / LA$$

式中，HQI —— 生境质量指数；

A_{bio} —— 生境质量指数的归一化系数，参考值为 494.812 2；

SF —— 林地指数；

SG —— 草地指数；

SW —— 水域湿地指数；

SC —— 耕地指数；

SB —— 建设用地指数；

SU —— 未利用地指数；

LA —— 区域国土面积，km^2。

表 2　生境质量指数各类型分权重

	林地指数			草地指数			水域湿地指数				耕地指数		建设用地指数			未利用地指数				
土地利用类型	有林地	灌木林地	疏林地和其他林地	高覆盖度草地	中覆盖度草地	低覆盖度草地	河流（渠）	湖泊（库）	滩涂湿地和沼泽地	永久性冰川雪地	水田	旱地	城镇建设用地	农村居民点	其他建设用地	沙地	盐碱地	裸土地	裸岩石砾	其他未利用地
分权重	0.60	0.25	0.15	0.60	0.30	0.10	0.10	0.30	0.50	0.10	0.60	0.40	0.30	0.40	0.30	0.20	0.30	0.20	0.20	0.10

注：林地指数（SF）、草地指数（SG）、水域湿地指数（SW）、耕地指数（SC）、建设用地指数（SB）和未利用地指数（SU）由表中相应类型的面积乘以权重计算获得。

5. 重要生态空间连通度指数

指评价区重要生态空间斑块之间的整体连通程度。

$$\mathrm{PC} = A_{\mathrm{PC}} \times \frac{\sum_{i=1}^{n}\sum_{j=1}^{n} a_i \times a_j \times P_{ij}^{*}}{A_L^2}$$

$$P_{ij} = e^{-k \times d_{ij}}$$

式中，PC —— 重要生态空间连通度指数（重要生态空间指将林地、草地、水域和沼泽地进行合并后，面积大于 0.1km^2 的斑块）；

A_{PC} —— 重要生态空间连通度指数的归一化系数，参考值为 103.700 0；

n —— 重要生态空间斑块的总数量，个；

a_i —— 斑块 i 的面积，km^2；

a_j —— 斑块 j 的面积，km^2；

A_L —— 区域国土面积，km^2；

P_{ij}^{*} —— 斑块 i 和斑块 j 之间所有路径最终连通性的最大值，即斑块 i 和 j 之间所有可能路径 P_{ij} 的最大乘积概率；

P_{ij} —— 斑块 i 与 j 之间的直接扩散概率；

d_{ij} —— 斑块 i 与 j 之间的最低成本距离，在此指最短距离，km；

k —— 常数项，通过物种平均扩散距离和设置的概率值确定，推荐平均距离为 5km，概率设置为 0.5。

6. 防风固沙指数

防风固沙型县域的特征指标，评价植被抵抗风力侵蚀的能力。

$$Q_{风} = \frac{\sum_{i=1}^{n} Q_{风i}}{n}$$

$$Q_{风i} = 100 \times \left(0.5 \times \frac{\text{NDVI}_i - 0.05}{0.70} + 0.5 \times \frac{\text{NPP}_i}{\text{NPP}_{\max}} \right)$$

式中，$Q_{风}$ —— 防风固沙指数；

$Q_{风i}$ —— 像元的防风固沙指数；

n —— 评价区内像元数，个；

NDVI_i —— 评价年全年像元归一化差值植被指数最大值；

NPP_i —— 评价年全年像元植被净初级生产力累积值；

$\text{NPP}_{\max}$ —— 评价区内最好气象条件下的植被净初级生产力，选取近五年 NPP 累积值最大值。

7. 水土保持指数

水土保持型县域的特征指标，评价植被保持土壤的能力。

$$Q_{水土} = \frac{\sum_{i=1}^{n} Q_{水土i}}{n}$$

$$Q_{水土i} = 100 \times \left(0.5 \times \frac{\text{NDVI}_i - 0.05}{0.90} + 0.5 \times \frac{\text{NPP}_i}{\text{NPP}_{\max}} \right)$$

式中，$Q_{水土}$ —— 水土保持指数；

$Q_{水土i}$ —— 像元的水土保持指数；

n —— 评价区像元数，个；

NDVI_i —— 评价年 5—9 月像元归一化差值植被指数最大值；

NPP_i —— 评价年 5—9 月像元植被净初级生产力累积值；

$\text{NPP}_{\max}$ —— 评价区内最好气象条件下的植被净初级生产力，选取近五年 NPP 累积值最大值。

8. 水源涵养指数

水源涵养型县域的特征指标，指评价区各生态类型的水源涵养综合功能状况。

$$\begin{aligned} \text{WRC} = A_{\text{con}} \times \{ & 0.45 \times [0.1 \times 河流面积 + 0.3 \times 湖库面积 + 0.6 \times (滩涂面积 + 沼泽面积)] \\ & + 0.35 \times [0.6 \times 有林地面积 + 0.25 \times 灌木林地面积 + 0.15 \times 其他林地面积] \\ & + 0.20 \times [0.6 \times 高覆盖度草地面积 + 0.3 \times 中覆盖度草地面积 \\ & + 0.1 \times 低覆盖度草地面积] \} / \text{LA} \end{aligned}$$

式中，WRC —— 水源涵养指数；

A_{con} —— 水源涵养指数的归一化系数，参考值为 526.792 6。

9. 生态活力

$$生态活力指数 = 0.6 \times C + 0.4 \times DW$$

式中，C —— 植被覆盖指数；

DW —— 水网密度指数。

其中：

（1）植被覆盖指数

$$C = A_{veg} \times \frac{\sum_{i=1}^{n} P_j}{10\,000 \times n}$$

式中，C —— 植被覆盖指数；

A_{veg} —— 植被覆盖指数的归一化系数，参考值为 121.165 1；

P_j —— 评价年 5—9 月像元归一化差值植被指数月最大值的均值；

n —— 区域像元数，个。

（2）水网密度指数

$$DW = A_{DW} \times \frac{S_{river} + S_{lake} + S_{reservoir} + S_{glacier} + S_{近海}}{LA}$$

式中，DW —— 水网密度指数，大于 100 的区域按 100 算；

A_{DW} —— 水网密度指数的归一化系数，参考值为 1 005.478 8；

S_{river} —— 有水河流面积，km^2；

S_{lake} —— 湖泊面积，km^2；

$S_{reservoir}$ —— 水库面积，km^2；

$S_{glacier}$ —— 永久性冰川雪地面积，km^2；

$S_{近海}$ —— 沿海岸线向外扩 2km 海域面积，km^2；

LA —— 区域国土面积，km^2。

10. 重点保护生物指数

指评价区内已记录的符合《国家重点保护野生动物名录》和《国家重点保护野生植物名录》的高等植物、哺乳类、鸟类、爬行类和两栖类的物种数，用于表征评价区生物物种被保护情况。

$$KS_r = A_{KSr} \times AKS + 13.214\,2$$

式中，KS_r —— 重点保护生物指数；

A_{KSr} —— 重点保护生物指数的归一化系数，参考值为 0.151 0；

AKS —— 评价区内列入《国家重点保护野生动物名录》和《国家重点保护野生植物名录》的高等植物、哺乳类、鸟类、爬行类和两栖类的物种数，种。

11. 指示生物类群生命力指数

指评价区内已记录的野生哺乳类、鸟类、两栖类和蝶类等生态环境指示生物类群所有物种的生物多样性的变化状况。

$$Q_t = A_{Qt} \times \frac{10^{-\sum_{i=1}^{s} P_{it} \ln P_{it} + \frac{1}{s}\sum_{i=1}^{s} \log N_{it}}}{10^{\frac{1}{s}\sum_{i=1}^{s} \log P_{i0} + \log N_0}}$$

式中，Q_t —— 指示生物类群生命力指数；

A_{Qt} —— 指示生物类群生命力指数的归一化系数，参考值为 13.528 8；

N_{it} —— 第 i 个物种第 t 年的个体数量；

N_0 —— 初始年特定类群所有物种的个体数量总和；

S —— 第 t 年的物种数；

P_{it} —— 第 t 年特定物种的个体数量占所评价区域内实际监测到的指示生物总个体数的比例；

P_{i0} —— 初始年特定物种的个体数量占所评价区域内实际监测到的指示生物个体总数的比例。

12. 原生功能群种占比指数

指评价区内监测样地地带性原生生态系统群落建群种生物量或生物个数占样地生物量或个数的比例。

$$B_{\text{ps}} = A_{\text{ps}} \times S_{\text{is}} / S_{\text{ts}}$$

式中，B_{ps} —— 原生功能群种占比指数；

A_{ps} —— 原生功能群种占比指数的归一化系数，参考值为 100；

S_{is} —— 评价区监测样方内的地带性原生生态系统群落建群种个体数（生物量），个（g/m^2）；

S_{ts} —— 评价区监测样方内的生物总个体数（总生物量），个（g/m^2）。

13. 陆域开发干扰指数

指评价区开发建设用地面积占比情况，表征人类活动对陆域生态系统的胁迫程度。

$$\text{LDI} = A_{\text{LDI}} \times \frac{S_1 + W \times S_2}{\text{LA}}$$

式中，LDI —— 陆域开发干扰指数，大于 100 的区域按 100 算；

A_{LDI} —— 陆域开发干扰指数的归一化系数，参考值为 333.333 3；

S_1 —— 生态保护红线外的开发建设用地面积，km^2；

S_2 —— 生态保护红线内的开发建设用地面积，km^2；

W —— 生态保护红线内的开发建设用地权重，推荐值为 2；

LA —— 区域国土面积，km^2。

14. 海域开发强度指数

指省级人民政府批复海岸线向海一侧，填海造地、围海、构筑物用海面积之和占管辖海域面积比例情况，表征人类活动对海域的胁迫程度。

$$\mathrm{SDI} = A_{\mathrm{SDI}} \times \frac{S_{\mathrm{LR}} + S_L + S_{LS}}{S_{\mathrm{sea}}}$$

式中，SDI —— 海域开发强度指数；

A_{SDI} —— 海域开发强度指数的归一化系数，参考值为 100；

S_{LR} —— 填海造地面积，含建设填海造地和农业填海造地，km^2；

S_L —— 围海面积，含围海养殖、盐业和港池等，km^2；

S_{LS} —— 构筑物用海面积，含非透水构筑物和透水构筑物，km^2；

S_{sea} —— 管辖海域总面积，指评价区域海岸线向海洋方向延伸 2km 的面积，km^2。

15. 自然灾害受灾指数

指评价区气象、地质、生物、生态环境、海洋等自然灾害受灾面积占比情况，表征自然灾害对生态系统造成的扰动。

$$\mathrm{NDI} = A_{\mathrm{NDI}} \times \frac{\sum_{i=1}^{n} S_{\mathrm{NDI}}}{\mathrm{LA}}$$

式中，NDI —— 自然灾害受灾指数，大于 100 的区域按 100 算；

A_{NDI} —— 自然灾害受灾指数的归一化系数，参考值为 100；

S_{NDI} —— 气象、地质、生物、生态环境、海洋等重大自然灾害受灾面积，km^2；

n —— 重大自然灾害种类数，种；

LA —— 区域国土面积，km^2。

二、环境质量指标

16. 达到或优于Ⅲ类水质比例

指县域内所有水质监测断面中，符合Ⅰ～Ⅲ类水质的监测频次占全部断面全年监测总频次的比例。

达到或优于Ⅲ类水质比例=Ⅰ～Ⅲ类频次/全年监测总频次 × 100%

17. 地表水水质指数

根据县域内河流、湖库等地表水体的水质监测数据，通过监测项目浓度值计算县域地表水水质指数，计算方法依据《城市地表水环境质量排名技术规定（试行）》（环办监测〔2017〕51号）。

$$\mathrm{CWQI}_{县域}=\frac{\mathrm{CWQI}_{河流}\times M+\mathrm{CWQI}_{湖库}\times N}{(M+N)}$$

式中，$\mathrm{CWQI}_{县域}$—— 地表水水质指数；

$\mathrm{CWQI}_{河流}$—— 河流水质指数；

$\mathrm{CWQI}_{湖库}$—— 湖库水质指数；

M—— 县域的河流断面数；

N—— 县域的湖库点位数。若县域仅有河流断面，无湖库点位，则取河流水质指数为该县域的城市水质指数。即：$\mathrm{CWQI}_{县域}=\mathrm{CWQI}_{河流}$。

鉴于$\mathrm{CWQI}_{县域}$值越小表示水质越好，需要将其归一化处理为0～100之间的无量纲值，计算公式为：

$$\mathrm{CWQI}^{*}_{县域}=100\times\frac{\mathrm{CWQI}_{县域\max}-\mathrm{CWQI}_{县域}}{\mathrm{CWQI}_{县域\max}-\mathrm{CWQI}_{县域\min}}$$

式中，$\mathrm{CWQI}_{县域\max}$、$\mathrm{CWQI}_{县域\min}$表示每年度所有县域中地表水水质指数的最大值和最小值。若县域内地表水断面（点位）评价年、对照年均满足或优于《地表水环境质量标准》（GB 3838—2002）Ⅱ类水质，则该县域$\mathrm{CWQI}^{*}_{县域}$赋值为100，不参加归一化处理。

18. 海水优良水质面积比例

指县域内海水优良（一、二类）水质的面积占所辖海域面积的比例；海水水质评价依据《海水水质标准》（GB 3097—1997）、《海水质量状况评价技术规程（试行）》（海环字〔2015〕25号）。

海水优良水质面积比例=优良（一、二类）水质的面积/所辖海域面积×100%

19. 空气质量优良天数比例

指县域范围内城镇空气质量达到优良级别的天数占全年监测总天数的比例。

空气质量优良天数比例=空气质量优良天数/全年有效监测总天数×100%

20. 空气质量综合指数

根据县域空气质量自动监测的六项污染物浓度值，计算县域空气质量综合指数，计算方法依据《城市环境空气质量排名技术规定》（环办监测〔2018〕19号）。

$$I_{\mathrm{sum}}=\sum_{i=1}^{6}I_i$$

式中，I_{sum}—— 空气质量综合指数；

I_i—— 代表SO_2、NO_2、PM_{10}、$PM_{2.5}$、CO和O_3的单项指数。

鉴于I_{sum}值越小表示空气质量越好，需要将其归一化处理为0～100之间的无量纲值，计算公式为：

$$I_{sum}{*} = 100 \times \frac{I_{sum\ max} - I_{sum}}{I_{sum\ max} - I_{sum\ min}}$$

式中，$I_{sum\ max}$、$I_{sum\ min}$ —— 表示每年度所有县域中空气质量综合指数的最大值和最小值。

21. 土壤质量安全点位比例

依据《土壤环境质量　农用地土壤污染风险管控标准（试行）》（GB 15618—2018），县域内评价结果为优先保护类和安全利用类的点位占县域所有土壤环境质量监测点位的比例。

土壤质量安全点位比例=（优先保护类点位+安全利用类点位）/县域土壤环境质量监测点位 × 100%

三、生态环境质量评价

（一）评价模型

1. 县域生态环境质量评价（EI）

县域生态环境质量采用综合指数法评价，以 EI 表示县域生态环境质量状况，计算公式为：

$$EI = w_{eco}EI_{eco} + w_{env}EI_{env}$$

式中：EI_{eco} —— 生态质量分指数值；

w_{eco} —— 生态质量指标权重；

EI_{env} —— 环境质量分指数值；

w_{env} —— 环境质量指标权重；

EI_{eco}、EI_{env} —— 分别由各自的二或三级指标加权获得。

生态质量分指数值：

$$EI_{eco} = \sum_{i=1}^{n} w_i \times X_i'$$

环境质量分指数值：

$$EI_{env} = \sum_{i=1}^{n} w_i \times X_i'$$

式中：w_i —— 二或三级指标权重；

X_i' —— 二或三级指标标准化后的值。

2. 县域生态环境质量变化评价（ΔEI′）

以ΔEI′表示县域生态环境质量变化，计算公式为：

$$\Delta EI' = EI_{评价年} - EI_{对照年}$$

式中，$EI_{评价年}$——指评价年县域的生态环境质量指数值；

$EI_{对照年}$——指对照年县域的生态环境质量指数值，对照年是评价年的前一年，如2021年是评价年，则对照年是2020年，以此类推。

表3　国家重点生态功能区县域生态环境质量监测与评价技术指标权重

<table>
<tr><th>功能类型</th><th colspan="2">一级指标权重</th><th>二级指标权重</th><th>三级指标权重</th></tr>
<tr><td rowspan="15">防风固沙</td><td rowspan="10">生态质量（0.60）</td><td rowspan="4">生态格局（0.36）</td><td>生态组分（0.32）</td><td>生态用地面积比指数（1.00）</td></tr>
<tr><td rowspan="3">生态结构（0.68）</td><td>生态保护红线面积比指数（0.10）</td></tr>
<tr><td>生境质量指数（0.80）</td></tr>
<tr><td>重要生态空间连通度指数（0.10）</td></tr>
<tr><td rowspan="3">生物多样性（0.19）</td><td>重点保护生物（0.30）</td><td>重点保护生物指数（1.00）</td></tr>
<tr><td rowspan="2">重要生物功能群（0.70）</td><td>指示生物类群生命力指数（0.62）</td></tr>
<tr><td>原生功能群种占比指数（0.38）</td></tr>
<tr><td>生态功能（0.35）</td><td>防风固沙（1.00）</td><td>防风固沙指数（1.00）</td></tr>
<tr><td rowspan="2">生态胁迫（0.10）</td><td>人为胁迫（0.74）</td><td>陆域开发干扰指数（1.00）</td></tr>
<tr><td>自然胁迫（0.26）</td><td>自然灾害受灾指数（1.00）</td></tr>
<tr><td colspan="2" rowspan="5">环境质量（0.40）</td><td colspan="2">土壤质量安全点位比例（0.10）</td></tr>
<tr><td colspan="2">达到或优于III类水质比例（0.25）</td></tr>
<tr><td colspan="2">地表水水质指数（0.20）</td></tr>
<tr><td colspan="2">空气质量优良天数比例（0.25）</td></tr>
<tr><td colspan="2">空气质量综合指数（0.20）</td></tr>
<tr><td rowspan="18">水土保持</td><td rowspan="12">生态质量（0.60）</td><td rowspan="5">生态格局（0.36）</td><td rowspan="2">生态组分（0.32）</td><td>生态用地面积比指数（1[0.7]*）</td></tr>
<tr><td>海洋自然岸线保有指数（0[0.3]*）</td></tr>
<tr><td rowspan="3">生态结构（0.68）</td><td>生态保护红线面积比指数（0.10）</td></tr>
<tr><td>生境质量指数（0.80）</td></tr>
<tr><td>重要生态空间连通度指数（0.10）</td></tr>
<tr><td rowspan="3">生物多样性（0.19）</td><td>重点保护生物（0.30）</td><td>重点保护生物指数（1.00）</td></tr>
<tr><td rowspan="2">重要生物功能群（0.70）</td><td>指示生物类群生命力指数（0.62）</td></tr>
<tr><td>原生功能群种占比指数（0.38）</td></tr>
<tr><td>生态功能（0.35）</td><td>水土保持（1.00）</td><td>水土保持指数（1.00）</td></tr>
<tr><td rowspan="3">生态胁迫（0.10）</td><td rowspan="2">人为胁迫（0.74）</td><td>陆域开发干扰指数（1[0.4]*）</td></tr>
<tr><td>海域开发强度指数（0[0.6]*）</td></tr>
<tr><td>自然胁迫（0.26）</td><td>自然灾害受灾指数（1.00）</td></tr>
<tr><td colspan="2" rowspan="6">环境质量（0.40）</td><td colspan="2">土壤质量安全点位比例（0.10）</td></tr>
<tr><td colspan="2">达到或优于III类水质比例（0.25[0.20]*）</td></tr>
<tr><td colspan="2">地表水水质指数（0.20[0.15]*）</td></tr>
<tr><td colspan="2">海水优良水质面积比例（0[0.10]*）</td></tr>
<tr><td colspan="2">空气质量优良天数比例（0.25）</td></tr>
<tr><td colspan="2">空气质量综合指数（0.20）</td></tr>
</table>

<table>
<tr><th>功能类型</th><th colspan="2">一级指标权重</th><th>二级指标权重</th><th>三级指标权重</th></tr>
<tr><td rowspan="19">生物多样性维护</td><td rowspan="13">生态质量（0.60）</td><td rowspan="5">生态格局（0.36）</td><td rowspan="2">生态组分（0.32）</td><td>生态用地面积比指数（1[0.7]*）</td></tr>
<tr><td>海洋自然岸线保有指数（0[0.3]*）</td></tr>
<tr><td rowspan="3">生态结构（0.68）</td><td>生态保护红线面积比指数（0.10）</td></tr>
<tr><td>生境质量指数（0.80）</td></tr>
<tr><td>重要生态空间连通度指数（0.10）</td></tr>
<tr><td rowspan="3">生物多样性（0.19）</td><td>重点保护生物（0.30）</td><td>重点保护生物指数（1.00）</td></tr>
<tr><td rowspan="2">重要生物功能群（0.70）</td><td>指示生物类群生命力指数（0.62）</td></tr>
<tr><td>原生功能群种占比指数（0.38）</td></tr>
<tr><td rowspan="2">生态功能（0.35）</td><td rowspan="2">生态活力（1.00）</td><td>植被覆盖指数（0.60）</td></tr>
<tr><td>水网密度指数（0.40）</td></tr>
<tr><td rowspan="3">生态胁迫（0.10）</td><td rowspan="2">人为胁迫（0.74）</td><td>陆域开发干扰指数（1[0.4]*）</td></tr>
<tr><td>海域开发强度指数（0[0.6]*）</td></tr>
<tr><td>自然胁迫（0.26）</td><td>自然灾害受灾指数（1.00）</td></tr>
<tr><td colspan="2" rowspan="6">环境质量（0.40）</td><td colspan="2">土壤质量安全点位比例（0.10）</td></tr>
<tr><td colspan="2">达到或优于III类水质比例（0.30[0.25]*）</td></tr>
<tr><td colspan="2">地表水水质指数（0.25[0.20]*）</td></tr>
<tr><td colspan="2">海水优良水质面积比例（0[0.10]*）</td></tr>
<tr><td colspan="2">空气质量优良天数比例（0.20）</td></tr>
<tr><td colspan="2">空气质量综合指数（0.15）</td></tr>
<tr><td rowspan="15">水源涵养</td><td rowspan="10">生态质量（0.60）</td><td rowspan="4">生态格局（0.36）</td><td>生态组分（0.32）</td><td>生态用地面积比指数（1.00）</td></tr>
<tr><td rowspan="3">生态结构（0.68）</td><td>生态保护红线面积比指数（0.10）</td></tr>
<tr><td>生境质量指数（0.80）</td></tr>
<tr><td>重要生态空间连通度指数（0.10）</td></tr>
<tr><td rowspan="3">生物多样性（0.19）</td><td>重点保护生物（0.30）</td><td>重点保护生物指数（1.00）</td></tr>
<tr><td rowspan="2">重要生物功能群（0.70）</td><td>指示生物类群生命力指数（0.62）</td></tr>
<tr><td>原生功能群种占比指数（0.38）</td></tr>
<tr><td>生态功能（0.35）</td><td>水源涵养（1.00）</td><td>水源涵养指数（1.00）</td></tr>
<tr><td rowspan="2">生态胁迫（0.10）</td><td>人为胁迫（0.74）</td><td>陆域开发干扰指数（1.00）</td></tr>
<tr><td>自然胁迫（0.26）</td><td>自然灾害受灾指数（1.00）</td></tr>
<tr><td colspan="2" rowspan="5">环境质量（0.40）</td><td colspan="2">土壤质量安全点位比例（0.10）</td></tr>
<tr><td colspan="2">达到或优于III类水质比例（0.30）</td></tr>
<tr><td colspan="2">地表水水质指数（0.25）</td></tr>
<tr><td colspan="2">空气质量优良天数比例（0.20）</td></tr>
<tr><td colspan="2">空气质量综合指数（0.15）</td></tr>
</table>

注：*表示括号内为涉海县域权重。

第三部分　监管指标

监管指标包括生态环境保护管理指标、自然生态变化详查指标，以及突发环境事件与突出生态环境问题指标三部分。

一、生态环境保护管理

（一）评分细则

从生态保护修复、环境污染防治、绿色协调发展、城乡人居环境、工作组织情况五个方面进行量化评价，各项目的分值相加即为该县的生态环境保护管理得分值（$EM_{管理}$）。

$EM_{管理}$满分 100 分，其中生态保护修复 25 分、环境污染防治 25 分、绿色协调发展 15 分、城乡人居环境 20 分、工作组织情况 15 分（表 4）。

表 4　生态环境保护管理指标分值

一级指标	二级指标	分 值
1. 生态保护修复（25 分）	1.1 生态文明建设	10 分
	1.2 自然保护地建设	5 分
	1.3 生态保护红线制度落实	5 分
	1.4 生态保护修复工程	5 分
2. 环境污染防治（25 分）	2.1 排污许可制度落实	5 分
	2.2 主要污染物减排	10 分
	2.3 农业面源污染防治	7 分
	2.4 地下水保护与治理	3 分
3. 绿色协调发展（15 分）	3.1 产业结构优化	7 分
	3.2 绿色低碳发展	3 分
	3.3 生态环境保护与治理支出	5 分
4. 城乡人居环境（20 分）	4.1 农村环境整治	3 分
	4.2 城乡生活污水处理	6 分
	4.3 城乡生活垃圾无害化处理	4 分
	4.4 城乡饮用水水源水质	7 分
5. 工作组织情况（15 分）	5.1 党委政府共抓生态环境保护工作	4 分
	5.2 工作组织	6 分
	5.3 自查报告	5 分
合计		100 分

1　生态保护修复（25 分）

1.1 生态文明建设

指标解释：指县域开展国家生态文明建设示范市县、“绿水青山就是金山银山”实践创新基地、环境保护模范城市等创建。

评分方法：10 分，①获得国家级命名，得 10 分；②获得省级命名，得 5 分；③编制生态文明创建或“绿水青山就是金山银山”实践创新基地规划并经省级生态环境主管部门组织评审，且评价年仍然在规划实施期内，得 3 分；④若县域获得不止一个上述命名，以最高级命名计分且得分不累加；⑤按照相关管理规程，若县域未通过国家开展的定期复核评估，则该项不得分；⑥若县域生态环境质量综合评价结果为“变差”中的“轻微变差”或“一般变差”等级，则最终评价结果再降低一档，直至“明显变差”。

评分依据：①国家级命名以 2017 年以来的生态环境部公告文件为准，且命名仍然有效；②省级命名以 2017 年以来的省级生态环境主管部门公告文件为准，且命名仍然有效；③规划方案简本，以及经县级人民代表大会（或其常务委员会）或人民政府审议批准实施的文件；④生态环境部每年度开展的复核评估结果文件。

1.2 自然保护地建设

指标解释：指县域内国家公园、自然保护区、自然公园等各级各类自然保护地建设情况。

评分方法：5 分，按照《关于建立以国家公园为主体的自然保护地体系的指导意见》，自然保护地分为中央直接管理、中央地方共同管理和地方管理 3 类，其中国家批准设立中央直接管理和中央地方共同管理的自然保护地，省级政府批准设立地方管理的自然保护地。①建成由国家批准设立的国家公园或自然保护区，得 5 分；②建成由国家批准设立的自然公园或省级政府批准设立的自然保护区，得 3 分；③在评价年，建成由省级政府批准设立的自然公园，得 2 分；④若县域内同时有国家和省级政府批准设立的自然保护地，则以最高等级计分，且得分不超过 5 分；⑤对于跨县域行政边界的自然保护地，则按每个县域单独计分；⑥按照生态环境部《自然保护地生态环境监管工作暂行办法》，县域内若有国家批准设立的自然保护地生态环境保护成效评估为“差”等级，扣 5 分；若有省级批准设立的自然保护地生态环境保护成效评估为“差”等级，每 1 个扣 2 分，扣完为止。

评分依据：①各级各类自然保护地批准设立的文件或公告，以及自然保护地占地分布图、拐点坐标、覆盖行政区域、保护内容等基本信息；②生态环境部或省级生态环境主管部门每年度自然保护地生态环境保护成效评估结果文件。

1.3 生态保护红线制度落实

指标解释：指县级地方政府落实生态保护红线“面积不减少、性质不改变、功能不降低”保护要求情况。

评分方法：5 分，根据上级部门对县域生态保护红线监管结果，评价年若发现并核实县域生态保护红线区存在面积降低或性质改变情形，则不得分。

评分依据：上级部门生态保护红线年度监管结果。

1.4 生态保护修复工程

指标解释：指县级政府坚持新发展理念，统筹山水林田湖草沙系统保护和修复，为提升重点生态功能区生态产品供给能力而实施的诸如河湖湿地保护修复、防沙治沙、水土流失治理、生物多样性保护等生态保护修复工程。

评分方法：5 分，①县级政府编制县域生态功能保护修复规划，规划的实施能有效提升生态系统质量和稳定性，提升主导生态功能，1 分。②根据县域生态功能保护修复规划，评价年按照资金投入大小提供不超过 3 个已经完工的生态保护修复工程，按照工程投入、生态环境综合效益、受益范围等综合评分，0～4 分，小数点后保留一位有效数字。

评分依据：①县域"十四五"生态功能保护修复规划简本及地方政府批准实施文件；②评价年已经完成验收的生态保护修复工程材料［包括但不限于设计（可研）方案、资金投入、实施位置、工程期限、竣工验收等］。

2 环境污染防治（25 分）

2.1 排污许可制度落实

指标解释：依据法律规定实行排污许可管理的企事业单位和其他生产经营者，应当依据《排污许可管理条例》规定申请取得排污许可证，并按照许可证规定的内容、频次和时间要求，向审批部门提交排污许可证执行报告。

评分方法：5 分，①排污许可执行情况，以排污许可证执行年度报告提交率表示，是指已提交年度执行报告的排污单位占县域内应提交年度执行报告的各类排污单位的比例，得分：排污许可证执行年度报告提交率 × 3，小数点后保留一位有效数字；②排污单位持证排污情况，县域内排污单位均依法持证排污，得 2 分；发现 1 家排污单位无证排污，且未履行行政处罚程序的扣 0.5 分，扣完为止，最终得分：①+②。

评分依据：①国家或省级生态环境主管部门利用全国排污许可证管理信息平台，核定县域排污许可证年度执行报告提交率；②监管执法记录等资料。

2.2 主要污染物减排

指标解释：以主要污染物排放强度表示，是指县域内二氧化硫、氮氧化物、化学需氧量和氨氮排放量与县域国土面积的比值。

评分方法：10 分，①主要污染物排放强度，4 分；评价年与对照年相比，县域主要污染物排放强度不增加，按照排放强度降低幅度计算得分，计算公式：$(\frac{x_{对照年}-x_{评价年}}{x_{评价年}}\div 0.3\times 4)$，小数点后保留一位有效数字；若排放强度增加，则得 0 分；②县级政府落实精准治污、科学治污举措，6 分，其中落实精准治污开展生态环境问题诊断分析，0～3 分；落实科学治污提出生态环境质量改善提升途径，0～3 分，小数点后保留一位有效数字。

评分依据：①评价年、对照年县域主要污染物排放量统计数据、县域国土面积等数据；②县级政府落实精准治污、科学治污要求，开展“十四五”期间县域生态环境问题诊断及质量改善提升对策研究，提供相关研究报告以及政府批准实施等材料。

2.3 农业面源污染防治

指标解释：农业面源污染防治包括农业面源污染防治规划编制、农业面源污染监测、化肥施用量、施用强度和利用率，农药施用量、施用强度和利用率，畜禽粪污综合利用率，规模养殖场畜禽粪污综合利用台账等 6 部分。

评分方法：7 分，①县域推进农业面源污染防治，制定农业面源污染防治规划，2 分；②布设农业面源监测点位开展监测工作，1 分；③评价年，县域化肥利用率、施用量下降幅度和单位面积施用强度达到规定的目标值，得 1 分，否则不得分；④评价年，县域农药利用率、施用量下降幅度和单位面积施用强度达到规定的目标值，得 1 分，否则不得分；⑤评价年，县域畜禽粪污综合利用率达到规定的目标值，得 1 分，否则不得分；⑥评价年，县域规模畜禽养殖场全部建立畜禽粪污资源化利用台账，得 1 分，否则不得分；最终得分：①+②+③+④+⑤+⑥。

评分依据：县域推进农业绿色发展，制订农业面源污染防治规划，在畜禽粪污资源化、化肥农药减量化、面源污染现场监测等方面的具体举措和成效；通过统计调查、监测等手段核算污染物排放量、农药化肥施用量、粪污资源化利用等各类数据。对位于草原区不存在农业面源污染的县域，经地方政府提出证明并经审核后该指标不评价。

2.4 地下水保护与治理

指标解释：地下水保护与治理包括地下水水位和地下水水质 2 部分。

评分方法：3 分，①评价年，县域地下水水位与最近年份的水位监测数据相比，水位不降低的监测点位比例，计分方法：点位比例 × 1；②评价年，县域地下水水质类别不降低的监测点位比例，计分方法：点位比例 × 2；最终得分：①+②，小数点后保留一位有效数字。

评分依据：县域地下水监测点位、地下水水位监测报告、地下水水质监测数据或报告。

3 绿色协调发展（15 分）

3.1 产业结构优化

指标解释：产业结构优化包括县级政府在国土空间规划与管控、落实“三线一单”政策、第二产业占比 3 方面内容。

评分方法：7 分。其中：①制定国土空间规划，2 分；②落实“三线一单”政策，生态环境准入清单实施情况，0～3 分，小数点后保留一位有效数字；③县域第二产业所占比变化，2 分，评价年与对照年（评价年前一年）相比，若第二产业所占比例增加，则不得分；若降低，则按照降低幅度计算得分，计算公式：（$p_{对照年} - p_{评价年}$）$\div 0.1 \times 2$，小数点后保留一位有效数字；最终得分：①+②+③。

评分依据：①县域“十四五”国土空间规划报告；②县域生态环境准入清单，县域产业园区规划环评开展情况，以及“三线一单”在产业空间布局、产业调整以及新增产业准入方面的应用情况；③评价年、对照年县域第一、第二、第三产业增加值统计数据。

3.2 绿色低碳发展

指标解释：以二氧化碳排放强度表示，指单位地区生产总值的增长所带来的二氧化碳排放量。

评分方法：3 分，评价年县域二氧化碳排放强度完成上级管控目标，或与对照年相比保持稳定或降低，得 3 分，否则不得分。

评分依据：上级部门碳排放管控目标文件（如有），以及评价年、对照年县域二氧化碳排放量（吨）、地区生产总值增加值（万元）统计核算数据。

3.3 生态环境保护与治理支出

指标解释：指评价年县域在生态保护修复、环境污染防治、生活污水和生活垃圾等环境基础设施建设运行、自然资源保护等方面的投入占全县当年财政支出的比例。

评分方法：5 分，计算公式：生态环境保护与治理支出比例 × 5，小数点后保留一位有效数字。

评分依据：评价年经县级人民代表大会审议通过的县域年度财政预算收支报告，内含各类上级下达的转移支付资金和各级生态环境保护财政资金。

4 城乡人居环境（20 分）

4.1 农村环境整治

指标解释：以农村环境整治率和年度计划任务完成率表示，其中农村环境整治率是指县域落实《关于全面推进乡村振兴加快农业农村现代化的意见》，县域内完成农村环境整治的行政村占县域内所有行政村的比例；年度计划任务完成率是指根据“十四五”各省农村环境整治计划，县域每年完成整治的村庄数量占本年度上级下达的整治任务比例。

评分方法：3 分，计算公式：农村环境整治率 × 2+年度计划任务完成率 × 1，小数点后保留一位有效数字，若评价年县域超额完成年度整治任务，则年度计划任务完成率按 100%计；若评价年县域无上级下达的年度整治任务，计算公式：农村环境整治率 × 3，小数点后保留一位有效数字。

评分依据：①县域落实乡村振兴战略，评价年完成的农村环境整治村庄验收材料，农村环境整治包括但不限于农村生活污水、生活垃圾处理。开展美丽宜居村庄和美丽庭院示范创建活动情况。②评价年，上级下达的年度农村环境整治任务，以及任务完成情况的验收材料。

4.2 城乡生活污水处理

指标解释：城乡生活污水处理包括县城驻地的城镇生活污水集中处理与管网建设、乡镇生活污水处理设施建设，以及农村生活污水治理 3 部分内容，具体如下：

（1）城镇生活污水集中处理与管网建设

指标解释：包括城镇生活污水处理率、污水管网覆盖率两个指标。其中城镇生活污水处理率是指县城所在地城镇经过污水处理厂集中处理且达标排放的污水量占城镇生活污水年总排放量的比例；污水管网覆盖率是指污水收集管网覆盖的城镇建成区面积占建成区总面积的比例。

评分方法：3 分，计算公式：城镇生活污水处理率 × 2+污水管网覆盖率 × 1，小数点后保留一位有效数字。

评分依据：评价年城镇生活污水年排放总量、收集量、处理量数据，以及污水处理厂运行、污泥产生量以及城区污水管网建设、覆盖范围等资料。

（2）乡镇生活污水处理设施建设

指标解释：以乡镇生活污水处理覆盖率表示，指县域内开展生活污水收集处理的乡镇（县政府驻地除外）占全县乡镇个数的比例。

评分方法：2 分，计算公式：乡镇生活污水处理覆盖率 × 2，小数点后保留一位有效数字。

评分依据：乡镇生活污水处理设施建设立项（可研）、竣工验收材料；污水收集管网建设等材料。

（3）农村生活污水治理

指标解释：以农村生活污水治理率表示，指县域内生活污水得到处理或资源化利用的行政村数占县域内所有行政村数量的比例。生活污水得到处理或资源化利用是指每个自然村内 60%以上的农户，且每个行政村内 60%以上的自然村生活污水得到处理或资源化利用，无污水横流现象，不引起水体、土壤等环境质量显著下降，视为该行政村完成生活污水治理。禁止违反《水污染防治法》要求，利用渗井、渗坑、裂隙、溶洞或私设暗管等方式直接排放未经处理的生活污水。

评分方法：1 分，计算公式：农村生活污水治理率 × 1，小数点后保留一位有效数字。

评分依据：农村生活污水治理项目可研报告或实施方案、验收材料，处理设施运行状况材料等。

4.3 城乡生活垃圾无害化处理

指标解释：城乡生活垃圾无害化处理包括县城驻地的城镇生活垃圾无害化处理率和乡镇生活垃圾集中收集率 2 部分。其中，城镇生活垃圾无害化处理率是指经过无害化处理的垃圾量占垃圾产生总量的比例；乡镇生活垃圾集中收集率是指开展生活垃圾统一收集、集中处理或转运（如村收集乡转运县处理）的乡镇占全县乡镇数量的比例。

评分方法：4 分，计算公式：城镇生活垃圾无害化处理率 × 2+乡镇生活垃圾集中收集率 × 2，小数点后保留一位有效数字。

评分依据：①评价年县域生活垃圾产生量、清运量、处理量台账等资料，以及生活垃圾处理设施运行状况；②评价年乡镇生活垃圾收集、清运量台账，清运设施及资金投入等材料。

4.4 城乡饮用水水源水质

指标解释：城乡饮用水水源水质包括城镇集中式饮用水水源水质达标率、“千吨万人”水源水质达标率以及乡镇集中式饮用水水源保护区划定比例 3 部分。饮用水水源分为地表水和地下水型，地表水型水源水质监测执行《地表水环境质量标准》（GB 3838—2002），按季度监测，4 次/年；地下水型水源水质监测执行《地下水质量标准》（GB/T 14848—2017），每半年监测 1 次，2 次/年；若监测频次不符合要求，则不得分。具体如下：

（1）城镇集中式饮用水水源水质达标率

指标解释：是指服务县城的在用集中式饮用水水源，其水质监测中达标频次占全年监测总频次的比例。

评分方法：2 分，计算公式：城镇集中式饮用水水源水质达标率 × 2，小数点后保留一位有效数字。

评分依据：县城在用集中式饮用水水源水质监测报告。

（2）“千吨万人”水源水质达标率

指标解释：是指县域内所有划定的“千吨万人”水源，其水质监测中达标频次占全年监测总频次的比例。

评分方法：3 分，计算公式：“千吨万人”水源水质达标率 × 3，小数点后保留一位有效数字。

评分依据：县域“千吨万人”水源规划报告、水源名单以及水质监测报告。

（3）乡镇集中式饮用水水源保护区划定比例

指标解释：是指县域内乡镇集中式饮用水水源中完成保护区划定的比例。

评分方法：2 分，计算公式：乡镇集中式饮用水水源保护区划定比例 × 2，小数点后保留一位有效数字。若县域内无“千吨万人”水源，则“千吨万人”水源水质达标率的分值加到乡镇集中式饮用水水源保护区划定比例中，计算公式：乡镇集中式饮用水水源保护区划定比例×5，小数点后保留一位有效数字。

评分依据：县域乡镇集中式饮用水水源保护区批复报告，以及水源名单、乡镇名单等。

5 工作组织情况（15 分）

5.1 党委政府共抓生态环境保护工作

指标解释：是指县级党委政府主要负责人研究部署和督促落实生态环境保护工作情况。

评分方法：4 分，县级党委政府共同推进污染防治攻坚战，加强生态环境保护工作，督促各部门推进生态保护修复、环境污染防治、城乡环境整治等任务，每季度 1 分。

评分依据：评价年县级党委政府主要负责人研究部署生态环境保护工作的会议记录（纪要）等材料。

5.2 工作组织

指标解释：是指县级政府每年组织开展国家重点生态功能区县域生态环境质量监测评价工作，制定实施方案、保障工作经费等举措。

评分方法：6 分，县级政府每年年初将该项工作纳入年度工作计划，制定实施方案（2 分），成立由政府领导牵头的领导小组，组织协调县域生态环境监测评价工作（1 分）；根据指标体系及实施细则，明确各部门职责分工以及需要开展的工作、需要提供的数据资料（1 分）；保障工作经费（2 分）。

评分依据：实施方案可每年制定，也可制定“十四五”期间的方案；工作经费凭证。

5.3 自查报告

指标解释：是指县级政府编写年度自查报告，综合分析县域生态环境质量状况，以及生态保护修复、环境污染治理成效、存在问题等。

评分方法：5 分。根据自查报告编制质量综合评分，0～5 分，小数点后保留一位有效数字。若审核发现，县域上报各类数据资料存在（缺）漏报、错报等不规范（造假瞒报除外）情形的，发现 1 处扣 1 分，扣完为止；若县域不能按时上报数据资料，影响省级审核工作进度的，扣 5 分。

评分依据：自查报告数据翔实，能体现评价年县级政府的生态环境保护工作和成效，以及生态环境质量变化趋势，鼓励开展生态环境保护成效评价，探索生态产品价值实现机制。

（二）评价方法

生态环境保护管理评分分省级评分和国家评分两级，在省级评分基础上，国家进行复核。根据每个县域生态环境保护管理得分（$EM_{管理}$），以省为单位将各县域的分值转换为−1.5～+1.5 之间的无量纲值，作为生态环境保护管理评价值，以 $EM'_{管理}$表示，若本省内县域数量不足 5 个，则与相邻省份合并评价，$EM'_{管理}$计算公式如下：

$$EM'_{管理}=1.5\times(EM_{管理}-EM_{avg})/(EM_{max}-EM_{avg}),\quad 当EM_{管理}\geqslant EM_{avg}时$$

$$EM'_{管理}=1.5\times(EM_{管理}-EM_{avg})/(EM_{avg}-EM_{min}),\quad 当EM_{管理}\leqslant EM_{avg}时$$

式中，EM_{max} —— 某省县域生态环境保护管理得分的最大值；

EM_{min} —— 某省县域生态环境保护管理得分的最小值；

EM_{avg} —— 某省县域生态环境保护管理得分的平均值。

若经审核或现场核查发现县域生态环境保护管理指标证明材料存在编造或瞒报情形，则该县域 $EM'_{管理}$直接定为−1.5，且最终评价结果不得为“变好”等级，并进行通报。

若经核实县域生态环境质量监测数据存在造假或发生严重人为干扰环境质量监测站点行为，则该县域生态环境质量综合评价结果定为最差一档，即“明显变差”。

若县域近三年（包括评价年，下同）生态环境保护管理评价不为负值（$EM'_{管理}\geqslant0$），且同时满足以下 3 个条件，则其当年生态环境质量综合评价结果定为“轻微变好”：①近三年生态环境质量综合评价结果均为“基本稳定”且不为负值（$0\leqslant\Delta EI<1$）；②近三年生态环境质量动态变化值不为负值（$\Delta EI'\geqslant0$）；③近三年县域内未出现突发环境事件或突出生态环境问题（$EM'_{事件}$不为负值）。

若县域近三年生态环境质量综合评价结果均为“轻微变好”，且同时满足以下 4 个条件，则其当年生态环境质量综合评价结果定为“一般变好”：①近三年且生态环境质量动态变化值不为负值（$\Delta EI'\geqslant0$）；②近三年生态环境保护管理评价不为负值（$EM'_{管理}\geqslant0$）；③近三年自然生态变化详查评价不为负值（$EM'_{遥感}\geqslant0$）；④近三年未出现突发环境事件或突出生态环境问题（$EM'_{事件}$不为负值）。

二、自然生态变化详查

自然生态变化详查是通过评价年与对照年（县域纳入转移支付年份作为对照年）高分辨率卫星遥感影像对比分析及无人机遥感核查等方法，查找并验证县域内局部自然生态系统发生变化的区域，评价值（$EM'_{遥感}$）介于−0.7～+0.7 之间（表 5）。自然生态变化详查评价通过“变化类型+变化面积”综合确定。其中，“变化类型”为定性指标，主要包括矿产资源开发类、工业开发类、固体废物堆放类、城市开发建设类，以及其他改变生态用地的类型；“变化面积”为定量指标，根据生态变化斑块面积进行评价，分为明显变化、一般变化和轻微变化（表 5）。

自然生态变化无人机遥感核查遵循典型性与可行性原则，重点选取由人为因素导致的且生态变化面积较大的斑块，同时也参考新闻媒体或舆情中出现的生态破坏事件。

对于在生态重要区或极度敏感区发现的破坏，如自然保护区、饮用水水源保护区、生态保护红线内，或往年发现的生态破坏斑块仍没有好转的，甚至持续扩大的，评价值可降档扣分，结合生态破坏斑块的类型、面积和空间位置，可直接定为最差一档（即“明显变差”）（表 6）。

表 5 自然生态变化详查评价

<table>
<tr><th colspan="3">自然生态变化规模</th><th>EM′_{遥感}</th><th>自然生态破坏类型</th></tr>
<tr><td rowspan="2">明显变化</td><td rowspan="2">变化面积＞5km²</td><td>破坏</td><td>−0.7</td><td rowspan="7">1、矿产资源开发类：包括矿产露天开采、尾矿库、采石场、石料厂、砂石厂等；
2、工业开发类：独立设置的工厂、工业园区等；
3、固体废物堆放类：包括工业固体废物、矿业固体废物、农业固体废物、城市生活垃圾、建筑固体废物、非常规来源固体废物等；
4、城市开发建设类：包括工业园区新建或扩建、城镇建设、房地产开发等；
5、其他改变生态用地的类型</td></tr>
<tr><td>恢复</td><td>＋0.7</td></tr>
<tr><td rowspan="2">一般变化</td><td rowspan="2">2km²＜变化面积≤5km²</td><td>破坏</td><td>−0.5</td></tr>
<tr><td>恢复</td><td>＋0.5</td></tr>
<tr><td rowspan="2">轻微变化</td><td rowspan="2">0＜变化面积≤2km²</td><td>破坏</td><td>−0.3</td></tr>
<tr><td>恢复</td><td>＋0.3</td></tr>
<tr><td colspan="3">未变化</td><td>0</td></tr>
</table>

表 6 自然保护区等生态敏感区生态破坏评价

<table>
<tr><th>自然生态破坏类型</th><th>自然保护区功能分区</th><th>饮用水水源保护区分区</th><th>EM′_{遥感}</th></tr>
<tr><td rowspan="3">1. 矿产资源开发类：包括矿产露天开采、尾矿库、采石场、石料厂、砂石厂等；
2. 工业开发类：独立设置的工厂、工业园区等；
3. 固体废物堆放类：包括工业固体废物、矿业固体废物、农业固体废物、城市生活垃圾、建筑固体废物、非常规来源固体废物等；
4. 城市开发建设类：包括工业园区新建或扩建、城镇建设、房地产开发等；
5. 其他改变生态用地的类型</td><td rowspan="2">核心保护区（核心区、缓冲区）</td><td>一级保护区</td><td rowspan="2">最终评价结果定为最差一档（明显变差）</td></tr>
<tr><td>二级保护区</td></tr>
<tr><td>一般控制区（实验区）</td><td>准保护区</td><td>首先按照破坏面积进行评价，然后再降低一档。如按照破坏面积评价为−0.3，则降低一档后变成−0.5，直至−0.7 为止</td></tr>
</table>

注：自然保护区优化调整完成之前，采用核心区、缓冲区、实验区的功能分区。自然保护区优化调整完成后，采用核心保护区、一般控制区的功能分区；若生态保护红线内发现生态破坏斑块，评价方式同自然保护区一般控制区（实验区）和饮用水水源保护区准保护区。

三、突发环境事件与突出生态环境问题

该部分包括突发环境事件、突出生态环境问题两部分，以 $EM'_{事件}$表示，作为负向评价指标。对于由自然灾害等不可抗力因素造成的突发环境事件、突出生态环境问题不纳入评价。

$EM'_{事件}$介于−1.0～0 之间，但如果县域发生特别重大等级的突发环境事件，或经中

央生态环境保护督察发现的地方政府不作为、乱作为、虚假整改等性质恶劣、影响较大的生态环境问题，可将最终评估结果定为最差一档（即“明显变差”）（表 7）；如果县域发生重大等级的突发环境事件，最终评价结果降低一档且不得为“变好”或“基本稳定”等级（表 7）。

表 7　突发环境事件与突出生态环境问题评价

<table>
<tr><th colspan="2">类　型</th><th>$EM'_{事件}$</th><th>判断依据</th><th>说明</th></tr>
<tr><td rowspan="4">突发环境事件</td><td>特别重大环境事件</td><td>最终评价结果为最差一档</td><td rowspan="4">依据《国家突发环境事件应急预案》，评价年县域内发生人为因素引发的特别重大、重大、较大或一般等级的突发环境事件。若发生不止一起突发环境事件则以最严重等级为准</td><td rowspan="9">若同一事件有多种资料来源，则以最严重等级计算评价值，不重复计算</td></tr>
<tr><td>重大环境事件</td><td>最终评价结果降低一档且不得为“变好”或“基本稳定”等级</td></tr>
<tr><td>较大环境事件</td><td>−0.5</td></tr>
<tr><td>一般环境事件</td><td>−0.3</td></tr>
<tr><td rowspan="5">突出生态环境问题</td><td rowspan="3">中央生态环境保护督察问题</td><td>最终评价结果为最差一档</td><td>①中央领导批示督办的重大生态环境问题；②地方政府虚假敷衍整改、以整改名义行开发之实的；③资源违法无序开发造成重大生态环境问题的；④自然保护区等各类保护地核心保护区存在人类开发活动的；⑤其他类似程度的生态环境问题</td></tr>
<tr><td>−1.0</td><td>①生活垃圾、污水处理设施运行不正常或长期超负荷运行，污水收集管网建设滞后的；②企业未安装污染处理设施导致污染物直排的；③自然保护区等各类保护地生态环境问题整改不到位或缓冲区有开发建设活动的；④违法违规建设或未批先建的；⑤地方政府重视不够，生态环境保护治理未形成合力的；⑥面源污染防治不力对环境质量有明显影响的；⑦其他类似程度的生态环境问题</td></tr>
<tr><td>−0.5</td><td>①生活垃圾、污水处理设施不能按要求完成建设或改造的；②企业污染治理设施运行不正常的；③河长制、林长制等生态环境保护制度落实不到位的；④生态环境问题整改不到位的；⑤不合理开发以及产业项目不合理上马造成生态环境隐患的；⑥其他类似程度的生态环境问题</td></tr>
<tr><td>生态环境部例行监管发现的生态环境问题</td><td rowspan="2">−0.5</td><td>因生态环境问题被生态环境部约谈、公开通报、挂牌督办或实施区域限批</td></tr>
<tr><td>集中重复生态环境投诉举报问题</td><td>因集中重复投诉举报被生态环境部发函预警</td></tr>
</table>

第四部分　综合评价

县域生态环境质量综合评价结果（ΔEI）作为国家重点生态功能区转移支付资金奖惩调节的主要依据，由技术评价结果（即县域生态环境质量变化值ΔEI′）、生态环境保护管理评价（$EM'_{管理}$）、自然生态变化详查评价（$EM'_{遥感}$）、突发环境事件与突出生态环境问题评价（$EM'_{事件}$）四部分组成，公式如下：

$$\Delta EI = \Delta EI' + EM'_{管理} + EM'_{遥感} + EM'_{事件}$$

县域生态环境质量综合评价结果分为三级七类。三级为“变好”“基本稳定”“变差”；其中“变好”包括“轻微变好”“一般变好”“明显变好”“变差”包括“轻微变差”“一般变差”“明显变差”（表 8）。

表 8　县域生态环境质量综合评价结果分级

变化等级	变 好			基本稳定	变 差		
	轻微变好	一般变好	明显变好		轻微变差	一般变差	明显变差
△EI 阈值	1≤△EI≤2	2<△EI< 4	△EI≥4	−1<△EI<1	−2≤△EI≤−1	-4<△EI<−2	△EI≤−4

第 2 章
关于印发《中央对地方重点生态功能区转移支付办法》的通知

（财预〔2022〕59 号）

各省、自治区、直辖市、计划单列市财政厅（局）：

为深化生态保护补偿制度改革，加强重点生态功能区转移支付分配、使用和管理，我们制定了《中央对地方重点生态功能区转移支付办法》，现予印发。

附件：中央对地方重点生态功能区转移支付办法

财政部

2022 年 4 月 13 日

附件

中央对地方重点生态功能区转移支付办法

第一条 为深入贯彻习近平生态文明思想，加快生态文明制度体系建设，深化生态保护补偿制度改革，加强重点生态功能区转移支付管理，根据《中华人民共和国预算法》及其实施条例，制定本办法。

第二条 重点生态功能区转移支付列一般性转移支付，用于提高重点生态县域等地区基本公共服务保障能力，引导地方政府加强生态环境保护。

第三条 重点生态功能区转移支付包括重点补助、禁止开发区补助、引导性补助以及考核评价奖惩资金。

第四条 重点生态功能区转移支付不规定具体用途，中央财政分配下达到省、自治区、直辖市、计划单列市以及新疆生产建设兵团（以下统称省）省级财政部门，由相关省根据本地区实际情况统筹安排使用。

第五条 重点生态功能区转移支付支持范围。

（一）重点补助范围。

1. 重点生态县域，包括限制开发的国家重点生态功能区所属县（含县级市、市辖区、旗等，下同）以及新疆生产建设兵团相关团场。

2. 生态功能重要地区，包括未纳入限制开发区的京津冀有关县、海南省有关县、雄安新区和白洋淀周边县。

3. 长江经济带地区，包括长江经济带沿线 11 省。

4. 巩固拓展脱贫攻坚成果同乡村振兴衔接地区，包括国家乡村振兴重点帮扶县及原“三区三州”等深度贫困地区。

（二）禁止开发补助范围。

相关省所辖国家级禁止开发区域。

（三）引导性补助范围。

南水北调工程相关地区（东线水源地、工程沿线部分地区和汉江中下游地区）以及其他生态功能重要的县。

第六条 重点生态功能区转移支付资金按照以下原则进行分配：

（一）公平公正，公开透明。选取客观因素进行公式化分配，转移支付办法和分配结果公开。

（二）分类处理，突出重点。根据生态功能重要性、财力水平等因素对转移支付对象实施差异化补助，体现差别、突出重点。

（三）注重激励，强化约束。健全生态环境监测评价和奖惩机制，激励地方加大生态环境保护力度，提高资金使用效率。

第七条　重点生态功能区转移支付资金选取影响财政收支的客观因素测算。具体计算公式为：

某省转移支付应补助额=重点补助+禁止开发补助+引导性补助±考核评价奖惩资金

测算的转移支付应补助额（不含考核评价奖惩资金）少于该省上一年转移支付预算执行数的，按照上一年转移支付预算执行数安排。

第八条　重点补助测算。

（一）重点生态县域和生态功能重要地区补助按照标准财政收支缺口并考虑补助系数测算。其中，标准财政收支缺口参照均衡性转移支付办法测算，结合中央与地方生态环境领域财政事权和支出责任划分，将各地生态环境保护方面的减收增支情况作为转移支付测算的重要因素；补助系数根据标准财政收支缺口、生态保护红线、产业发展受限对财力的影响情况等因素测算，并向西藏和四省涉藏州县、南水北调中线工程水源地倾斜。

重点生态县域和生态功能重要地区补助参照均衡性转移支付办法设置增幅控制机制。对倾斜支持地区、以前年度补助水平较低的地区，适当放宽增幅控制。

（二）长江经济带补助根据生态保护红线、森林面积、人口等因素测算。

（三）巩固拓展脱贫攻坚成果同乡村振兴衔接地区补助根据脱贫人口数、标准财政支出水平等因素测算，并结合脱贫人口占比、人均转移支付水平进行适当调节。

第九条　禁止开发补助根据各省禁止开发区域的面积和个数等因素测算，根据生态功能重要性适当提高国家自然保护区和国家森林公园权重，并向西藏和四省涉藏州县倾斜。

第十条　引导性补助中，南水北调工程相关地区（东线水源地、工程沿线部分地区和汉江中下游地区）按照相关规定予以补助；其他生态功能重要的县按照标准财政收支缺口并考虑补助系数测算。

第十一条　考核评价奖惩资金根据生态环境质量监测评价情况实施奖惩，对评价结果为明显变好和一般变好的地区予以适当奖励；对评价结果为明显变差和一般变差的地区，适当扣减转移支付资金。

第十二条　财政部于每年 10 月 31 日前，提前向省级财政部门下达下一年度重点生态功能区转移支付预计数。省级财政部门收到财政部提前下达重点生态功能区转移支付预计数 30 日内，提前向下级财政部门下达下一年度重点生态功能区转移支付预计数。

第十三条 省级财政部门应当根据本地实际情况，制定省对下重点生态功能区转移支付办法，规范资金分配，加强资金管理，将各项补助资金落实到位。各省应当加大重点生态功能区转移支付力度。省级财政部门分配重点生态功能区转移支付资金，应重点支持中央财政补助范围内的地区。

第十四条 享受重点生态功能区转移支付的地区应当切实增强生态环境保护意识，将转移支付用于保护生态环境和改善民生，不得用于楼堂馆所及形象工程建设和竞争性领域，同时加强对生态环境质量的考核和资金的绩效管理。

第十五条 财政部各地监管局根据工作职责和财政部要求，对重点生态功能区转移支付资金进行监管。

第十六条 各级财政部门及其工作人员在资金分配、下达和管理工作中存在违反本办法行为，以及其他滥用职权、玩忽职守、徇私舞弊等违法违规行为的，依法追究相应责任。

资金使用部门和个人存在弄虚作假或挤占、挪用、滞留资金等行为的，依照《中华人民共和国预算法》及其实施条例、《财政违法行为处罚处分条例》等国家有关规定追究相应责任。

第十七条 本办法自发布之日起施行。《中央对地方重点生态功能区转移支付办法》（财预〔2019〕94 号）同时废止。

第3章
关于印发《区域生态质量评价办法（试行）》的通知

（环监测〔2021〕99号）

各省、自治区、直辖市生态环境厅（局），新疆生产建设兵团生态环境局：

为深入贯彻习近平生态文明思想，落实党和国家机构改革关于生态环境部“统一负责生态环境监测”的职责，推进山水林田湖草沙冰一体化保护和系统修复，加强生态建设和生物多样性保护，按照党的十九届五中全会关于“提升生态系统质量和稳定性”和“开展生态系统保护成效监测评估”的精神，落实中办、国办《关于深化生态保护补偿制度改革的意见》中“推动开展全国生态质量监测评估”的要求，我部组织编制了《区域生态质量评价办法（试行）》，现印发给你们，请遵照执行。

生态环境部

2021年10月17日

区域生态质量评价办法
（试行）

一、目的意义

为深入贯彻习近平生态文明思想，落实党和国家机构改革关于生态环境部“统一负责生态环境监测”的职责，推进山水林田湖草沙冰一体化保护和系统修复，加强生态建设和生物多样性保护，按照党的十九届五中全会关于“提升生态系统质量和稳定性”和“开展生态系统保护成效监测评估”的精神，落实中办、国办《关于深化生态保护补偿制度改革的意见》中“推动开展全国生态质量监测评估”的要求，特制定《区域生态质量评价办法（试行）》。

二、适用范围

本办法规定了区域生态质量评价的指标体系、数据要求和评价方法。

本办法适用于县级及以上区域生态质量现状和趋势的综合评价。

三、主要依据

（一）《关于印发〈生态环境监测规划纲要（2020—2035 年）〉的通知》（环监测〔2019〕86 号）

（二）《生态环境状况评价技术规范》（HJ 192）

（三）《草地气象监测评价方法》（GB/T 34814）

（四）《陆地植被气象与生态质量监测评价等级》（QX/T 494）

（五）《遥感影像解译样本数据技术规定》（GDPJ 06）

（六）《多光谱遥感数据处理技术规程》（DD 2013—12）

（七）《海域使用分类》（HY/T 123）

（八）《生物多样性观测技术导则》（HJ 710.1 至 HJ 710.11）

（九）《自然灾害分类与代码》（GB/T 28921）

（十）《国家海洋局关于印发海域卫星遥感动态监测相关技术规范的通知》（国海管字〔2014〕500 号）

四、指标体系与数据来源

（一）指标体系

包括生态格局、生态功能、生物多样性和生态胁迫 4 个一级指标，下设 11 个二级指标、18 个三级指标，具体见表 1。

表 1　区域生态质量评价指标体系

一级指标	二级指标	三级指标	备注
生态格局	生态组分	生态用地面积比指数	
		海洋自然岸线保有指数	沿海县域
	生态结构	生态保护红线面积比指数	
		生境质量指数	
		重要生态空间连通度指数	
生态功能	水土保持	水土保持指数	水土保持类型国家重点生态功能区县域
	水源涵养	水源涵养指数	水源涵养类型国家重点生态功能区县域
	防风固沙	防风固沙指数	防风固沙类型国家重点生态功能区县域
	生态宜居	建成区绿地率指数	地级及以上城市建成区
		建成区公园绿地可达指数	
	生态活力	植被覆盖指数	其他县域
		水网密度指数	
生物多样性	生物保护	重点保护生物指数	
	重要生物功能群	指示生物类群生命力指数	
		原生功能群种占比指数	
生态胁迫	人为胁迫	陆域开发干扰指数	
		海域开发强度指数	沿海县域
	自然胁迫	自然灾害受灾指数	

（二）数据来源

1. 生态类型数据：2 m 分辨率卫星影像解译数据。

2. 植被质量与植被覆盖数据：250 m 分辨率 NDVI 数据和 500 m 分辨率 NPP 数据。

3. 生物物种数据：野生高等植物、哺乳类、鸟类、爬行类、两栖类和蝶类等野外观测数据。

4. 陆域开发数据：2 m 分辨率卫星影像解译的建设用地数据。

5. 海岸及海域开发数据：2 m 分辨率卫星影像解译的海岸及海域开发类型和范围数据。

五、指标计算方法

（一）生态格局

1. 生态用地面积比指数

指评价区林地、草地、湿地、农田、沙地、近海等具有生态属性的用地面积占比情况。

$$\begin{aligned}\mathrm{EL}=A_{\mathrm{el}}\times[&\text{有林地面积}+\text{灌木林地面积}+\text{疏林地面积}\\&+\text{草地面积}+\text{河流面积}+\text{湖泊}(\text{近海})\text{面积}\\&+\text{滩涂面积}+\text{永久性冰川雪地面积}+\text{沼泽面积}\\&+\text{沙地面积}+\text{其他林地面积}\times0.7+\text{水库面积}\times0.7\\&+\text{水田面积}\times0.7+\text{旱地面积}\times0.5]/\mathrm{LA}\end{aligned}$$

式中：EL —— 生态用地面积比指数；

A_{el} —— 生态用地面积比指数的归一化系数，参考值为 100.502 2。

LA —— 区域国土面积，km^2。

2. 海洋自然岸线保有指数

指评价区海岸线中自然岸线长度的占比情况（不包括海岛岸线）。

$$\mathrm{NONC_{rr}}=A_{\mathrm{NONC}}\times\mathrm{NC_l}/\mathrm{CL_t}$$

式中：$\mathrm{NONC_{rr}}$ —— 海洋自然岸线保有指数；

A_{NONC} —— 海洋自然岸线保有指数的归一化系数，参考值为 100；

$\mathrm{NC_l}$ —— 自然岸线长度，km；

$\mathrm{CL_t}$ —— 海岸线总长度，km。

3. 生态保护红线面积比指数

指评价区生态保护红线面积占比情况。其中沿海地区的生态保护红线面积比指数包括陆域生态保护红线面积比例、海洋生态保护红线面积比例和陆海统筹生态保护红线面积比例。

$$\mathrm{ECRR}=\left[A_{\mathrm{ecrr}}\times(\mathrm{ECRA}/\mathrm{LA})\right]/5+50$$

式中：ECRR —— 生态保护红线面积比指数；

A_{ecrr} —— 生态保护红线面积比指数的归一化系数，参考值为 102.880 6；

ECRA —— 生态保护红线面积，km^2；

LA —— 区域国土面积，km^2。

4. 生境质量指数

指评价区由于生态系统类型不同而体现的生物栖息地质量差异。

$$\begin{aligned}\mathrm{HQI} = A_{\mathrm{bio}} \times (&0.35 \times \mathrm{SF} + 0.21 \times \mathrm{SG} + 0.28 \times \mathrm{SW} \\ &+ 0.11 \times \mathrm{SC} + 0.04 \times \mathrm{SB} + 0.01 \times \mathrm{SU}) / \mathrm{LA}\end{aligned}$$

式中：HQI —— 生境质量指数；

A_{bio} —— 生境质量指数的归一化系数，参考值为 494.812 2；

SF —— 林地指数；

SG —— 草地指数；

SW —— 水域湿地指数；

SC —— 耕地指数；

SB —— 建设用地指数；

SU —— 未利用地指数；

LA —— 区域国土面积，km^2。

表 2　生境质量指数各类型分权重

	林地指数			草地指数			水域湿地指数				耕地指数		建设用地指数			未利用地指数				
土地利用类型	有林地	灌木林地	疏林地和其他林地	高覆盖度草地	中覆盖度草地	低覆盖度草地	河流（渠）	湖泊（库）	滩涂湿地和沼泽地	永久性冰川雪地	水田	旱地	城镇建设用地	农村居民点	其他建设用地	沙地	盐碱地	裸土地	裸岩石砾	其他未利用地
分权重	0.60	0.25	0.15	0.60	0.30	0.10	0.10	0.30	0.50	0.10	0.60	0.40	0.30	0.40	0.30	0.20	0.30	0.20	0.20	0.10

注：林地指数（SF）、草地指数（SG）、水域湿地指数（SW）、耕地指数（SC）、建设用地指数（SB）和未利用地指数（SU）由表中相应类型的面积乘以权重计算获得。

5. 重要生态空间连通度指数

指评价区重要生态空间斑块之间的整体连通程度。

$$\mathrm{PC} = A_{\mathrm{PC}} \times \frac{\sum_{i=1}^{n}\sum_{j=1}^{n} a_i \times a_j \times P_{ij}^{*}}{\mathrm{LA}^2}$$

$$P_{ij} = \mathrm{e}^{-k \times d_{ij}}$$

式中：PC —— 重要生态空间连通度指数；重要生态空间指将林地、草地、水域和沼泽地进行合并后，面积大于 0.1 km^2 的斑块。

A_{PC} —— 重要生态空间连通度指数的归一化系数，参考值为 103.700 0；

n —— 重要生态空间斑块的总数量，个；

a_i —— 斑块 i 的面积，km^2；

a_j —— 斑块 j 的面积，km^2；

LA —— 区域国土面积，km^2；

P_{ij}^* —— 斑块 i 和斑块 j 之间所有路径最终连通性的最大值，即斑块 i 和 j 之间所有可能路径 P_{ij} 的最大乘积概率；

P_{ij} —— 斑块 i 与 j 之间的直接扩散概率；

d_{ij} —— 斑块 i 与 j 之间的最低成本距离，在此指最短距离，km；

k —— 常数项，通过物种平均扩散距离和设置的概率值确定，推荐平均距离为 5 km，概率设置为 0.5。

6. 生态格局综合评价

（1）沿海地区

$$\text{生态格局} = 0.32 \times (0.70 \times \text{EL} + 0.30 \times \text{NONC}_{\text{rr}}) + 0.68 \times (0.10 \times \text{ECRR} + 0.80 \times \text{HQI} + 0.10 \times \text{PC})$$

式中：EL —— 生态用地面积比指数；

NONC_{rr} —— 海洋自然岸线保有指数；

ECRR —— 生态保护红线面积比指数；

HQI —— 生境质量指数；

PC —— 重要生态空间连通度指数。

（2）内陆地区

$$\text{生态格局} = 0.32 \times \text{EL} + 0.68 \times (0.10 \times \text{ECRR} + 0.80 \times \text{HQI} + 0.10 \times \text{PC})$$

式中：EL —— 生态用地面积比指数；

ECRR —— 生态保护红线面积比指数；

HQI —— 生境质量指数；

PC —— 重要生态空间连通度指数。

（二）生态功能

将全国县域分为 5 类进行评价：按照《全国主体功能区规划》中的主导生态功能，防风固沙类型国家重点生态功能区县域采用防风固沙指数，水土保持类型国家重点生态功能区县域采用水土保持指数，水源涵养类型国家重点生态功能区县域采用水源涵养指数；非主导生态功能区的地级及以上城市建成区采用生态宜居指数，其他县域采用生态活力指数。

1. 防风固沙指数

指评价区植被抵抗风力侵蚀的能力。

$$Q_{风} = \frac{\sum_{i=1}^{n} Q_{风i}}{n}$$

$$Q_{风i} = 100 \times \left(0.5 \times \frac{\mathrm{NDVI}_i - 0.05}{0.70} + 0.5 \times \frac{\mathrm{NPP}_i}{\mathrm{NPP}_{max}}\right)$$

式中：$Q_{风}$ —— 防风固沙指数；

$Q_{风i}$ —— 像元的防风固沙指数；

n —— 评价区内像元数，个；

NDVI_i —— 评价年全年像元归一化差值植被指数最大值；

NPP_i —— 评价年全年像元植被净初级生产力累积值；

NPP_{max} —— 评价区内最好气象条件下的植被净初级生产力，选取近五年NPP累积值最大值。

2. 水土保持指数

指评价区植被保持土壤的能力。

$$Q_{水土} = \frac{\sum_{i=1}^{n} Q_{水土i}}{n}$$

$$Q_{水土i} = 100 \times \left(0.5 \times \frac{\mathrm{NDVI}_i - 0.05}{0.90} + 0.5 \times \frac{\mathrm{NPP}_i}{\mathrm{NPP}_{max}}\right)$$

式中：$Q_{水土}$ —— 水土保持指数；

$Q_{水土i}$ —— 像元的水土保持指数；

n —— 评价区内像元数，个；

NDVI_i —— 评价年5—9月像元归一化差值植被指数最大值；

NPP_i —— 评价年5—9月像元植被净初级生产力累积值；

NPP_{max} —— 评价区内最好气象条件下的植被净初级生产力，选取近五年NPP累积值最大值。

3. 水源涵养指数

指评价区各生态类型的水源涵养综合功能情况。

$$\begin{aligned}\mathrm{WRC} = A_{\mathrm{con}} \times \{&0.45\times[0.1\times\text{河流面积}+0.3\times\text{湖库面积}\\&+0.6\times(\text{滩涂面积}+\text{沼泽面积})]+0.35\times[0.6\times\text{有林地面积}\\&+0.25\times\text{灌木林地面积}+0.15\times\text{其他林地面积}]\\&+0.20\times[0.6\times\text{高覆盖度草地面积}+0.3\times\text{中覆盖度草地面积}\\&+0.1\times\text{低覆盖度草地面积}]\}/\mathrm{LA}\end{aligned}$$

式中：WRC —— 水源涵养指数；

A_{con} —— 水源涵养指数的归一化系数，参考值为 526.792 6。

LA —— 区域国土面积，km^2。

4. 建成区绿地率指数

指地级及以上城市建成区林地、草地等各类绿地总面积占比情况。

$$\mathrm{UGR} = A_{\mathrm{UGR}} \times \mathrm{UGRA} / \mathrm{UA}$$

式中：UGR —— 建成区绿地率指数；

A_{UGR} —— 建成区绿地率指数的归一化系数，参考值为 182.400 0；

UGRA —— 建成区各类绿地总面积，km^2；

UA —— 建成区总面积，km^2。

5. 建成区公园绿地可达指数

指地级及以上城市建成区公园绿地周边步行 10 分钟可达范围覆盖的面积占比情况。

$$\mathrm{UPR} = A_{\mathrm{UPR}} \times \mathrm{UGA} / \mathrm{UA}$$

式中：UPR —— 建成区公园绿地可达指数；

A_{UPR} —— 建成区公园绿地可达指数的归一化系数，参考值为 111.111 1；

UGA —— 人均步行 10 分钟（按 800 m 算）可达范围覆盖的面积，km^2；

UA —— 建成区总面积，km^2。

6. 生态宜居

$$\text{生态宜居} = 0.54\times\mathrm{UGR} + 0.46\times\mathrm{UPR}$$

式中：UGR —— 建成区绿地率指数；

UPR —— 建成区公园绿地可达指数。

7. 植被覆盖指数

指评价区内的植被覆盖状况。

$$C = A_{\text{veg}} \times \frac{\sum_{i=1}^{n} P_j}{10\,000 \times n}$$

式中：C —— 植被覆盖指数；

A_{veg} —— 植被覆盖指数的归一化系数，参考值为 121.165 1；

P_j —— 评价年 5—9 月像元 NDVI 月最大值的均值；

n —— 区域像元数，个。

8. 水网密度指数

指评价区内河流、湖泊、水库、永久性冰川雪地、近海等面积占比情况，用于表征水的丰富程度。

$$\text{DW} = A_{\text{DW}} \times \frac{S_{\text{river}} + S_{\text{lake}} + S_{\text{reservoir}} + S_{\text{glacier}} + S_{\text{近海}}}{\text{LA}}$$

式中：DW —— 水网密度指数，大于100的区域按100算；

A_{DW} —— 水网密度指数的归一化系数，参考值为1 005.478 8；

S_{river} —— 有水河流面积，km^2；

S_{lake} —— 湖泊面积，km^2；

$S_{\text{reservoir}}$ —— 水库面积，km^2；

S_{glacier} —— 永久性冰川雪地面积，km^2；

$S_{\text{近海}}$ —— 沿海岸线向外扩2km海域面积，km^2；

LA —— 区域国土面积，km^2。

9. 生态活力

$$\text{生态活力} = 0.6 \times C + 0.4 \times \text{DW}$$

式中：C —— 植被覆盖指数；

DW —— 水网密度指数。

（三）生物多样性

1. 重点保护生物指数

指评价区内已记录的符合《国家重点保护野生动物名录》和《国家重点保护野生植物名录》的高等植物、哺乳类、鸟类、爬行类和两栖类的物种数，用于表征评价区生物物种被保护情况。

$$\text{KS}_{\text{r}} = A_{\text{KS}} \times \text{AKS} + 13.214\,2$$

式中：KS_{r} —— 重点保护生物指数；

A_{KS}—— 重点保护生物指数的归一化系数，参考值为 0.151 0；

AKS —— 评价区内列入《国家重点保护野生动物名录》和《国家重点保护野生植物名录》的高等植物、哺乳类、鸟类、爬行类和两栖类的物种数，种。

2. 指示生物类群生命力指数

指评价区内已记录的野生哺乳类、鸟类、两栖类和蝶类等生态环境指示生物类群的物种多样性的变化状况。

$$Q_t = A_Q \times \frac{10^{-\sum_{i=1}^{s} P_{it} \ln P_{it} + \frac{1}{s}\sum_{i=1}^{s} \log N_{it}}}{10^{\frac{1}{s}\sum_{i=1}^{s} \log P_{i0} + \log N_0}}$$

式中：Q_t—— 指示生物类群生命力指数；

A_Q—— 指示生物类群生命力指数的归一化系数，参考值为 13.528 8；

N_{it}—— 第 i 个物种第 t 年的个体数量，个；

N_0—— 初始年特定类群所有物种的个体数量总和，个；

S—— 第 t 年的物种数，种；

P_{it}—— 第 t 年特定物种的个体数量占所评价区域内实际监测到的指示生物总个体数的比例，%；

P_{i0}—— 初始年特定物种的个体数量占所评价区域内实际监测到的指示生物个体总数的比例，%。

3. 原生功能群种占比指数

指评价区内监测样地地带性原生生态系统群落建群种生物量或生物个数占样地生物量或个数的比例情况。

$$B_{ps} = A_{ps} \times S_{is} / S_{ts}$$

式中：B_{ps}—— 原生功能群种占比指数；

A_{ps}—— 原生功能群种占比指数的归一化系数；

S_{is}—— 评价区监测样方内的地带性原生生态系统群落建群种个体数（生物量），个（g/m^2）；

S_{ts}—— 评价区监测样方内的生物总个体数（总生物量），个（g/m^2）。

4. 生物多样性综合评价

$$\text{生物多样性} = 0.30 \times KS_r + 0.70 \times \left(0.62 \times Q_t + 0.38 \times B_{ps}\right)$$

式中：KS_r—— 重点保护生物指数；

Q_t—— 指示生物类群生命力指数；

B_{ps}—— 原生功能群种占比指数。

（四）生态胁迫

1. 陆域开发干扰指数

指评价区开发建设用地面积占比情况，表征人类活动对陆域生态系统的胁迫程度。

$$\mathrm{LDI} = A_{\mathrm{LDI}} \times \frac{S_1 + W \times S_2}{\mathrm{LA}}$$

式中：LDI —— 陆域开发干扰指数，大于 100 的区域按 100 算；

A_{LDI}—— 陆域开发干扰指数的归一化系数，参考值为 333.333 3；

S_1—— 生态保护红线外的开发建设用地面积，km^2；

S_2—— 生态保护红线内的开发建设用地面积，km^2；

W—— 生态保护红线内的开发建设用地权重，推荐值为 2；

LA —— 区域国土面积，km^2。

2. 海域开发强度指数

指评价区海岸线向海一侧，填海造地、围海、构筑物用海面积之和占管辖海域面积比例情况，表征人类活动对海域的胁迫程度。

$$\mathrm{SDI} = A_{\mathrm{SDI}} \times \frac{S_{\mathrm{LR}} + S_{\mathrm{L}} + S_{\mathrm{LS}}}{S_{\mathrm{sea}}}$$

式中：SDI —— 海域开发强度指数；

A_{SDI}—— 海域开发强度指数的归一化系数，参考值为 100；

S_{LR}—— 填海造地面积，含建设填海造地和农业填海造地，km^2；

S_{L}—— 围海面积，含围海养殖、盐业和港池等，km^2；

S_{LS}—— 构筑物用海面积，含非透水构筑物和透水构筑物，km^2；

S_{sea}—— 管辖海域总面积，指评价区域海岸线（海岸线依据省级人民政府批复数据）向海洋方向延伸 2 km 的面积，km^2。

3. 自然灾害受灾指数

指评价区气象、地质、生物、生态环境、海洋等自然灾害受灾面积占比情况，表征自然灾害对生态系统造成的扰动。

$$\mathrm{NDI} = A_{\mathrm{NDI}} \times \frac{\sum_{i=1}^{n} S_{\mathrm{NDI}}}{\mathrm{LA}}$$

式中：NDI —— 自然灾害受灾指数；

A_{NDI}—— 自然灾害受灾指数的归一化系数；

S_{NDI} —— 气象、地质、生物、生态环境、海洋等重大自然灾害受灾面积，km^2；

n —— 重大自然灾害种类数，种；

LA —— 区域国土面积，km^2。

4. 生态胁迫综合评价

（1）沿海地区

$$生态胁迫 = 0.74 \times (0.60 \times LDI + 0.40 \times SDI) + 0.26 \times NDI$$

式中：LDI —— 陆域开发干扰指数；

SDI —— 海域开发强度指数；

NDI —— 自然灾害受灾指数。

（2）内陆地区

$$生态胁迫 = 0.74 \times LDI + 0.26 \times NDI$$

式中：LDI —— 陆域开发干扰指数；

NDI —— 自然灾害受灾指数。

六、综合评价与分类方法

（一）综合评价

$$生态质量指数(EQI) = 0.36 \times 生态格局 + 0.35 \times 生态功能 + 0.19 \times 生物多样性 + 0.10 \times (100 - 生态胁迫)$$

（二）生态质量分类

根据生态质量指数值，将生态质量类型分为五类，即一类、二类、三类、四类和五类，具体见表 3。

表 3　生态质量分类

类别	一类	二类	三类	四类	五类
指数	EQI≥70	55≤EQI＜70	40≤EQI＜55	30≤EQI＜40	EQI＜30
描述	自然生态系统覆盖比例高、人类干扰强度低、生物多样性丰富、生态结构完整、系统稳定、生态功能完善	自然生态系统覆盖比例较高、人类干扰强度较低、生物多样性较丰富、生态结构较完整、系统较稳定、生态功能较完善	自然生态系统覆盖比例一般、受到一定程度的人类活动干扰、生物多样性丰富度一般、生态结构完整性和稳定性一般、生态功能基本完善	自然生态本底条件较差或人类干扰强度较大，自然生态系统较脆弱，生态功能较低	自然生态本底条件差或人类干扰强度大，自然生态系统脆弱，生态功能低

（三）生态质量变化分级

根据生态质量指数与基准值的变化情况，将生态质量变化幅度分为三级七类。三级为“变好”“基本稳定”和“变差”；其中“变好”包括“轻微变好”“一般变好”和“明显变好”，“变差”包括“轻微变差”“一般变差”和“明显变差”，具体见表 4。

表 4　生态质量变化幅度分级

变化等级	变好			基本稳定	变差		
	轻微变好	一般变好	明显变好		轻微变差	一般变差	明显变差
ΔEQI 阈值	1≤ΔEQI＜2	2≤ΔEQI＜4	ΔEQI≥4	−1＜ΔEQI＜1	−2＜ΔEQI≤−1	−4＜ΔEQI≤−2	ΔEQI≤−4

七、质量保证与质量控制

区域生态质量评价中相关监测数据按照《生态遥感监测数据质量保证与质量控制技术要求》《生物多样性观测技术导则》（HJ 710.1 至 HJ 710.11）、年度国家生态环境监测方案和相关技术规定等要求开展质量保证与质量控制工作。

第 4 章
关于印发《县域生态环境质量监测与评价点位（断面）管理办法》的通知

（环办监测〔2019〕59 号）

各省、自治区、直辖市生态环境厅（局），新疆生产建设兵团生态环境局：

为强化环境监测对国家重点生态功能区转移支付等工作的支撑作用，规范县域生态环境质量监测与评价点位（断面）的管理，确保县域生态环境质量监测数据的科学性、准确性、连续性和完整性，我部制定了《县域生态环境质量监测与评价点位（断面）管理办法》。现印发给你们，请遵照执行。

生态环境部办公厅

2019 年 11 月 11 日

县域生态环境质量监测与评价点位（断面）管理办法

第一条　为强化环境监测对国家重点生态功能区转移支付等工作的支撑作用，规范县域生态环境质量监测与评价工作（以下简称县域评价工作）的点位（断面）管理，确保生态环境质量数据的连续性、完整性和可比性，依据《国务院办公厅关于印发生态环境监测网络建设方案的通知》（国办发〔2015〕56 号）和《关于加强“十三五”国家重点生态功能区县域生态环境质量监测评价与考核工作的通知》（环办监测函〔2017〕279

号）等文件要求，制定本办法。

第二条　本办法适用于县域评价工作中涉及的生态环境质量监测点位（断面）和污染源名单的设立与调整。具体包括：

（一）环境空气质量监测点位；

（二）地表水水质监测断面（点位）；

（三）土壤环境监测点位；

（四）集中式饮用水水源地水质监测点位（断面）；

（五）污染源名单及废气（废水）排放监测点位。

第三条　县域评价工作的生态环境质量监测点位（断面）分为国控和省控两级。县域内生态环境质量监测点位（断面）除国控外，其余所有点位（断面）作为省控点位（断面）管理。国控点位（断面）由国家统一管理，省控点位（断面）由省级生态环境部门负责管理。污染源名单及废气（废水）排放监测点位由省级生态环境部门负责管理。

第四条　新纳入县域评价工作的县域，原则上县域内已有的国控、省控和市控等生态环境质量监测点位（断面）应全部作为县域评价工作的点位（断面）。如已有的点位（断面）不足以全面反映县域生态环境质量，应由省级生态环境部门负责设立新的点位（断面）。

新纳入县域评价工作的县域污染源名单，应包括重点排污单位名录中的企业事业单位，还应包括设计处理能力大于或等于 5 000 吨/日的城镇生活污水处理厂和 2 000 吨/日的工业废水集中处理厂。根据排污单位自行监测技术指南和排污许可证，确定废气（废水）排放监测点位。

第五条　新设立的生态环境质量监测点位（断面）应符合相关技术要求，编制点位（断面）设立报告并论证。具体要求如下：

（一）环境空气质量监测主要在县城建成区开展，采用自动监测的方式。点位设立应满足《环境空气质量监测点位布设技术规范（试行）》（HJ 664—2013）等相关技术规范要求；

（二）地表水水质监测应覆盖县域主要地表水水体，设立的点位（断面）能够反映县域地表水水质整体状况；若县域内有跨界河流，则需在河流出境、入境处设立监测点位（断面）。点位（断面）设立应满足《地表水和污水监测技术规范》（HJ/T 91—2002）等相关技术规范要求；

（三）土壤环境监测点位设立应满足《土壤环境质量监测国控点布设方法》（环办函〔2014〕1643 号）等有关要求；

（四）集中式饮用水水源地水质监测应覆盖县城在用的集中式饮用水水源地，分为地表水和地下水。点位设立应满足《关于印发〈全国集中式生活饮用水水源地水质监测实施方案〉的函》（环办函〔2012〕1266 号）等有关要求。

第六条 新纳入县域评价工作的省控点位（断面）应由省级生态环境部门向生态环境部备案，备案材料包括：点位（断面）基本信息、点位（断面）设立报告和论证材料。

污染源名单及废气（废水）排放监测点位的备案材料包括：企业事业单位名称、统一社会信用代码、排污许可证复印件、污染物监测点位名称、经纬度、主要污染物等。

第七条 已纳入县域评价工作的生态环境质量监测点位（断面）原则上不得调整。县域内的国控点位（断面）调整由国家组织开展，省控点位（断面）如出现以下情况，可申请调整：

（一）因行政区划调整或城市扩建等，已有监测点位（断面）不能反映县域生态环境质量；

（二）因自然条件变化等，已有监测点位（断面）不符合相关监测技术规范要求；

（三）因土地利用类型发生变化等，已有土壤环境监测点位不能反映县域土壤环境质量；

（四）县域在用集中式饮用水水源地调整；

（五）其他需要调整的情况。

第八条 出现重点排污单位名录更新、企业废气（废水）排放点位撤销或变更、已有污染源企业关闭等情况，或为满足生态环境管理特定需求，可对污染源名单和废气（废水）排放点位进行调整。

第九条 县域评价工作涉及的国控生态环境质量监测点位（断面）应根据国控监测点位（断面）优化调整方案进行动态更新。省控生态环境质量监测点位（断面）的调整，除满足本办法第五条的有关要求外，调整后的地表水水质监测断面（点位）应与原断面（点位）具有相似的水文条件以及周边环境状况，调整后的土壤环境监测点位应与原点位的土地利用类型、土壤属性等保持一致。

污染源名单和废气（废水）排放监测点位应根据重点排污单位名录和排污许可证等进行调整。

第十条 省级生态环境部门负责组织本省县域评价工作涉及的省控生态环境质量监测点位（断面）、污染源名单和废气（废水）排放监测点位的调整，编制调整技术报告并论证，报生态环境部备案。在调整后的当月组织开展监测。

第十一条 县域评价工作涉及的省控生态环境质量监测点位（断面）调整的备案材料包括：原有点位（断面）基本信息、拟调整点位（断面）基本信息和点位调整的论证材料。

污染源名单和废气（废水）排放监测点位调整的备案材料包括：原有点位基本信息、拟调整点位基本信息和有关证明材料。

第十二条 生态环境部组织对设立和调整的监测点位（断面）和污染源名单进行抽查，如发现不符合设立、调整的条件和要求或恶意调整的情况，对县域评价结果予以扣分，并对省级生态环境部门进行通报批评。

第十三条 其他非国家重点功能区转移支付县域生态环境质量监测点位（断面）和污染源名单的设立和调整可参照本办法执行。

第十四条 本办法由生态环境部负责解释，自印发之日起实施。

第 5 章 国家重点生态功能区县域生态环境无人机核查技术指南

1 前言

1.1 工作背景

国家重点生态功能区是指在水源涵养、水土保持、防风固沙、生物多样性维护等方面具有关键作用的区域。2008 年，原环境保护部、中国科学院联合发布《全国生态功能区划》，划定了 50 个重要生态功能区，确定了不同地域单元的主导生态功能，2010 年，国务院发布《全国主体功能区规划》，确定水源涵养、水土保持、防风固沙、生物多样性维护四种生态服务功能 25 个国家重点生态功能区，作为限制开发区的重要组成部分，同时确定了每类功能区包括的县域名称。为落实《全国主体功能区规划》，中央财政于 2008 年率先开展国家重点生态功能区财政转移支付，探索建立了国家主体功能区限制开发区的生态补偿制度，制定了《国家重点生态功能区转移支付办法》，用以规范转移支付资金的使用管理、绩效及奖惩。

为评估中央财政转移支付资金对国家重点生态功能区县域生态环境改善及保护效果，原环境保护部、财政部于 2009 年启动了国家重点生态功能区县域生态环境质量考核工作，以生态环境质量监测、定量化评价作为衡量转移支付资金使用效果的依据，制定印发了《国家重点生态功能区县域生态环境质量考核办法》，并于 2011 年对所有全国重点生态功能区县域开展生态环境质量考核。

无人机抽查是国家重点生态功能区县域生态环境质量监测评价的重要内容，是国家重点生态功能区县域生态环境质量监测评价指标和技术体系的一部分，为县域生态环境质量监测评价提供了有力的技术支撑。

1.2 无人机抽查内容

无人机遥感抽查，反映国家重点生态功能区县域生态环境质量变化情况，提取生态环境变化斑块的位置、面积、边界、地物类型等属性信息，并针对重点县域，采用无人机遥感技术进行生态变化抽查，同时，通过地面调查方式核实地物属性信息，检查生态环境变化斑块所涉及建设项目的环评文件与批复情况。

1.3 无人机抽查技术路线

无人机抽查用于评估现状年和本底年国家重点生态功能区县域生态环境质量的变化情况。为确保评估的科学性与可比性，需设定生态县域监测评价的本底年，将纳入国家重点生态功能区县域转移支付名单的年份，作为本底年，在此基础上与现状年进行比较，开展生态环境质量变化的无人机抽查工作。当年新增的生态县域，从第二年开始进行抽查。

无人机抽查采用“卫星普查-无人机抽查-现场核查”的工作流程，该流程综合集成卫星遥感、无人机航空遥感技术，逐级深入地对国家重点生态功能区县域生态环境质量进行监测评价，通过影像对比与信息提取，获取了县域生态环境变化斑块，调查了生态环境变化原因，为县域监测评价提供了技术与数据支撑。

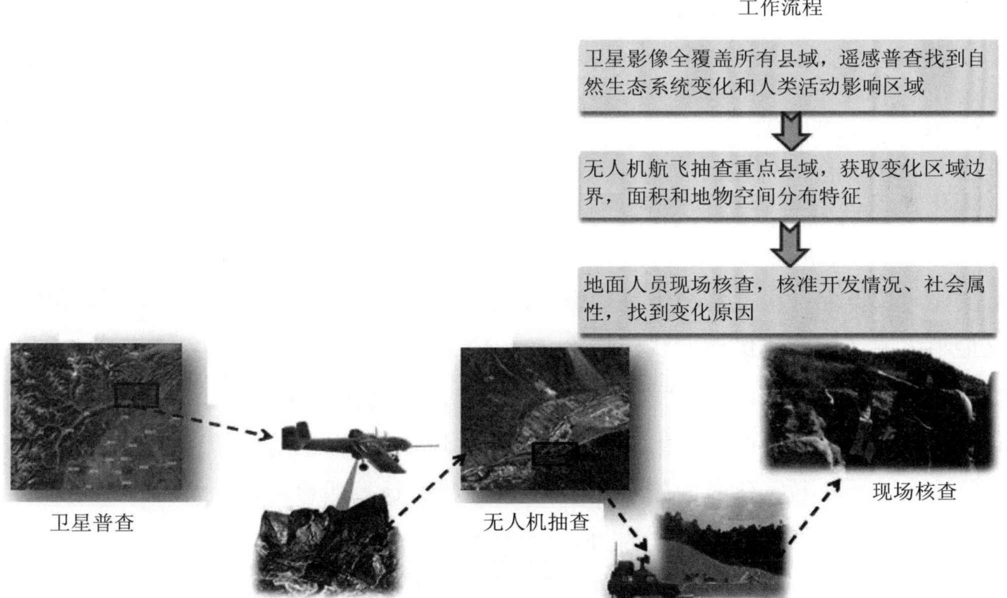

图 1 国家重点生态功能区县域生态环境质量无人机抽查流程

其流程如图 1 所示：首先，开展生态县域卫星遥感全覆盖监测，获取生态县域现状年和本底年（本底年为纳入县域名单的年份）两期卫星遥感影像并进行对比分析，提取所有县域的生态环境变化和人类活动信息；基于卫星普查结果，筛选部分重点县域作为无人机抽查县域，采用无人机对生态变化区域进行飞行作业，获取航空影像并进行图像处理，进一步提取环境变化区域边界、面积和地物空间分布特征信息；根据无人机抽查结果，通过现场核查，核实无人机抽查结果，进一步明确县域生态环境变化属性信息，找出变化原因，并审核生态环境变化斑块涉及的建设项目是否具有环评报告书（表）及批复文件，以此明确变化斑块的合法性。

2 卫星普查技术流程

2.1 卫星影像数据处理

卫星影像处理包括数据选取、几何精校正和影像镶嵌等三方面工作。

数据选取：要求基准年和现状年以中、高空间分辨率卫星影像数据为主，其空间分辨率优于 30m，时相为 6—8 月，南方的县域可选择 5—9 月，每景影像云覆盖率小于 2%；

几何精校正：以基准年影像校正现状年影像，两期影像投影坐标系为亚尔勃斯投影（Albert Equal Area），地理坐标系为 2000 国家大地坐标系，校正后的考核年卫星影像精度优于 2 个像元；

影像镶嵌：镶嵌后影像整体色调均匀，接边重叠带无模糊或重影现象，边界清晰、无明显错位。

2.2 变化斑块提取解译

变化斑块提取解译包括变化斑块提取、变化状况分级及变化斑块解译等三方面工作。

变化斑块提取：根据县域卫星影像空间分辨率特征，参考县域生态考核实施细则，定义最小生态环境变化斑块面状地物为 10 × 10 像元，线状地物为 1 × 10 像元。因此，通过对比两期卫星影像，采用目视解译与数字化方法提取县域内所有大于最小生态环境变化斑块的区域边界，在数字化过程中，将变化斑块定义为多边形矢量，每隔 3 个像元数字化 1 个节点，数字化时的比例尺按照公式（1）计算后设定。

$$\frac{1}{M}=\frac{1}{1\,000\times R\times P} \tag{1}$$

式中，M 为数字化时的比例尺分母；R 为人眼对屏幕的分辨率；取值 4，P 为卫星影像空间分辨率，m。

变化状况分级：根据变化斑块矢量文件，计算每个斑块的面积，结果保留 2 位小数。

生态变化是指改变原有的地表植被覆盖状况，转变为矿产资源开发、工业用地、固体废物堆放、城镇开发建设等类型。生态变化斑块变化等级分为未变化（面积无明显变化）、轻微变化（0＜变化面积≤2 km^2）、一般变化（2 km^2＜变化面积≤5 km^2）、明显变化（变化面积＞5 km^2）四个级别。具体情况如表 1 所示。

表 1　生态环境变化状况分级评价标准

分级		判断依据	说明
明显变化	破坏	变化面积＞5km^2	通过不同年份遥感影像对比分析及无人机遥感抽查，查找和证实考核县域局部生态系统发生变化的区域并测算变化面积
	恢复		
一般变化	破坏	2km^2＜变化面积≤5km^2	
	恢复		
轻微变化	破坏	0＜变化面积≤2km^2	
	恢复		
未变化	无明显变化	—	

变化斑块解译：对县域内提取的所有变化斑块矢量数据建立属性表，建立变化斑块相关属性字段，具体要求如表 2 所示，地物类型解译标志如表 3 所示。

表 2　生态变化斑块属性表要求

序号	字段名称	字段类型	数据长度	备注
1	变化图斑编号	[char]	20	按照自上而下，从左到右的方式统一编号，编号为自然数
2	省份名称	[char]	20	
3	地市名称	[char]	20	
4	县级行政辖区名称	[char]	20	
5	中心点经度	[float]	15，6	小数点后保留 6 位小数，单位：°
6	中心点纬度	[float]	15，6	小数点后保留 6 位小数，单位：°
7	国家重点生态功能区名称	[char]	50	
8	生态功能类型	[char]	50	
9	基准年地物类型	[char]	20	耕地、林地、草地、水体、城镇、村庄、裸地、矿产、工业园区、开发建设用地、尾矿库
10	考核年地物类型	[char]	20	耕地、林地、草地、水体、城镇、村庄、裸地、矿产、工业园区、开发建设用地、尾矿库
11	变化面积	[float]	8，2	小数点后保留 2 位小数，单位：km^2
12	变化状况	[char]	20	生态环境变化状况等级
13	备注	[char]	50	需要说明的特殊情况

表 3 地物类型卫星影像解译标志

序号	土地覆盖类型	影像特征			卫星影像解译标志
		形状	影像色调	纹理	
1	耕地	以块状、条带状、或不规则状分布，地类界线较为清晰	种植作物呈现红、暗红、鲜红、粉红等，未种植地块呈灰、灰白或白色	对于水田地块，影像纹理较为细腻，质地均匀；对于旱地地块，纹理较为粗糙，纹理不均匀	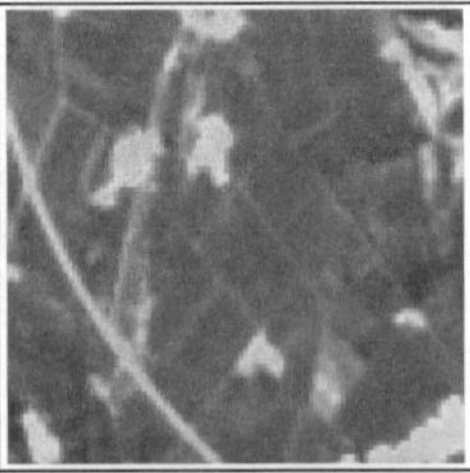
2	林地	形状不规则，可呈线状、格状、点状、片状或分散分布	色调较为均匀，呈暗红、红、鲜红、粉红等颜色，与林地类型、生长地点相关性大	纹理较为细腻，由人力种植的林地纹理比较杂乱且不规则	
3	草地	连片分布，边界明显或形状不规则	以鲜红、红、淡红、粉红、淡黄色为主色调	质地较为细腻、纹理清晰、颜色均一	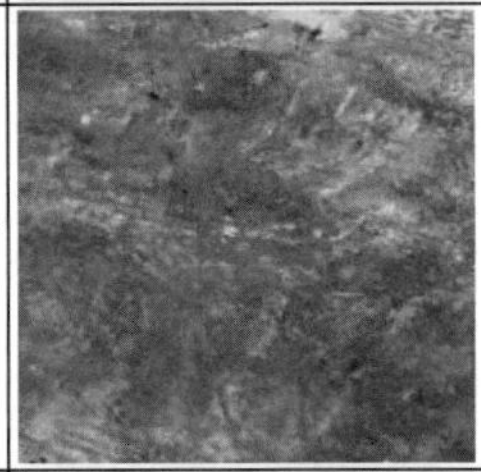
4	水体	弯曲线状、带状或片状，地物界线清晰	呈黑色或淡蓝色	质地均匀，颜色较为均一	
5	城镇	规则的团状、片状或长条状	呈灰、黑或黑灰色	纹理较为粗糙，一般有大的交通线路穿过	
6	村庄	规则的块状、长条状或不规则团状	呈青灰色或黑灰色，村庄四周如有树木或果园，使得村庄居民地周围出现红色	纹理较为粗糙	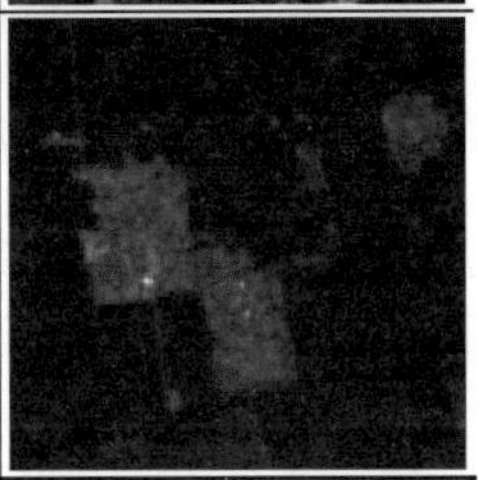

序号	土地覆盖类型	影像特征			卫星影像解译标志
		形状	影像色调	纹理	
7	裸地	片状或带状，界线较为清晰	淡灰色或亮灰色	纹理较为粗糙	
8	沙地	不规则分布，界线较为清晰	呈白色或灰白色	具有格状、波状纹理	
9	戈壁	不规则块状，界线明显	黑色或灰黑色	纹理较为粗糙	
10	沼泽地	不规则片状或条带状，界线不清晰	青灰色基色中泛淡红色或红色，夹有黑色、蓝色或淡蓝色	质地较为均匀	
11	裸岩石砾地	片状或团状，界线清晰	灰色、铁青色	纹理杂乱清晰	
12	寒漠苔原	一般呈片状或带状，界线明确清晰	黑灰色或铁青色	质地较为均匀	

序号	土地覆盖类型	影像特征			卫星影像解译标志
		形状	影像色调	纹理	
13	矿产开发	不规则片状或块状，边界清晰	煤矿为黑色，被剥离的地表植被呈白色或浅黄色，铁矿呈青灰色或灰黑色；水泥矿石呈青灰色；铝土矿呈白灰色；瓷土矿呈青绿色	纹理较为粗糙	
14	工业园区	较为规则的块状，内部有道路等人为设施，边界清晰	呈青绿色或淡黄色	纹理较为粗糙	
15	开发建设用地	不规则的块状或团状，内部有道路等，界线明显	呈青灰色或黑灰色	纹理较为粗糙	
16	尾矿库	规则或不规则的片状、块状，界线清晰	呈灰白色、黑灰色或灰褐色	纹理较为粗糙	

2.3　变化斑块地物类型验证

为确保变化斑块地物类型解译的准确性，客观地反映县域生态环境变化状况，同时，为无人机抽查飞行场地选取做好铺垫，需对解译过程中的不确定地物类型进行实地验证，明确其土地利用类别。地物类型验证工作包括验证准备、数据导入、车载 GPS 导航、地面 GPS 导航、地物类型验证等五方面工作。

验证准备：在设备方面，需准备车载 GPS、手持 GPS、便携式电脑、照相机、越野车、望远镜等；在数据方面，需准备变化斑块卫星遥感影像、变化斑块数字化矢量文件、公路数据、其他道路辅助数据等；在软件方面，需准备 GIS 专业软件，用于实时显示验证路径、修改地物类型。

数据导入：在便携式电脑中打开 GIS 软件，输入变化斑块卫星影像、变化斑块矢量文件及公路数据或其他道路辅助数据，连接、打开车载 GPS、接收卫星信号，使 GPS 光标信号可在 GIS 软件中显示，并确保汽车开动后，GPS 能在屏幕中沿行径方向移动。

车载 GPS 导航：在 GIS 软件中确定变化斑块、道路、起始点之间的空间关系，确定行径方向，出发后利用车载 GPS 导航，不断接近变化斑块中心点，汽车行驶到达离变化斑块最近的位置。

地面 GPS 导航：在道路达不到的地方，需步行达到变化斑块，将变化斑块中心点坐标输入到手持 GPS 中，打开手持 GPS，接收卫星信号，利用手持 GPS 的目标导航，接近变化斑块中心点。

地物类型验证：到达变化斑块后，根据地物类型特征，确认变化斑块土地利用类型，并修改解译错误的斑块矢量文件属性表。

2.4 变化斑块专题图

以县域本底年与现状年的卫星影像为底图，生成生态变化斑块变化状况专题图，进而对比生态变化情况，制图具体要求详见附件一。

3　无人机抽查技术流程

3.1 抽查县域选取

抽查县域包括选取原则和筛选流程两个方面，选取原则遵循典型性与可行性原则，筛选流程采用逐层筛选与典型排序的方法。

选取原则：

（1）从明显变化、一般变化和轻微变化的县域中选取抽查县域；

（2）原则上对自然因素导致的生态环境变差县域不进行抽查；

（3）原则上对生态环境变好的县域不进行抽查；

（4）难以满足无人机飞行条件的县域暂不纳入抽查县域范围。

筛选流程：

（1）分别从明显变化、一般变化、轻微变化的县域中筛选出生态环境变差的县域；

（2）在生态环境变差的县域中筛选出由人为因素导致变差的县域；

（3）依据生态环境变化斑块所处的地理环境、气象条件、海拔高度、交通可达性等因素，在生态环境变差的县域中筛选出具备无人机飞行作业条件的县域，作为抽查县域总体；

（4）根据生态变化斑块类型，将抽查县域总体进行分类；

（5）按照生态环境斑块变化面积大小，对每个类型中的县域从高到低进行排序；

（6）按照年度无人机抽查县域数量要求，分别在每类县域中选取排名靠前的县域作为无人机抽查县域；同时，为更全面地选取抽查县域，在筛选过程中也将舆情监控系统反映的生态县域环境破坏事件作为辅助条件进行参考。

3.2 飞行区域划定

无人机抽查县域的飞行区域主要针对县域内生态环境变化严重或面积最大的斑块，飞行区域划定需满足如下规则：

（1）飞行区域必须覆盖生态变化斑块，并使变化斑块尽量位于飞行区域中部；

（2）飞行区域应为矩形或规则四边形，飞行面积视具体工作而定；

（3）飞行区域应不覆盖或少覆盖城镇用地和其他危险设施；

（4）变化斑块周边存在疑似生态破坏的区域，应纳入飞行区域内。

3.3 无人机飞行

为保证获取的无人机影像质量，需规范无人机飞行作业流程，包括空域申请、原始影像分辨率、航线规划、飞行作业时相选择及飞行参数控制等五个方面。

空域申请：根据《中华人民共和国民用航空法》《中华人民共和国飞行基本规则》等法律法规规定，无人机飞行前需向相关航空管制部门申请飞行空域，经批准后方可开展飞行。因此，在划定飞行区域后，需向相关航空管制部门申请空域。

原始影像分辨率：为高精度、准确地提取生态环境变化斑块信息，要求无人机飞行的原始影像分辨率优于 0.2m，基于该要求，选取符合要求的传感器，并设定相应的航高，计算原始影像分辨率公式如下：

$$\mathrm{GSD}=\frac{H\cdot a}{f} \tag{2}$$

式中，H 为行高，m；f 为镜头焦距，mm；a 为传感器的像元尺寸，mm。

航线规划：航线一般按东西向平行于图廓线敷设，特殊条件下亦可按南北向或沿线路、河流、海岸等方向敷设；曝光点尽量采用数字高程模型依地形起伏逐点设计；航向覆盖要求超出作业边界线不少于两条基线，超出作业边界线不少于像幅的 50%。

飞行作业时相选择：避免地表植被和其他覆盖物（如积雪、洪水、扬尘等）对作业的不利影响，确保图像能够真实显现地物细节，保证具有充足的光照度，避免过大的阴影；不同地形太阳高度角要求：平地＞20°，丘陵地＞30°，山地＞45°。

飞行参数控制：航向重叠度一般为 60%～80%，最小不低于 53%；旁向重叠度一般为 30%～60%，最小不低于 25%；像片倾角应小于 3°，出现超过 3°的像片数不多于总数的 5%；像片旋角要求超过 10°的数量不应超过 3 张，且在一个摄区内出现最大旋角的像片数不应超过摄区总像片数的 4%；像片倾角和旋角不应同时达到最大值；要求飞行作业过程中最大航高与最小航高之差＜40m，实际航高与设计航高之差＜20m。

无人机飞行作业具体要求详见环境保护部办公厅正式发文《无人机环境遥感监测基本作业规范（试行）》（环办〔2014〕84 号）。

3.4 无人机影像处理

为保证生态变化斑块信息提取精度，需保证无人机影像处理质量。无人机影像处理包括空中三角测量精度和影像处理质量等两个方面。

空中三角测量精度：相对定向要求连接点上下视差中误差＜2/3 个像素，最大残差≤1 个像素，每个相对连接点数目≥30 个，连接点距影像边缘≥100 个像素；绝对定向要求基本定向点残差≤1.5m，检查点误差≤1.75m，公共点较差≤3m。

影像处理质量：拼接后的无人机影像空间分辨率优于 0.2m，影像清晰，层次丰富，反差适中，色调柔和，无模糊、重影、错位、扭曲、变形、拉花、脏点、漏洞、同一地物色彩反差不一致的现象；无云、云影、烟、大面积反光、污点等缺陷；能辨认出与地面分辨率相适应的细小地物；曝光瞬间造成的像点位移＜1 个像元。

3.5 变化斑块信息提取解译

基于无人机影像的变化斑块信息提取解译参照 2.2 章节相关流程。

3.6 变化斑块专题图

以无人机影像为底图，生成生态变化斑块变化状况专题图，制图具体要求详见附件一。同时，为直观对比生态变化斑块变化情况，基于卫星及无人机影像，对每个变化斑块分别生成专题图，具体要求详见附件一。

4 现场调查技术流程

4.1 变化斑块属性信息调查

基于生态变化斑块的无人机遥感影像，针对调查重点区域做好调查方案，在地方环保部门协助下，赴现场核实变化斑块类型，并在调查过程中，对变化斑块整体及局部进行拍照取证。

4.2 环评手续审查

如变化斑块涉及建设项目，需审查项目环境影响报告书（表）和环评批复情况，如项目有上述文件，需对环境影响报告书（表）与环评批复文件拍照取证。

根据现场调查工作内容，制定现场调查工作表，具体如下：

表 4 现场调查工作表

________省________市________县　　　　　调查人 ________日期________

序号	中心点经度	中心点纬度	生态功能类型	无人机抽查地物类型	现场抽查地物类型	涉及建设项目名称	项目产业类型	有无环境影响报告书（表）	有无环评批复	现场抽查照片	备注

5 质量控制

5.1 卫星普查质量控制

卫星普查质量控制主要针对卫星影像选取、几何精校正、变化斑块提取、地物类型解译结果和变化斑块专题图等内容进行质量控制。

卫星影像选取：针对选取的生态县域卫星影像，打开影像元数据文件，检查影像的时相、空间分辨是否符合影像选取标准，同时，目视检查影像云量是否符合要求。

几何精校正：基于遥感软件，通过卷帘功能，对所有县域精校正后的影像，检查影像中的河流、道路、人工建筑等地物与控制影像中相同地物在空间上的一致性。

变化斑块提取：检查所有县域提取变化斑块的边界与影像中斑块的边界一致性。

地物类型解译结果：基于高空间分辨率卫星影像，检查变化斑块解译的地物类型与变化斑块属性中地物类型的一致性，并检查其准确性；检查变化斑块属性表中各项字段属性值、字段类型、数据长度的准确性。

变化斑块专题图：检查变化斑块专题图图例中卫星影像合成波段顺序、各变化等级名称、要素颜色、指北针、比例尺的字体与样式，与专题图成图要求的一致性。

5.2 无人机抽查质量控制

无人机抽查质量控制包括飞行区域、无人机影像获取、无人机影像处理、变化斑块提取、变化斑块专题图等内容的质量控制。

飞行区域：根据无人机区域划定的原则，检查划定的无人机飞行区域的合理性与准确性。

无人机影像获取：打开无人机航摄影像飞行记录数据，检查影像像片倾角、旋角、最大和最小航高差，同时，抽取 50%的无人机航摄影像像片，检查其航向与旁向重叠度，比较其是否满足飞行参数控制要求。

无人机影像处理：通过无人机影像处理软件，检查空中三角测量相对定向的连接点上下视差中误差、最大残差、相对连接点数目、连接点距影像边缘等数据；检查绝对定向的定向残差、检查点误差和公共点较差等数据；检查拼接后无人机影像的空间分辨率、影像匀色效果与像点位移数据。

变化斑块提取：检查所有县域提取变化斑块的边界与影像中斑块的边界一致性。

变化斑块专题图：检查变化斑块专题图图例、要素颜色、指北针、比例尺的字体与样式，与专题图成图要求的一致性。

5.3 现场核查质量控制

现场核查质量控制包括属性信息与环评等内容的质量控制。

属性信息：依据无人机影像，结合现场取证照片，检查变化斑块属性的正确性。

环评手续：根据环境影响报告书（表）与环评批复文件的照片，检查项目环评批复情况的准确性。

6　抽查结果综合赋分

根据《“十四五”国家重点生态功能区县域生态环境质量监测与评价指标体系及实施细则》（环办监测函〔2022〕30 号）规定，生态变化是指改变原有的地表植被覆盖，转变为矿产资源开发、工业用地、固体废物堆放、城镇开发建设等类型。依据提取的生态变化斑块变化面积，对县域生态环境变化情况进行综合赋分，其中，无人机抽查县域以无人机抽查的生态变化斑块变化面积进行赋分，无人机抽查之外的县域，采用卫星普查的变化斑块面积进行赋分。

表 5　国家重点生态功能区县域生态环境变化卫星普查及无人机抽查赋分标准

<table>
<tr><th colspan="3">自然生态变化规模</th><th>$\mathrm{EM'}_{\text{遥感}}$</th><th>自然生态破坏类型</th></tr>
<tr><td rowspan="2">明显变化</td><td rowspan="2">变化面积＞5km^2</td><td>破坏</td><td>−0.7</td><td rowspan="7">1．矿产资源开发类：包括矿产露天开采、尾矿库、采石场、石料厂、砂石厂等；
2．工业开发类：独立设置的工厂、工业园区等；
3．固体废物堆放类：包括工业固体废物、矿业固体废物、农业固体废物、城市生活垃圾、建筑固体废物、非常规来源固体废物等；
4．城市开发建设类：包括工业园区新建或扩建、城镇建设、房地产开发等；
5．其他改变生态用地的类型</td></tr>
<tr><td>恢复</td><td>+0.7</td></tr>
<tr><td rowspan="2">一般变化</td><td rowspan="2">2km^2＜变化面积≤5km^2</td><td>破坏</td><td>−0.5</td></tr>
<tr><td>恢复</td><td>+0.5</td></tr>
<tr><td rowspan="2">轻微变化</td><td rowspan="2">0＜变化面积≤2km^2</td><td>破坏</td><td>−0.3</td></tr>
<tr><td>恢复</td><td>+0.3</td></tr>
<tr><td colspan="3">未变化</td><td>0</td></tr>
</table>

对于生态环境变化斑块所涉及项目未办理环评手续的县域，采取综合考核结果降一档处理，具体情况如下：

表 6 基于环评手续办理情况的无人机抽查降档处理标准

自然生态变化斑块类型	环评手续办理认定条件	环评手续	降档处理
1．矿产资源开发类：包括矿产露天开采、尾矿库、采石场、石料厂、砂石厂等； 2．工业开发类：独立设置的工厂、工业园区等； 3．固体废物堆放类：包括工业固体废物、矿业固体废物、农业固体废物、城市生活垃圾、建筑固体废物、非常规来源固体废物等； 4．城市开发建设类：包括工业园区新建或扩建、城镇建设、房地产开发等； 5．其他改变生态用地的类型	在无人机抽查前办理环评手续，即认定办理了环评手续	办理	不降档
		未办理	降一档

对于生态环境变化斑块位于国家级自然保护区、饮用水水源地保护区内的县域，依据保护区的保护对象，结合变化斑块所处的保护区功能分区类型，对综合考核结果进行降档处理，具体情况如下：

表 7 自然保护区等生态敏感区生态破坏评价

自然生态破坏类型	自然保护区功能分区	饮用水水源保护区分区	$EM'_{遥感}$
1．矿产资源开发类：包括矿产露天开采、尾矿库、采石场、石料厂、砂石厂等； 2．工业开发类：独立设置的工厂、工业园区等； 3．固体废物堆放类：包括工业固体废物、矿业固体废物、农业固体废物、城市生活垃圾、建筑固体废物、非常规来源固体废物等； 4．城市开发建设类：包括工业园区新建或扩建、城镇建设、房地产开发等； 5．其他改变生态用地的类型	核心保护区（核心区、缓冲区）	一级保护区	最终评价结果定为最差一档
		二级保护区	
	一般控制区（实验区）	准保护区	首先按照破坏面积进行评价，然后再降低一档。如按照破坏面积评价为−0.3，则降低一档后变成−0.5，直至扣减到−0.7为止

注：自然保护区优化调整完成之前，采用核心区、缓冲区、实验区的功能分区。自然保护区优化调整完成后，采用核心保护区、一般控制区的功能分区；若生态保护红线内发现生态破坏斑块，评价方式同自然保护区一般控制区（实验区）和饮用水水源保护区准保护区。

附件一：

变化斑块专题图制图格式

1．基于卫星影像的专题图制图

要求卫星影像波段组合为标准假彩色合成影像（波段按照近红外、红、绿的顺序），添加指北针、比例尺、图例等要素，变化斑块边界用线要素表示，变化状况等级用不同颜色表示，具体情况如表 1 所示。

表 1　生态变化斑块变化状况专题图颜色表示

生态变化斑块变化状况等级	RGB 组合	颜色
明显变差	（255，0，0）	
明显变好	（0，0，255）	
一般变差	（255，0，255）	
一般变好	（0，255，255）	
轻微变差	（255，255，0）	
轻微变好	（112，48，160）	

生态变化斑块专题图示意图如图 1 所示。

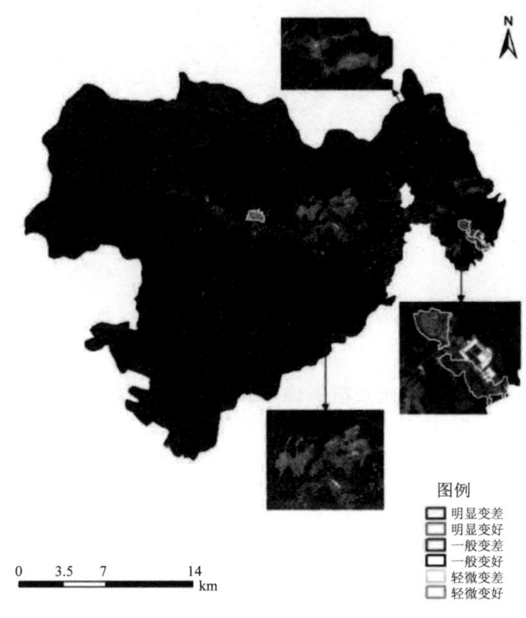

图 1　生态变化斑块专题图示意图

其中，图例字体格式为：居中，14.5 号字，宋体，加粗；各变化等级字体：左对齐，11 号字，宋体；比例尺字体：12 号字，Arial。

2．基于无人机影像的专题图制图

要求具有指北针、比例尺、图例、边框等要素，变化斑块边界用线要素表示，变化状况等级颜色与“基于卫星影像的专题图制图”的内容一致。若对变化斑块内的地物类型细分后进行制图时，每个地物颜色可任意搭配，但不能与“基于卫星影像的专题图制图”中的颜色重复，也不能使用白色、黑色、灰色等颜色。专题图制图示意图如图 2 所示。

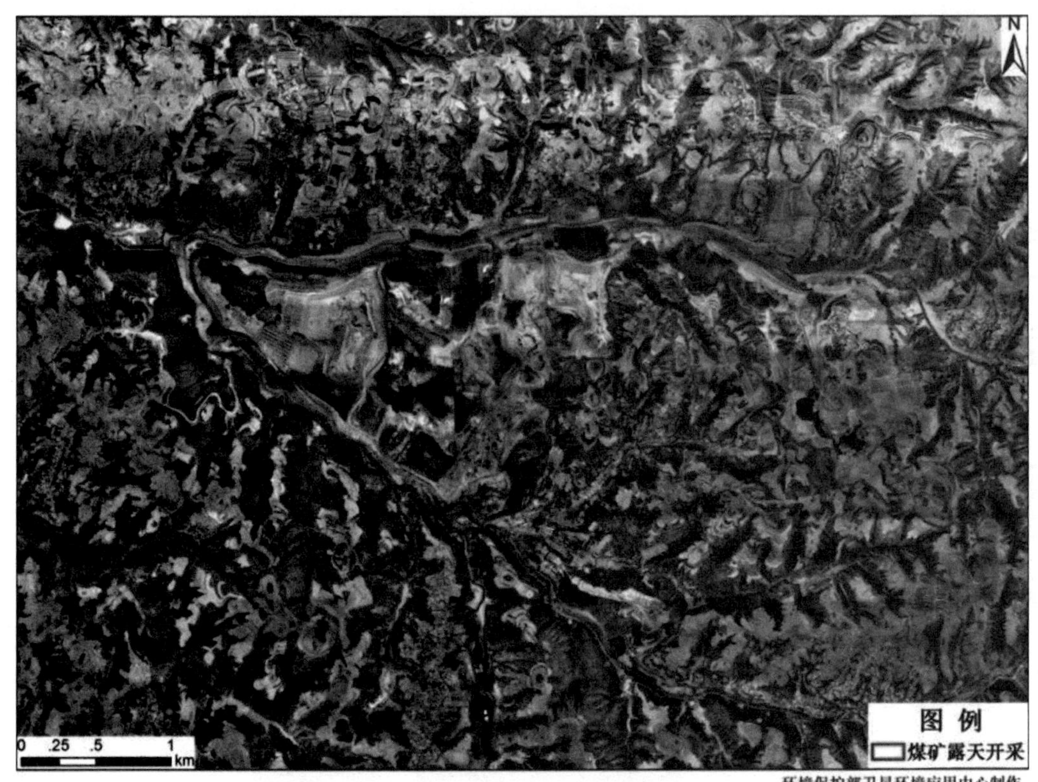

图 2　无人机影像变化斑块专题图示意图

其中，图例字体格式为：居中，14.5 号字，宋体，加粗；各变化等级字体：左对齐，11 号字，宋体；比例尺字体：12 号字，Arial。

3．单个生态变化斑块专题图

单个生态变化斑块专题图成图要素包括基准年与考核年标记，生态变化斑块变化过程指向箭头。其示意图如图 3 所示。

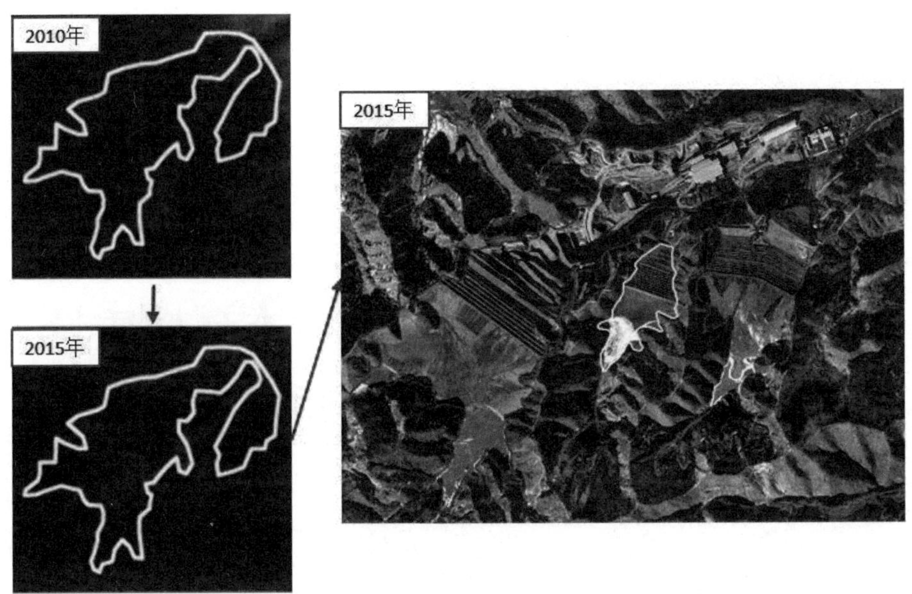

图 3　单个生态变化斑块专题图示意图

其中，基准年与考核年的字体格式为：居中，16 号字，宋体；各变化等级字体：箭头格式为：红色（255，0，0），实线线型，2 磅宽度。

第 6 章 国家重点生态功能区县域生态环境质量监测与评价现场抽查技术指南（试行）

为做好国家重点生态功能区县域生态环境质量监测与评价工作，依据《"十四五"国家重点生态功能区县域生态环境质量监测与评价指标体系及实施细则》（环办监测函〔2022〕30 号）等文件，制定《国家重点生态功能区县域生态环境质量监测与评价现场抽查技术指南》，用于国家重点生态功能区县域生态环境质量监测与评价现场抽查（以下简称"现场抽查"）工作。

一、抽查目的

落实《全国主体功能区规划》，加强国家重点生态功能区生态环境保护工作，掌握国家重点生态功能区县域生态环境保护状况；督促国家重点生态功能区县级党委、政府切实履行生态环境保护主体责任，加大生态环境保护投入，不断改善县域生态环境质量，推动生态文明建设；核准县域生态环境质量变化情况，保证国家重点生态环境质量监测与评价结果的客观准确。

通过现场抽查核实评价年度县域自查自报资料及数据的真实性和准确性。"十四五"县域评价指标体系明确："若经审核或现场核查发现县域生态环境保护管理指标证明材料存在编造或瞒报情形，则该县域 $EM'_{管理}$直接定为−1.5，且最终评价结果不得为"变好"等级，并进行通报。"

二、抽查对象与内容

（一）抽查对象

抽查对象为纳入国家重点生态功能区财政转移支付的县（市、区）人民政府，具体名单根据财政部最新的国家重点生态功能区转移支付县域确定，可分为随机抽查县域或针对问题核查帮扶县域，抽查组可包含省内外相关专家。

（二）抽查内容

抽查内容包含县域生态质量、环境质量、县域生态环境保护管理和第三方社会检测机构抽查。根据工作安排，可选取部分内容或指标开展抽查工作。具体为：

1．生态质量抽查

生态质量现场抽查包括县域生态变化（破坏或修复）斑块核实，核实内容主要包括：斑块的地理位置、变化类型、变化面积、责任单位、变化原因、审批和验收相关手续、生态影响及破坏情况等内容，如存在已处理的违法违规问题还需了解相应的处理措施及责任追究情况。

抽查方式包括生态变化斑块现场定位、带时间和地理信息的多方位照片取证、走访调查、相关资料查阅等。

2．环境质量抽查

环境质量抽查包括地表水水质抽查和环境空气质量抽查。

地表水水质抽查：结合监测数据及平时工作中发现的问题，通过采样点位查看、周边环境调研（污染物排口、农业面源、企业分布等）等方式，综合分析水质变化原因，判断地表水水质变化的客观性、真实性。

环境空气质量抽查：通过现场查看环境空气自动站的点位设置情况，结合自动站的运维情况，判定环境空气质量数据的客观性和准确性。

3．县域生态环境保护管理

可根据县域生态环境保护管理情况，从生态保护修复、环境污染治理、绿色协调发展、城乡人居环境、工作组织情况等选择部分项目开展现场抽查工作。

（1）生态保护修复

查看县域“十四五”生态功能保护修复规划简本及地方政府批准实施文件，判定规划的实施能否有效提升生态系统质量和稳定性，提升主导生态功能；查看评价年已经完成验收的，为提升重点生态功能区生态产品供给能力而实施的，诸如河湖湿地保护修复、防沙治沙、水土流失治理、矿山生态修复、生物多样性保护等生态保护修复工程材料（包括但不限于实施方案、可研报告、资金投入、实施位置、工程期限、竣工验收、生态效益评估等），初步评价修复工程实施所带来的生态效益大小。

（2）环境污染防治

①精准治污、科学治污举措

查看县级政府落实精准治污、科学治污要求，开展“十四五”期间县域生态环境问题诊断及质量改善提升对策研究，查看相关研究报告以及政府批准实施等材料。

②农业面源污染防治

农业面源污染防治包括农业面源污染防治规划编制，农业面源污染监测，化肥利用率、施用量下降幅度和单位面积施用强度，农药利用率、施用量下降幅度和单位面积施用强度，畜禽粪污综合利用率，规模养殖场畜禽粪污综合利用台账等 6 部分。主要抽查内容如下：

查看为推进农业面源污染防治，县域是否制定农业面源污染防治规划，是否有针对性举措；

查看农业面源监测点位及开展监测情况，判定点位布设的科学性和开展监测的规范性；

查看评价年县域化肥和农药利用率、施用量下降幅度和单位面积施用强度情况，是否达到地方相关规划及文件的目标值要求，是否采取有效达标举措；

查看评价年县域畜禽粪污综合利用率是否达到地方相关规划及文件的目标值要求，是否采取有效达标举措；查看评价年县域规模化畜禽养殖场畜禽粪污资源化利用台账建立情况。

对草原区以自然放牧为主的县域，经地方政府提出证明，可认定为不存在农业面源污染的县域。

③地下水保护与治理

根据县域地下水监测点位、地下水水位监测报告、地下水水质监测数据或报告。初步判定地下水监测点位布设是否科学，地下水水位是否有下降风险，地下水水质监测是否规范。

（3）绿色协调发展

①绿色低碳发展

调研县域是否开展二氧化碳排放量或排放强度统计，如果有上级部门碳排放管控目标文件，需判定评价年县域二氧化碳排放强度是否完成上级管控目标。

②生态环境保护与治理支出

根据评价年经县级人民代表大会审议通过的县域年度财政预算收支报告（内含各类上级下达的转移支付资金和各级生态环境保护财政资金），根据相关科目代码初步测算县域在生态保护修复、环境污染防治、生活污水和生活垃圾等环境基础设施建设运行、自然资源保护等方面的投入占全县当年财政支出的比例。

（4）城乡人居环境

①农村环境整治

通过查看县域落实乡村振兴战略，评价年完成的农村环境整治村庄验收材料（农村环境整治包括但不限于农村生活污水、生活垃圾处理），以及开展美丽宜居村庄和美丽庭院示范创建活动情况，了解评价年县域完成农村环境整治的行政村数量。选取 1～2 个村庄进行抽查，核定所抽查村庄是否切实完成农村环境整治。

②城乡生活污水处理

城镇生活污水集中处理与管网建设：查看评价年城镇生活污水年排放总量、收集量、处理量数据，以及污水处理厂运行、污泥产生量以及城区污水管网建设、覆盖范围等资料，核定县城所在地城镇经过污水处理厂集中处理且达标排放的污水量占城镇生活污水年总排放量的比例；查看污水管网覆盖率（污水收集管网覆盖的城镇建成区面积占建成区总面积的比例）。

乡镇生活污水处理设施建设：通过查看乡镇生活污水处理设施建设立项（可研）、实施方案、验收及设施运行状况等材料，核定县域内开展生活污水收集处理的乡镇（县政府驻地除外）占全县乡镇个数的比例。抽查 1～2 个乡镇，查看生活污水设施是否正常运行。

农村生活污水治理：通过查看农村生活污水治理项目立项（可研）、实施方案、验收及设施运行状况等材料，核定县域内生活污水得到处理或资源化利用的行政村数占县域内所有行政村数量的比例。抽查 1～2 个村庄，查看生活污水是否得到有效处理或资源化利用（每个自然村内 60%以上的农户，且每个行政村内 60%以上的自然村生活污水得到处理或资源化利用，无污水横流现象，不引起水体、土壤等环境质量显著下降，视为该行政村完成生活污水治理）。

③城乡生活垃圾无害化处理

通过查看评价年县域生活垃圾产生量、清运量、处理量台账等资料，以及生活垃圾处理设施运行状况，核定城镇生活垃圾无害化处理率；

通过查看评价年乡镇生活垃圾收集、清运量台账，清运设施及资金投入等材料，核定乡镇生活垃圾集中收集率，即开展生活垃圾统一收集、集中处理或转运（如村收集乡转运县处理）的乡镇占全县乡镇数量的比例。

④城乡饮用水水源水质

查看县域乡镇集中式饮用水水源保护区批复报告，以及水源名单、乡镇名单等，核定乡镇集中式饮用水水源保护区划定比例。

（5）工作组织情况

①党委政府共抓生态环境保护工作

查看县级党委政府主要负责人研究部署生态环境保护工作，推进污染防治攻坚战的会议记录（纪要）等材料，内容可包括生态保护修复、环境污染防治、城乡环境整治等。

②工作组织情况

查看县级政府每年年初是否将县域生态环境监测评价工作纳入年度工作计划，制定实施方案，是否成立由政府领导牵头的领导小组，组织协调县域生态环境监测评价工作；根据指标体系及实施细则，是否明确各部门职责分工，是否细化各部门需要开展的工作、需要提供的数据资料，是否保障工作经费。

4．第三方社会检测机构抽查

抽查对象为承担国家重点生态功能区县域生态环境质量监测与评价监测任务的第三方社会检测机构，查看是否满足《检验检测机构资质认定生态环境监测机构评审补充要求》，对涉及该项工作的检验检测各环节进行溯源及质控措施落实情况进行抽查，初步判断其检验检测活动的规范性及监测数据的准确性和真实性。

三、抽查程序

现场抽查程序可包括资料查阅与部门沟通、实地查看、座谈交流和情况反馈等环节。

（一）资料查阅与部门沟通

抽查组资料查阅范围主要涉及：县域评价工作组织机构、实施方案及部门分工文件、县政府制定或批准实施的生态环境保护制度和规划材料、本行政区域内自然保护区建设及其他生态创建材料、生态环境保护与治理支出明细、县域产业结构优化及产业准入负面清单落实材料、农村环境综合整治措施及成效证明材料等。在资料查阅的同时与提供数据的县级政府相关部门进行交流，了解政府各部门落实国家相关规划、政策的具体情况。

（二）实地查看

实地查看内容主要包括两方面：一是县域自然生态保护与修复情况。可结合县域不同时期遥感影像比对结果，对自然生态变化区域、生态建设工程、自然保护区等受保护区域，以及水土流失治理、矿山生态修复等情况进行检查，并调研自然生态变化的合理合法性；二是县域环境保护、治理和监管能力等情况。查看河湖治理、环境空气自动站运行维护、县城及乡镇生活污水处理厂及垃圾填埋场建设及运行、农村环境综合整治等情况。

（三）座谈交流和情况反馈

抽查组与县级政府就生态环境保护与治理工作所取得的成效和存在的问题进行座谈反馈。主要内容包括：县域社会经济发展基本情况，县域推进国家重点生态功能区建设方面采取的措施、建立的制度、开展的工作、取得的实效及存在的问题和困难等，同时抽查组也将抽查过程中所发现的问题与县委政府进行沟通反馈。

四、抽查结果

现场抽查结果主要以抽查意见表（见附件 1～4）形式体现，也可将抽查情况编制成现场抽查报告。根据县域实际，可选择抽查意见表中部分项目开展现场抽查。现场抽查结果将作为评价年度县域生态环境质量变化真实性及县域生态环境保护管理评价的参考依据和佐证材料，用于年度县域生态环境监测与评价结果的修正。

□附件 1

生态变化核查（挑选 1、2 个生态变化斑块现场抽查）

<table>
<tr><td colspan="2">县域名称</td><td colspan="2"></td><td>抽查人员</td><td></td><td>核查时间</td><td></td></tr>
<tr><td>序号</td><td colspan="2">坐标</td><td>变化面积</td><td colspan="3">变化情况</td><td>变化类型</td></tr>
<tr><td>1</td><td colspan="2">经度：
纬度：</td><td></td><td colspan="3">变化原因：
相关手续：
违法违规处理措施及责任追究情况（适用时）：
是否位于生态重要区或极度敏感区：</td><td>□矿产资源开发类
□工业开发类
□固体废物堆放类
□城市开发建设类
□集体或个人林木砍伐
□其他：</td></tr>
<tr><td>2</td><td colspan="2">经度：
纬度：</td><td></td><td colspan="3">变化原因：
相关手续：
违法违规处理措施及责任追究情况（适用时）：
是否位于生态重要区或极度敏感区：</td><td>□矿产资源开发类
□工业开发类
□固体废物堆放类
□城市开发建设类
□集体或个人林木砍伐
□其他：</td></tr>
</table>

□附件 2

环境质量抽查表

<table>
<tr><td>县域名称</td><td colspan="3"></td></tr>
<tr><td>抽查人员</td><td></td><td>核查时间</td><td></td></tr>
<tr><td colspan="4">核查内容</td></tr>
<tr><td>内容</td><td colspan="3">专 家 意 见</td></tr>
<tr><td>□1.近 3 年地表水水质达标率</td><td colspan="3">年：__%；___年：__%；____年：__%
主要变化断面：
是否第三方参与监测：□是□否
(机构名称：　　　　　　　　　　)
变化原因分析：
变化合理性：□是□否</td></tr>
<tr><td>□2.近 3 年地表水水质指数
(选定项目：__________)</td><td colspan="3">主要变化断面：
主要变化指标：
变化原因分析：</td></tr>
<tr><td>□3.环境空气自动站</td><td colspan="3">点位设置合理性：
站房建设规范性：
运维机构名称：
运维规范性判定：</td></tr>
</table>

□附件 3

生态环境保护管理抽查表

<table>
<tr><td>县域名称</td><td></td><td>抽查人员</td><td></td><td>核查时间</td><td></td></tr>
<tr><td>项目</td><td colspan="4">内　容</td><td>抽查结论</td></tr>
<tr><td colspan="6">□（1）生态保护修复</td></tr>
<tr><td rowspan="3">□①生态保护修复规划</td><td colspan="4">县域是否编制“十四五”生态功能保护修复规划并经地方政府批准实施</td><td>□是 □否</td></tr>
<tr><td colspan="4">规划的实施能否有效提升生态系统质量和稳定性，提升主导生态功能</td><td>□是 □否</td></tr>
<tr><td colspan="5">其他需要说明情况：</td></tr>
<tr><td rowspan="2">□②生态保护修复工程</td><td colspan="4">通过查看评价年已经完成验收的，为提升重点生态功能区生态产品供给能力而实施的，诸如河湖湿地保护修复、防沙治沙、水土流失治理、矿山生态修复、生物多样性保护等生态保护修复工程材料（包括但不限于实施方案、可研报告、资金投入、实施位置、工程期限、竣工验收、生态效益评估等），初步评价修复工程实施所带来的生态效益大小</td><td>□大 □一般
□不科学</td></tr>
<tr><td colspan="5">其他需要说明情况：</td></tr>
<tr><td colspan="6">□（2）环境污染防治</td></tr>
<tr><td rowspan="2">□①精准治污、科学治污举措</td><td colspan="4">县级政府是否开展“十四五”期间县域生态环境问题诊断及质量改善提升对策研究，并形成相关研究报告</td><td>□是 □否</td></tr>
<tr><td colspan="5">其他需要说明情况：</td></tr>
<tr><td rowspan="10">□②农业面源污染防治</td><td colspan="4">县域是否制定农业面源污染防治规划</td><td>□是 □否</td></tr>
<tr><td colspan="4">是否布设农业面源监测点位并开展监测</td><td>□是 □否</td></tr>
<tr><td colspan="4">农业面源监测点位布设是否科学</td><td>□是 □否</td></tr>
<tr><td colspan="4">县域化肥农药利用率、施用量下降幅度和单位面积施用强度是否达到地方相关规划及文件的目标值要求</td><td>□是 □否
□部分达到（未达标指标：________________）</td></tr>
<tr><td colspan="4">查看评价年县域化肥农药利用率、施用量下降幅度和单位面积施用强度相关资料，是否采取有效达标举措</td><td>□是 □否</td></tr>
<tr><td colspan="4">县域畜禽粪污综合利用率是否达到地方相关规划及文件的目标值要求</td><td>□是 □否</td></tr>
<tr><td colspan="4">查看评价年县域畜禽粪污综合利用率相关资料，是否采取有效达标举措</td><td>□是 □否</td></tr>
<tr><td colspan="4">县域针对规模畜禽养殖场是否全部建立畜禽粪污资源化利用台账</td><td>□是 □否</td></tr>
<tr><td colspan="4">县域是否为以自然放牧为主的草原区</td><td>□是 □否</td></tr>
<tr><td colspan="5">其他需要说明情况：</td></tr>
</table>

<table>
<tr><td rowspan="5">□③地下水保护与治理</td><td>县域是否设置地下水水质和水位监测点位并开展监测，点位设置是否科学</td><td>□设置了水位和水质监测点
□只有水质监测点
□只有水位监测点
□只设置了点位，未开展监测</td></tr>
<tr><td>地下水监测点位设置是否科学</td><td>□是 □否</td></tr>
<tr><td>查看地下水水质监测数据和监测报告，初步判定水质监测是否规范</td><td>□是 □否</td></tr>
<tr><td>查看近两年地下水水位监测数据，是否存在水位下降风险</td><td>□是 □否</td></tr>
<tr><td colspan="2">其他需要说明情况：</td></tr>
<tr><td colspan="3">□（3）绿色协调发展</td></tr>
<tr><td rowspan="3">□①绿色低碳发展</td><td>是否开展二氧化碳排放量或排放强度统计</td><td>□是 □否</td></tr>
<tr><td>评价年县域二氧化碳排放强度是否完成上级管控目标</td><td>□是 □否</td></tr>
<tr><td colspan="2">其他需要说明情况：</td></tr>
<tr><td rowspan="2">□②生态环境保护与治理支出</td><td>根据评价年经县级人民代表大会审议通过的县域年度财政预算收支报告测算县域在生态保护修复、环境污染防治、生活污水和生活垃圾等环境基础设施建设运行、自然资源保护等方面的投入占全县当年财政支出的比例</td><td>支出比例：___%</td></tr>
<tr><td colspan="2">其他需要说明情况：</td></tr>
<tr><td colspan="3">□（4）城乡人居环境</td></tr>
<tr><td rowspan="3">□①农村环境整治</td><td>查看评价年县域落实乡村振兴战略完成的农村环境整治村庄验收材料（农村环境整治包括但不限于农村生活污水、生活垃圾处理），开展美丽宜居村庄和美丽庭院示范创建活动材料，了解评价年县域完成农村环境整治的村庄数量</td><td>评价年完成整治村庄_____个</td></tr>
<tr><td>抽查 1～2 个村庄，核定抽查村庄是否完成农村环境综合整治</td><td>□是 □否</td></tr>
<tr><td colspan="2">其他需要说明情况：</td></tr>
<tr><td rowspan="5">□②城乡生活污水处理</td><td>查看评价年城镇生活污水年排放总量、收集量、处理量数据，以及污水处理厂运行、污泥产生量以及城区污水管网建设、覆盖范围等资料。核定县城所在地城镇经过污水处理厂集中处理且达标排放的污水量占城镇生活污水年总排放量的比例</td><td>污水排放总量：______万吨
污水收集量：________万吨
污水处理量：______万吨
城镇污水集中处理率：____%</td></tr>
<tr><td>查看污水收集管网覆盖的城镇建成区面积占建成区总面积的比例</td><td>污水收集管网长度：_____km
覆盖建成区面积：______km²
建成区面积：______km²
污水管网覆盖率：_____%</td></tr>
<tr><td>查看乡镇生活污水处理设施建设立项（可研）、竣工验收材料；核定县域内开展生活污水收集处理的乡镇（县政府驻地除外）占全县乡镇个数的比例</td><td>乡镇数量：_____个
实现污水收集处理的乡镇数：________个
乡镇污水处理覆盖率：_____%</td></tr>
<tr><td>抽查 1～2 个乡镇，查看生活污水处理设施是否正常运行</td><td>□是 □否</td></tr>
<tr><td colspan="2">其他需要说明情况：</td></tr>
</table>

□③农村生活污水治理	查看农村生活污水治理项目可研报告或实施方案、验收材料，处理设施运行状况材料等，核定县域内农村生活污水得到处理或资源化利用的行政村数占县域内所有行政村数量的比例	行政村数量：_____个 污水得到处理或资源化利用的行政村数：____个 农村污水处理覆盖率：_____%
	抽查 1～2 个村庄，查看生活污水是否得到处理或资源化利用（每个自然村内 60%以上的农户，且每个行政村内 60%以上的自然村生活污水得到处理或资源化利用，无污水横流现象，不引起水体、土壤等环境质量显著下降，视为该行政村完成生活污水治理）	□是 □否
	其他需要说明情况：	
□④城乡生活垃圾无害化处理	查看评价年县域生活垃圾产生量、清运量、处理量台账等资料，以及生活垃圾处理设施运行状况，核定城镇生活垃圾无害化处理率	县城生活垃圾产生量：____万吨 无害化处理量：______万吨 无害化处理方式： 无害化处理率：____%
	查看评价年乡镇生活垃圾收集、清运量台账，清运设施及资金投入等材料，核定生活垃圾实现统一收集、集中处理或转运（如村收集乡转运县处理）的乡镇占全县乡镇数量的比例	乡镇数量：_____个 实现垃圾集中收集处理的乡镇数：_____个 乡镇生活垃圾集中收集率：___%
	其他需要说明情况：	
□⑤城乡饮用水水源水质	查看县域乡镇集中式饮用水水源保护区批复报告，以及水源名单、乡镇名单等，核定乡镇集中式饮用水水源保护区划定比例	乡镇集中式饮用水水源保护区划定比例：____%
	其他需要说明情况：	
□其他	县域所辖各乡镇生活污水是否全部纳入城市污水管网	□是 □否
	县域所辖各乡镇是否均采用县城集中式饮用水水源，无乡镇饮用水水源	□是 □否
	其他需要说明情况：	
□（5）工作组织情况		
□①党委政府共抓生态环境保护工作	查看县级党委政府主要负责人研究部署生态环境保护工作，推进污染防治攻坚战的会议记录（纪要）等材料，内容可包括生态保护修复、环境污染防治、城乡环境整治等，统计评价年度内召开相关会议的次数	次
□②工作组织情况	查看县级政府每年年初是否将县域生态环境监测评价工作纳入年度工作计划，制定实施方案	□是 □否
	县域是否成立党政同责的领导小组，组织协调县域生态环境监测评价工作	□是 □否
	根据指标体系及实施细则，是否明确各部门职责分工，并细化各部门需要开展的工作、需要提供的数据和资料	□是 □否
	是否保障工作经费	□是 □否
	其他需要说明情况：	
总体结论		

*根据县域实际，可选择部分项目开展现场抽查，在抽查的项目前打 ☑，未抽查的项目前打 ☒。

□附件 4

第三方社会检测机构质控抽查

<table>
<tr><td colspan="2">被检查县域</td><td></td><td>被检查单位</td><td></td></tr>
<tr><td colspan="2">抽查人员</td><td></td><td>检查日期</td><td></td></tr>
<tr><td colspan="5">实验室质控检查内容</td></tr>
<tr><td colspan="2" rowspan="4">监测资质</td><td colspan="2">从事环境监测人员是否持证或培训上岗</td><td>□是 □否</td></tr>
<tr><td colspan="2">监测机构的计量认证证书及认证项目是否满足考核委托监测要求</td><td>□是 □否</td></tr>
<tr><td colspan="2">中级及以上专业技术职称或同等能力的人员数据是否不少于生态环境检测人员总数的 15%</td><td>□是 □否</td></tr>
<tr><td colspan="3">其他情况说明：</td></tr>
<tr><td rowspan="15">原始资料记录</td><td rowspan="2">现场采样记录</td><td colspan="2">采样信息填写是否完整、规范（样品编号、采样时间、采样人、环境描述、样品描述、固定剂描述、平行样、空白样等）</td><td>□是 □否</td></tr>
<tr><td colspan="3">采样信息填写不规范体现在：</td></tr>
<tr><td rowspan="2">样品交接记录</td><td colspan="2">样品交接流转记录是否完整、规范</td><td>□是 □否</td></tr>
<tr><td colspan="3">样品交接流转记录缺失，体现在：</td></tr>
<tr><td rowspan="4">实验分析记录</td><td colspan="2">实验室监测项目的分析方法、最低检出限是否满足评价标准要求</td><td>□是 □否</td></tr>
<tr><td colspan="3">不满足要求，体现在：</td></tr>
<tr><td colspan="2">分析原始记录是否规范、信息完整（分析时间、前处理方法、分析方法、标准曲线、自控样品等）</td><td>□是 □否</td></tr>
<tr><td colspan="3">实验记录不完整，体现在：</td></tr>
<tr><td rowspan="7">质控记录</td><td colspan="2">是否有质控计划</td><td>□是 □否</td></tr>
<tr><td colspan="2">是否有外控措施</td><td>□是 □否</td></tr>
<tr><td colspan="2">是否有内控措施</td><td>□是 □否</td></tr>
<tr><td colspan="2">是否有质控报告</td><td>□是 □否</td></tr>
<tr><td colspan="2">质控记录是否规范、完整（空白样、平行样、已知样、加标回收样等）</td><td>□是 □否</td></tr>
<tr><td colspan="2">是否对质控结果合格与否进行了评价，并对不合格项采取了纠正措施</td><td>□是 □否</td></tr>
<tr><td colspan="3">质控记录存在的主要问题：</td></tr>
<tr><td rowspan="7">实验室管理</td><td rowspan="3">环境条件</td><td colspan="2">实验室环境条件是否符合实验要求</td><td>□是 □否</td></tr>
<tr><td colspan="2">实验室是否存在分析的相互干扰</td><td>□是 □否</td></tr>
<tr><td colspan="3">存在的主要问题：</td></tr>
<tr><td rowspan="4">样品保存</td><td colspan="2">样品间是否符合样品分类管理要求</td><td>□是 □否</td></tr>
<tr><td colspan="2">需要冷藏的样品是否按规定保存</td><td>□是 □否</td></tr>
<tr><td colspan="2">样品是否分区管理</td><td>□是 □否</td></tr>
<tr><td colspan="3">存在的主要问题：</td></tr>
</table>

<table>
<tr><td rowspan="15">实验室管理</td><td rowspan="3">纯水</td><td>纯水使用是否符合实验室要求</td><td>□是 □否</td></tr>
<tr><td>纯水是否有检查记录</td><td>□是 □否</td></tr>
<tr><td colspan="2">存在的主要问题：</td></tr>
<tr><td rowspan="7">试剂及气体</td><td>试剂是否做供应品符合性检验</td><td>□是 □否</td></tr>
<tr><td>试剂是否在配制有效期内使用</td><td>□是 □否</td></tr>
<tr><td>试剂保存及标签是否符合规定</td><td>□是 □否</td></tr>
<tr><td>标准溶液和标准样品是否有期间核查记录</td><td>□是 □否</td></tr>
<tr><td>气体存放是否满足要求</td><td>□是 □否</td></tr>
<tr><td>气体是否在有效期内使用</td><td>□是 □否</td></tr>
<tr><td colspan="2">存在的主要问题：</td></tr>
<tr><td rowspan="5">仪器设备</td><td>仪器设备是否按期检定或校准</td><td>□是 □否</td></tr>
<tr><td>仪器设备是否进行期间核查并填写记录</td><td>□是 □否</td></tr>
<tr><td>仪器设备使用记录填写是否规范</td><td>□是 □否</td></tr>
<tr><td>采样便携仪器设备是否有仪器出入库记录</td><td>□是 □否</td></tr>
<tr><td colspan="2">存在的主要问题：</td></tr>
<tr><td colspan="2" rowspan="5">监测报告</td><td>出具的监测报告是否规范使用 CMA 章、检测业务专用章，是否盖骑缝章</td><td>□是 □否</td></tr>
<tr><td>监测报告三级审核是否完整</td><td>□是 □否</td></tr>
<tr><td>是否存在超认证项目范围出具监测报告</td><td>□是 □否</td></tr>
<tr><td>监测报告是否规范（监测项目、监测方法、单位、检出限、监测结果等）</td><td>□是 □否</td></tr>
<tr><td colspan="2">存在的主要问题：</td></tr>
<tr><td colspan="2">监测档案</td><td>监测任务合同（委托书/任务单）、原始记录及报告审核记录等是否与监测报告一起归档</td><td>□是 □否</td></tr>
<tr><td colspan="2">监测数据</td><td colspan="2">监测数据准确性、精密度和逻辑性是否存在问题：</td></tr>
</table>

第7章
国家重点生态功能区县域生态环境质量监测与评价县域名单

序号	省（区、市）名称	市（州）名称	县域名称
1	北京市		密云区
2	北京市		延庆区
3	天津市		蓟州区
4	河北省	石家庄市	井陉县
5	河北省	石家庄市	正定县
6	河北省	石家庄市	行唐县
7	河北省	石家庄市	灵寿县
8	河北省	石家庄市	赞皇县
9	河北省	石家庄市	平山县
10	河北省	秦皇岛市	北戴河区
11	河北省	秦皇岛市	抚宁区
12	河北省	秦皇岛市	青龙满族自治县
13	河北省	邢台市	信都区
14	河北省	保定市	阜平县
15	河北省	保定市	涞源县
16	河北省	保定市	安新县
17	河北省	保定市	易县
18	河北省	保定市	曲阳县

序号	省（区、市）名称	市（州）名称	县域名称
19	河北省	保定市	顺平县
20	河北省	保定市	雄县
21	河北省	张家口市	桥东区
22	河北省	张家口市	桥西区
23	河北省	张家口市	宣化区
24	河北省	张家口市	下花园区
25	河北省	张家口市	万全区
26	河北省	张家口市	崇礼区
27	河北省	张家口市	张北县
28	河北省	张家口市	康保县
29	河北省	张家口市	沽源县
30	河北省	张家口市	尚义县
31	河北省	张家口市	蔚县
32	河北省	张家口市	阳原县
33	河北省	张家口市	怀安县
34	河北省	张家口市	怀来县
35	河北省	张家口市	涿鹿县
36	河北省	张家口市	赤城县
37	河北省	承德市	双桥区
38	河北省	承德市	双滦区
39	河北省	承德市	鹰手营子矿区
40	河北省	承德市	承德县
41	河北省	承德市	兴隆县
42	河北省	承德市	滦平县
43	河北省	承德市	隆化县
44	河北省	承德市	丰宁满族自治县
45	河北省	承德市	宽城满族自治县
46	河北省	承德市	围场满族蒙古族自治县
47	河北省	承德市	平泉市
48	河北省	衡水市	桃城区
49	河北省	衡水市	冀州区
50	河北省	衡水市	枣强县
51	山西省	忻州市	神池县
52	山西省	忻州市	五寨县
53	山西省	忻州市	岢岚县

序号	省（区、市）名称	市（州）名称	县域名称
54	山西省	忻州市	河曲县
55	山西省	忻州市	保德县
56	山西省	忻州市	偏关县
57	山西省	临汾市	吉县
58	山西省	临汾市	乡宁县
59	山西省	临汾市	大宁县
60	山西省	临汾市	隰县
61	山西省	临汾市	永和县
62	山西省	临汾市	蒲县
63	山西省	临汾市	汾西县
64	山西省	吕梁市	兴县
65	山西省	吕梁市	临县
66	山西省	吕梁市	柳林县
67	山西省	吕梁市	石楼县
68	山西省	吕梁市	中阳县
69	内蒙古自治区	呼和浩特市	清水河县
70	内蒙古自治区	包头市	固阳县
71	内蒙古自治区	包头市	达尔罕茂明安联合旗
72	内蒙古自治区	赤峰市	阿鲁科尔沁旗
73	内蒙古自治区	赤峰市	巴林右旗
74	内蒙古自治区	赤峰市	克什克腾旗
75	内蒙古自治区	赤峰市	翁牛特旗
76	内蒙古自治区	通辽市	科尔沁左翼中旗
77	内蒙古自治区	通辽市	科尔沁左翼后旗
78	内蒙古自治区	通辽市	开鲁县
79	内蒙古自治区	通辽市	库伦旗
80	内蒙古自治区	通辽市	奈曼旗
81	内蒙古自治区	通辽市	扎鲁特旗
82	内蒙古自治区	呼伦贝尔市	阿荣旗
83	内蒙古自治区	呼伦贝尔市	莫力达瓦达斡尔族自治旗
84	内蒙古自治区	呼伦贝尔市	鄂伦春自治旗
85	内蒙古自治区	呼伦贝尔市	新巴尔虎左旗
86	内蒙古自治区	呼伦贝尔市	新巴尔虎右旗
87	内蒙古自治区	呼伦贝尔市	牙克石市
88	内蒙古自治区	呼伦贝尔市	扎兰屯市

序号	省（区、市）名称	市（州）名称	县域名称
89	内蒙古自治区	呼伦贝尔市	额尔古纳市
90	内蒙古自治区	呼伦贝尔市	根河市
91	内蒙古自治区	巴彦淖尔市	乌拉特中旗
92	内蒙古自治区	巴彦淖尔市	乌拉特后旗
93	内蒙古自治区	乌兰察布市	化德县
94	内蒙古自治区	乌兰察布市	察哈尔右翼中旗
95	内蒙古自治区	乌兰察布市	察哈尔右翼后旗
96	内蒙古自治区	乌兰察布市	四子王旗
97	内蒙古自治区	兴安盟	阿尔山市
98	内蒙古自治区	兴安盟	科尔沁右翼中旗
99	内蒙古自治区	锡林郭勒盟	阿巴嘎旗
100	内蒙古自治区	锡林郭勒盟	苏尼特左旗
101	内蒙古自治区	锡林郭勒盟	苏尼特右旗
102	内蒙古自治区	锡林郭勒盟	东乌珠穆沁旗
103	内蒙古自治区	锡林郭勒盟	西乌珠穆沁旗
104	内蒙古自治区	锡林郭勒盟	太仆寺旗
105	内蒙古自治区	锡林郭勒盟	镶黄旗
106	内蒙古自治区	锡林郭勒盟	正镶白旗
107	内蒙古自治区	锡林郭勒盟	正蓝旗
108	内蒙古自治区	锡林郭勒盟	多伦县
109	内蒙古自治区	阿拉善盟	阿拉善左旗
110	内蒙古自治区	阿拉善盟	阿拉善右旗
111	内蒙古自治区	阿拉善盟	额济纳旗
112	辽宁省	抚顺市	新宾满族自治县
113	辽宁省	本溪市	本溪满族自治县
114	辽宁省	本溪市	桓仁满族自治县
115	辽宁省	丹东市	宽甸满族自治县
116	吉林省	通化市	东昌区
117	吉林省	通化市	集安市
118	吉林省	白山市	浑江区
119	吉林省	白山市	江源区
120	吉林省	白山市	抚松县
121	吉林省	白山市	靖宇县
122	吉林省	白山市	长白朝鲜族自治县
123	吉林省	白山市	临江市

序号	省（区、市）名称	市（州）名称	县域名称
124	吉林省	白城市	通榆县
125	吉林省	延边朝鲜族自治州	敦化市
126	吉林省	延边朝鲜族自治州	和龙市
127	吉林省	延边朝鲜族自治州	汪清县
128	吉林省	延边朝鲜族自治州	安图县
129	黑龙江省	哈尔滨市	方正县
130	黑龙江省	哈尔滨市	木兰县
131	黑龙江省	哈尔滨市	通河县
132	黑龙江省	哈尔滨市	延寿县
133	黑龙江省	哈尔滨市	尚志市
134	黑龙江省	哈尔滨市	五常市
135	黑龙江省	齐齐哈尔市	甘南县
136	黑龙江省	鸡西市	虎林市
137	黑龙江省	鸡西市	密山市
138	黑龙江省	鹤岗市	绥滨县
139	黑龙江省	双鸭山市	饶河县
140	黑龙江省	伊春市	伊美区
141	黑龙江省	伊春市	乌翠区
142	黑龙江省	伊春市	友好区
143	黑龙江省	伊春市	嘉荫县
144	黑龙江省	伊春市	汤旺县
145	黑龙江省	伊春市	丰林县
146	黑龙江省	伊春市	大箐山县
147	黑龙江省	伊春市	南岔县
148	黑龙江省	伊春市	金林区
149	黑龙江省	伊春市	铁力市
150	黑龙江省	佳木斯市	同江市
151	黑龙江省	佳木斯市	富锦市
152	黑龙江省	佳木斯市	抚远市
153	黑龙江省	牡丹江市	林口县
154	黑龙江省	牡丹江市	海林市
155	黑龙江省	牡丹江市	宁安市
156	黑龙江省	牡丹江市	穆棱市
157	黑龙江省	牡丹江市	东宁市
158	黑龙江省	黑河市	爱辉区

序号	省（区、市）名称	市（州）名称	县域名称
159	黑龙江省	黑河市	逊克县
160	黑龙江省	黑河市	孙吴县
161	黑龙江省	黑河市	北安市
162	黑龙江省	黑河市	五大连池市
163	黑龙江省	黑河市	嫩江市
164	黑龙江省	绥化市	庆安县
165	黑龙江省	绥化市	绥棱县
166	黑龙江省	大兴安岭地区	漠河市
167	黑龙江省	大兴安岭地区	呼玛县
168	黑龙江省	大兴安岭地区	塔河县
169	黑龙江省	大兴安岭地区	加格达奇区
170	黑龙江省	大兴安岭地区	松岭区
171	黑龙江省	大兴安岭地区	新林区
172	黑龙江省	大兴安岭地区	呼中区
173	浙江省	杭州市	淳安县
174	浙江省	温州市	文成县
175	浙江省	温州市	泰顺县
176	浙江省	金华市	磐安县
177	浙江省	衢州市	常山县
178	浙江省	衢州市	开化县
179	浙江省	丽水市	遂昌县
180	浙江省	丽水市	云和县
181	浙江省	丽水市	庆元县
182	浙江省	丽水市	景宁畲族自治县
183	浙江省	丽水市	龙泉市
184	安徽省	安庆市	太湖县
185	安徽省	安庆市	岳西县
186	安徽省	安庆市	潜山市
187	安徽省	黄山市	黄山区
188	安徽省	黄山市	歙县
189	安徽省	黄山市	休宁县
190	安徽省	黄山市	黟县
191	安徽省	黄山市	祁门县
192	安徽省	六安市	金寨县
193	安徽省	六安市	霍山县

序号	省（区、市）名称	市（州）名称	县域名称
194	安徽省	池州市	石台县
195	安徽省	池州市	青阳县
196	安徽省	宣城市	泾县
197	安徽省	宣城市	绩溪县
198	安徽省	宣城市	旌德县
199	福建省	福州市	永泰县
200	福建省	三明市	明溪县
201	福建省	三明市	清流县
202	福建省	三明市	宁化县
203	福建省	三明市	将乐县
204	福建省	三明市	泰宁县
205	福建省	三明市	建宁县
206	福建省	泉州市	永春县
207	福建省	漳州市	华安县
208	福建省	南平市	浦城县
209	福建省	南平市	光泽县
210	福建省	南平市	武夷山市
211	福建省	龙岩市	长汀县
212	福建省	龙岩市	上杭县
213	福建省	龙岩市	武平县
214	福建省	龙岩市	连城县
215	福建省	宁德市	屏南县
216	福建省	宁德市	寿宁县
217	福建省	宁德市	周宁县
218	福建省	宁德市	柘荣县
219	江西省	景德镇市	浮梁县
220	江西省	萍乡市	莲花县
221	江西省	萍乡市	芦溪县
222	江西省	九江市	修水县
223	江西省	赣州市	南康区
224	江西省	赣州市	赣县区
225	江西省	赣州市	信丰县
226	江西省	赣州市	大余县
227	江西省	赣州市	上犹县
228	江西省	赣州市	崇义县

序号	省（区、市）名称	市（州）名称	县域名称
229	江西省	赣州市	安远县
230	江西省	赣州市	定南县
231	江西省	赣州市	全南县
232	江西省	赣州市	宁都县
233	江西省	赣州市	于都县
234	江西省	赣州市	兴国县
235	江西省	赣州市	会昌县
236	江西省	赣州市	寻乌县
237	江西省	赣州市	石城县
238	江西省	赣州市	瑞金市
239	江西省	赣州市	龙南市
240	江西省	吉安市	遂川县
241	江西省	吉安市	万安县
242	江西省	吉安市	安福县
243	江西省	吉安市	永新县
244	江西省	吉安市	井冈山市
245	江西省	宜春市	靖安县
246	江西省	宜春市	铜鼓县
247	江西省	抚州市	黎川县
248	江西省	抚州市	南丰县
249	江西省	抚州市	宜黄县
250	江西省	抚州市	资溪县
251	江西省	抚州市	广昌县
252	江西省	上饶市	婺源县
253	山东省	淄博市	博山区
254	山东省	淄博市	沂源县
255	山东省	枣庄市	台儿庄区
256	山东省	枣庄市	山亭区
257	山东省	烟台市	长岛县
258	山东省	潍坊市	临朐县
259	山东省	济宁市	曲阜市
260	山东省	泰安市	泰山区
261	山东省	日照市	五莲县
262	山东省	临沂市	沂水县
263	山东省	临沂市	费县

序号	省（区、市）名称	市（州）名称	县域名称
264	山东省	临沂市	平邑县
265	山东省	临沂市	蒙阴县
266	河南省	洛阳市	栾川县
267	河南省	三门峡市	卢氏县
268	河南省	南阳市	西峡县
269	河南省	南阳市	内乡县
270	河南省	南阳市	淅川县
271	河南省	南阳市	桐柏县
272	河南省	南阳市	邓州市
273	河南省	信阳市	浉河区
274	河南省	信阳市	罗山县
275	河南省	信阳市	光山县
276	河南省	信阳市	新县
277	河南省	信阳市	商城县
278	湖北省	十堰市	茅箭区
279	湖北省	十堰市	张湾区
280	湖北省	十堰市	郧阳区
281	湖北省	十堰市	郧西县
282	湖北省	十堰市	竹山县
283	湖北省	十堰市	竹溪县
284	湖北省	十堰市	房县
285	湖北省	十堰市	丹江口市
286	湖北省	宜昌市	夷陵区
287	湖北省	宜昌市	兴山县
288	湖北省	宜昌市	秭归县
289	湖北省	宜昌市	长阳土家族自治县
290	湖北省	宜昌市	五峰土家族自治县
291	湖北省	襄阳市	南漳县
292	湖北省	襄阳市	保康县
293	湖北省	孝感市	孝昌县
294	湖北省	孝感市	大悟县
295	湖北省	黄冈市	红安县
296	湖北省	黄冈市	罗田县
297	湖北省	黄冈市	英山县
298	湖北省	黄冈市	浠水县

序号	省（区、市）名称	市（州）名称	县域名称
299	湖北省	黄冈市	麻城市
300	湖北省	咸宁市	通城县
301	湖北省	咸宁市	通山县
302	湖北省	恩施土家族苗族自治州	利川市
303	湖北省	恩施土家族苗族自治州	建始县
304	湖北省	恩施土家族苗族自治州	巴东县
305	湖北省	恩施土家族苗族自治州	宣恩县
306	湖北省	恩施土家族苗族自治州	咸丰县
307	湖北省	恩施土家族苗族自治州	来凤县
308	湖北省	恩施土家族苗族自治州	鹤峰县
309	湖北省		神农架林区
310	湖南省	株洲市	茶陵县
311	湖南省	株洲市	炎陵县
312	湖南省	衡阳市	南岳区
313	湖南省	邵阳市	新邵县
314	湖南省	邵阳市	隆回县
315	湖南省	邵阳市	洞口县
316	湖南省	邵阳市	绥宁县
317	湖南省	邵阳市	新宁县
318	湖南省	邵阳市	城步苗族自治县
319	湖南省	岳阳市	君山区
320	湖南省	岳阳市	平江县
321	湖南省	常德市	桃源县
322	湖南省	常德市	石门县
323	湖南省	张家界市	永定区
324	湖南省	张家界市	武陵源区
325	湖南省	张家界市	慈利县
326	湖南省	张家界市	桑植县
327	湖南省	益阳市	桃江县
328	湖南省	益阳市	安化县
329	湖南省	郴州市	宜章县
330	湖南省	郴州市	嘉禾县
331	湖南省	郴州市	临武县
332	湖南省	郴州市	汝城县
333	湖南省	郴州市	桂东县

序号	省（区、市）名称	市（州）名称	县域名称
334	湖南省	郴州市	安仁县
335	湖南省	郴州市	资兴市
336	湖南省	永州市	东安县
337	湖南省	永州市	双牌县
338	湖南省	永州市	道县
339	湖南省	永州市	江永县
340	湖南省	永州市	宁远县
341	湖南省	永州市	蓝山县
342	湖南省	永州市	新田县
343	湖南省	永州市	江华瑶族自治县
344	湖南省	怀化市	鹤城区
345	湖南省	怀化市	中方县
346	湖南省	怀化市	沅陵县
347	湖南省	怀化市	辰溪县
348	湖南省	怀化市	溆浦县
349	湖南省	怀化市	会同县
350	湖南省	怀化市	麻阳苗族自治县
351	湖南省	怀化市	新晃侗族自治县
352	湖南省	怀化市	芷江侗族自治县
353	湖南省	怀化市	靖州苗族侗族自治县
354	湖南省	怀化市	通道侗族自治县
355	湖南省	怀化市	洪江市
356	湖南省	娄底市	新化县
357	湖南省	湘西土家族苗族自治州	吉首市
358	湖南省	湘西土家族苗族自治州	泸溪县
359	湖南省	湘西土家族苗族自治州	凤凰县
360	湖南省	湘西土家族苗族自治州	花垣县
361	湖南省	湘西土家族苗族自治州	保靖县
362	湖南省	湘西土家族苗族自治州	古丈县
363	湖南省	湘西土家族苗族自治州	永顺县
364	湖南省	湘西土家族苗族自治州	龙山县
365	广东省	韶关市	始兴县
366	广东省	韶关市	仁化县
367	广东省	韶关市	翁源县
368	广东省	韶关市	乳源瑶族自治县

序号	省（区、市）名称	市（州）名称	县域名称
369	广东省	韶关市	新丰县
370	广东省	韶关市	乐昌市
371	广东省	韶关市	南雄市
372	广东省	茂名市	信宜市
373	广东省	梅州市	大埔县
374	广东省	梅州市	丰顺县
375	广东省	梅州市	平远县
376	广东省	梅州市	蕉岭县
377	广东省	梅州市	兴宁市
378	广东省	汕尾市	陆河县
379	广东省	河源市	龙川县
380	广东省	河源市	连平县
381	广东省	河源市	和平县
382	广东省	清远市	阳山县
383	广东省	清远市	连山壮族瑶族自治县
384	广东省	清远市	连南瑶族自治县
385	广东省	清远市	连州市
386	广西壮族自治区	南宁市	马山县
387	广西壮族自治区	南宁市	上林县
388	广西壮族自治区	柳州市	融水苗族自治县
389	广西壮族自治区	柳州市	三江侗族自治县
390	广西壮族自治区	桂林市	阳朔县
391	广西壮族自治区	桂林市	灌阳县
392	广西壮族自治区	桂林市	龙胜各族自治县
393	广西壮族自治区	桂林市	资源县
394	广西壮族自治区	桂林市	恭城瑶族自治县
395	广西壮族自治区	梧州市	蒙山县
396	广西壮族自治区	百色市	德保县
397	广西壮族自治区	百色市	那坡县
398	广西壮族自治区	百色市	凌云县
399	广西壮族自治区	百色市	乐业县
400	广西壮族自治区	百色市	西林县
401	广西壮族自治区	贺州市	富川瑶族自治县
402	广西壮族自治区	河池市	天峨县
403	广西壮族自治区	河池市	凤山县

序号	省（区、市）名称	市（州）名称	县域名称
404	广西壮族自治区	河池市	东兰县
405	广西壮族自治区	河池市	罗城仫佬族自治县
406	广西壮族自治区	河池市	环江毛南族自治县
407	广西壮族自治区	河池市	巴马瑶族自治县
408	广西壮族自治区	河池市	都安瑶族自治县
409	广西壮族自治区	河池市	大化瑶族自治县
410	广西壮族自治区	来宾市	忻城县
411	广西壮族自治区	来宾市	金秀瑶族自治县
412	广西壮族自治区	崇左市	天等县
413	海南省	海口市	秀英区
414	海南省	海口市	龙华区
415	海南省	海口市	琼山区
416	海南省	海口市	美兰区
417	海南省		三亚市
418	海南省		三沙市
419	海南省		儋州市
420	海南省		五指山市
421	海南省		琼海市
422	海南省		文昌市
423	海南省		万宁市
424	海南省		东方市
425	海南省		定安县
426	海南省		屯昌县
427	海南省		澄迈县
428	海南省		临高县
429	海南省		白沙黎族自治县
430	海南省		昌江黎族自治县
431	海南省		乐东黎族自治县
432	海南省		陵水黎族自治县
433	海南省		保亭黎族苗族自治县
434	海南省		琼中黎族苗族自治县
435	重庆市		武隆区
436	重庆市		城口县
437	重庆市		云阳县
438	重庆市		奉节县

序号	省（区、市）名称	市（州）名称	县域名称
439	重庆市		巫山县
440	重庆市		巫溪县
441	重庆市		石柱土家族自治县
442	重庆市		秀山土家族苗族自治县
443	重庆市		酉阳土家族苗族自治县
444	重庆市		彭水苗族土家族自治县
445	四川省	绵阳市	北川羌族自治县
446	四川省	绵阳市	平武县
447	四川省	广元市	旺苍县
448	四川省	广元市	青川县
449	四川省	乐山市	沐川县
450	四川省	乐山市	峨边彝族自治县
451	四川省	乐山市	马边彝族自治县
452	四川省	达州市	万源市
453	四川省	雅安市	石棉县
454	四川省	雅安市	天全县
455	四川省	雅安市	宝兴县
456	四川省	巴中市	通江县
457	四川省	巴中市	南江县
458	四川省	阿坝藏族羌族自治州	马尔康市
459	四川省	阿坝藏族羌族自治州	汶川县
460	四川省	阿坝藏族羌族自治州	理县
461	四川省	阿坝藏族羌族自治州	茂县
462	四川省	阿坝藏族羌族自治州	松潘县
463	四川省	阿坝藏族羌族自治州	九寨沟县
464	四川省	阿坝藏族羌族自治州	金川县
465	四川省	阿坝藏族羌族自治州	小金县
466	四川省	阿坝藏族羌族自治州	黑水县
467	四川省	阿坝藏族羌族自治州	壤塘县
468	四川省	阿坝藏族羌族自治州	阿坝县
469	四川省	阿坝藏族羌族自治州	若尔盖县
470	四川省	阿坝藏族羌族自治州	红原县
471	四川省	甘孜藏族自治州	康定市
472	四川省	甘孜藏族自治州	泸定县
473	四川省	甘孜藏族自治州	丹巴县

序号	省（区、市）名称	市（州）名称	县域名称
474	四川省	甘孜藏族自治州	九龙县
475	四川省	甘孜藏族自治州	雅江县
476	四川省	甘孜藏族自治州	道孚县
477	四川省	甘孜藏族自治州	炉霍县
478	四川省	甘孜藏族自治州	甘孜县
479	四川省	甘孜藏族自治州	新龙县
480	四川省	甘孜藏族自治州	德格县
481	四川省	甘孜藏族自治州	白玉县
482	四川省	甘孜藏族自治州	石渠县
483	四川省	甘孜藏族自治州	色达县
484	四川省	甘孜藏族自治州	理塘县
485	四川省	甘孜藏族自治州	巴塘县
486	四川省	甘孜藏族自治州	乡城县
487	四川省	甘孜藏族自治州	稻城县
488	四川省	甘孜藏族自治州	得荣县
489	四川省	凉山彝族自治州	木里藏族自治县
490	四川省	凉山彝族自治州	盐源县
491	四川省	凉山彝族自治州	宁南县
492	四川省	凉山彝族自治州	普格县
493	四川省	凉山彝族自治州	布拖县
494	四川省	凉山彝族自治州	金阳县
495	四川省	凉山彝族自治州	昭觉县
496	四川省	凉山彝族自治州	喜德县
497	四川省	凉山彝族自治州	越西县
498	四川省	凉山彝族自治州	甘洛县
499	四川省	凉山彝族自治州	美姑县
500	四川省	凉山彝族自治州	雷波县
501	贵州省	六盘水市	六枝特区
502	贵州省	六盘水市	水城区
503	贵州省	遵义市	习水县
504	贵州省	遵义市	赤水市
505	贵州省	安顺市	镇宁布依族苗族自治县
506	贵州省	安顺市	关岭布依族苗族自治县
507	贵州省	安顺市	紫云苗族布依族自治县
508	贵州省	毕节市	七星关区

序号	省（区、市）名称	市（州）名称	县域名称
509	贵州省	毕节市	大方县
510	贵州省	毕节市	金沙县
511	贵州省	毕节市	织金县
512	贵州省	毕节市	纳雍县
513	贵州省	毕节市	威宁彝族回族苗族自治县
514	贵州省	毕节市	赫章县
515	贵州省	毕节市	黔西市
516	贵州省	铜仁市	江口县
517	贵州省	铜仁市	石阡县
518	贵州省	铜仁市	思南县
519	贵州省	铜仁市	印江土家族苗族自治县
520	贵州省	铜仁市	德江县
521	贵州省	铜仁市	沿河土家族自治县
522	贵州省	黔西南布依族苗族自治州	望谟县
523	贵州省	黔西南布依族苗族自治州	册亨县
524	贵州省	黔东南苗族侗族自治州	黄平县
525	贵州省	黔东南苗族侗族自治州	施秉县
526	贵州省	黔东南苗族侗族自治州	锦屏县
527	贵州省	黔东南苗族侗族自治州	剑河县
528	贵州省	黔东南苗族侗族自治州	台江县
529	贵州省	黔东南苗族侗族自治州	榕江县
530	贵州省	黔东南苗族侗族自治州	从江县
531	贵州省	黔东南苗族侗族自治州	雷山县
532	贵州省	黔东南苗族侗族自治州	丹寨县
533	贵州省	黔南布依族苗族自治州	荔波县
534	贵州省	黔南布依族苗族自治州	平塘县
535	贵州省	黔南布依族苗族自治州	罗甸县
536	贵州省	黔南布依族苗族自治州	三都水族自治县
537	云南省	昆明市	东川区
538	云南省	玉溪市	江川区
539	云南省	玉溪市	通海县
540	云南省	玉溪市	华宁县
541	云南省	玉溪市	澄江市
542	云南省	昭通市	巧家县
543	云南省	昭通市	盐津县

序号	省（区、市）名称	市（州）名称	县域名称
544	云南省	昭通市	大关县
545	云南省	昭通市	永善县
546	云南省	昭通市	绥江县
547	云南省	丽江市	玉龙纳西族自治县
548	云南省	丽江市	永胜县
549	云南省	丽江市	宁蒗彝族自治县
550	云南省	普洱市	景东彝族自治县
551	云南省	普洱市	镇沅彝族哈尼族拉祜族自治县
552	云南省	普洱市	孟连傣族拉祜族佤族自治县
553	云南省	普洱市	澜沧拉祜族自治县
554	云南省	普洱市	西盟佤族自治县
555	云南省	楚雄彝族自治州	双柏县
556	云南省	楚雄彝族自治州	大姚县
557	云南省	楚雄彝族自治州	永仁县
558	云南省	红河哈尼族彝族自治州	屏边苗族自治县
559	云南省	红河哈尼族彝族自治州	石屏县
560	云南省	红河哈尼族彝族自治州	金平苗族瑶族傣族自治县
561	云南省	文山壮族苗族自治州	文山市
562	云南省	文山壮族苗族自治州	西畴县
563	云南省	文山壮族苗族自治州	麻栗坡县
564	云南省	文山壮族苗族自治州	马关县
565	云南省	文山壮族苗族自治州	广南县
566	云南省	文山壮族苗族自治州	富宁县
567	云南省	西双版纳傣族自治州	景洪市
568	云南省	西双版纳傣族自治州	勐海县
569	云南省	西双版纳傣族自治州	勐腊县
570	云南省	大理白族自治州	漾濞彝族自治县
571	云南省	大理白族自治州	南涧彝族自治县
572	云南省	大理白族自治州	巍山彝族回族自治县
573	云南省	大理白族自治州	永平县
574	云南省	大理白族自治州	洱源县
575	云南省	大理白族自治州	剑川县
576	云南省	怒江傈僳族自治州	泸水市
577	云南省	怒江傈僳族自治州	福贡县
578	云南省	怒江傈僳族自治州	贡山独龙族怒族自治县

序号	省（区、市）名称	市（州）名称	县域名称
579	云南省	怒江傈僳族自治州	兰坪白族普米族自治县
580	云南省	迪庆藏族自治州	香格里拉市
581	云南省	迪庆藏族自治州	德钦县
582	云南省	迪庆藏族自治州	维西傈僳族自治县
583	西藏自治区	拉萨市	当雄县
584	西藏自治区	日喀则市	定日县
585	西藏自治区	日喀则市	康马县
586	西藏自治区	日喀则市	定结县
587	西藏自治区	日喀则市	仲巴县
588	西藏自治区	日喀则市	亚东县
589	西藏自治区	日喀则市	吉隆县
590	西藏自治区	日喀则市	聂拉木县
591	西藏自治区	日喀则市	萨嘎县
592	西藏自治区	日喀则市	岗巴县
593	西藏自治区	昌都市	江达县
594	西藏自治区	昌都市	贡觉县
595	西藏自治区	昌都市	类乌齐县
596	西藏自治区	昌都市	丁青县
597	西藏自治区	林芝市	巴宜区
598	西藏自治区	林芝市	米林县
599	西藏自治区	林芝市	墨脱县
600	西藏自治区	林芝市	波密县
601	西藏自治区	林芝市	察隅县
602	西藏自治区	山南市	措美县
603	西藏自治区	山南市	洛扎县
604	西藏自治区	山南市	隆子县
605	西藏自治区	山南市	错那县
606	西藏自治区	山南市	浪卡子县
607	西藏自治区	那曲市	嘉黎县
608	西藏自治区	那曲市	安多县
609	西藏自治区	那曲市	班戈县
610	西藏自治区	那曲市	尼玛县
611	西藏自治区	那曲市	双湖县
612	西藏自治区	阿里地区	普兰县
613	西藏自治区	阿里地区	札达县

序号	省（区、市）名称	市（州）名称	县域名称
614	西藏自治区	阿里地区	噶尔县
615	西藏自治区	阿里地区	日土县
616	西藏自治区	阿里地区	革吉县
617	西藏自治区	阿里地区	改则县
618	西藏自治区	阿里地区	措勤县
619	陕西省	西安市	周至县
620	陕西省	宝鸡市	凤县
621	陕西省	宝鸡市	太白县
622	陕西省	延安市	安塞区
623	陕西省	延安市	志丹县
624	陕西省	延安市	吴起县
625	陕西省	延安市	宜川县
626	陕西省	延安市	黄龙县
627	陕西省	延安市	子长市
628	陕西省	汉中市	汉台区
629	陕西省	汉中市	南郑区
630	陕西省	汉中市	城固县
631	陕西省	汉中市	洋县
632	陕西省	汉中市	西乡县
633	陕西省	汉中市	勉县
634	陕西省	汉中市	宁强县
635	陕西省	汉中市	略阳县
636	陕西省	汉中市	镇巴县
637	陕西省	汉中市	留坝县
638	陕西省	汉中市	佛坪县
639	陕西省	榆林市	绥德县
640	陕西省	榆林市	米脂县
641	陕西省	榆林市	佳县
642	陕西省	榆林市	吴堡县
643	陕西省	榆林市	清涧县
644	陕西省	榆林市	子洲县
645	陕西省	安康市	汉滨区
646	陕西省	安康市	汉阴县
647	陕西省	安康市	石泉县
648	陕西省	安康市	宁陕县

序号	省（区、市）名称	市（州）名称	县域名称
649	陕西省	安康市	紫阳县
650	陕西省	安康市	岚皋县
651	陕西省	安康市	平利县
652	陕西省	安康市	镇坪县
653	陕西省	安康市	白河县
654	陕西省	安康市	旬阳市
655	陕西省	商洛市	商州区
656	陕西省	商洛市	洛南县
657	陕西省	商洛市	丹凤县
658	陕西省	商洛市	商南县
659	陕西省	商洛市	山阳县
660	陕西省	商洛市	镇安县
661	陕西省	商洛市	柞水县
662	甘肃省	兰州市	永登县
663	甘肃省	金昌市	永昌县
664	甘肃省	白银市	会宁县
665	甘肃省	天水市	张家川回族自治县
666	甘肃省	武威市	凉州区
667	甘肃省	武威市	民勤县
668	甘肃省	武威市	古浪县
669	甘肃省	武威市	天祝藏族自治县
670	甘肃省	张掖市	甘州区
671	甘肃省	张掖市	肃南裕固族自治县
672	甘肃省	张掖市	民乐县
673	甘肃省	张掖市	临泽县
674	甘肃省	张掖市	高台县
675	甘肃省	张掖市	山丹县
676	甘肃省	张掖市	山丹马场
677	甘肃省	平凉市	庄浪县
678	甘肃省	平凉市	静宁县
679	甘肃省	酒泉市	肃北蒙古族自治县
680	甘肃省	酒泉市	阿克塞哈萨克族自治县
681	甘肃省	庆阳市	庆城县
682	甘肃省	庆阳市	环县
683	甘肃省	庆阳市	华池县

序号	省（区、市）名称	市（州）名称	县域名称
684	甘肃省	庆阳市	镇原县
685	甘肃省	定西市	通渭县
686	甘肃省	定西市	渭源县
687	甘肃省	定西市	漳县
688	甘肃省	定西市	岷县
689	甘肃省	陇南市	武都区
690	甘肃省	陇南市	文县
691	甘肃省	陇南市	宕昌县
692	甘肃省	陇南市	康县
693	甘肃省	陇南市	西和县
694	甘肃省	陇南市	礼县
695	甘肃省	陇南市	两当县
696	甘肃省	临夏回族自治州	临夏县
697	甘肃省	临夏回族自治州	康乐县
698	甘肃省	临夏回族自治州	永靖县
699	甘肃省	临夏回族自治州	和政县
700	甘肃省	临夏回族自治州	东乡族自治县
701	甘肃省	临夏回族自治州	积石山保安族东乡族撒拉族自治县
702	甘肃省	甘南藏族自治州	合作市
703	甘肃省	甘南藏族自治州	临潭县
704	甘肃省	甘南藏族自治州	卓尼县
705	甘肃省	甘南藏族自治州	舟曲县
706	甘肃省	甘南藏族自治州	迭部县
707	甘肃省	甘南藏族自治州	玛曲县
708	甘肃省	甘南藏族自治州	碌曲县
709	甘肃省	甘南藏族自治州	夏河县
710	青海省	西宁市	湟中区
711	青海省	西宁市	大通回族土族自治县
712	青海省	西宁市	湟源县
713	青海省	海东市	乐都区
714	青海省	海东市	平安区
715	青海省	海东市	民和回族土族自治县
716	青海省	海东市	互助土族自治县
717	青海省	海东市	化隆回族自治县
718	青海省	海东市	循化撒拉族自治县

序号	省（区、市）名称	市（州）名称	县域名称
719	青海省	海北藏族自治州	门源回族自治县
720	青海省	海北藏族自治州	祁连县
721	青海省	海北藏族自治州	海晏县
722	青海省	海北藏族自治州	刚察县
723	青海省	黄南藏族自治州	同仁市
724	青海省	黄南藏族自治州	尖扎县
725	青海省	黄南藏族自治州	泽库县
726	青海省	黄南藏族自治州	河南蒙古族自治县
727	青海省	海南藏族自治州	共和县
728	青海省	海南藏族自治州	同德县
729	青海省	海南藏族自治州	贵德县
730	青海省	海南藏族自治州	兴海县
731	青海省	海南藏族自治州	贵南县
732	青海省	果洛藏族自治州	玛沁县
733	青海省	果洛藏族自治州	班玛县
734	青海省	果洛藏族自治州	甘德县
735	青海省	果洛藏族自治州	达日县
736	青海省	果洛藏族自治州	久治县
737	青海省	果洛藏族自治州	玛多县
738	青海省	玉树藏族自治州	玉树市
739	青海省	玉树藏族自治州	杂多县
740	青海省	玉树藏族自治州	称多县
741	青海省	玉树藏族自治州	治多县
742	青海省	玉树藏族自治州	囊谦县
743	青海省	玉树藏族自治州	曲麻莱县
744	青海省	海西蒙古族藏族自治州	格尔木市
745	青海省	海西蒙古族藏族自治州	德令哈市
746	青海省	海西蒙古族藏族自治州	茫崖市
747	青海省	海西蒙古族藏族自治州	都兰县
748	青海省	海西蒙古族藏族自治州	天峻县
749	青海省	海西蒙古族藏族自治州	大柴旦行政委员会
750	宁夏回族自治区	石嘴山市	大武口区
751	宁夏回族自治区	吴忠市	红寺堡区
752	宁夏回族自治区	吴忠市	盐池县
753	宁夏回族自治区	吴忠市	同心县

序号	省（区、市）名称	市（州）名称	县域名称
754	宁夏回族自治区	固原市	原州区
755	宁夏回族自治区	固原市	西吉县
756	宁夏回族自治区	固原市	隆德县
757	宁夏回族自治区	固原市	泾源县
758	宁夏回族自治区	固原市	彭阳县
759	宁夏回族自治区	中卫市	沙坡头区
760	宁夏回族自治区	中卫市	中宁县
761	宁夏回族自治区	中卫市	海原县
762	新疆维吾尔自治区	博尔塔拉蒙古自治州	博乐市
763	新疆维吾尔自治区	博尔塔拉蒙古自治州	温泉县
764	新疆维吾尔自治区	巴音郭楞蒙古自治州	若羌县
765	新疆维吾尔自治区	巴音郭楞蒙古自治州	且末县
766	新疆维吾尔自治区	巴音郭楞蒙古自治州	博湖县
767	新疆维吾尔自治区	阿克苏地区	乌什县
768	新疆维吾尔自治区	阿克苏地区	阿瓦提县
769	新疆维吾尔自治区	阿克苏地区	柯坪县
770	新疆维吾尔自治区	克孜勒苏柯尔克孜自治州	阿克陶县
771	新疆维吾尔自治区	克孜勒苏柯尔克孜自治州	阿合奇县
772	新疆维吾尔自治区	克孜勒苏柯尔克孜自治州	乌恰县
773	新疆维吾尔自治区	喀什地区	疏附县
774	新疆维吾尔自治区	喀什地区	疏勒县
775	新疆维吾尔自治区	喀什地区	英吉沙县
776	新疆维吾尔自治区	喀什地区	泽普县
777	新疆维吾尔自治区	喀什地区	莎车县
778	新疆维吾尔自治区	喀什地区	叶城县
779	新疆维吾尔自治区	喀什地区	麦盖提县
780	新疆维吾尔自治区	喀什地区	岳普湖县
781	新疆维吾尔自治区	喀什地区	伽师县
782	新疆维吾尔自治区	喀什地区	巴楚县
783	新疆维吾尔自治区	喀什地区	塔什库尔干塔吉克自治县
784	新疆维吾尔自治区	和田地区	和田县
785	新疆维吾尔自治区	和田地区	墨玉县
786	新疆维吾尔自治区	和田地区	皮山县
787	新疆维吾尔自治区	和田地区	洛浦县
788	新疆维吾尔自治区	和田地区	策勒县

序号	省（区、市）名称	市（州）名称	县域名称
789	新疆维吾尔自治区	和田地区	于田县
790	新疆维吾尔自治区	和田地区	民丰县
791	新疆维吾尔自治区	伊犁哈萨克自治州	伊宁县
792	新疆维吾尔自治区	伊犁哈萨克自治州	察布查尔锡伯自治县
793	新疆维吾尔自治区	伊犁哈萨克自治州	霍城县
794	新疆维吾尔自治区	伊犁哈萨克自治州	巩留县
795	新疆维吾尔自治区	伊犁哈萨克自治州	新源县
796	新疆维吾尔自治区	伊犁哈萨克自治州	昭苏县
797	新疆维吾尔自治区	伊犁哈萨克自治州	特克斯县
798	新疆维吾尔自治区	伊犁哈萨克自治州	尼勒克县
799	新疆维吾尔自治区	塔城地区	塔城市
800	新疆维吾尔自治区	塔城地区	额敏县
801	新疆维吾尔自治区	塔城地区	托里县
802	新疆维吾尔自治区	塔城地区	裕民县
803	新疆维吾尔自治区	阿勒泰地区	阿勒泰市
804	新疆维吾尔自治区	阿勒泰地区	布尔津县
805	新疆维吾尔自治区	阿勒泰地区	富蕴县
806	新疆维吾尔自治区	阿勒泰地区	福海县
807	新疆维吾尔自治区	阿勒泰地区	哈巴河县
808	新疆维吾尔自治区	阿勒泰地区	青河县
809	新疆维吾尔自治区	阿勒泰地区	吉木乃县
810	新疆生产建设兵团		图木舒克市

下　篇

重点生态功能区县域生态环境质量监测与评价系统使用指南

第 8 章
数据填报与审核软件使用指南

1　引言

1.1　编写目的

本部分是国家重点生态功能区县域生态环境质量考核信息系统 11.0 —— 数据填报系统（以下简称“填报系统”）的使用说明书，目标读者是系统的实际操作者（县级环保主管部门，负责县域生态环境质量考核数据上报审核，并编写自查报告的工作人员）。本部分描述了系统的基本功能、系统界面以及各功能模块的具体操作，辅助使用人员从整体和具体功能上掌握系统的使用方法。

1.2　系统概述

“填报系统”主要通过县域生态环境质量考核数据的填报模板下发，数据编辑导入、数据质量检查、自查报告生成、数据打包等功能模块，以功能菜单和右键快捷菜单的方式实现县域填报数据的编辑导入、质量检查，以辅助县级主管部门用户生成符合国家要求的县域生态环境质量考核上报数据。

1.3　术语定义

【指标数据】

指县域的林地、草地、水域湿地、耕地和建筑用地、未利用地土地类型的面积、所占比例等信息，另外还包括城镇生活污水数据等。

【自查报告】

由生态环境质量考核数据指标汇总表与生态环境保护工作情况说明两部分组成。

【数据质量检查】

检查各类数据是否缺失、数据项是否填写等，另外对监测数据还提供了阈值检查、单位检查、日期检查等内容。

【数据填报模板】

指规定格式的 XLSX、DOCX 附件，填写之后通过系统的导入功能进行入库。

2 系统安装

本系统运行的软硬件环境不得低于表 2-1 所示配置，软件环境的支撑控件和辅助软件为必选项，否则系统无法正常运行。

表 2-1 系统运行环境表

	设备	指标详细信息
硬件环境	CPU	2.0 GHz 以上
	内存	1G 以上
	可用硬盘空间	5GB 以上
软件环境	操作系统	Windows XP/2003/7，支持 64 位操作系统
	支撑控件	MicroSoft .NET Framework 4.0（自动安装）
	辅助软件	Microsoft Office 2007（需含 Excel，Word） Adobe Reader 7.0 以上

2.1 推荐安装步骤

1）安装 MicroSoft Office 2007 或 2010，安装时 Word、Excel 为必选项，建议完全安装；

2）安装 Adobe Reader，版本为 7.0 以上即可；

3）安装“填报系统”软件，若以前没有安装 Microsoft .NET Framework 4.0，则在安装本系统软件前会自动运行 Microsoft .NET Framework 4.0。

4）安装完成后会进行系统验证，需输入本县域的 12 位验证码（该验证码随软件安装盘下发），并完成安装。

2.2 安装操作说明

本操作说明将不对 MicroSoft Office 2007 和 Adobe Reader 的安装进行详细说明，其安装方法请参见其相关说明文档。以下为“填报系统”的详细安装说明：

1）双击运行安装包光盘中“县域生态环境质量考核数据填报系统\setup.exe”，如图2-1，系统开始安装。

图 2-1　系统安装界面

2）若你机器上以前没有安装 Microsoft .NET Framework 4.0，安装程序会自动弹出提示安装 Microsoft .NET Framework 4.0 界面，如图 2-2 所示。

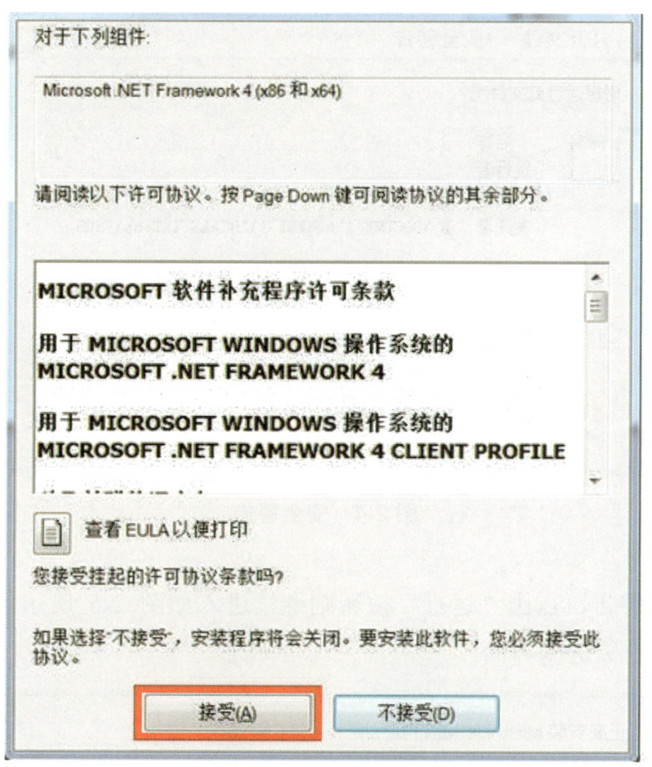

图 2-2　安装提示

3）点击“接受”按钮，将进入 Microsoft .NET Framework 4.0 的安装文件复制步骤，复制安装文件所需时间根据不同机器环境需要 1～5 分钟，请耐心等候，在等候期间尽量不要进行其他操作。若点击“不接受”按钮，则退出安装，系统将提示安装未完成。文件复制完成后，进入 Microsoft .NET Framework 4.0 的正式安装界面，如图 2-3 所示。

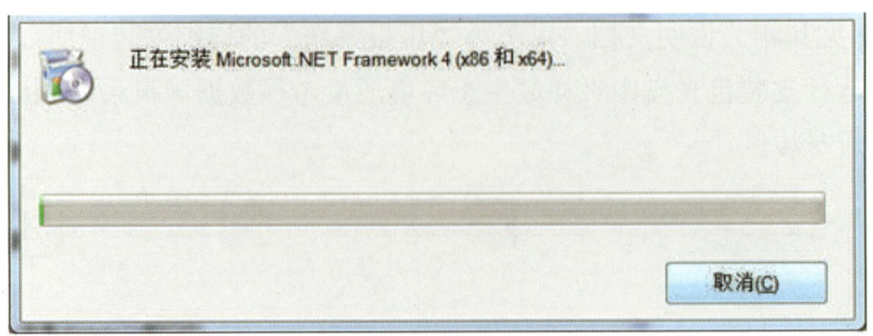

图 2-3 安装文件复制

在安装过程中，需安装 Microsoft .NET Framework 4.0 的汉化包，在安装此插件前有可能（根据不同操作系统及系统安全级别设置）出现如图 2-4 所示的安全警告。

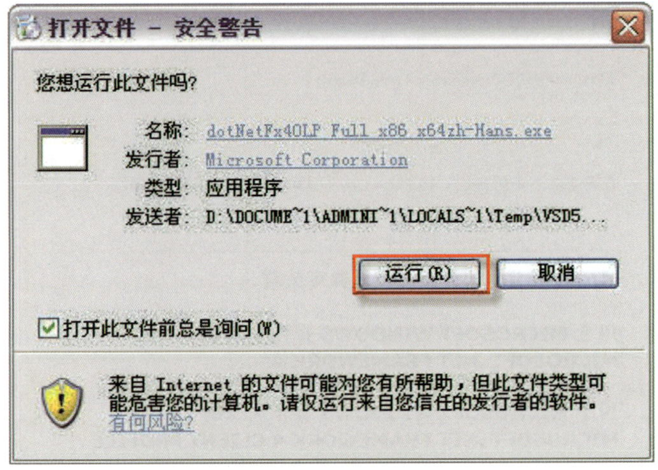

图 2-4 安全警告

4）若出现此警告，点击“运行”按钮则继续进入如图 2-5 所示的 Microsoft .NET Framework 4.0 的安装进度界面。

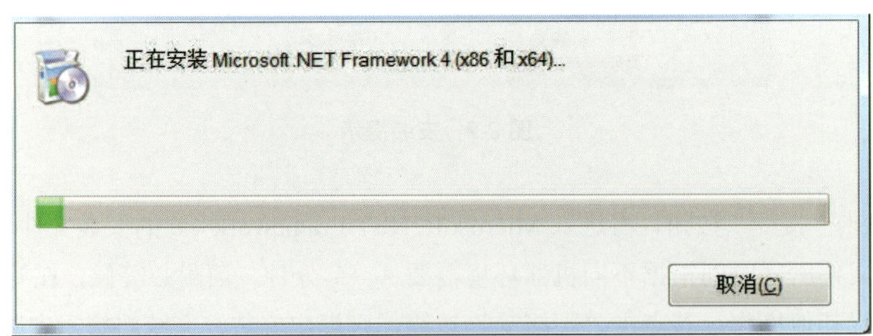

图 2-5 安装进度界面

5）Microsoft .NET Framework 4.0 安装完成后，将自动进入“县域生态环境质量考核数据填报系统”（简称“填报系统”）软件的安装欢迎界面，如图 2-6 所示。在该界面中会有“填报系统”的简介、安装要求以及版本申明等信息。

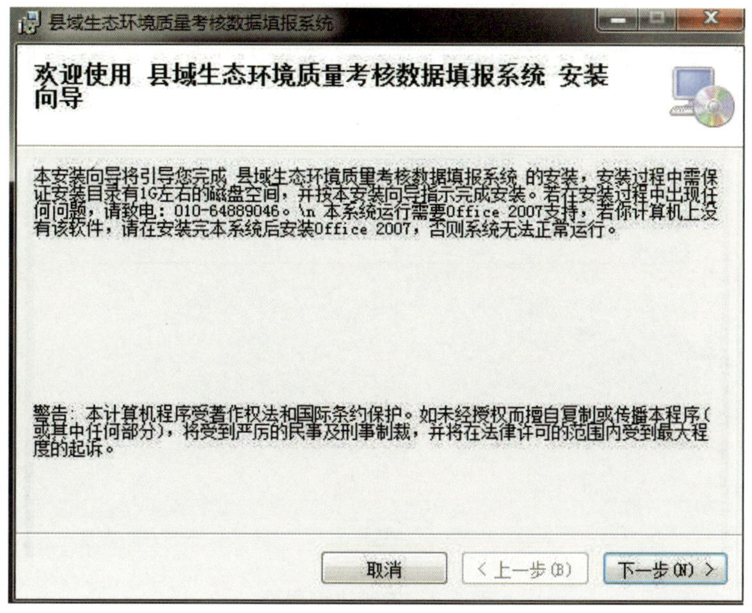

图 2-6　安装欢迎界面

6）点击“下一步”按钮，则进入系统确认安装界面，如图 2-7 所示。

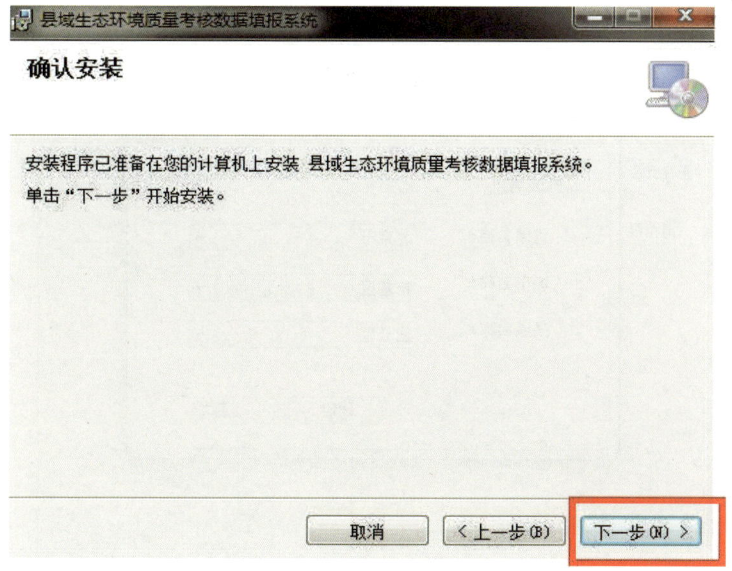

图 2-7　确认安装界面

7）若确认安装，则点击“下一步”进入系统安装进度界面，如图 2-8 所示；若需要修改安装设置，则点击“上一步”按钮，则返回上一步进行安装文件夹等的修改；若想取消本次安装，则点击“取消”按钮，则将退出安装，并提示安装未完成。

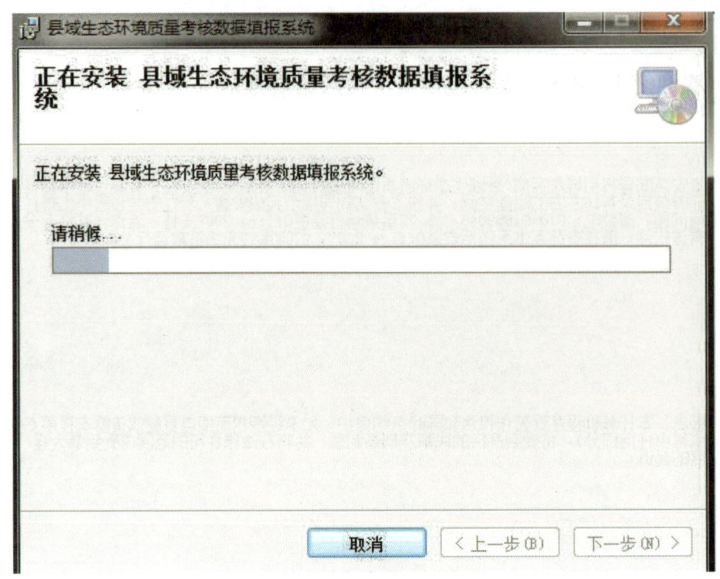

图 2-8　安装进度界面

8）耐心等待系统安装，该过程根据不同性能的机器约需要 1～3 分钟。安装完成后，则进入县域选择界面，如图 2-9 所示。

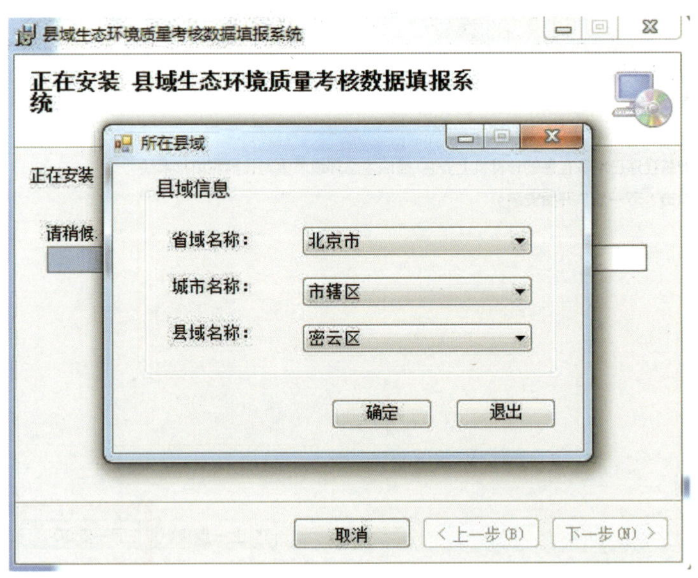

图 2-9　系统安装

9）选择所在县域，点击“确定”按钮，出现图 2-10 所示界面。需输入软件的验证码，并点击“确定”按钮。

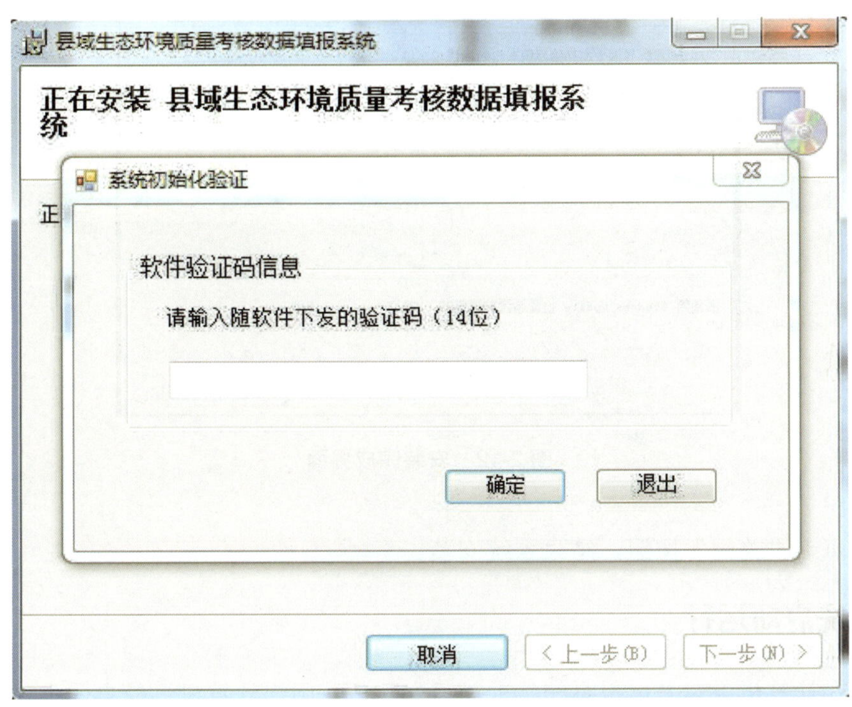

图 2-10　软件验证

弹出如图 2-11 所示提示框，提示验证成功，并给出系统初始登录密码。该密码需牢记，并在系统第一次使用登录时进行修改。

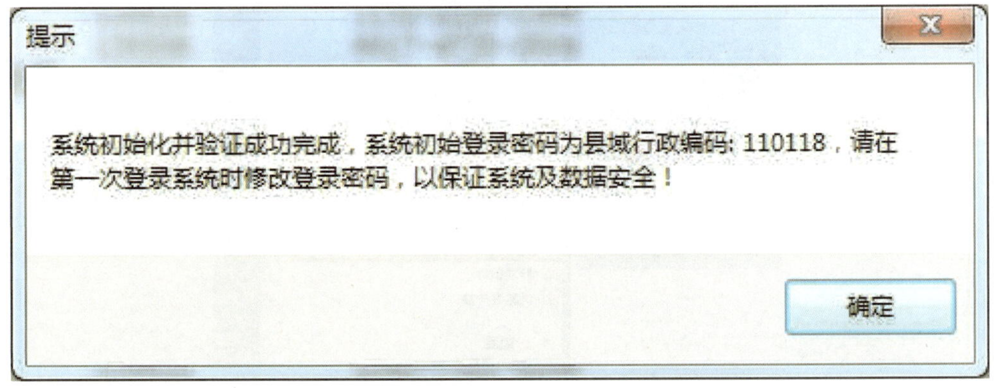

图 2-11　提示框

10）若系统验证成功，则进入系统安装完成界面，如图 2-12 所示。

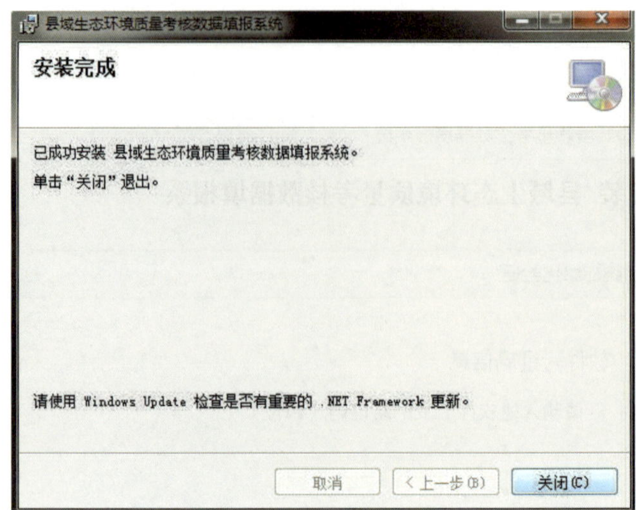

图 2-12　安装完成界面

11）点击“关闭”按钮，结束系统安装。

2.3　系统启动运行

用户在计算机上对“填报系统”进行了安装后，用户计算机系统桌面上、计算机系统开始菜单中将产生“数据填报系统”的快捷方式，如图 2-13 所示。

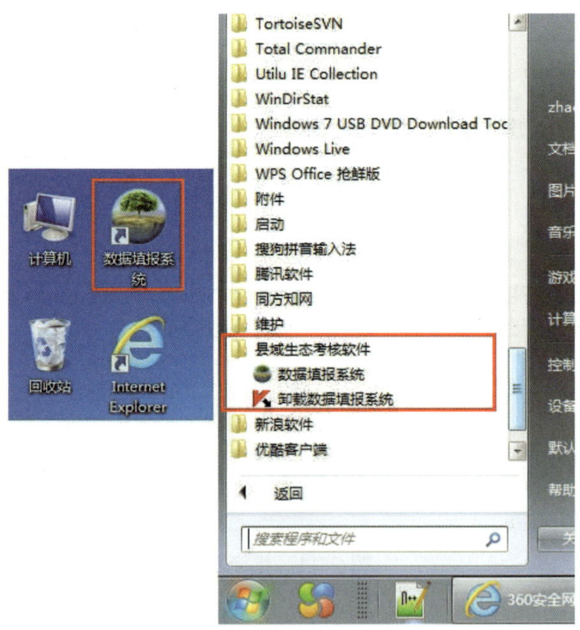

图 2-13　快捷方式

双击桌面上的“填报系统系统”快捷方式或者点击计算机操作系统开始菜单中的“数据填报系统”，则开始运行系统。系统使用时要进行软件验证，具体步骤详见用户使用手册。

2.4　系统卸载说明

用户可以通过两种方式对“填报系统”进行卸载，一种是通过计算机系统开始菜单中的“卸载数据填报系统”的快捷方式，如图 2-14 红框中所示。

图 2-14　卸载快捷方式

也可以通过点击开始菜单中的“控制面板”，如图 2-14 蓝框中所示，选择“控制面板”中的卸载程序，打开卸载程序窗体，如图 2-15 所示，右键点击图中红框中的“县域生态环境质量考核数据填报系统”，选择右键菜单中的“卸载”项，打开软件卸载进度执行框，完成卸载。

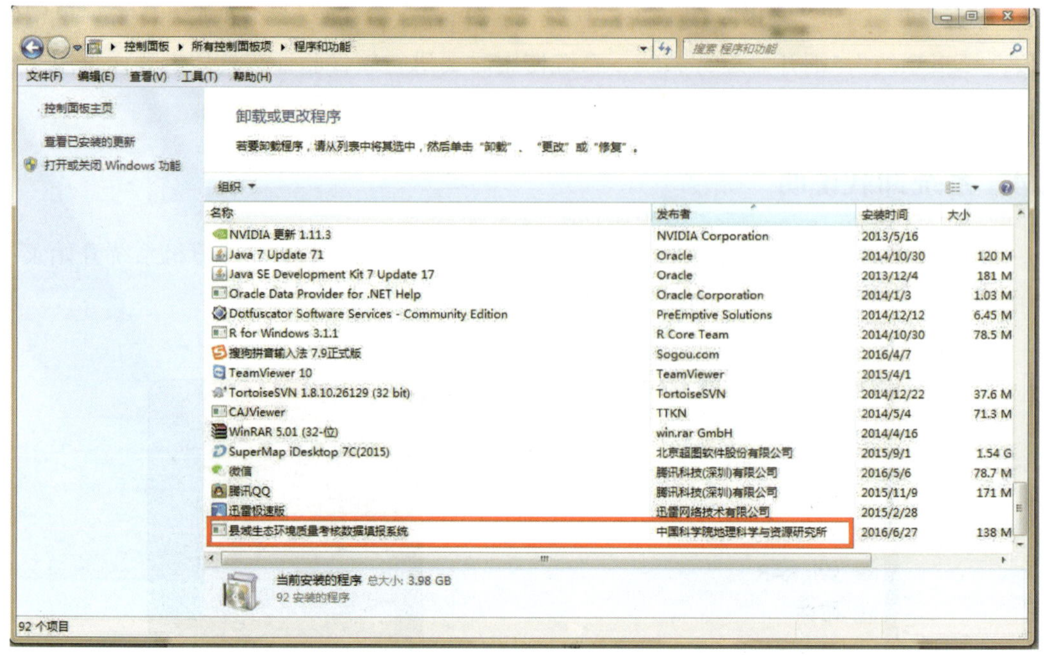

图 2-15　软件卸载

2.5　系统功能升级

若系统存在功能缺陷，省级会下发软件升级包，直接安装即可修复功能缺陷，不会影响当年用户填报的数据。

2.6　系统点位变更

点位变更不再采用安装升级包的方式，而是通过系统中的“导入县域基本信息”功能导入国家下发的点位信息包进行变更。

3　监测数据上报主界面说明

“填报系统”主界面采用经典的 Office2010 界面风格，整个界面分为三个区，分别为菜单区、数据列表区、数据显示编辑区，如图 3-1 所示。

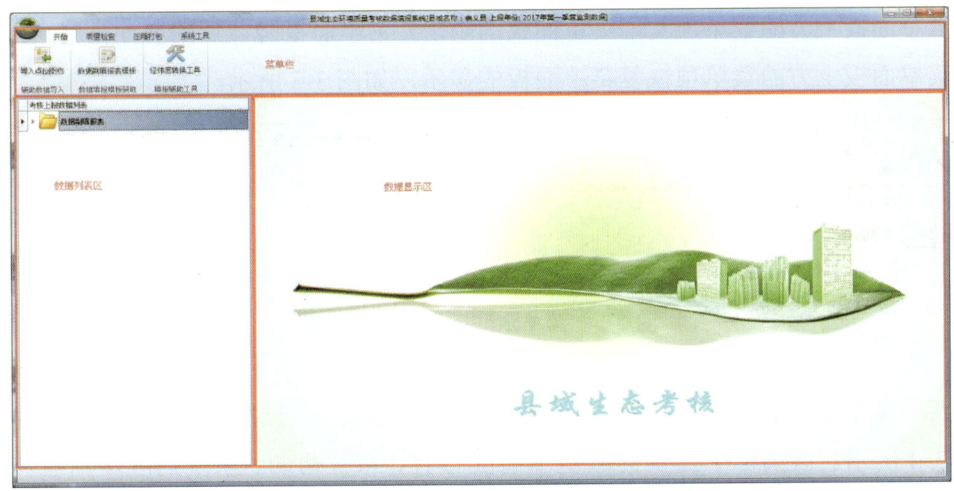

图 3-1　系统主界面

3.1　功能菜单区

系统功能菜单区位于系统主界面的上方，系统主要通过该功能菜单区的功能按钮来完成县域生态环境质量考核数据模板的获取、县域生态环境质量考核填报数据的质量检查及数据加密打包等功能。本系统的功能按钮根据功能分类分布于 4 个菜单面板中，这 4 个面板分别为：开始、质量检查、压缩打包及系统工具。系统功能与各菜单面板间的对应关系如表 3-1 所示。

表 3-1　菜单说明表

序号	菜单名称	系统功能
1	开始	县域生态环境填报数据模板获取
2	质量检查	县域生态环境质量考核填报数据质量检查
3	压缩打包	县域上报数据预检、加密打包
4	系统工具	系统界面风格切换、数据备份、恢复

菜单面板之间通过菜单面板上方的菜单项的点击来进行切换，如图 3-2 所示。

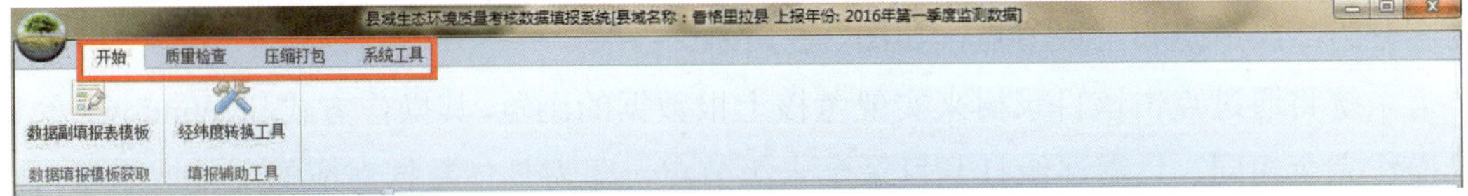

图 3-2　系统功能菜单切换区

菜单面板在系统运行过程中一般都一直显示，但有时为了扩大数据显示区，可通过双击菜单面板上方的菜单项实现菜单面板的隐现，菜单面板隐藏后的界面，用户可通过双击菜单面板上方的菜单项恢复菜单面板的显示，如图 3-3 所示。

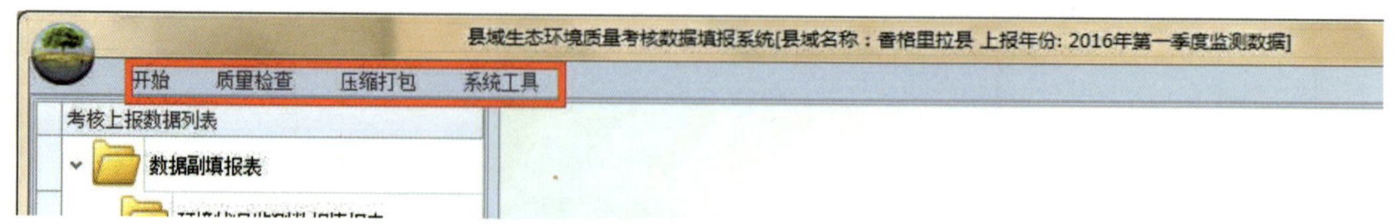

图 3-3　菜单隐藏后的功能菜单区

系统菜单位于功能菜单区的左上角的系统图标处，通过点击图标来弹出菜单，如图 3-4 所示。该菜单中提供县域基本情况查看、系统帮助、系统的版本信息和退出系统功能。

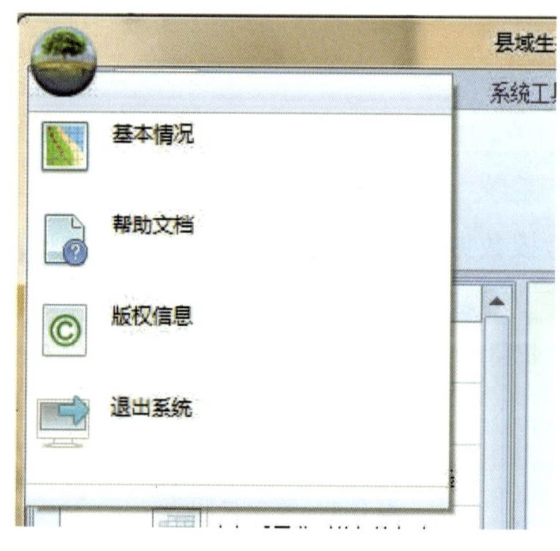

图 3-4　系统菜单

3.2　填报数据列表区

县域填报数据列表区位于系统主界面的左侧，通过目录树的方式，对各类型的上报数据进行组织。初始状态下，目录树中一级节点包括数据副填报表一部分，根据包含的内容分为二级节点和三级节点，如图 3-5 所示。

系统将通过点击该目录树来实现考核上报数据的浏览，其操作方式与 Windows 的目录操作完全相同，只需逐级打开目录至末级节点，即为具体数据对应的文件或表格，点击即可在数据显示区以文档或表格的方式显示相应数据。数据列表区中数据若不存在，其数据文件名称前面的图标与数据文件存在状况下的图标有所不同，如图 3-5 所示，图中空气质量监测数据填报未导入。

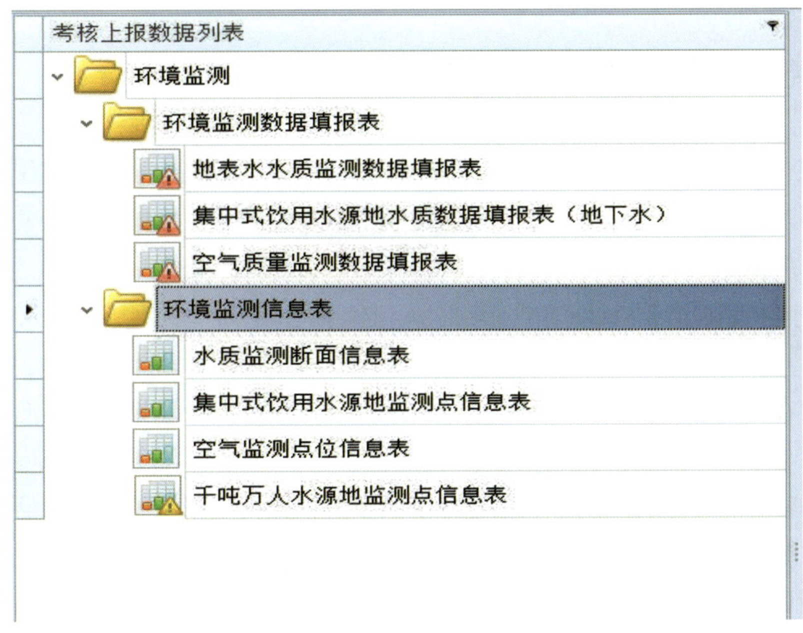

图 3-5　考核上报数据列表

3.3　数据显示编辑区

数据显示区主要是显示填报数据列表区所选中数据节点对应的文档或表格内容，另外还显示系统生成的自查报告文本及报告附表。

不同数据内容，其显示样式各不相同，图 3-6 为表格类数据的显示样式，在表格类显示窗口，可实现数据表的翻页，数据记录的增加、删除、修改等功能操作（通过表格左下方的功能区实现，如图 3-6 红框内所示）。

	水质监测断面代码	水质监测断面名称	断面性质	河流/湖白名称	是否湖库	经度	纬度	建立时间	照片	监测报告
1	WA53342100001	上桥头水文站	国控	岗曲河	是	99°24′3″	28°9′55″			11(123)
2	WA53342100002	碧塔海中心点	国控	碧塔海	否	99°59′28″	27°49′17″			11(123)

当前记录：1 of 2

图 3-6　表格类显示样式

4　监测数据上报操作说明

功能菜单区的功能菜单和县域生态环境质量考核填报数据列表区的右键菜单是本系统的主要功能入口，本章将详细说明菜单功能区功能菜单、填报数据列表区右键菜单及数据显示编辑区的功能操作。

4.1　系统登录及初始化

若用户在计算机上对“填报系统”进行了安装，则用户计算机系统桌面上、计算机系统开始菜单中将产生“数据填报系统”的快捷方式，如图 4-1 所示。若用户未安装，则参照《国家重点生态功能区县域生态环境质量考核数据填报系统安装手册》来完成系统软件的安装，并进入系统初始化及登录界面工作。系统运行及登录的具体步骤包括系统初始化验证、修改登入密码及登录系统三部分。

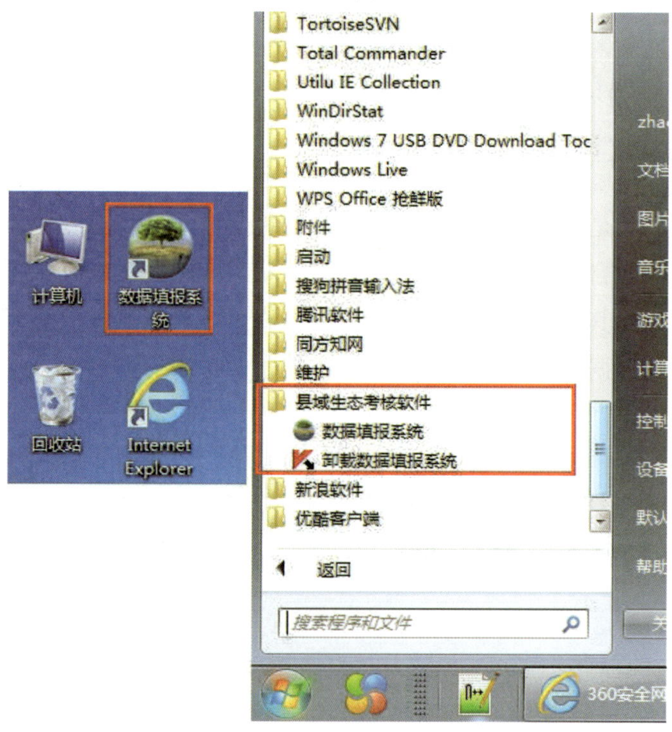

图 4-1　“数据填报系统”桌面及开始菜单快捷方式

4.1.1　系统初始化验证

双击桌面上的“数据填报系统”快捷方式，或者点击计算机操作系统开始菜单中的

“数据填报系统”，则开始运行系统。若在系统安装完成后没有进行系统验证或是验证未成功，则需先进行系统验证，验证步骤如下：

1）运行系统时，系统弹出如图 4-2 所示的界面，提示是否进行验证。

提示
所输入验证码不为所选县域的软件验证码，请确认你选择了正确的县域并输入了正确的验证码？
若确认你所选县域和验证码都正确，则可能是安装系统出现问题，请点击 [是]按钮，以退出系统安装并联系系统开发商！
是(Y)
否(N)

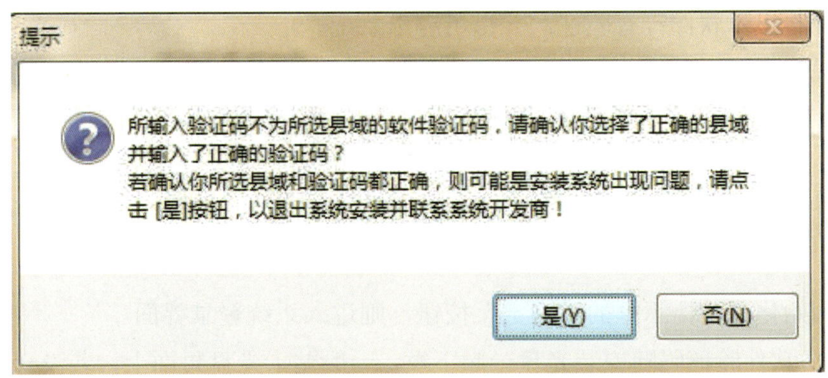

图 4-2　系统未验证提示

2）在提示框中，点击“是”按钮，则进入图 4-3 所示的系统验证界面；点击“否”按钮，则提示系统未验证，并退出系统登录。

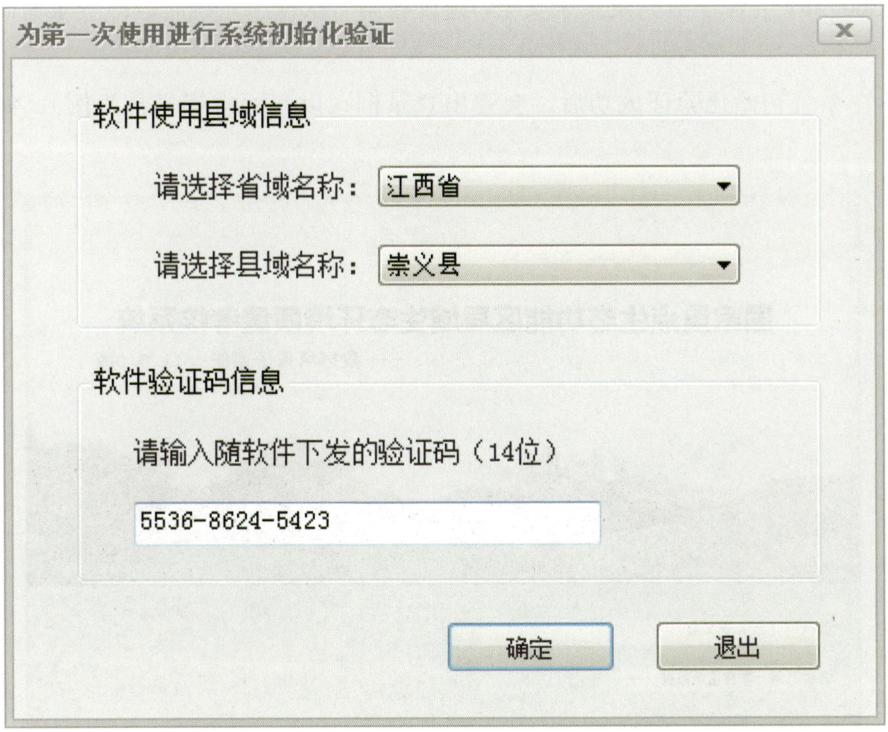

为第一次使用进行系统初始化验证
软件使用县域信息
请选择省域名称：
江西省
请选择县域名称：
崇义县
软件验证码信息
请输入随软件下发的验证码（14位）
5536-8624-5423
确定
退出

图 4-3　系统验证界面

3）在系统验证界面中，如图 4-3 所示，选择您所在的省、县名称，并输入随软件下发的 14 位验证码，若点击“确定”按钮，如果验证码正确，则显示图 4-4 所示的验证正确提示信息，红框内容提示您系统登录的初始密码。若点击“退出”按钮，则退出验证，系统将提示软件没有验证，并提示退出系统。

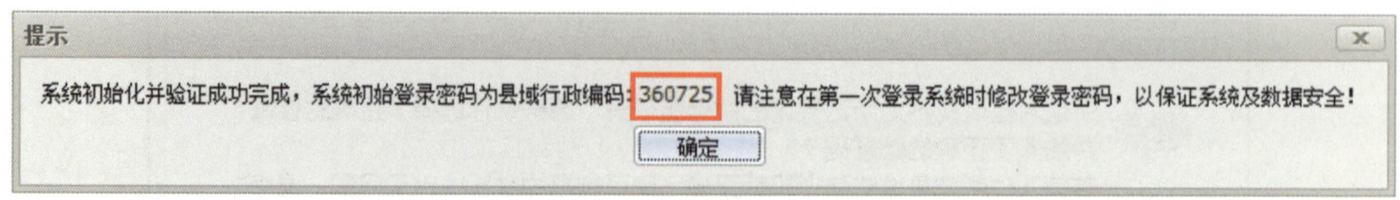

图 4-4　初始化成功提示框

点击初始化成功提示框的“确定”按钮，则进入系统登录界面。

【注意】软件验证码随安装光盘一起下发，一般贴于光盘封面上，若没有或是丢失，请联系统开发商获取新的验证码。

4.1.2　修改登录密码

系统初始化时，将系统的登录密码设为县域的六位行政编码，如：江西省崇义县的密码为 360725。为保证数据及系统安全，建议在第一次使用系统时修改登录密码。步骤如下：

1）在系统初始化验证成功后，会弹出登录框（以江西省崇义县为例），如图 4-5 所示。

图 4-5　系统登录界面

2）点击上图中系统登录界面中的“修改密码”按钮，则弹出密码修改对话框，如图 4-6 所示，可以修改登录密码。

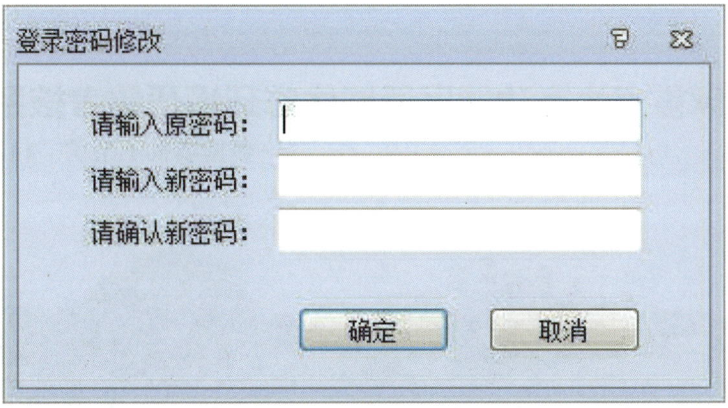

登录密码修改

请输入原密码：

请输入新密码：

请确认新密码：

确定　取消

图 4-6　登录密码修改窗

图 4-6 登录密码修改窗体的第一个框中输入原密码，第一次登录时的密码为县域代码，以后再修改时则为用户修改过的密码。在第二个框中输入新密码（密码建议由数字和字母组合而成），然后在第三个框中重新输入新密码，以确认新密码没有输错。

3）密码输入完成后，点击“确定”按钮，若原密码没有输错，且新密码与确认密码相同，则弹出修改密码成功提示框，如图 4-7 所示；否则提示原密码错误或新密码与确认密码不匹配错误，这时用户需要重新进行密码的修改。

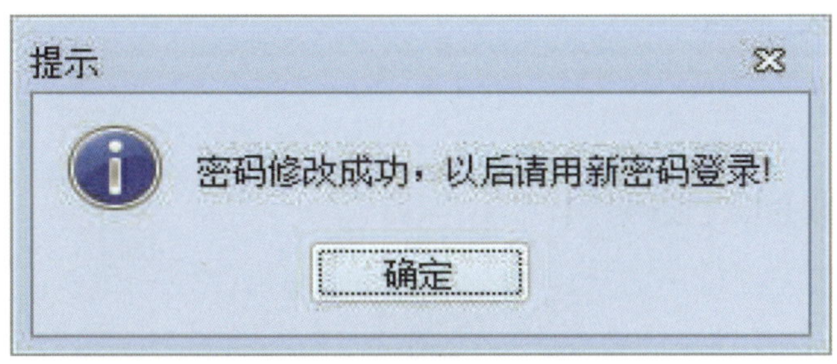

图 4-7　密码修改成功提示框

【注意】修改密码为可选步骤，若所用计算机只能本人使用，可不用修改密码。

4.1.3　切换县域

“切换县域”功能主要针对省级用户，目的是方便省级用户对各县进行技术支持工作，可以快速实现不同县域系统的切换。步骤如下：

1）点击登录窗体上的“切换县域”按钮，如图 4-8 所示。

图 4-8 县域切换

2）弹出县域注册码输入窗口，输入注册码后点击“确定”按钮，可以切换到其他县域。如图 4-9 所示。

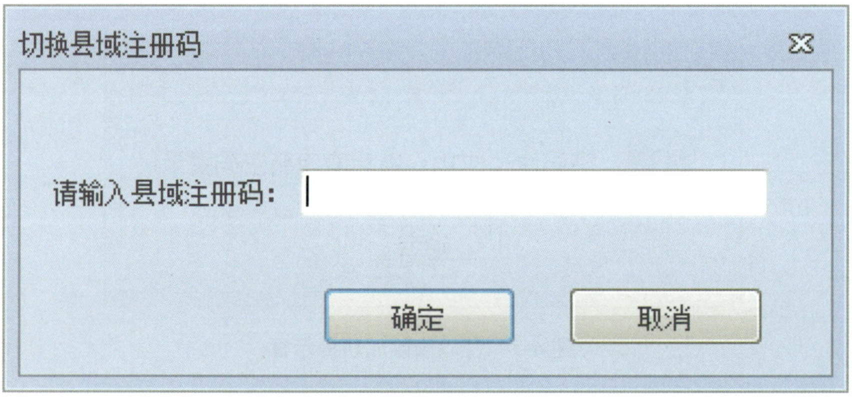

切换县域注册码

请输入县域注册码：

确定 取消

图 4-9 注册码输入

4.1.4 登录系统

系统登录的具体操作步骤为：

1）在系统登录框中，点击“登录”按钮，则开始登录系统，如图 4-10 所示。

图 4-10　系统登录界面

2）系统第一次登录或是初始化后，会在登录过程中提示用户数据库不存在，提示信息如图 4-11 所示。点击“是”按钮，则生成上报目录，并进入系统主界面，系统登录完成。

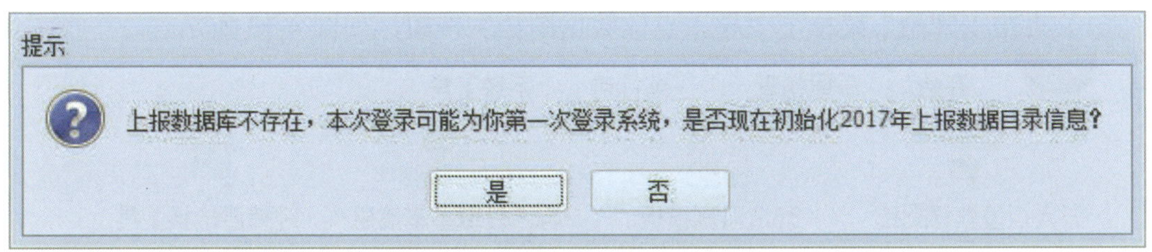

图 4-11　考核年份设置提示框

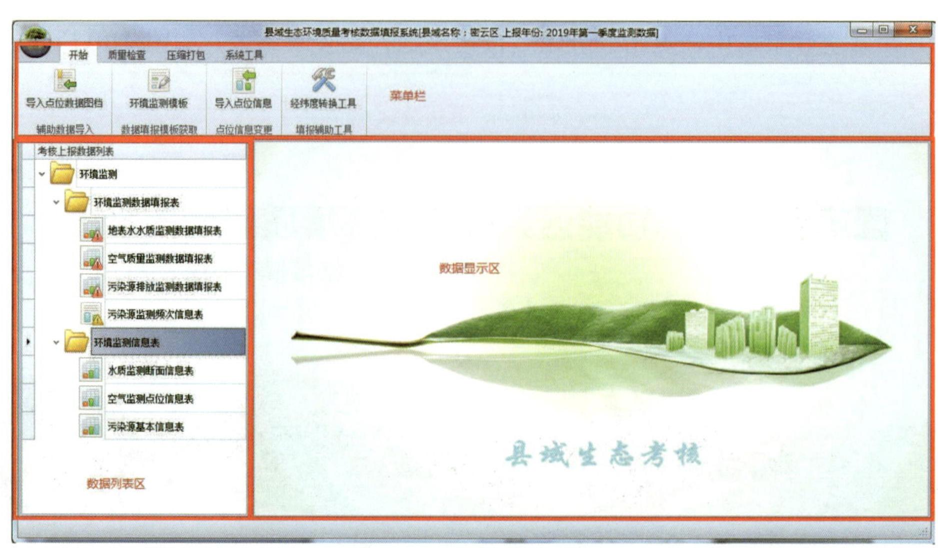

图 4-12　系统主界面

【注意】若系统安装时已进行了系统初始化验证工作，则在运行时不会弹出验证相关界面。

4.2　点位图档导入

系统成功登录后，可进行点位图档导入操作。点位图档导入是将上一季度监测数据中点位的照片和排放标准导入系统，一般情况下只需要在第一季上报数据时导入一次就可以，照片和排放标准数据是所有季度共享的，如果没有上一季度监测数据上报包可不导入。具体操作步骤为：

1）点击“开始”菜单下“导入点位数据图档”按钮，如图 4-13 所示。

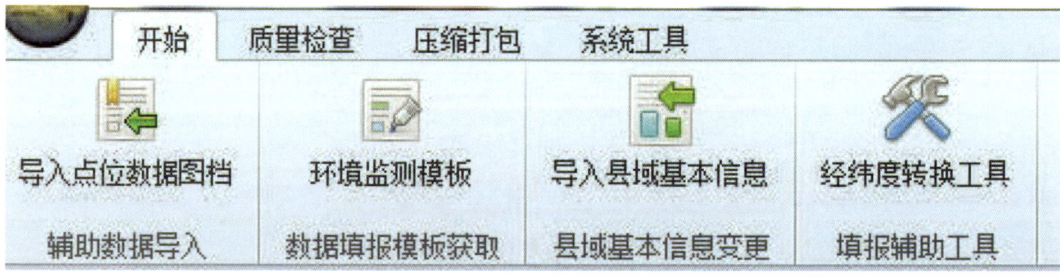

图 4-13　导入点位数据图档菜单

2）在文件选择对话框中选择上一年第四季度监测数据上报包文件，并点击“打开”按钮，弹出如图 4-14 所示文件导入执行进度框。

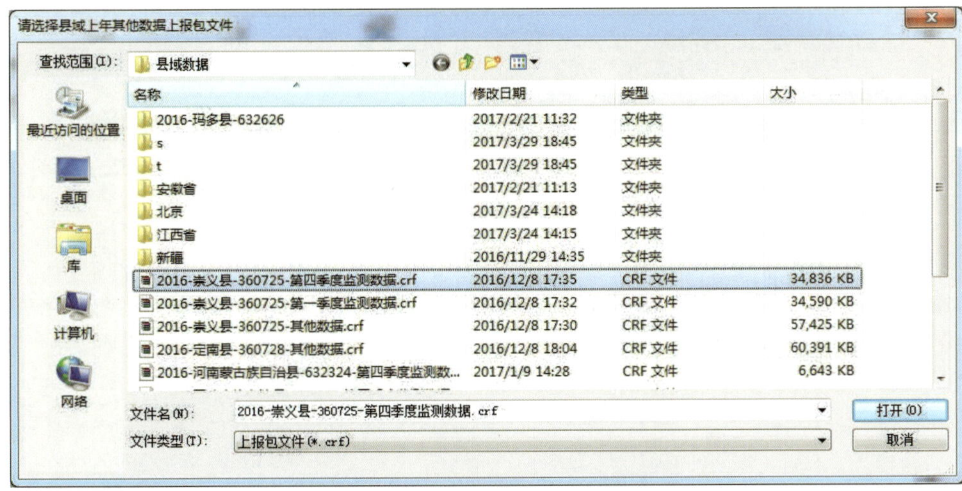

图 4-14　上报包文件选择对话框

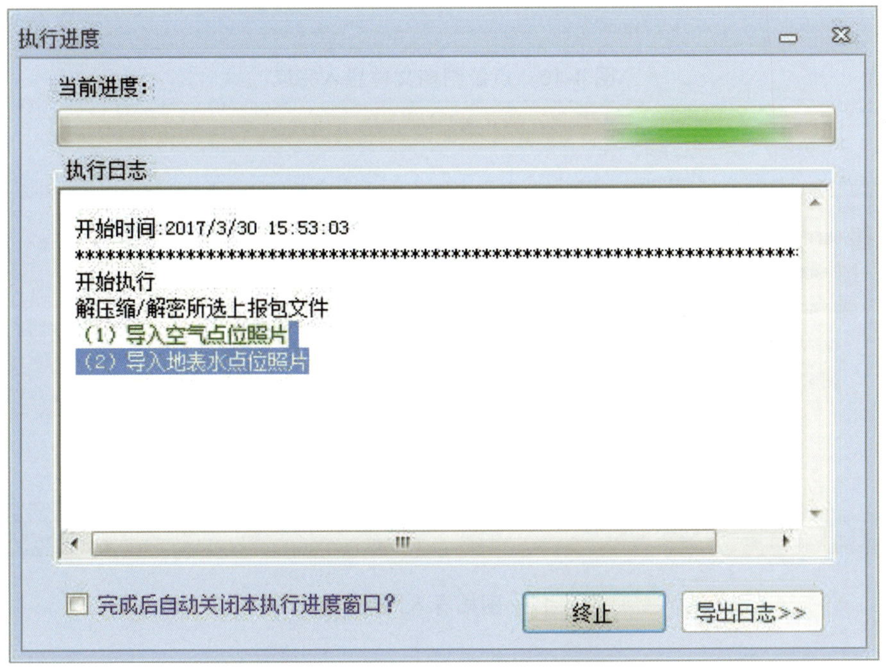

图 4-15　上报包文件导入进度框

3）点击文件导入执行进度提示框中的“终止”按钮，系统将终止文件的导入，文件导入完成后，进度提示框变为如图 4-16 所示，点击“导出日志”按钮可以将导入的执行过程日志以文本文档的形式导出到本地；点击“关闭”按钮，关闭导入框。在系统数据显示编辑区可查看导入的图档数据，如图 4-17 所示。

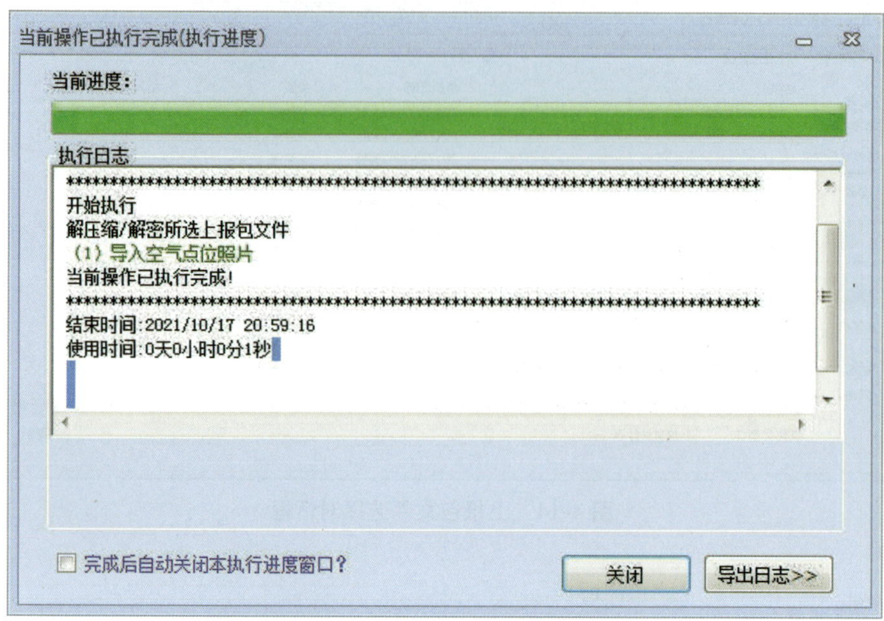

图 4-16　点位图档文件导入完成

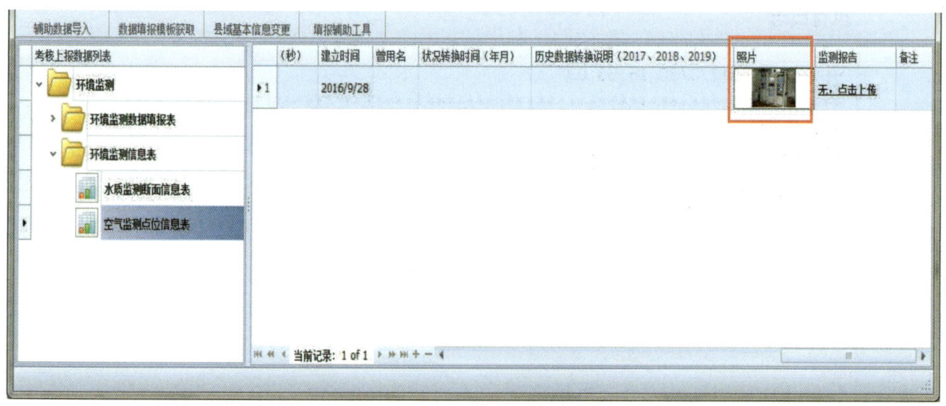

图 4-17　图档导入后数据显示

4.3　点位变更

若发现点位有变更，需要获取国家下发的县信息包（格式为：县名称_县代码_年份_基本信息.data）。具体操作步骤为：

1）点击“开始”菜单下“导入县域基本信息”按钮，如图 4-18 所示。

图 4-18　导入点位信息

2）点击“选择”按钮，选取省下发的文件（如：崇义县_110118_2019_基本信息.data），如图 4-19 所示。

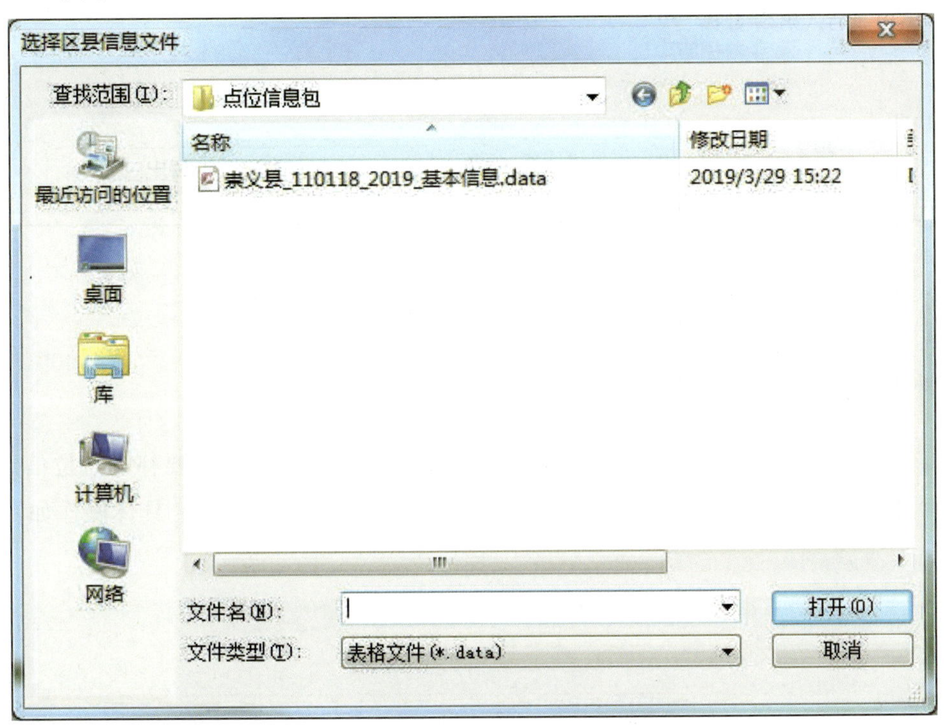

图 4-19　文件选择

3）点击“打开”按钮，开始导入，弹出导入进度窗体，如图 4-20 所示，导入完成后可以通过目录树查看变更的点位信息。

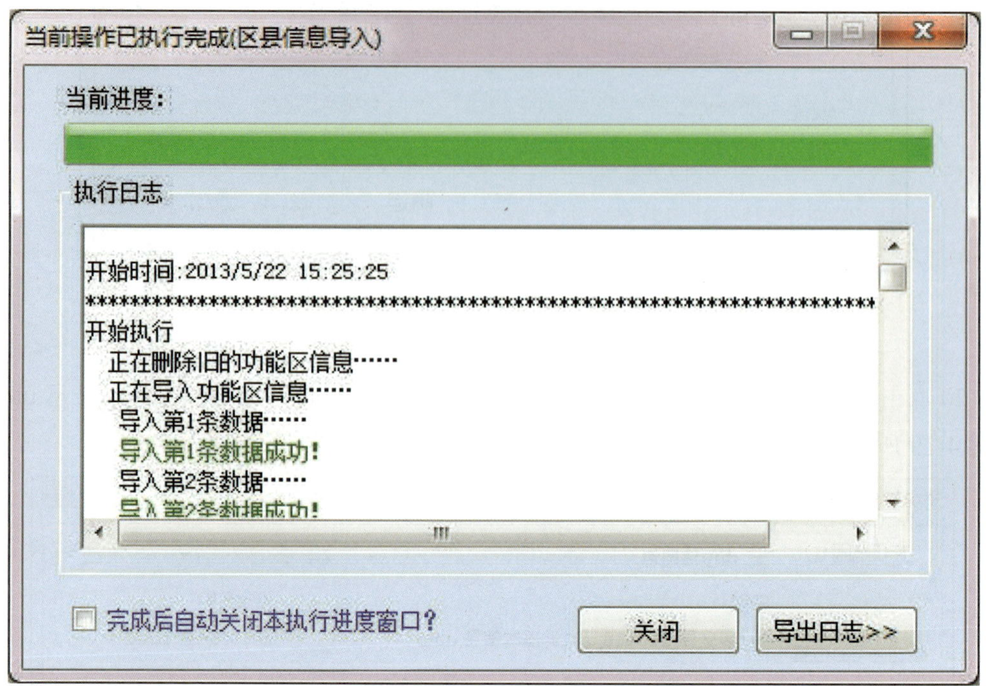

图 4-20　导入进度

4.4　补充点位信息

点位图档导入成功后，为了能获取模板以及正常上报数据，需要补充点位信息，包括空气、地表水、集中式饮用水水源地的监测类型和监测单位等信息。具体操作如图 4-21 所示。

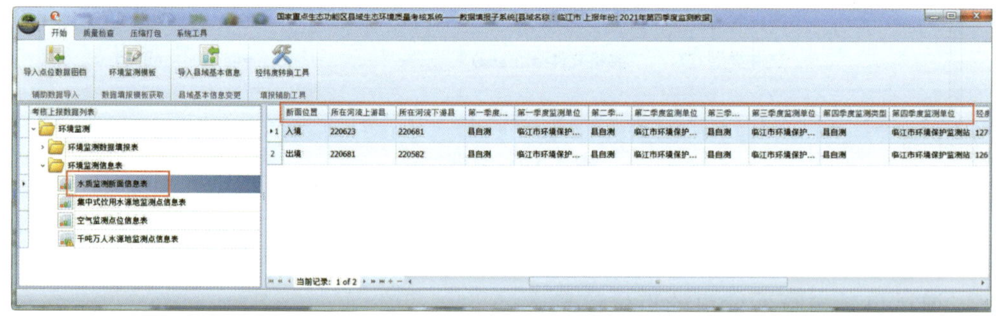

图 4-21　点位信息表

单击数据行或者点击按钮弹出点位编辑画面，如图 4-22 所示。

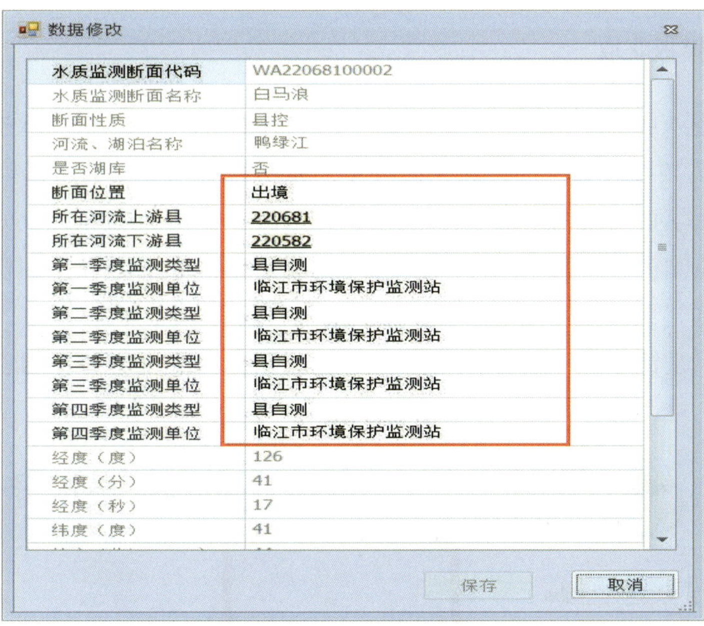

图 4-22　点位信息修改

修改点位信息，点击“保存”按钮以保存点位信息，如图 4-23 所示。

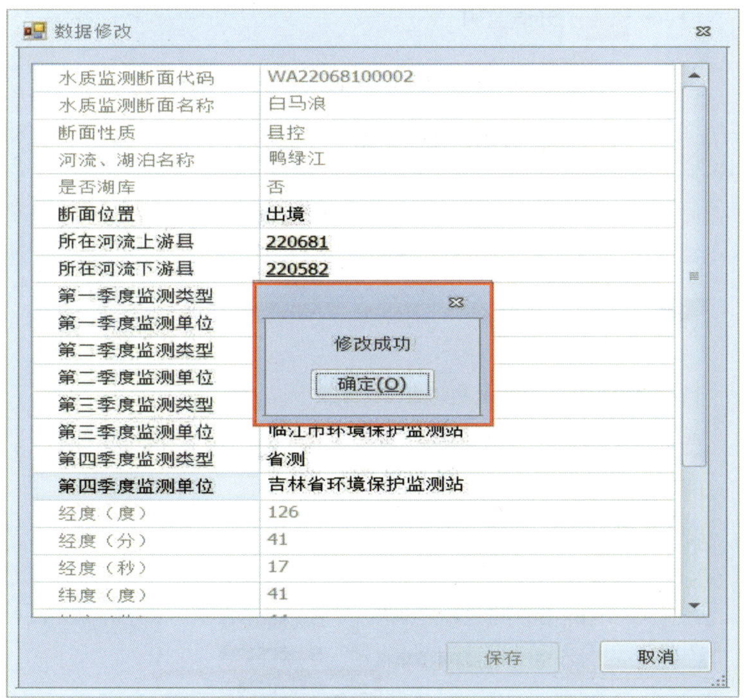

图 4-23　完善点位信息

4.5 数据填报模板获取

点位图档导入成功并补充点位信息后，可进行数据填报模板的获取操作。数据填报模板获取是将需要整理导入的县域生态环境质量考核上报数据的填报模板保存至指定的目录下。数据填报模板在系统中有两种获取方式，一种是通过系统上方的功能菜单获取，包括环境监测模板获取，这些功能菜单位于系统上方的开始菜单面板中，如图 4-24 所示；一种是通过系统左侧数据列表的右键菜单获取，如图 4-25 所示，此种获取方式比较有针对性，是针对单一上报数据进行的模板获取，用户可以根据自己的需要获取所需数据的模板。

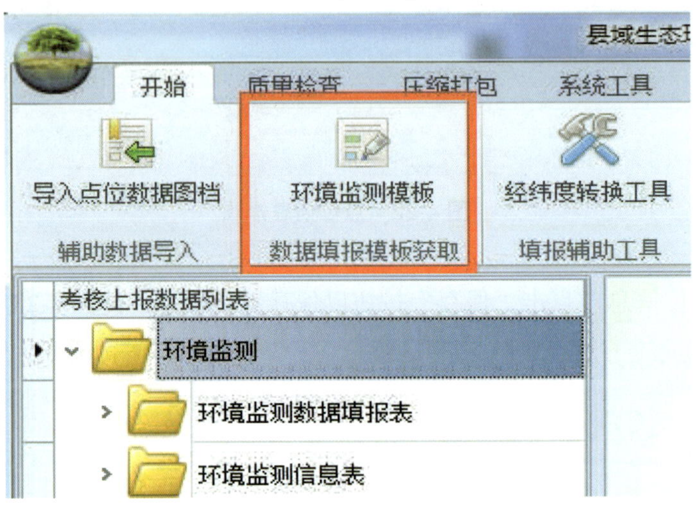

图 4-24 数据填报模板获取菜单

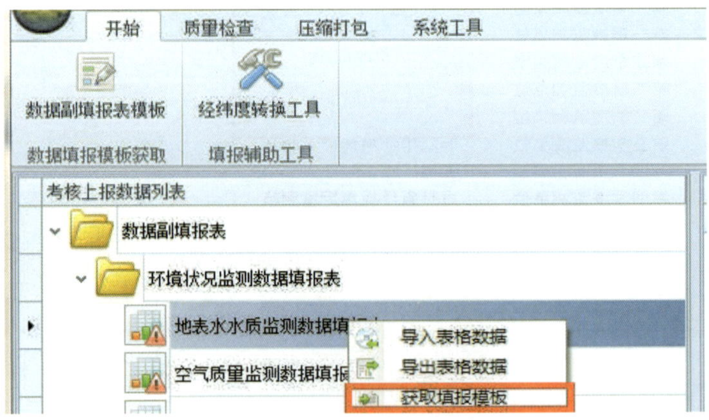

图 4-25 数据列表右键菜单

表 4-1 为上报数据的模板清单，用户可以根据自己的需要选取获取方式获取所需的数据模板。

表 4-1　模板清单

文件夹	模板名称	备注
数据副填报表	地表水水质监测数据填报表.xlsx	
	集中式饮用水水源地水质监测数据填报表（地表水）.xlsx	
	集中式饮用水水源地水质监测数据填报表（地下水）.xlsx	
	空气质量监测数据填报表.xlsx	
	“千吨万人”水源地水质数据填报表（地表水）.xlsx	
	“千吨万人”水源地水质数据填报表（地下水）.xlsx	
	地下水监测数据填报表.xlsx	
	地下水水位数据填报表.xlsx	

4.5.1　功能菜单获取填报模板

系统上方功能菜单中填报模板的获取主要包括数据副填报表模板，以环境监测模板获取功能为例，具体操作步骤为：

1）点击“开始”菜单下“环境监测模板”栏中“环境监测”按钮，如图 4-26 所示，系统将弹出模板保存目录选择对话框。

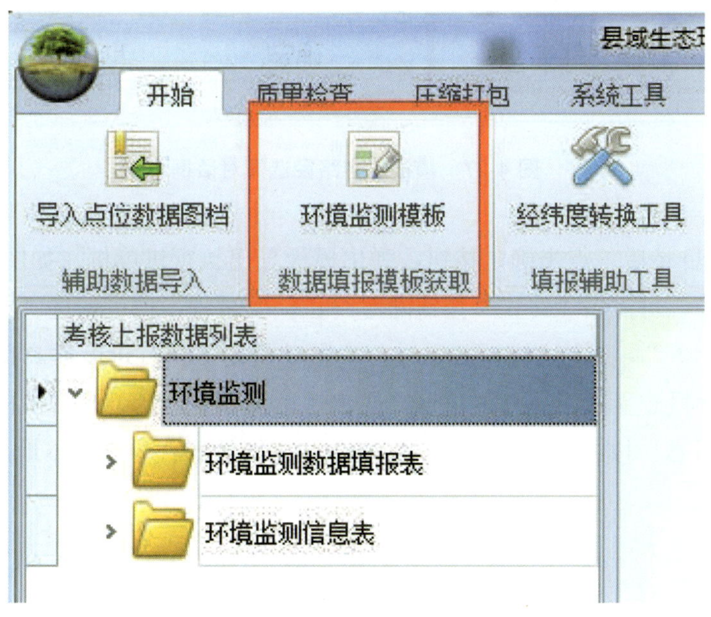

图 4-26　数据填报模板获取菜单

2）在模板保存目录选择对话框中，选取填报模板文件的保存目录，如图 4-27 所示，选择了“模板”文件夹来存放导出的填报数据模板文件（若需要新建目录，可通过左下角的“新建文件夹”新建目录来保存）。

图 4-27 模板保存路径选择对话框

3）选择好目录后，点击确定按钮，弹出模板导出执行进度框，如图 4-28 所示。在模板获取过程中，可点击“终止”按钮随时终止获取过程，也可勾选“完成后自动关闭本执行进度窗口？”，在完成模板获取过程后自动关闭该执行进度框。在模板导出执行进度框中，执行日志显示了执行的进度。导出过程执行完成后，点击模板导出执行进度框中的“导出日志”按钮，可将执行日志以文本文档的形式导出到本地。

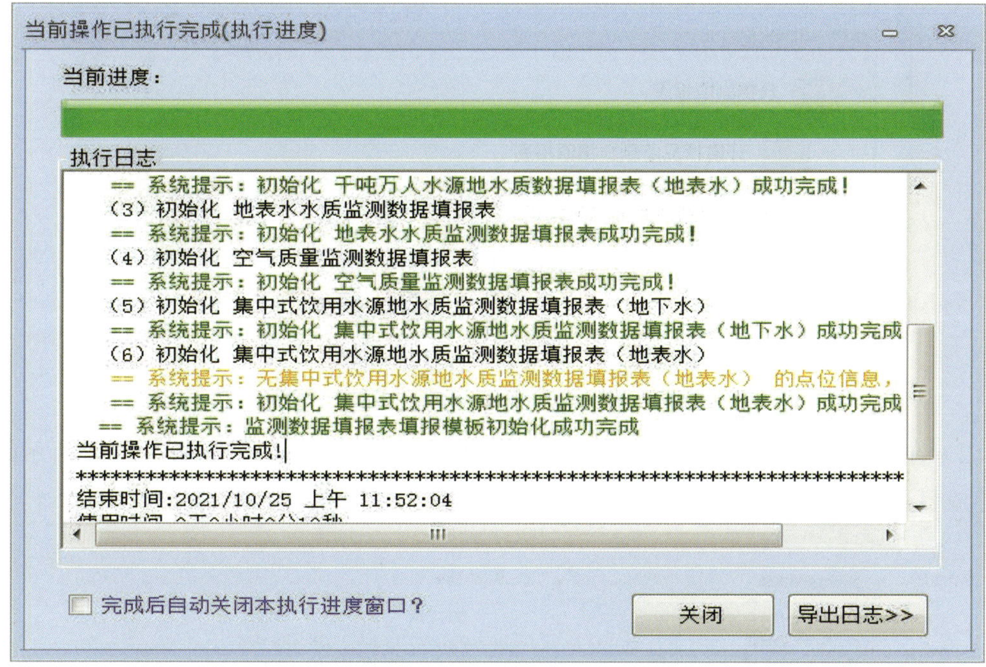

图 4-28　模板导出执行进度框

4）模板导出执行完成后，填报模板导出至指定的目录中，如图 4-29 所示。

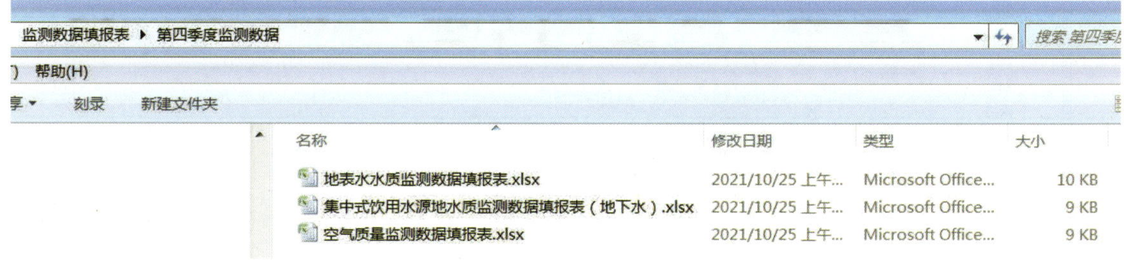

图 4-29　导出的数据填报模板文件

4.5.2　右键菜单获取填报模板

1）在填报数据列表区展开“指标数据证明材料”目录下的“自然生态指标证明材料”目录，并在需要导出数据的节点上右键点击，弹出右键功能菜单，如图 4-30 所示。

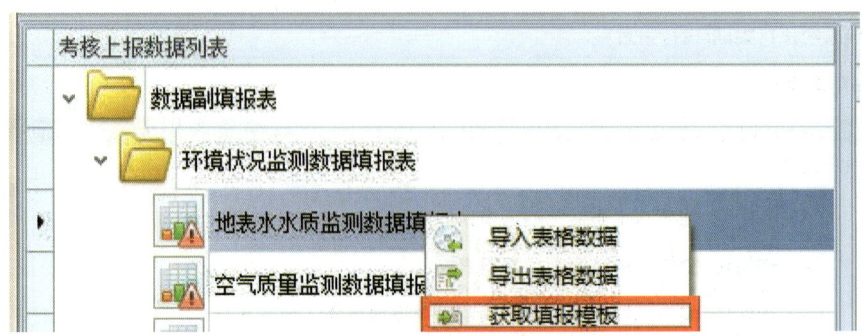

图 4-30　模板获取右键功能菜单

2）在弹出的功能菜单中，点击“获取填报模板”菜单项，弹出如图 4-31 所示的文件存放目录选择对话框。

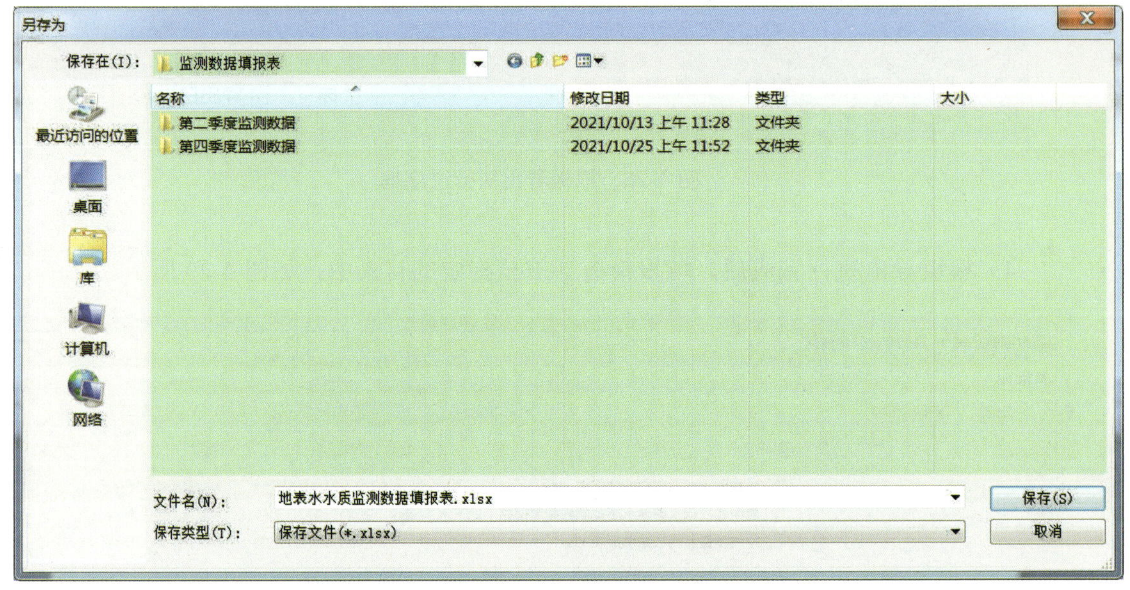

图 4-31　模板文件存放路径选择对话框

3）在文件存放目录选择对话框中，选择导出文件存放目录，如图 4-31 所示，导出文件的存放目录为“第一季度监测数据”文件夹；对话框中的默认保存文件名为获取的数据名称，用户可以自行修改。点击“保存”按钮，模板文件将保存到用户选择的目录下。

【注意】模板获取完成后用户可根据填写规范的要求，通过 Excel 软件在模板中输入相关数据。

4.6　数据导入与修改

数据导入与编辑主要完成数据文件的导入和数据的录入工作。在所有数据副模板获取并填写完成后，即可进行此操作。目前，系统导入的文件类型主要有数据副填报表，各数据类别入库方式见表 4-2，表中所有的数据类别及名称与系统上报数据列表区的目录树相对应。

表 4-2　数据录入方式表

数据类别	数据名称	右键菜单导入	界面录入	推荐入库方式
环境监测\环境状况监测数据填报表	地表水水质监测数据填报表	支持	不支持	导入
	集中式饮用水水源地水质数据填报表（地表水）	支持	不支持	导入
	集中式饮用水水源地水质数据填报表（地下水）	支持	不支持	导入
	空气质量监测数据填报表	支持	不支持	导入
	“千吨万人”水源地水质数据填报表（地表水）	支持	不支持	导入
	“千吨万人”水源地水质数据填报表（地下水）	支持	不支持	导入
	地下水监测数据填报表	支持	不支持	导入
	地下水水位数据填报表	支持	不支持	导入
环境监测/环境监测信息	水质监测断面信息表	不支持	支持（部分信息修改）	界面录入
	集中式饮用水水源地监测点信息表	不支持	支持（部分信息修改）	界面录入
	空气监测点位信息表	不支持	支持（部分信息修改）	界面录入
	“千吨万人”水源地监测点信息表	不支持	支持（部分信息修改）	界面录入
	地下水监测点信息表	不支持	支持（部分信息修改）	界面录入

其中“水质监测断面信息表”“空气监测点位信息表”“‘千吨万人’水源地监测点信息表”“集中式饮用水水源地监测点信息表”“地下水监测点信息表”中的数据为系统自带数据，无须导入。另外，空气省里统一运维的空气监测数据，以及国控、省控地表水断面的水质监测数据不再导入。

4.6.1 环境监测文本信息导入

环境监测中可以导入的信息为环境状况监测数据填报表，包括地表水水质监测数据填报表、集中式饮用水水源地水质数据填报表（地表水）、集中式饮用水水源地水质数据填报表（地下水）、空气质量监测数据填报表、“千吨万人”水源地水质数据填报表（地表水）及“千吨万人”水源地水质数据填报表（地下水）。环境状况监测数据填报表中的数据均为 Excel 表格文件。其导入操作过程基本相同，以数据填报表中的“地表水水质监测数据填报表”的导入为例来说明文件的导入步骤。

1）在填报数据列表区展开“环境监测”目录下的“环境状况监测数据填报表”目录，在“地表水水质监测数据填报表”节点上右键点击，弹出右键菜单，如图 4-32 所示。

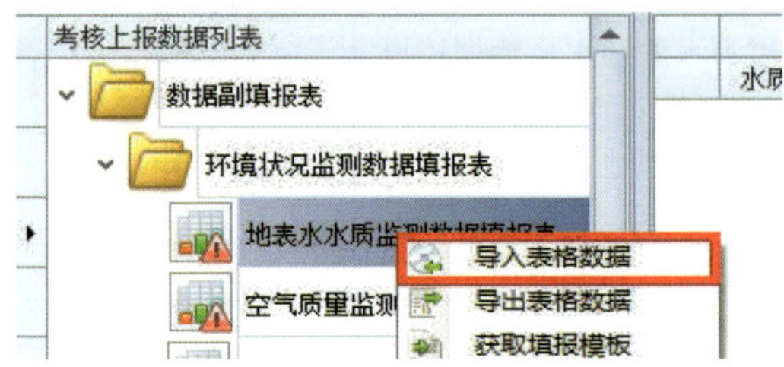

图 4-32　数据导入右键菜单

2）在弹出的功能菜单中，点击“导入表格数据”菜单项，弹出如图 4-33 所示的文件选择对话框。

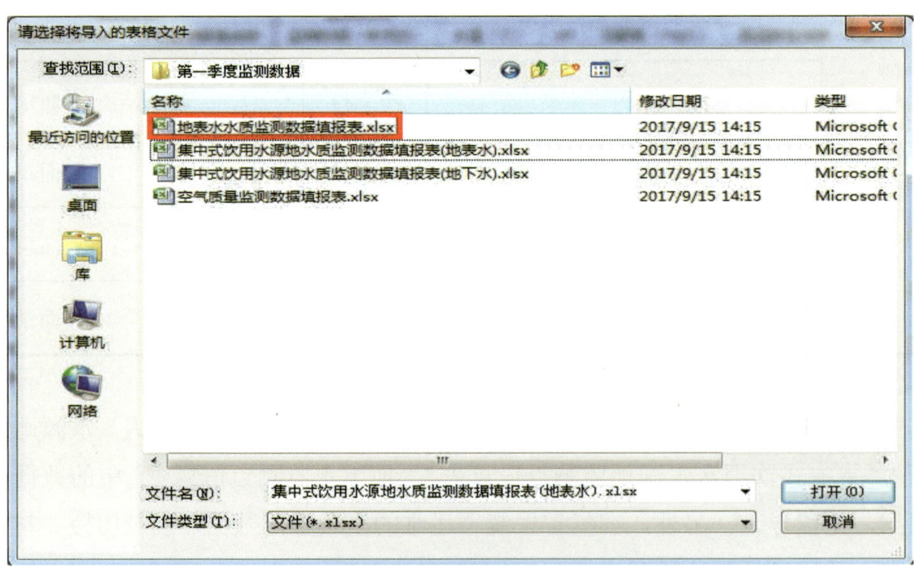

图 4-33　文件选择对话框

3）在文件选择对话框中选择地表水水质监测数据填报表文件，如图 4-33 所示，并点击“打开”按钮，弹出导入字段对应关系检查对话框，如图 4-34 所示。

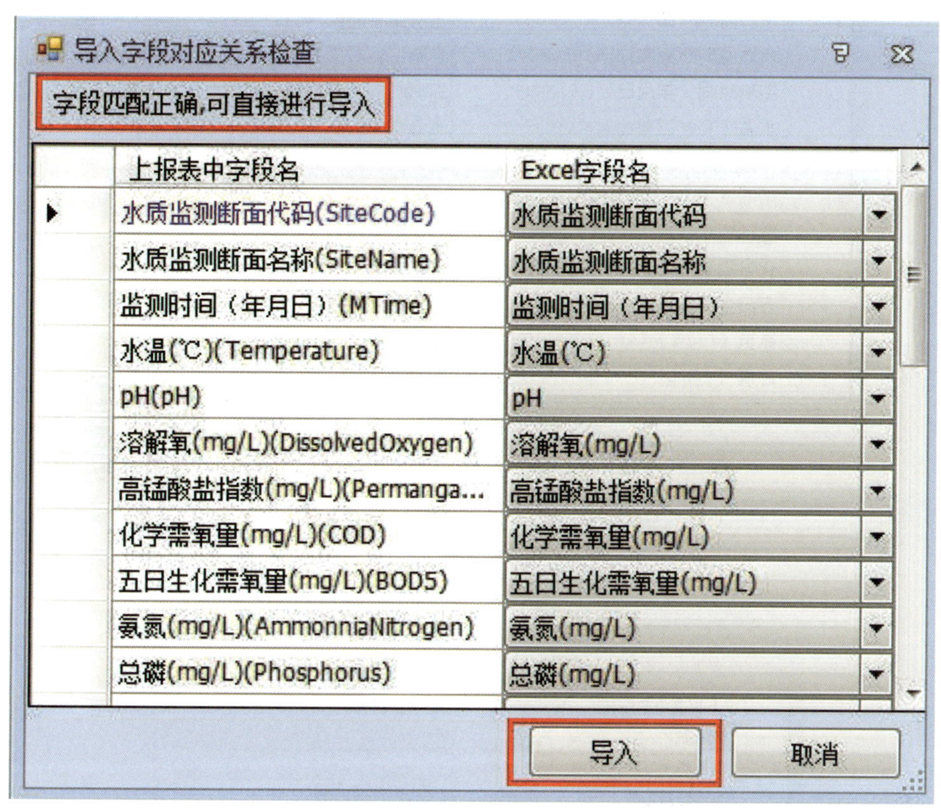

图 4-34　字段对应关系检查对话框

4）在上图的导入字段对应关系检查对话框中，若显示字段匹配正确，可直接进行导入，则可点击“导入”按钮，导入数据；若 Excel 中的字段名与上报表中的字段名不能对应，则会出现如图 4-35 所示的错误提示，图中红框内上报表中字段名中的溶解氧字段在 Excel 表格中找不到对应的字段名，此时需要用户选择 Excel 中匹配的字段项。点击图中蓝框内 Excel 字段名下的下拉按钮，选择与溶解氧匹配的字段，如图 4-36 所示，选择溶解氧 1 字段名，然后点击“导入”按钮，继续数据的导入过程。

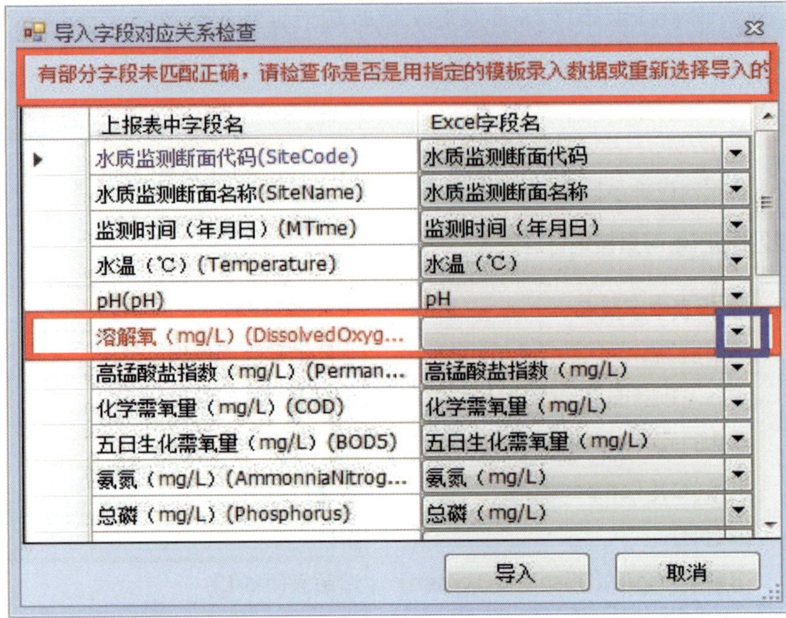

图 4-35　字段对应关系检查对话框

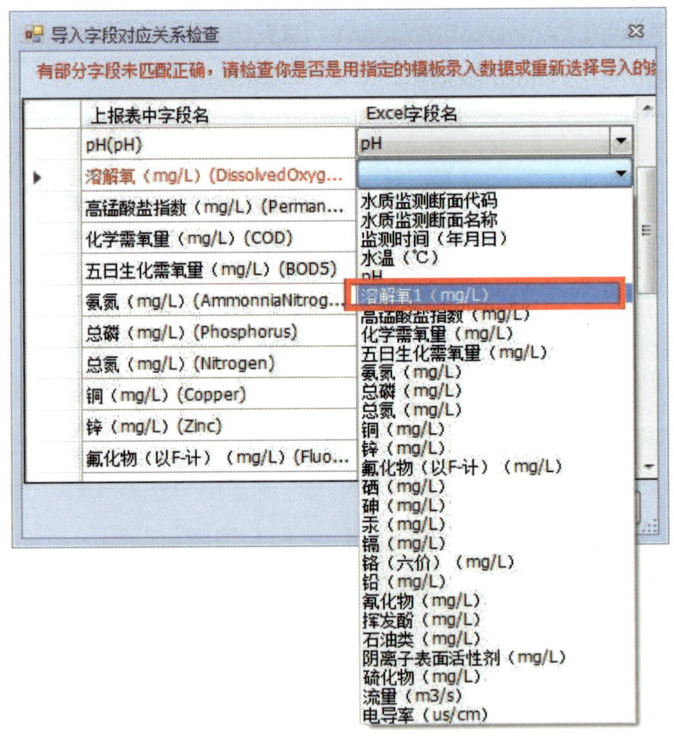

图 4-36　字段对应选择示例窗

5）在导入字段对应关系检查对话框中点击“导入”按钮后，弹出如图 4-37 所示文件导入执行进度框。若该数据以前已经导入，则弹出如图 4-38 所示的提示框，提示用户是否删除并重新导入数据文件，点击提示框中的“是”按钮，则删除数据文件并重新导入；若点击“否”按钮，则在原有数据文件基础上导入新的数据文件，只导入与原有文件不重复的数据内容；若点击“取消”按钮，将取消导入过程。点击文件导入执行进度提示框中的“终止”按钮，系统将终止文件的导入；勾选“完成后自动关闭本执行进度窗口？”在完成导入过程后自动关闭该执行进度框。

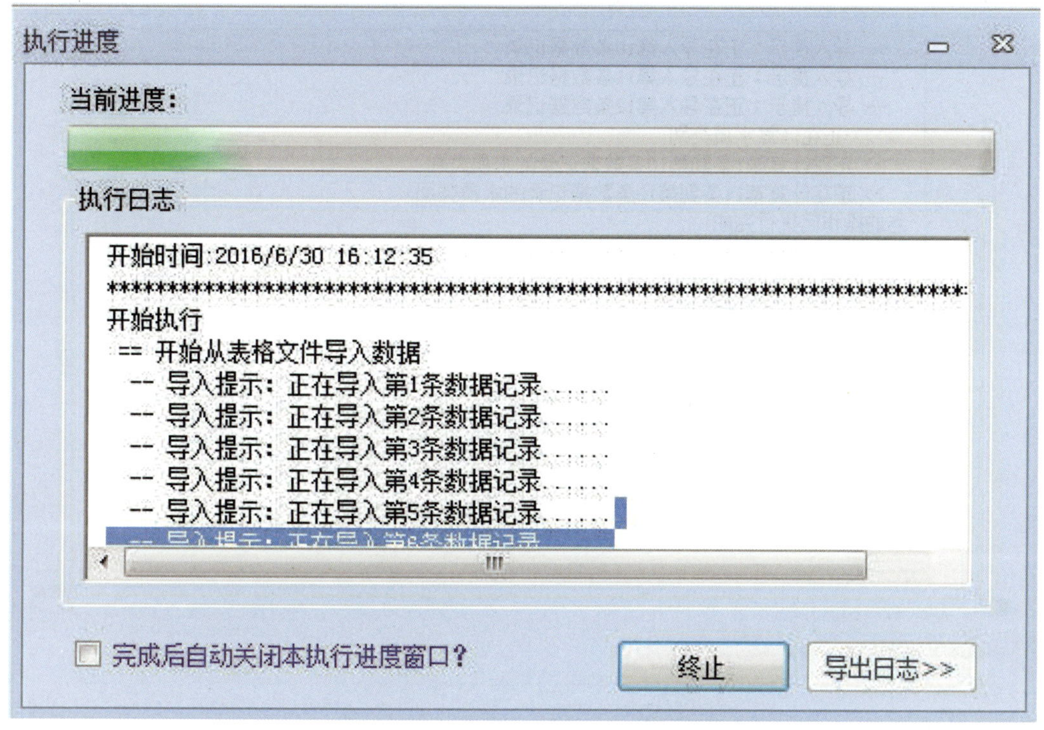

图 4-37　文件导入执行进度提示框

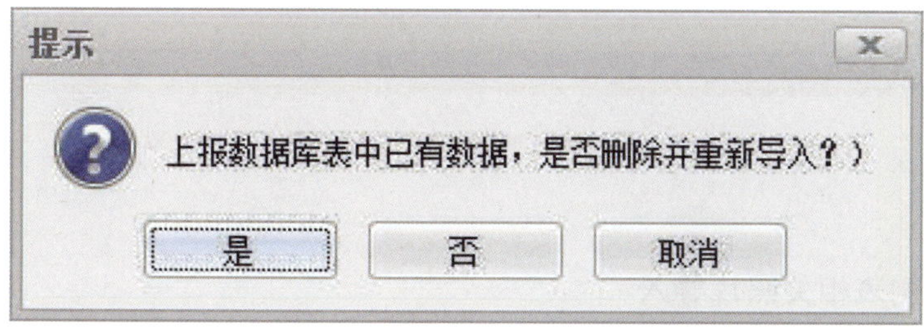

图 4-38　文件替换确认框

6）点击文件导入执行进度提示框中的“终止”按钮，系统将终止文件的导入，文件导入完成后，文件导入执行进度提示框变为如图 4-39 所示提示框，点击“导出日志”按钮可以将导入的执行过程日志以文本文档的形式导出到本地；点击“关闭”按钮，关闭导入框。同时，在系统数据显示编辑区显示导入的表格数据，如图 4-40 所示。

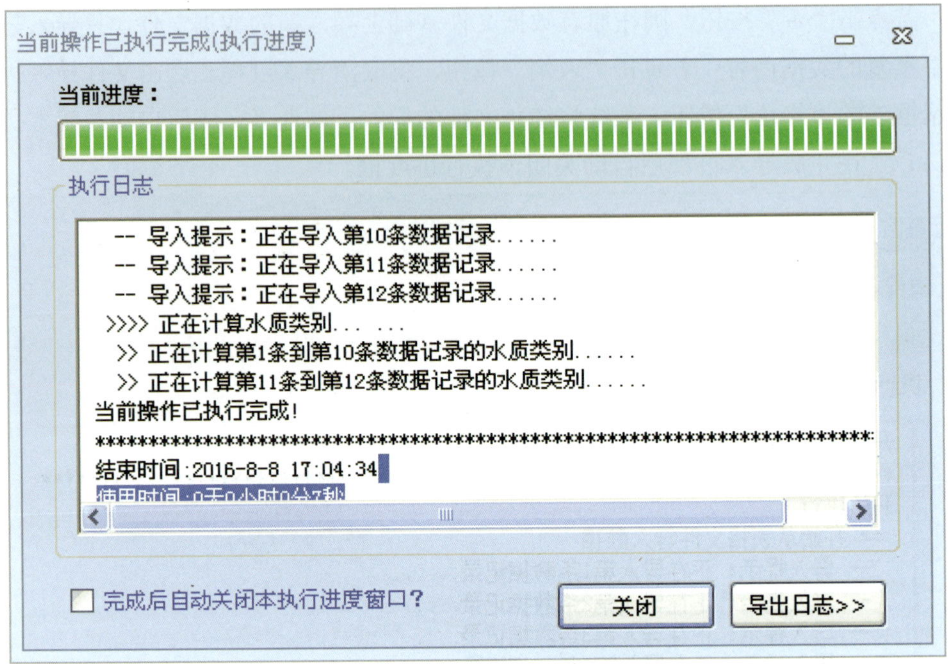

图 4-39　文件导入执行完成提示框

图 4-40　数据表格显示窗

4.6.2　环境监测表相关照片导入

需要导入照片的表有水质监测断面信息表、空气监测点位信息表、污染源基本信息表、集中式饮用水水源地监测点信息表，照片在导入系统时将自动命名。

以水质监测断面信息表照片信息的导入为例，步骤如下：

1）在“填报数据列表区”中展开“环境监测”目录下的“环境状况监测数据填报表”目录，点击“水质监测数据填报表”节点。

2）点击右侧表格的照片列，如图 4-41 红框位置。

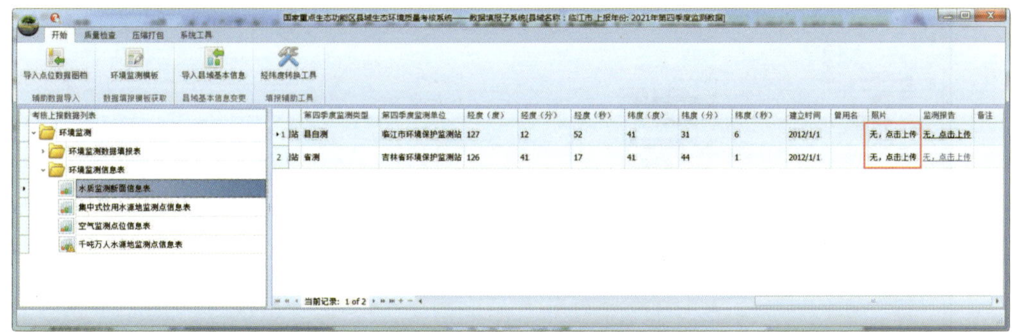

图 4-41　表格中照片列

3）弹出照片导入界面，如图 4-42 所示。

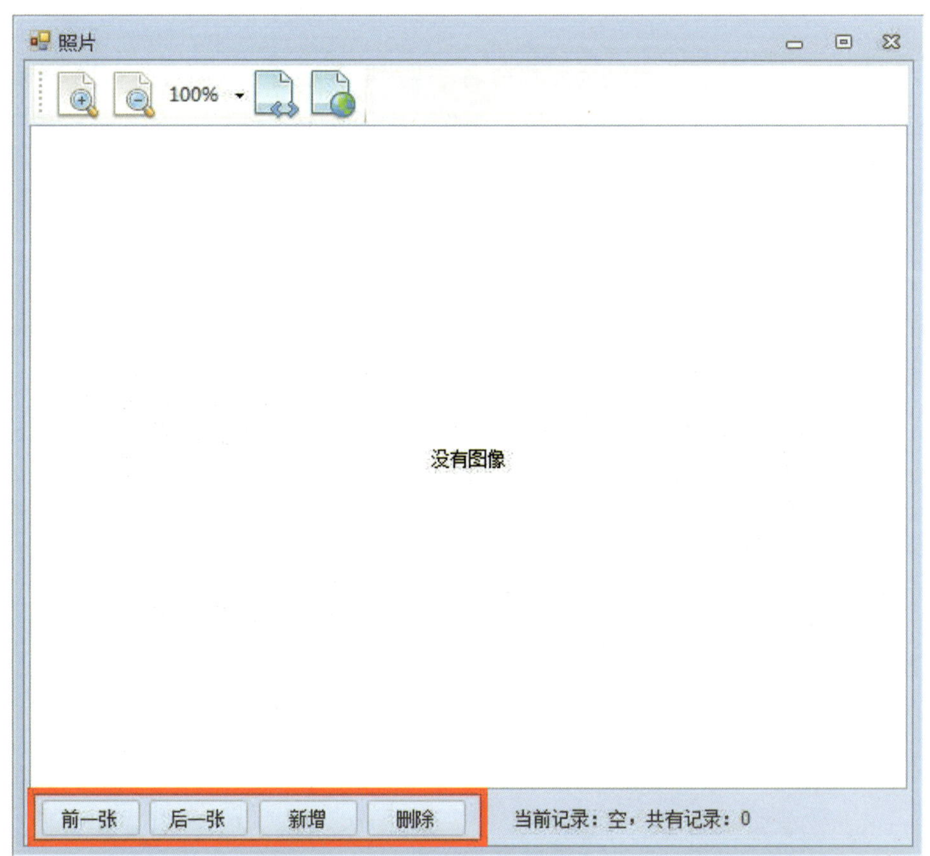

图 4-42　照片管理界面

4）点击图 4-42 红框中“新增”按钮，弹出选择照片界面，如图 4-43 所示，选择一张或多张图片，点击打开，导入照片。

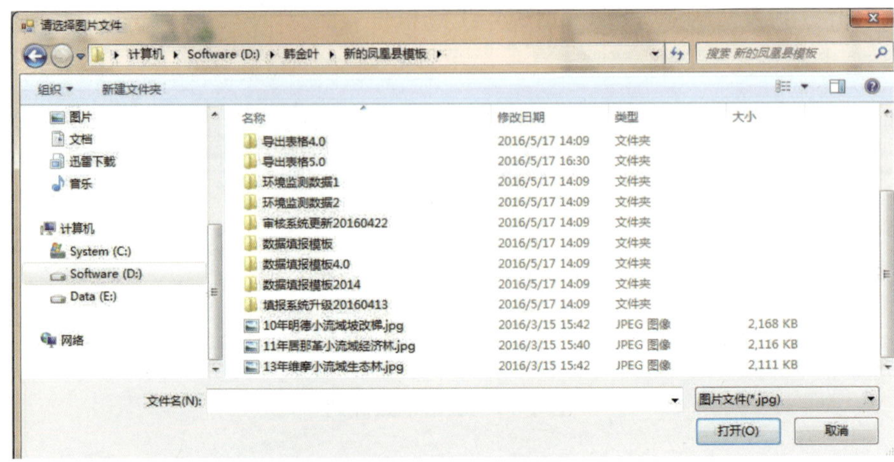

图 4-43 照片选择

5）照片导入时，系统将自动为照片命名，照片导入后可以通过“前一张”“后一张”按钮进行浏览，也可以通过“删除”按钮删除，如图 4-44 所示。

图 4-44 照片浏览、删除

6）关闭照片管理窗口，可以在数据列表中显示照片的缩略图（第一张图片）。如图4-45所示。

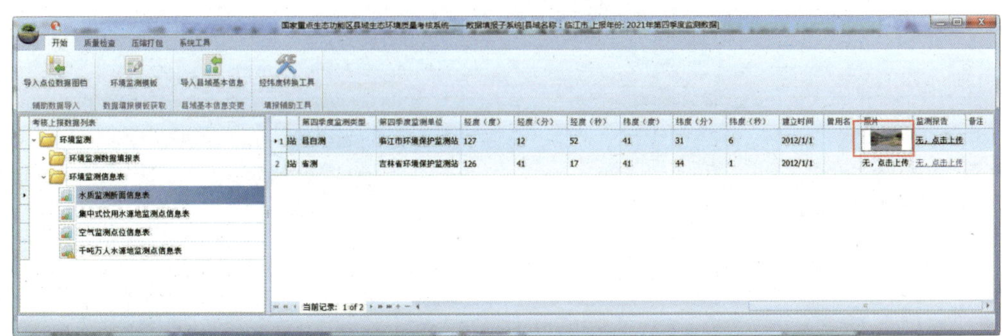

图 4-45　数据列表照片显示

4.6.3　环境监测表相关附件导入

数据副填报表相关附件导入是指监测报告、自然保护区相关证明材料等文件的导入，操作步骤如下：

1）在填报数据列表区展开“环境监测”目录下的“环境监测信息表”目录，点击“水质监测断面信息表”节点，在界面右侧显示水质监测断面数据列表，如图4-46所示，点击红框位置，弹出标准添加界面，如图4-47所示。

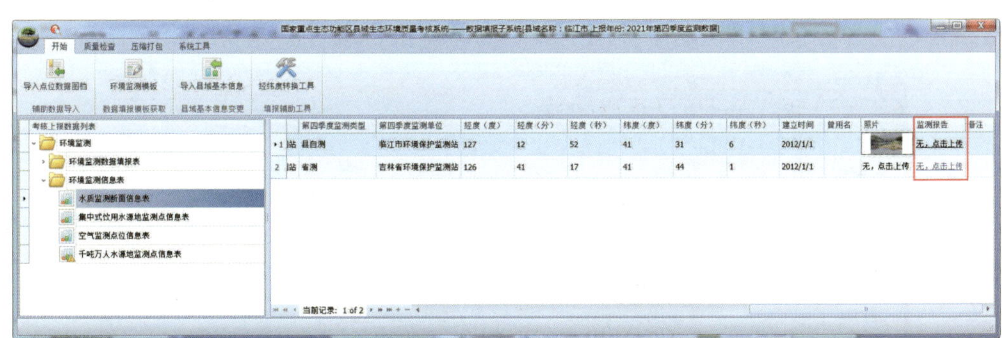

图 4-46　监测报告导入

图 4-47　监测报告管理界面

2）点击图 4-47 红框位置的“新增”按钮，弹出图 4-48 所示界面，选择相应文件（一个或多个），并点击“打开”按钮，提示保存成功，并在图 4-49 所示界面中显示导入的监测报告。另外，也可以在这个界面中对多个监测报告进行浏览及删除。

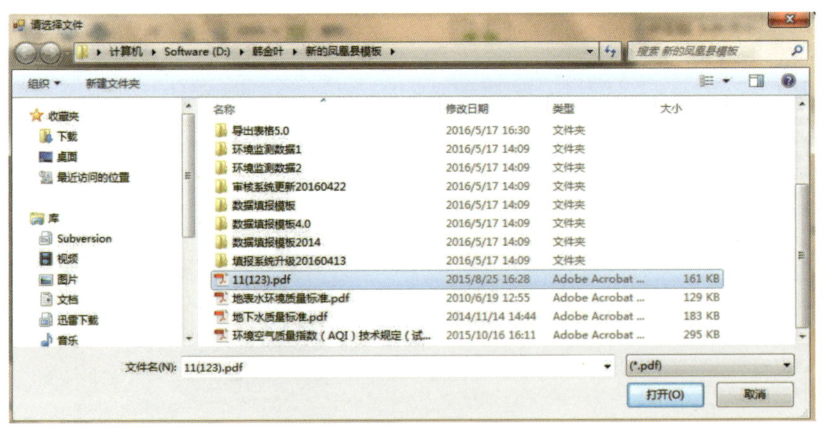

图 4-48　监测报告选择

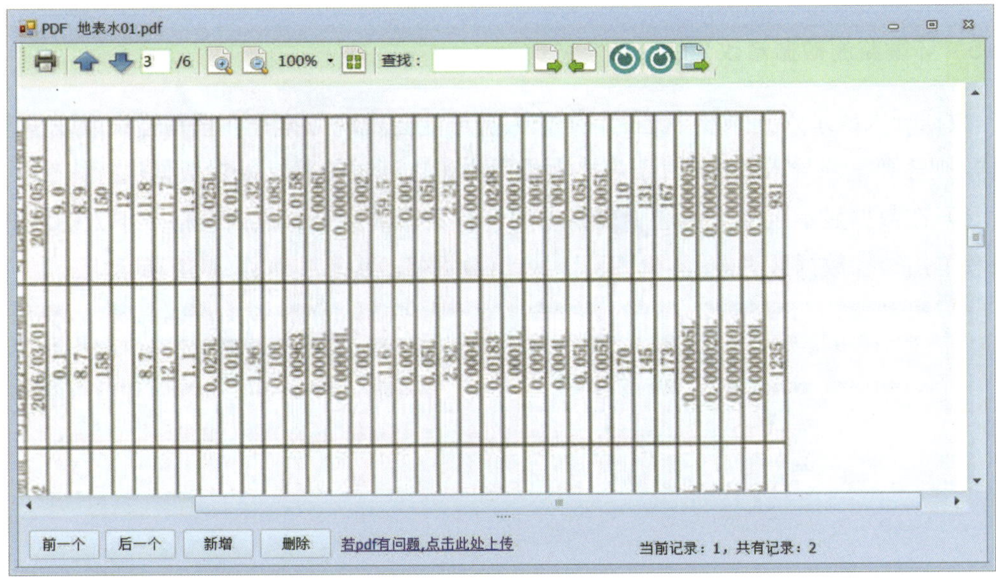

图 4-49　监测报告导入成功

3）关闭图 4-49 所示界面，将在图 4-50 所示红框中显示监测报告名称，点击红框也可以查看已导入的监测报告。

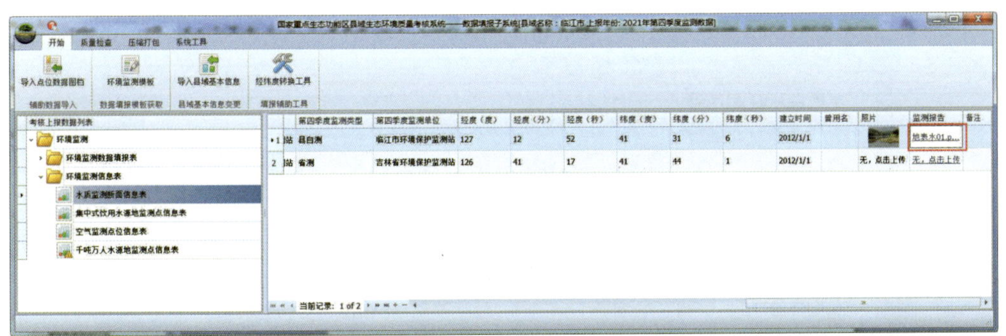

图 4-50　监测报告在列表的显示样式

4.6.4　环境监测信息录入

环境监测信息中需要直接录入的信息为污染源监测频次信息。具体步骤为：

1）在填报数据列表区展开“数据副填报表”目录下的“环境监测数据填报表”目录，点击“污染源监测频次信息表”节点。

2）在右侧数据显示区填写相关信息，并点击“保存”按钮。

4.6.5 环境监测数据修改

数据导入或录入到系统中之后，工作人员可能会发现数据存在填写错误或缺少部分数据，则需要重新导入数据。对于表格数据用户可以通过编辑功能对数据进行修改操作。

1）在数据显示区中点击选中表格中的一行数据的序号，点击表格左下方的按钮（或者单击该行数据），如图 4-51 所示，弹出数据修改窗口，如图 4-52 所示。

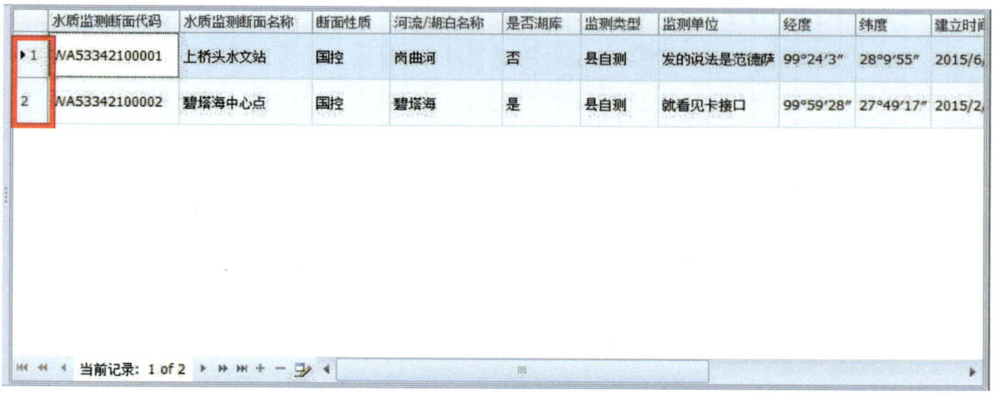

	水质监测断面代码	水质监测断面名称	断面性质	河流/湖泊名称	是否湖库	监测类型	监测单位	经度	纬度	建立时间
1	WA53342100001	上桥头水文站	国控	岗曲河	否	县自测	发的说法是范德萨	99°24′3″	28°9′55″	2015/6/
2	WA53342100002	碧塔海中心点	国控	碧塔海	是	县自测	就看见卡接口	99°59′28″	27°49′17″	2015/2/

当前记录：1 of 2

图 4-51 数据显示区

数据修改

水质监测断面代码	WA53342100001
水质监测断面名称	上桥头水文站
断面性质	国控
河流/湖泊名称	岗曲河
是否湖库	否
监测类型	县自测
监测单位	
建立时间	2015/6/8
监测报告	11(123).pdf
经度（度）	99
经度（分）	24
经度（秒）	3
纬度（度）	28
纬度（分）	9
纬度（秒）	55
照片	

保存 取消

图 4-52 数据修改对话框

2）在数据修改窗口中修改各数据项（其中监测类型和监测单位是新增项，必填），点击“保存”按钮，弹出修改成功提示框，如图 4-53 所示。

图 4-53　数据修改成功提示框

3）点击数据修改成功提示框中的“确定”按钮，则修改后的记录将显示在数据显示区的表中。

4.6.6　环境监测数据清除

数据清除是将用户导入或录入到系统中的数据删除掉，所有通过数据列表目录树右键菜单导入的材料都可通过右键菜单进行数据清除操作。以水质监测数据的清除为例来说明其操作方法。

1）点击上报数据列表中的“环境监测”下的“环境状况监测数据填报表”，展开其目录，右键点击“地表水水质监测数据填报表”，弹出右键菜单，如图 4-54 所示。

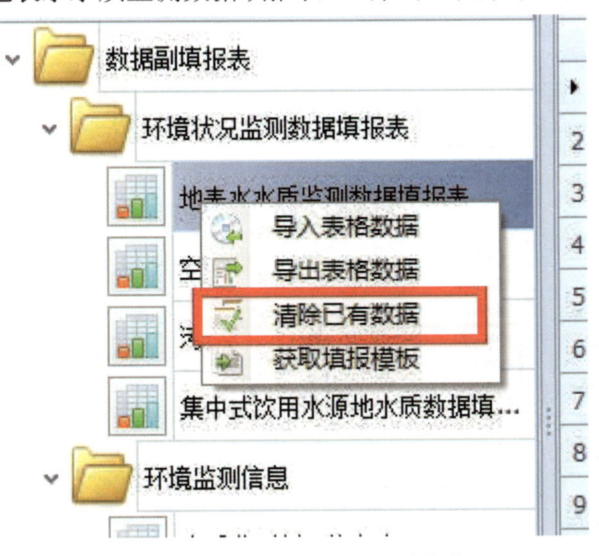

图 4-54　清除已有数据右键菜单

2）点击右键弹出菜单中的“清除已有数据”，弹出清除提示对话框，如图 4-55 所示。

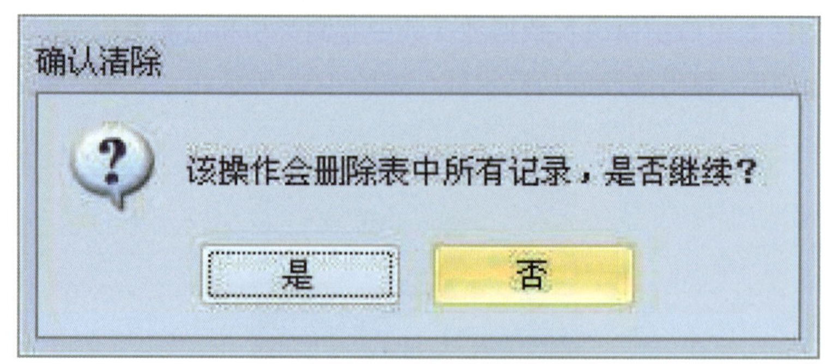

图 4-55 记录是否删除确认框

3）在清除提示对话框中，点击“是”按钮，系统将删除该数据；点击“否”按钮，将取消删除操作。

4.6.7 经纬度转换

在数据录入或编辑过程中，需要输入经纬度数据。由于系统中要求录入的经纬度数据以度分秒的形式表现（如图 4-56 中水质监测断面信息表中的经纬度信息，经度为 99° 24′ 3″），而实际获取的数据有可能是以度的形式表示的（例如 123.3175 度），需要将其转换为度分秒的形式再录入到系统中。为方便用户操作，系统提供了经纬度转换工具。

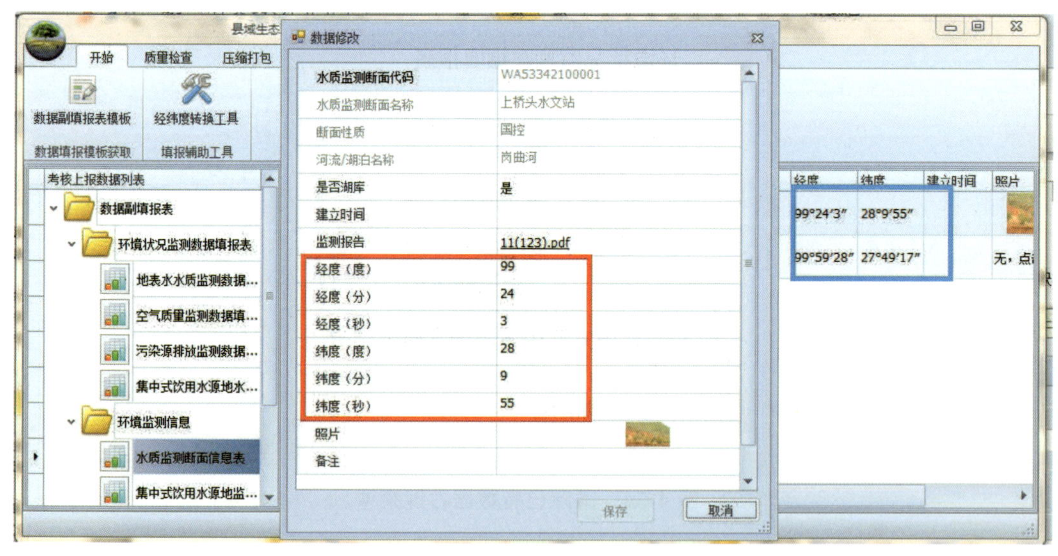

图 4-56 水质监测断面信息表编辑窗

经纬度转换的具体操作步骤为：

1）点击“开始”菜单下的“经纬度转换工具”按钮，弹出经纬度转换对话框，如图 4-57 所示。

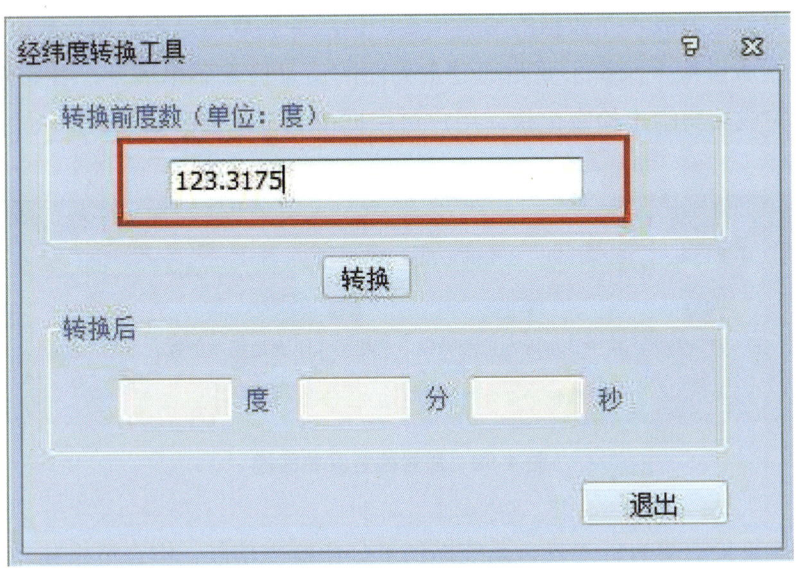

图 4-57　经纬度转换对话框

2）在经纬度转换对话框中输入转换前度数，如图 4-57 红框中所示；然后点击“转换”按钮，显示如图 4-58 所示转换结果。

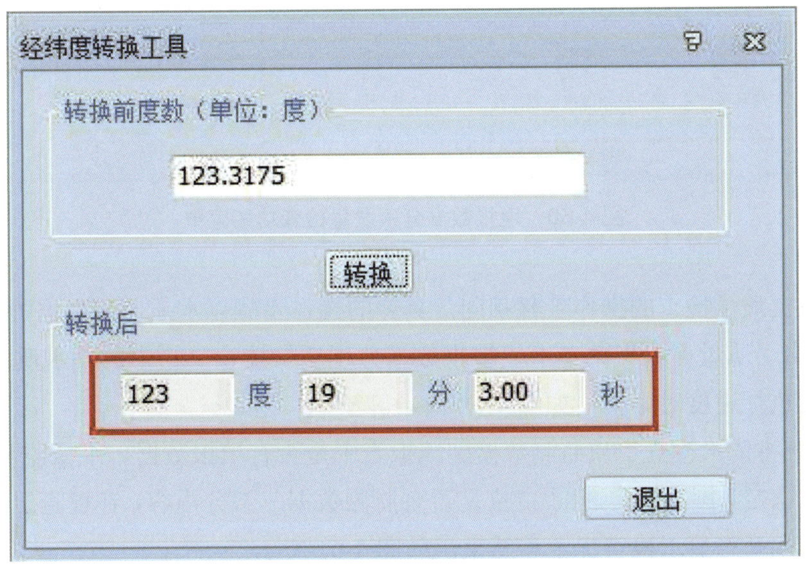

图 4-58　经纬度转换对话框

4.7 质量检查

在部分县域或所有县域填报数据上报并导入到系统后，即可进行数据质量检查。数据质量检查主要是完成入库数据的质量检查，包括各类数据是否入库、数据项是否填写完整等。数据质量检查操作主要是通过主界面的质量检查菜单展开，其布局如图 4-59 所示，检查完成后将给出检查记录，用户可根据检查记录修改数据。

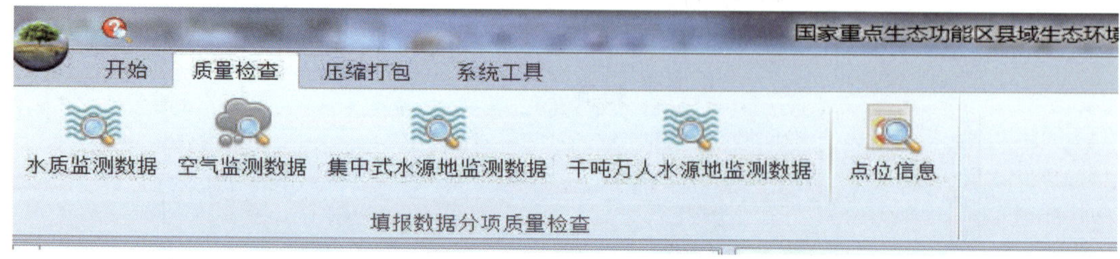

图 4-59 质量检查菜单面板

为了使质量检查更有针对性，系统提供了分项检查功能，检查填报某一类数据的质量，主要水质监测数据、空气监测数据、集中式水源地监测数据、“千吨万人”水源地监测数据四项检查内容，如图 4-60 所示。

图 4-60 填报数据分项质量检查功能菜单

各项数据质量检查的操作步骤相同，具体的操作步骤以水质监测数据的检查为例。

1）点击“质量检查”菜单下“填报数据分项质量检查”栏中的“水质监测数据”按钮，弹出执行进度对话框，如图 4-61 所示。

2）系统将依次检查水质监测数据副填报表中是否有填报数据、水质监测断面/点位是否为国家认定、国家认定断面/点位是否有监测数据三部分内容，在检查过程中，将通过日志的方式动态显示检查提示和结果，如图 4-61 所示。

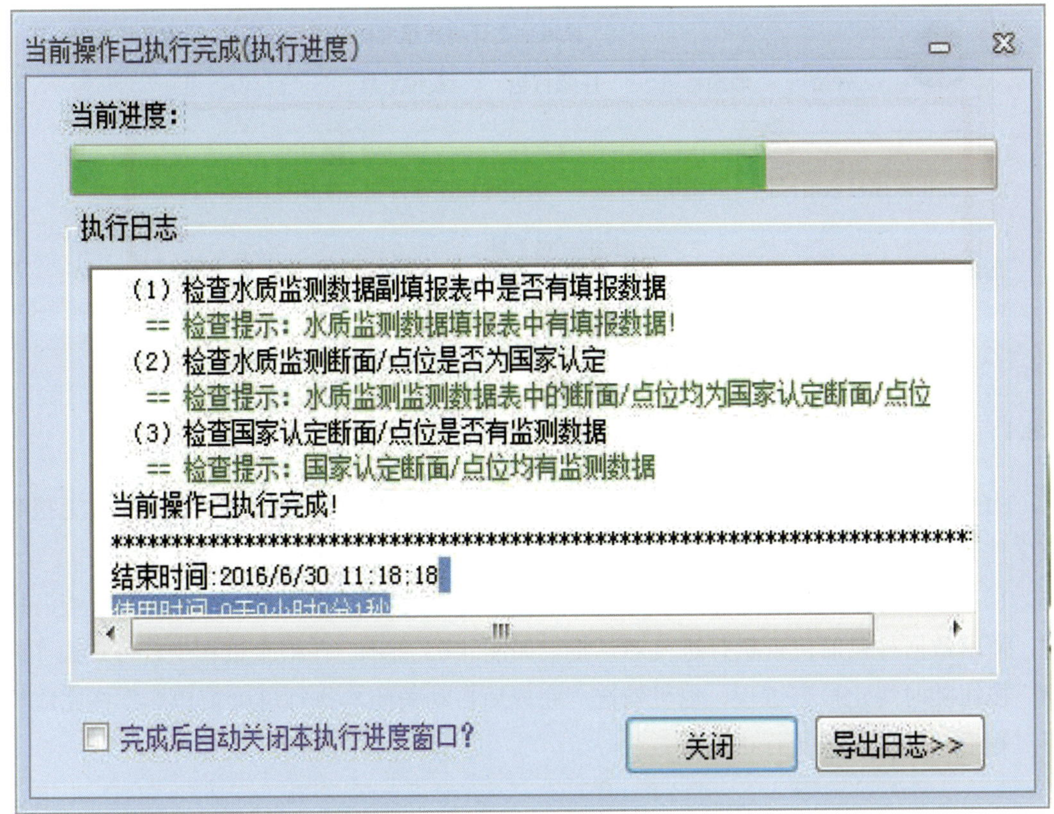

图 4-61　质量检查进度及日志提示框

3）数据质量检查操作执行完成后，点击执行进度对话框的“关闭”按钮，关闭当前对话框；点击“导出日志”按钮，以文本文档的形式导出质量检查执行日志。

【注意】数据检查发现的问题并非一定是错误，可根据实际情况判断是否修改。用户可根据执行日志提示的错误，修改相关数据，并导入或界面录入，完成后再进行数据检查，循环该过程直到数据检查通过。

4.8　压缩打包

填报系统的加密打包功能主要是将县域上报数据进行文件缺失检查，并生成压缩上报文件，主要包括上报数据打包前预查与填报数据压缩打包两个子功能，如图 4-62 所示。

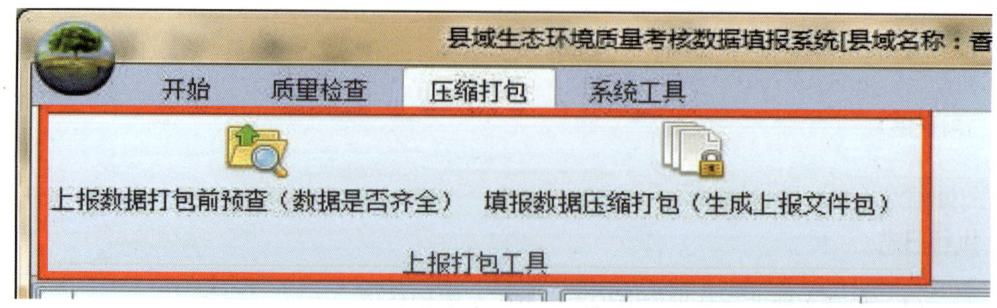

图 4-62　压缩打包菜单项

4.8.1　上报数据打包前预查

上报数据打包前预查实在数据打包上报前对各填报数据进行检查，主要检查上报数据文件目录、数据副填报表是否完整以及数据是否齐全。具体操作步骤为：

1）点击“压缩打包”菜单下“上报打包工具”栏中的“上报数据打包前预查”按钮，弹出数据打包前检查执行进度对话框，如图 4-63 所示。在检查过程中，可点击“终止”按钮随时终止检查过程，也可勾选“完成后自动关闭本执行进度窗口？”在完成检查过程后自动关闭该执行进度框。

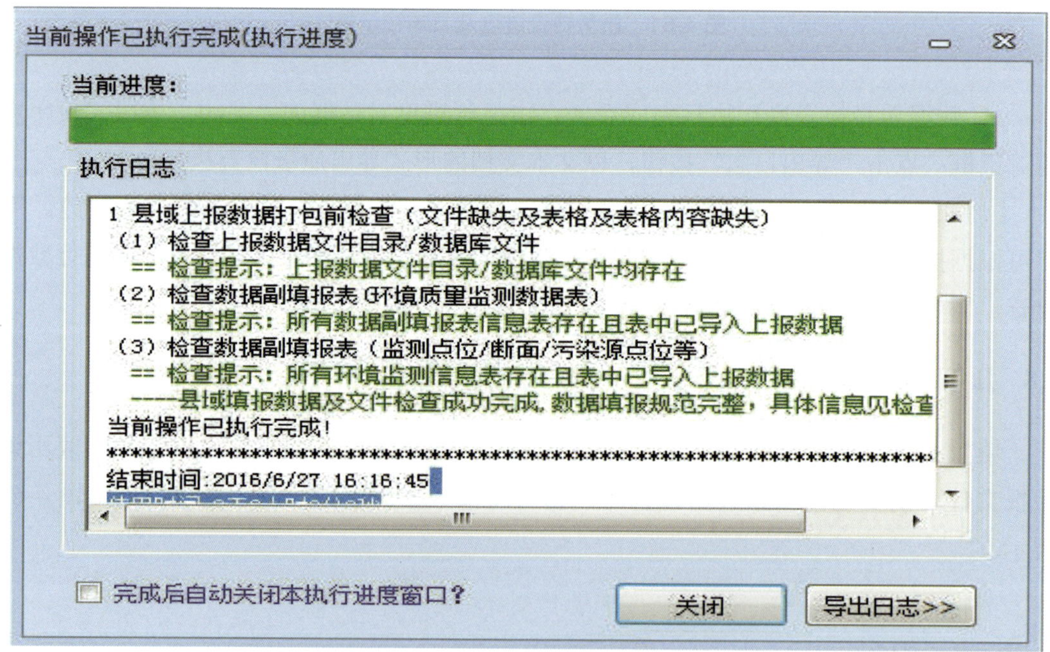

图 4-63　上报数据打包前预查进度提示框

2）县域上报数据打包前检查完成之后，可以在执行进度对话框中查看执行日志，如图 4-64 所示。

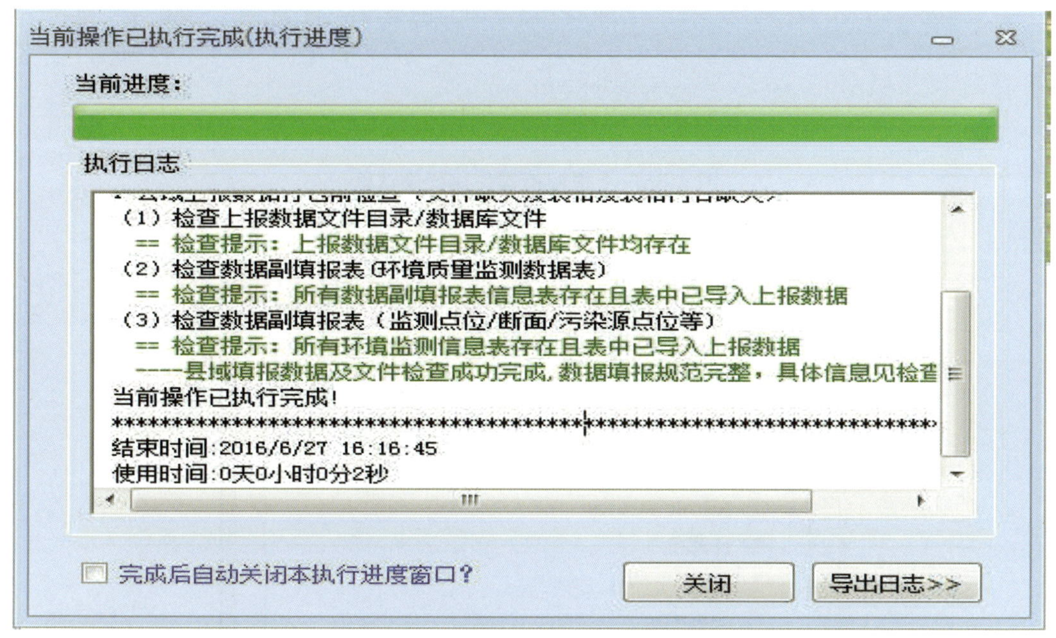

图 4-64　上报数据打包前预查结果框

3）点击执行进度对话框中的“关闭”按钮，关闭当前执行进行对话框；点击“导出日志”按钮，将执行日志以文本文件的形式导出到本地。

【注意】数据预查发现的问题并非一定是错误，可根据实际情况判断是否修改。若数据预查发现错误，则需要重新进行数据的导入、修改操作直到数据预查无误为止。

4.8.2　填报数据加密打包

数据加密打包是将县域上报数据及生成的相关报告文档加密打包，生成加密压缩包文件（*.crf）以上报至上级主管部门。具体操作步骤如下：

1）点击“加密打包”菜单下“上报打包工具”栏中的“填报数据加密打包”按钮，弹出上报数据打包前预查确认对话框，如见图 4-65 所示。若未进行数据预查操作，则选择“是”按钮，进行数据预查；若以前进行过数据预查操作且预检成功，则选择“否”按钮，在打包前不重新进行数据预检，直接进行填报数据加密打包操作，弹出填报数据加密打包文件存储目录选择对话框，如图 4-66 所示。

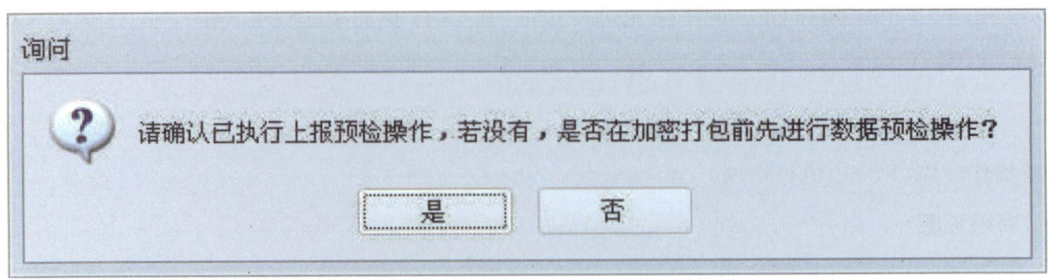

图 4-65　上报预检操作执行确认框

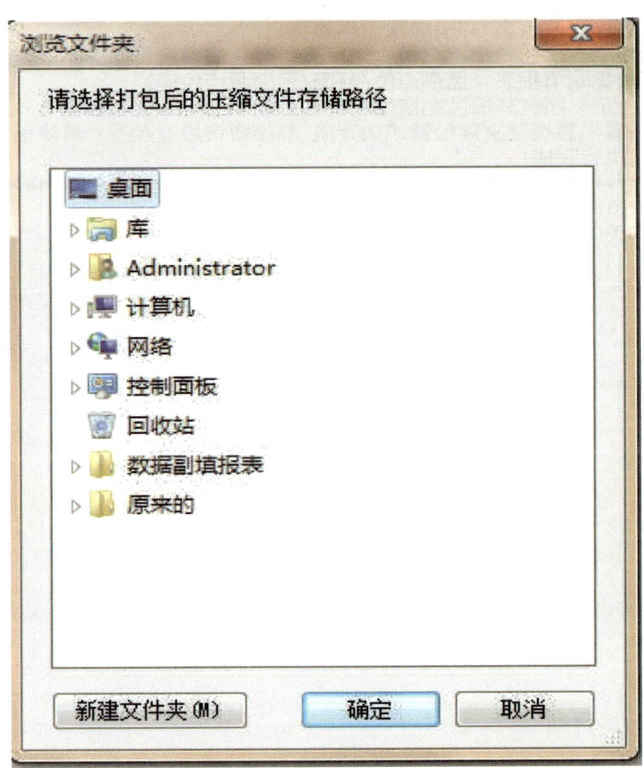

图 4-66　填报数据加密打包文件存储目录选择对话框

2）在文件存储目录选择对话框中选择打包文件的存储目录，并点击“确定”按钮，则进入数据加密打包执行进度对话框，如图 4-67 所示。

3）填报数据加密打包操作执行完成后，上报数据加密打包文件存储到用户选择的文件存储目录下。点击填报数据加密打包执行对话框中的“关闭”按钮，则关闭当前执行对话框；选择“导出日志”按钮，将数据加密打包执行日志以文本文件的形式导出到本地。

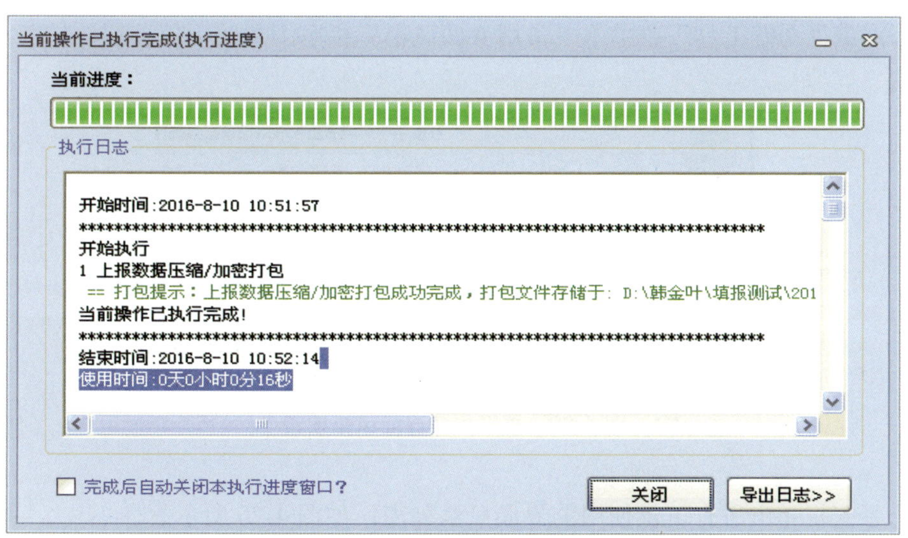

图 4-67 数据加密打包执行进度对话框

4.9 系统工具

系统工具菜单项上下提供了两类功能，一是切换系统界面风格；二是数据管理工具，如图 4-68 所示。切换系统界面风格是改变系统主界面的运行风格，包括颜色、界面样式等。数据管理工具是实现对当前系统中填报数据的备份和恢复。

图 4-68 系统工具菜单项

4.9.1 系统常用界面风格

系统默认的界面风格为 Office 2010 蓝色风格，用户可以根据自己的喜好来切换不同的界面风格。系统提供了常用的两种界面风格（Office 2010 蓝色和 Office 2010 银色），若需要切换至该界面风格，直接点击“系统工具”菜单下“常用界面风格”栏内的相应的界面风格按钮即可。另外，系统还提供了一些不常用的界面风格，其切换操作步骤如下：

1）点击“系统工具”菜单下“常用界面风格”栏右下角的下拉按钮，如图 4-69 红框内所示。

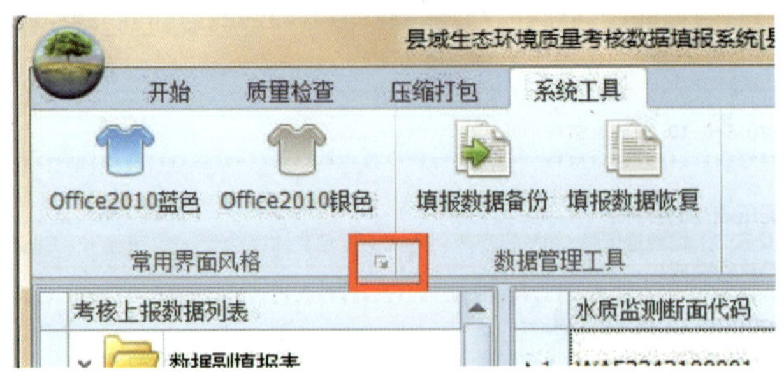

图 4-69　展开更多界面风格按钮

2）系统将弹出所有可供使用的界面风格列表，如图 4-70 所示。

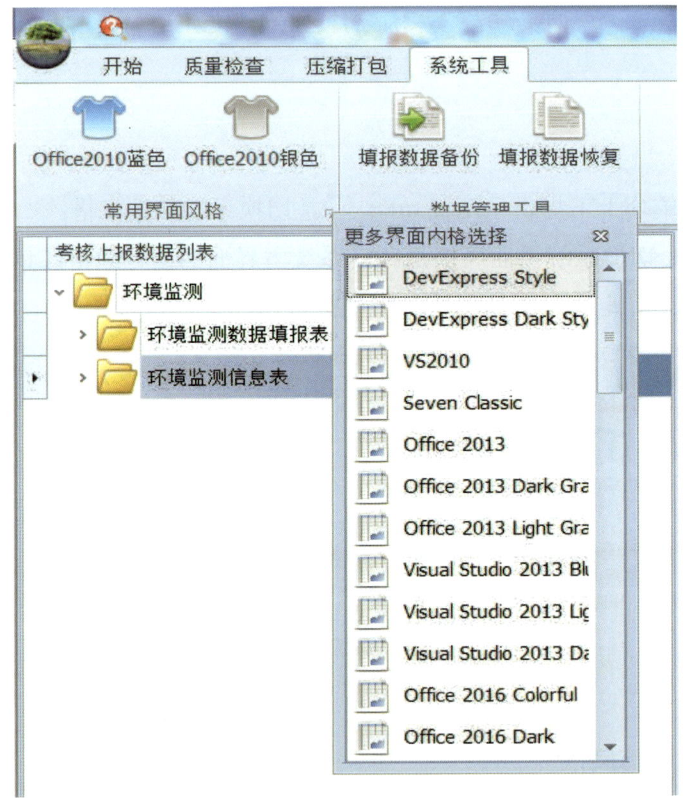

图 4-70　更多界面风格列表

3）在弹出的界面风格选择下拉框内，双击将要切换至的列表项，则将系统主界面风格切换至该风格。图 4-71 为切换为“VS2010”风格后的系统主界面。

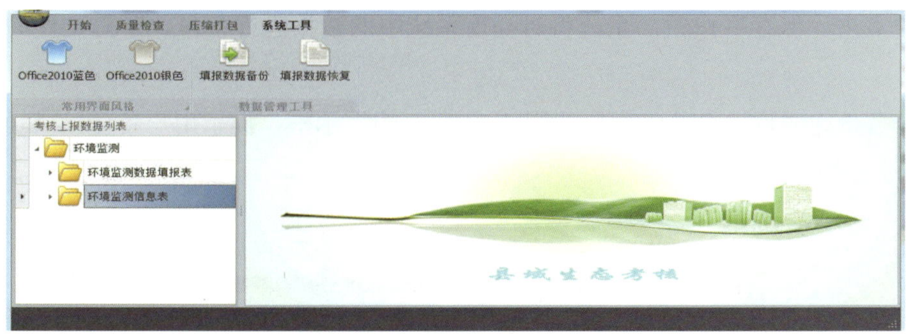

图 4-71　VS2010　风格样式

4.9.2　数据管理工具

数据管理工具主要是实现系统内已有县域上报数据的备份和恢复，以防操作系统崩溃时导致数据丢失。

（1）填报数据备份

建议用户每天做完数据导入或审核操作后，将数据进行一次备份。数据备份操作步骤为：

1）点击“系统工具”菜单下“数据管理工具”栏内的“填报数据备份”按钮，系统将弹出如图 4-72 所示的文件保存路径选择对话框。

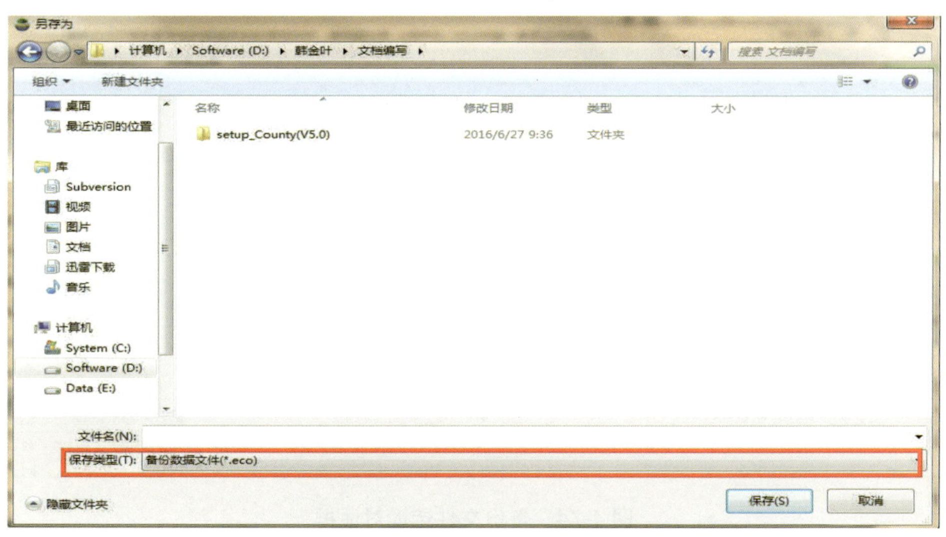

图 4-72　数据备份文件保存路径选择对话框

2）在文件保存路径选择对话框中，选中备份文件将存储的目录，在文件名框内输入备份文件名（建议以当前日期为文件名，如：20160701 为 2016 年 7 月 1 日的备份文件），并点击“保存”按钮，系统将对当前系统中的数据进行备份，备份文件的扩展名为 eco。

3）备份完成后，系统将弹出如图 4-73 所示的提示框，提示用户备份已成功完成，以及备份文件保存的路径。

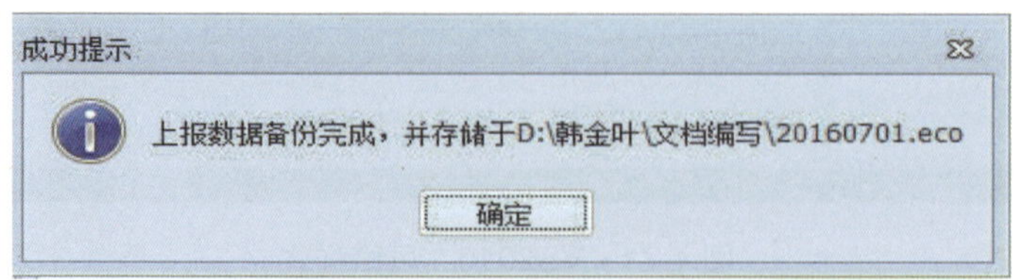

图 4-73 备份完成提示框

（2）填报数据恢复

当操作系统或是本系统发生崩溃或是无法进入时，可重新安装或是对系统进行初始化操作后，将备份数据恢复至系统数据库中，数据恢复操作的步骤如下：

1）点击“系统工具”菜单下“数据管理工具”栏内的“填报数据恢复”按钮，系统将弹出如图 4-74 所示的文件选择对话框。

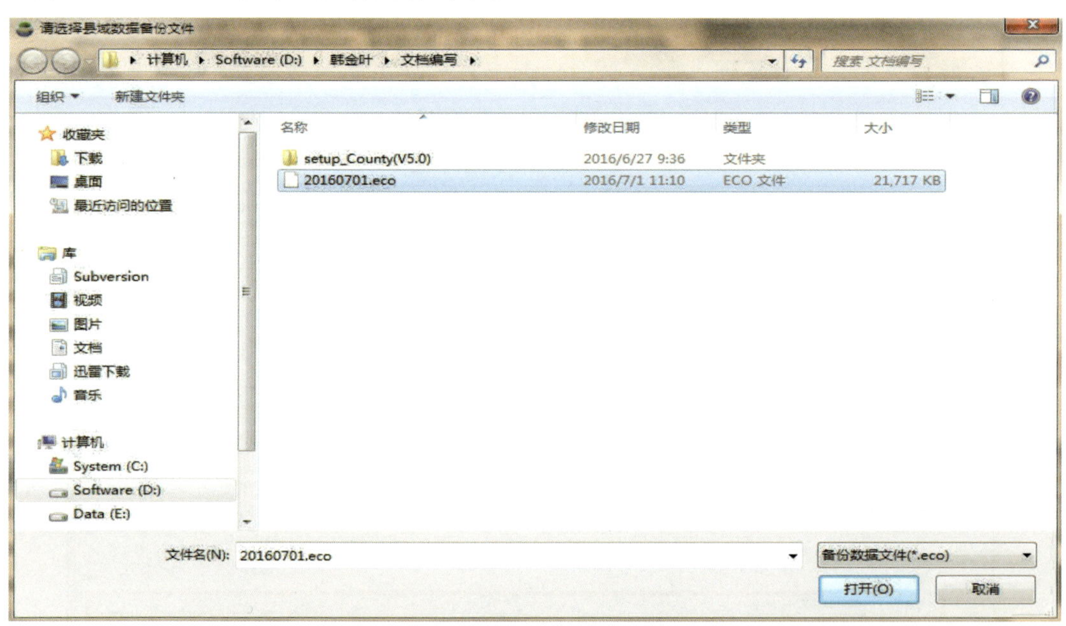

图 4-74 备份文件选择对话框

2）在文件选择对话框中，选中最近时间的备份文件并点击“打开”按钮，系统将弹出如图 4-75 所示的提示框，提示用户是否确实要清除系统中已有数据，并将备份文件中的数据恢复至系统中。

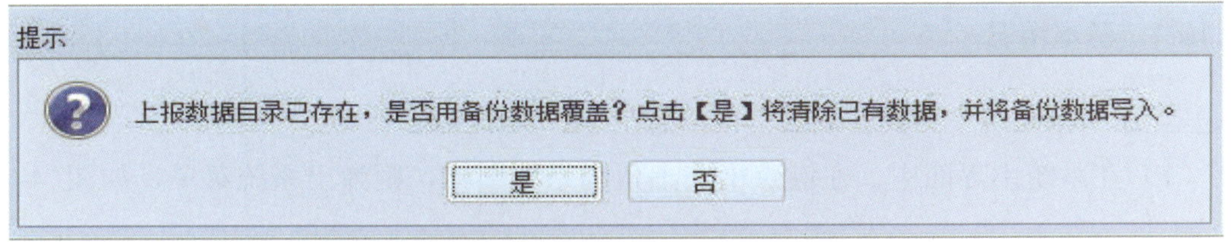

图 4-75　数据覆盖提示框

3）在提示框中，点击“是”按钮，则将清除已有数据，并将备份数据导入系统；点击“否”按钮，则退出恢复操作，系统将保留原有数据，并返回系统主界面。

4）数据恢复完成后，系统将弹出如图 4-76 所示的提示框，提示数据恢复完成，并可通过“数据上报列表”进行查看。

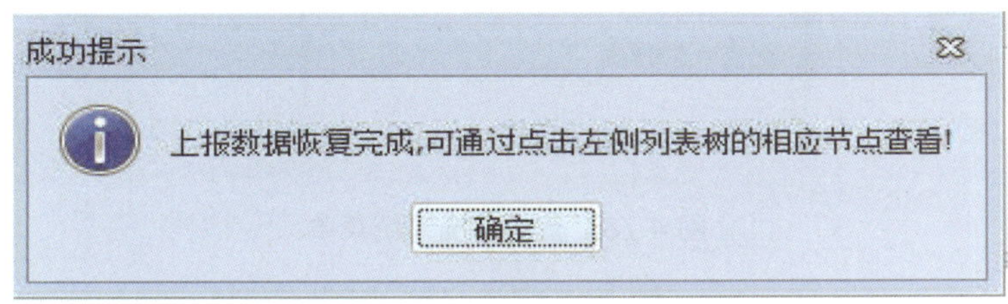

图 4-76　数据恢复完成提示框

4.10　系统菜单

系统菜单位于功能菜单区的左上角的系统图标处，通过点击图标来弹出菜单，如图 4-77 所示。该菜单中提供基本情况、帮助文档、版权信息和退出系统功能。

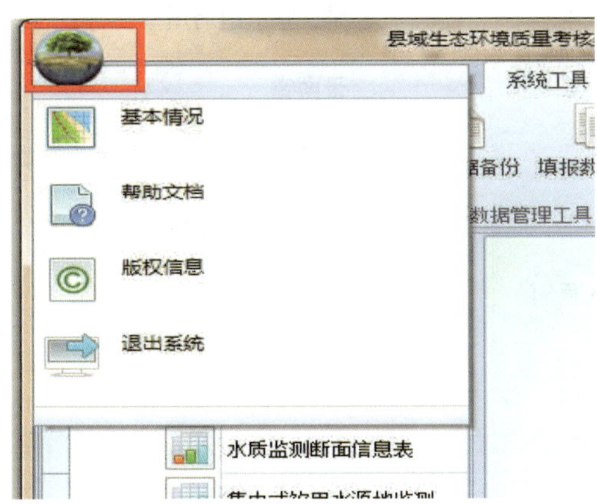

图 4-77　系统菜单

4.10.1 基本情况

显示填报系统中当前县域的基本信息，主要操作步骤为：

1）在系统主界面中，左键点击左上角的系统图标，则弹出系统菜单，如图 4-78 所示。

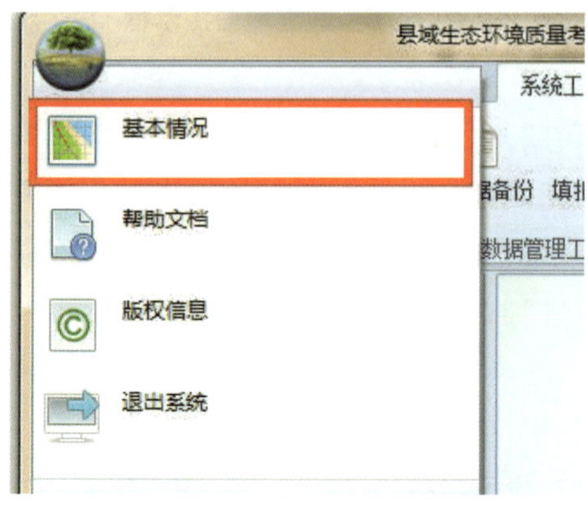

图 4-78　基本情况系统菜单

2）在弹出的菜单中，点击“基本情况”菜单项，系统弹出如图 4-79 所示的当前县域基本信息框。

县域基本信息

县域名称	香格里拉县
县域代码	533421
所在市域	迪庆藏族自治州
所在省	云南省
所在生态功能区	川滇森林及生物多样性生态功能区
功能区类型	生物多样性维护
是否南水北调水源地	否

图 4-79　县域基本情况查看窗体

4.10.2　帮助文档

该功能是打开并以主题的方式显示系统帮助文档，具体的操作步骤为：

1）在系统主界面中，左键点击左上角的系统图标，则弹出如图 4-80 所示的系统菜单。

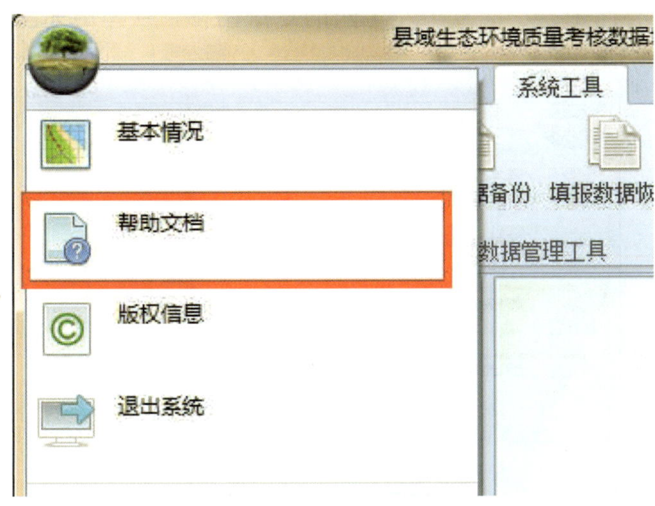

图 4-80　帮助文档菜单项

2）在弹出的菜单中，点击“帮助文档”菜单项，系统弹出如图 4-81 所示的系统帮助文档。

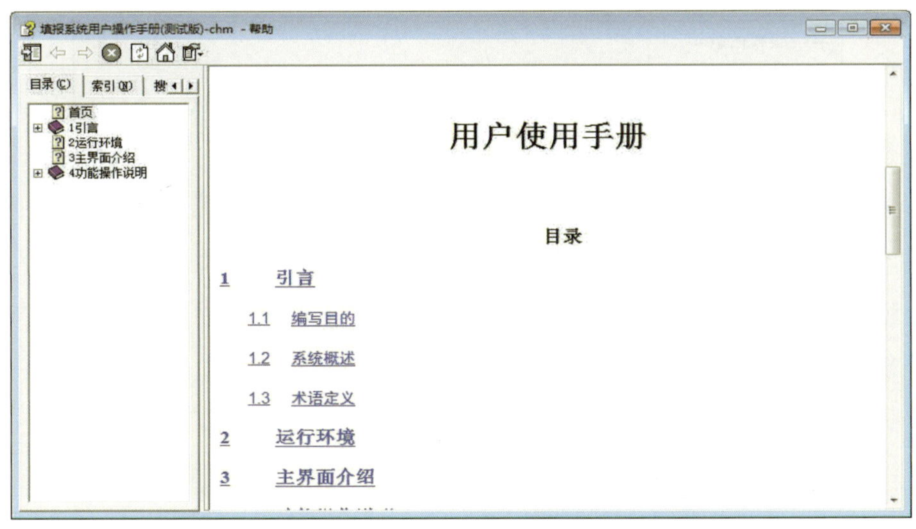

图 4-81　系统帮助界面

3）在帮助文档界面，用户可浏览系统帮助文档，并可通过主题查找以及关键字查找的方式快速定位至所关心的文档部分。

4.10.3 版权信息

该功能是显示系统版权及版本信息，操作步骤为：

1）在系统主界面中，左键点击左上角的系统图标，则弹出如图 4-82 所示的系统菜单。

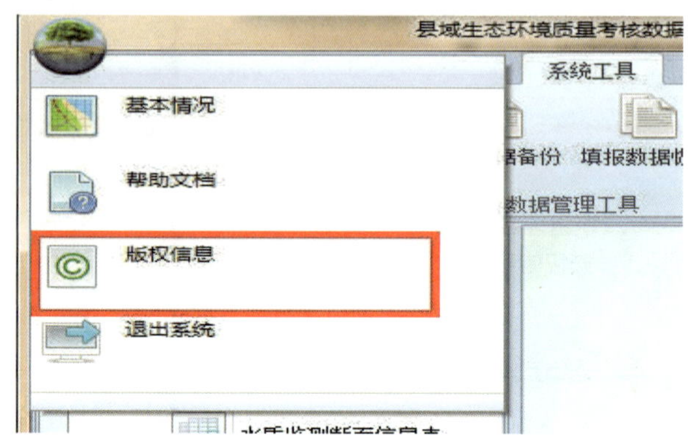

图 4-82 版权信息菜单项

2）在弹出的菜单中，点击“版本信息”菜单项，系统弹出如图 4-83 所示的系统版权信息，用户可以查看系统相关的版权信息，包括系统名称、版本号、开发单位以及使用单位等。

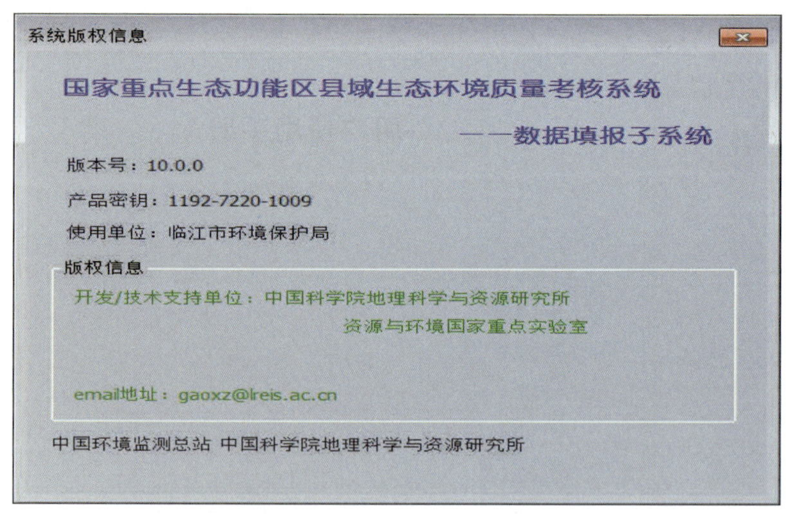

图 4-83 系统版权信息查看窗体

4.10.4 退出系统

通过该菜单项退出系统，也可通过系统主界面右上角的关闭按钮来退出系统，如图 4-84 所示。当系统中有正在运行的操作，如：质量检查、数据审核等，则系统的关闭按钮不可用，只能通过退出系统按钮来退出系统。

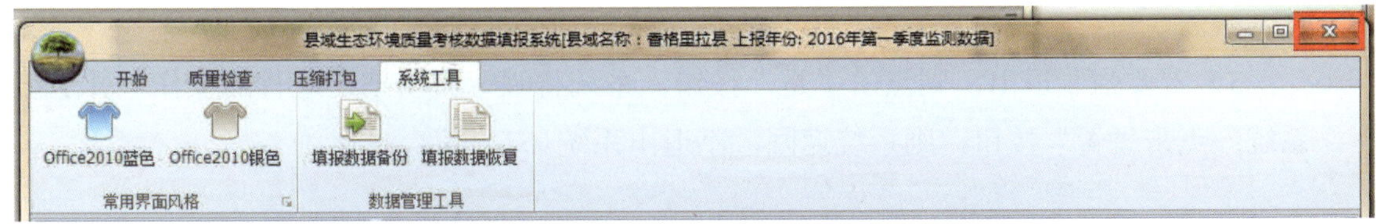

图 4-84 系统关闭按钮

退出系统功能操作步骤如下：

1）在系统主界面中，左键点击左上角的系统图标，则弹出如图 4-85 所示的系统菜单。

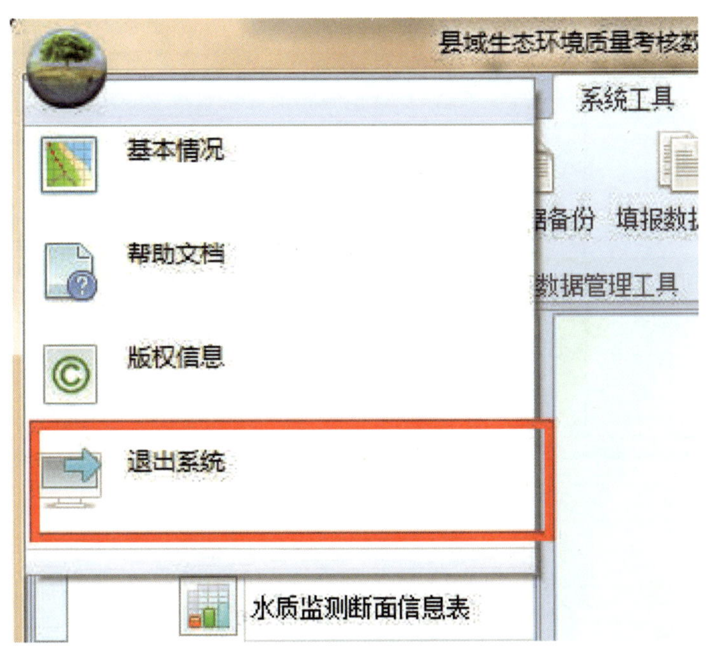

图 4-85 退出系统菜单项

2）在弹出的菜单中，点击“退出系统”菜单项，若当前系统中没有正在运行的操作，则系统直接退出。否则系统将弹出如图 4-86 所示的提示框，提示用户是否强制退出。

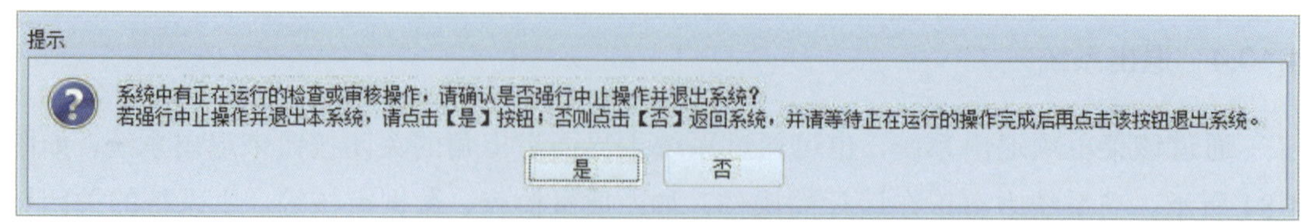

图 4-86　是否强制退出系统提示框

3）若要强制退出，则点击“是”按钮，系统将强行关闭正在进行的操作，并退出系统；点击“否”按钮，则系统返回，不退出系统。

5　其他数据上报系统主界面说明

“填报系统”主界面采用经典的 Office2010 界面风格，整个界面分为三个区，分别为：菜单区、数据列表区、数据显示编辑区，如图 5-1 所示。

图 5-1　系统主界面

5.1　功能菜单区

系统功能菜单区位于系统主界面的上方，系统主要通过该功能菜单区的功能按钮来完成县域生态环境质量考核数据模板的获取、县域生态环境质量考核填报数据的质量检查、自查报告生成及数据加密打包等功能。本系统的功能按钮根据功能分类分布于五个菜单面板中，这五个面板分别为：开始、质量检查、自查报告、压缩打包及系统工具。系统功能与各菜单面板间的对应关系如表 5-1 所示。

表 5-1　菜单说明表

序号	菜单名称	系统功能
1	开始	县域生态环境填报数据模板获取
2	质量检查	县域生态环境质量考核填报数据质量检查
3	自查报告	县域生态环境质量考核数据自查报告生成、查看及导出
4	压缩打包	县域上报数据预检、加密打包
5	系统工具	系统界面风格切换、数据备份、恢复

菜单面板之间通过菜单面板上方的菜单项如图 5-2 的点击来进行切换。

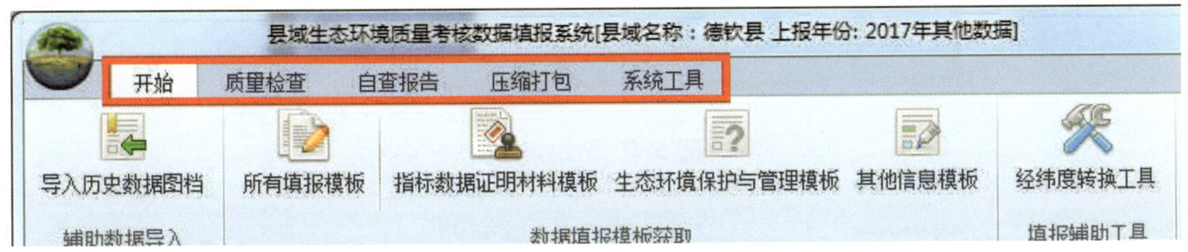

图 5-2　系统功能菜单切换区

菜单面板在系统运行过程中一般都一直显示，但有时为了扩大数据显示区，可通过双击菜单面板上方的菜单项实现菜单面板的隐现，菜单面板隐藏后的界面，如图 5-3 所示，用户可通过双击菜单面板上方的菜单项恢复菜单面板的显示。

图 5-3　菜单隐藏后的功能菜单区

系统菜单位于功能菜单区的左上角的系统图标处，通过点击图标来弹出菜单，如图 5-4 所示。该菜单中提供县域基本情况查看、系统帮助、系统的版本信息和退出系统功能。

图 5-4　系统菜单

5.2　填报数据列表区

县域填报数据列表区位于系统主界面的左侧，通过目录树的方式，对各类型的上报数据进行组织。初始状态下，目录树中一级节点包括指标数据证明材料、环境监测、生态环境保护与管理填报表、生态环境保护工作情况信息、其他信息、其他相关图档资料和生态环境质量考核自查报告七部分，根据各部分包含的内容分为二级节点和三级节点，如图 5-5 所示。

系统将通过点击该目录树来实现考核上报数据的浏览，其操作方式与 Windows 的目录操作完全相同，只需逐级打开目录至末级节点，即为具体数据对应的文件或表格，点击即可在数据显示区以文档或表格的方式显示相应数据。数据列表区中数据若不存在，其数据文件名称前面的图标与数据文件存在状况下的图标有所不同，如图 5-5 所示，图中林地指标证明材料未导入。

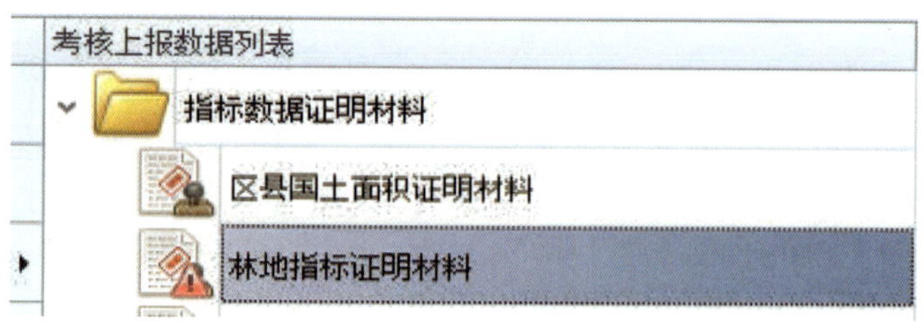

图 5-5　考核上报数据列表

5.3　数据显示编辑区

数据显示区主要是显示填报数据列表区所选中数据节点对应的文档或表格内容，另外还显示系统生成的自查报告文本及报告附表。

不同数据内容，其显示样式各不相同，图 5-6 为文档类数据的显示样式，在文档类显示窗口，可实现文档的打印、换页和显示比例切换等操作。

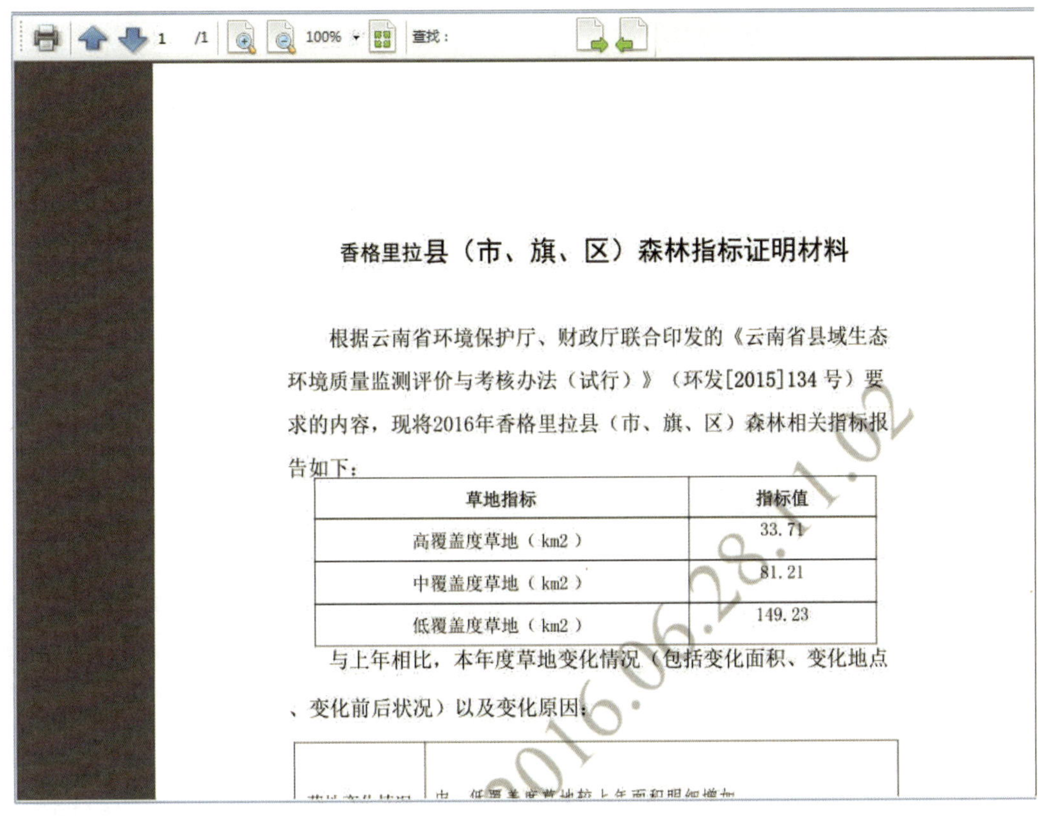

香格里拉县（市、旗、区）森林指标证明材料

根据云南省环境保护厅、财政厅联合印发的《云南省县域生态环境质量监测评价与考核办法（试行）》（环发[2015]134 号）要求的内容，现将2016年香格里拉县（市、旗、区）森林相关指标报告如下：

草地指标	指标值
高覆盖度草地（km2）	33.71
中覆盖度草地（km2）	81.21
低覆盖度草地（km2）	149.23

与上年相比，本年度草地变化情况（包括变化面积、变化地点、变化前后状况）以及变化原因：

图 5-6　文档类显示样式

图 5-7 为表格类数据的显示样式，在表格类显示窗口，可实现数据表的翻页、数据记录的增加、删除、修改等功能操作（通过表格左下方的功能区实现，如图 5-7 红框内所示）。

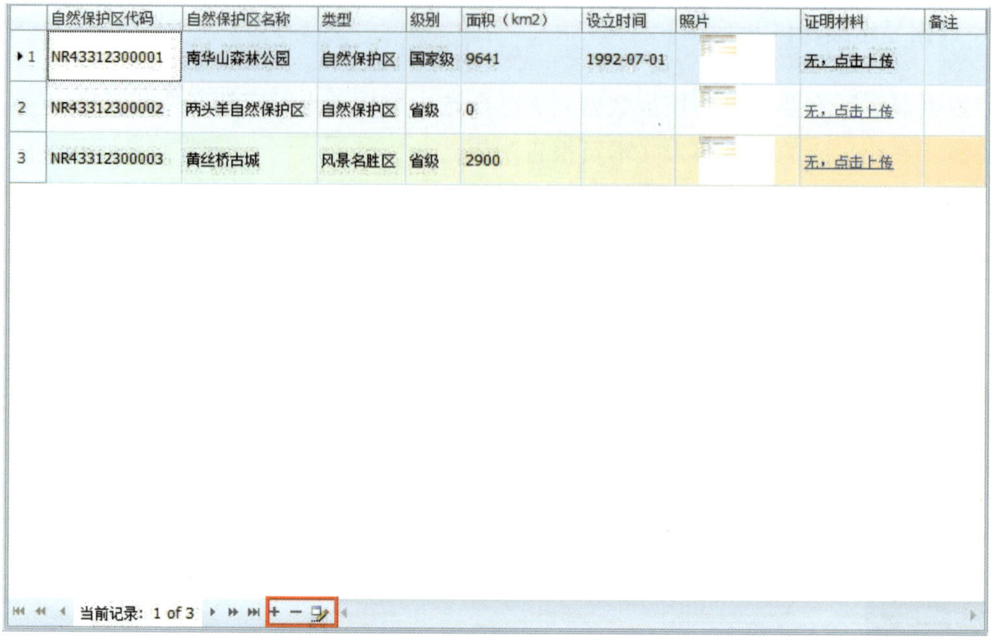

	自然保护区代码	自然保护区名称	类型	级别	面积（km2）	设立时间	照片	证明材料	备注
▸1	NR43312300001	南华山森林公园	自然保护区	国家级	9641	1992-07-01		无，点击上传	
2	NR43312300002	两头羊自然保护区	自然保护区	省级	0			无，点击上传	
3	NR43312300003	黄丝桥古城	风景名胜区	省级	2900			无，点击上传	

当前记录: 1 of 3

图 5-7　表格类显示样式

6　其他数据上报系统功能操作说明

功能菜单区的功能菜单和县域生态环境质量考核填报数据列表区的右键菜单是本系统的主要功能入口，本章将详细说明菜单功能区功能菜单、填报数据列表区右键菜单及数据显示编辑区的功能操作。

6.1　系统登录及初始化

若用户在计算机上对“填报系统”进行了安装，则用户计算机系统桌面上、计算机系统开始菜单中将产生“数据填报系统”的快捷方式，如图 6-1 所示。若用户未安装，则参照《国家重点生态功能区县域生态环境质量考核数据填报系统安装手册》来完成系统软件的安装，并进入系统初始化及登录界面工作。系统运行及登录的具体步骤包括系统初始化验证、修改登入密码及登录系统三部分。

图 6-1　“数据填报系统”桌面及开始菜单快捷方式

6.1.1　系统初始化验证

双击桌面上的“数据填报系统”快捷方式，或者点击计算机操作系统开始菜单中的“数据填报系统”，则开始运行系统。若在系统安装完成后没有进行系统验证或是验证未成功，则需先进行系统验证，验证步骤如下：

1）运行系统时，系统弹出图 6-2 所示的界面，提示是否进行验证。

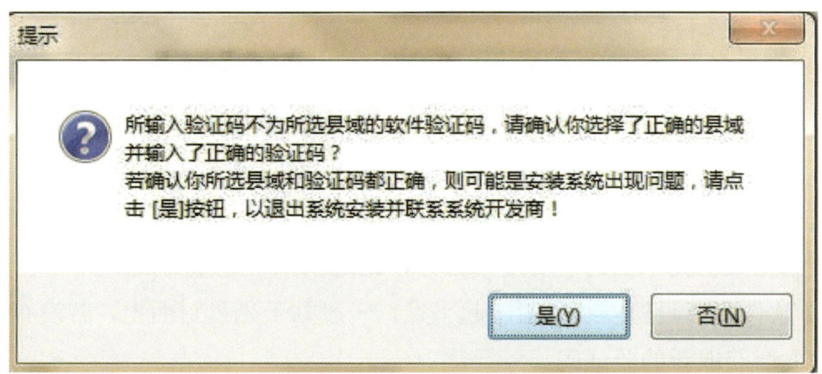

图 6-2　系统未验证提示

2）在提示框中，点击“是”按钮，则进入图 6-3 所示的系统验证界面；点击“否”按钮，则提示系统未验证，并退出系统登录。

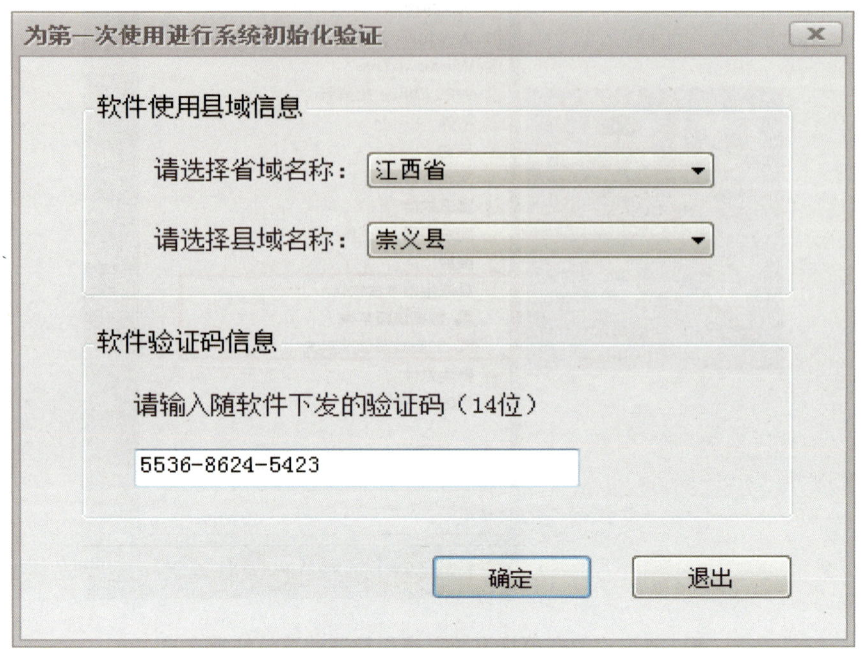

图 6-3 系统验证界面

3）在系统验证界面中，如图 6-3 所示，选择您所在的省、县名称，并输入随软件下发的 12 位验证码（3 组 4 位数字），若点击“确定”按钮，如果验证码正确，则显示图 6-4 所示的验证正确提示信息，红框内容提示您系统登录的初始密码。若点击“退出”按钮，则退出验证，系统将提示软件没有验证，并提示退出系统。

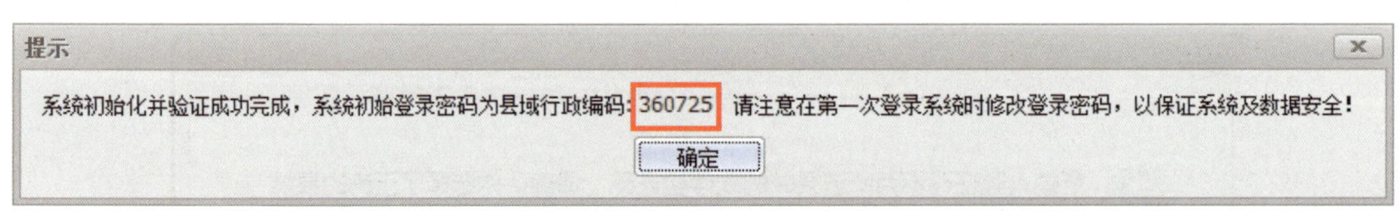

图 6-4 初始化成功提示框

点击初始化成功提示框的“确定”按钮，则进入系统登录界面。

【注意】软件验证码随安装光盘一起下发，一般贴于光盘封面上，若没有或是丢失，请联系统开发商获取新的验证码。

6.1.2　修改登录密码

系统初始化时，将系统的登录密码设为县域的六位行政编码，如：江西省崇义县的密码为 360725。为保证数据及系统安全，建议在第一次使用系统时修改登录密码。步骤如下：

1）在系统初始化验证成功后，会弹出登录框（以江西省崇义县为例），如图 6-5 所示。

图 6-5　系统登录界面

2）点击上图中系统登录界面中的“修改密码”按钮，则弹出密码修改对话框，如图 6-6 所示，可以修改登录密码。

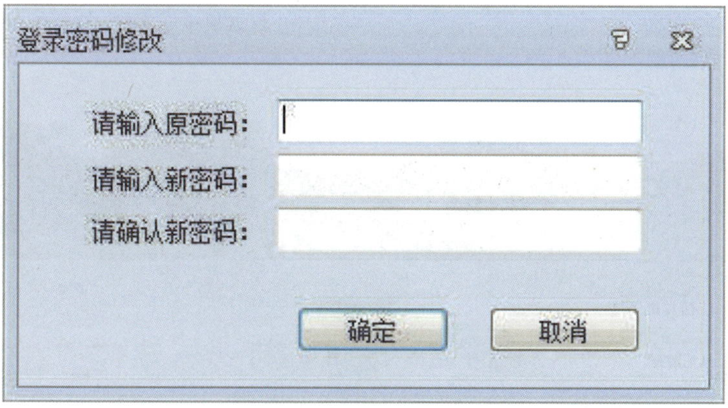

登录密码修改

请输入原密码：

请输入新密码：

请确认新密码：

确定　取消

图 6-6　登录密码修改窗

在图 6-6 登录密码修改窗体的第一个框中输入原密码，第一次登录时的密码为县域代码，以后再修改时则为用户修改过的密码。在第二个框中输入新密码（密码建议由数字和字母组合而成），然后在第三个框中重新输入新密码，以确认新密码没有输错。

3）密码输入完成后，点击“确定”按钮，若原密码没有输错，且新密码与确认密码相同，则弹出修改密码成功提示框，如图 6-7 所示；否则提示原密码错误或新密码与确认密码不匹配错误，这时用户需要重新进行密码的修改。

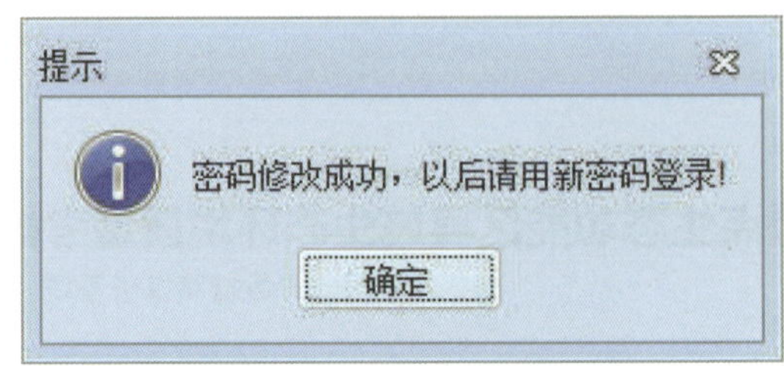

图 6-7　密码修改成功提示框

【注意】修改密码为可选步骤，若所用计算机只能本人使用，可不用修改密码。

6.1.3　切换县域

“切换县域”功能主要针对省级用户，目的是方便省级用户对各县进行技术支持工作，可以快速实现不同县域系统的切换。步骤如下：

1）点击登录窗体上的“切换县域”按钮，如图 6-8 所示。

图 6-8　县域切换

2）弹出县域注册码输入窗口，输入注册码后点击“确定”按钮，可以切换到其他县域。如图 6-9 所示。

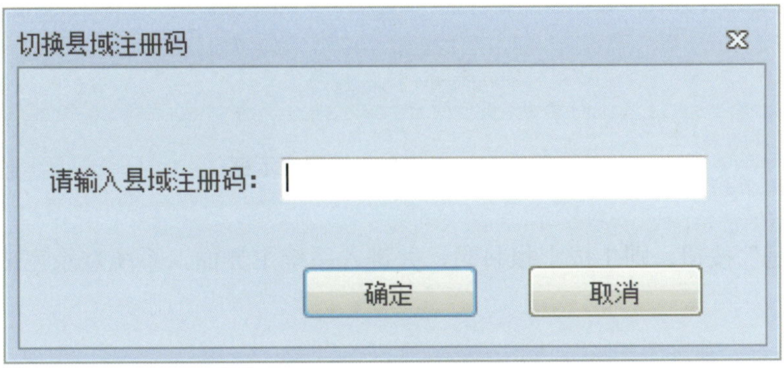

图 6-9　注册码输入

6.1.4　登录系统

系统登录的具体操作步骤为：

1）在系统登录框中，点击“登录”按钮，则开始登录系统，如图 6-10 所示。

图 6-10　系统登录界面

2）系统第一次登录或是初始化后，会在登录过程中提示用户数据库不存在，提示信息如图 6-11 所示。

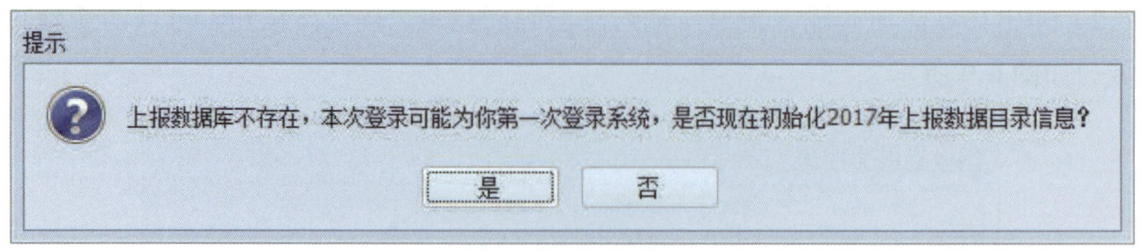

图 6-11　考核年份设置提示框

点击“是”按钮，则生成上报目录，并进入系统主界面，系统登录完成，如图 6-12 所示。

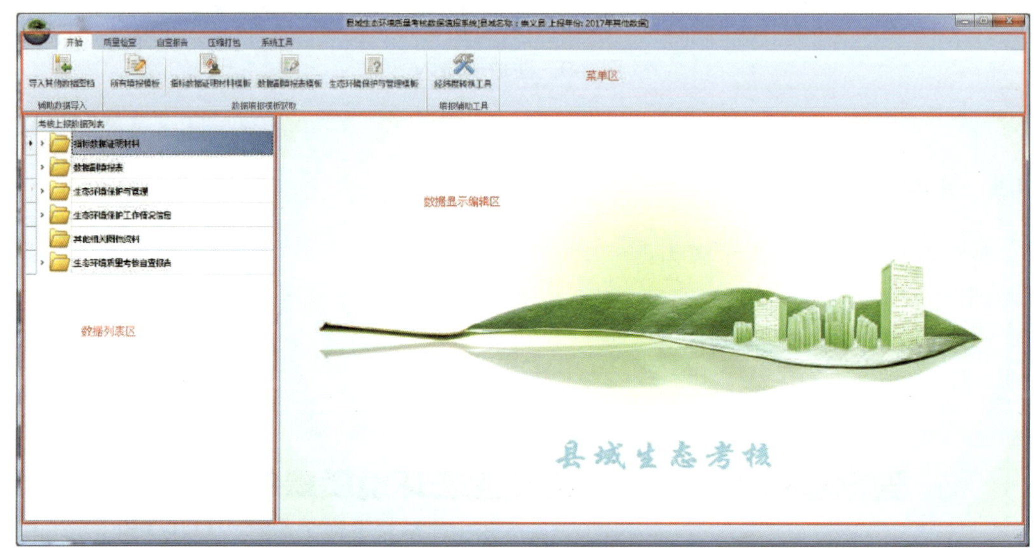

图 6-12　系统主界面

【注意】若系统安装时已进行了系统初始化验证工作，则在运行时不会弹出验证相关界面。

6.2　历史数据图档导入

系统成功登录后，若没有导入历史图档数据，系统会弹出提示，强制导入历史数据图档，否则会退出系统。历史图档数据导入是将上一年其他数据中的生态文明建设、自然保护地建设、生态保护修复规划、国土空间规划、乡镇水源地保护区等数据以及照片和证明材料导入系统。若为新增县，系统不会弹出该提示框。具体操作步骤为：

1）点击“开始”菜单下“导入历史数据图档”按钮（如图 6-13 所示，若没有导入过历史图档数据，图 6-14 会自动弹出），系统将弹出如图 6-14 所示的提示选择对话框，提示用户导入，点击提示框中的“确定”按钮，则将生态文明建设、自然保护地建设、生态保护修复规划、国土空间规划、乡镇水源地保护区等数据以及照片和证明材料等数据并重新导入；若点击“取消”按钮，则不导入数据，退出系统。

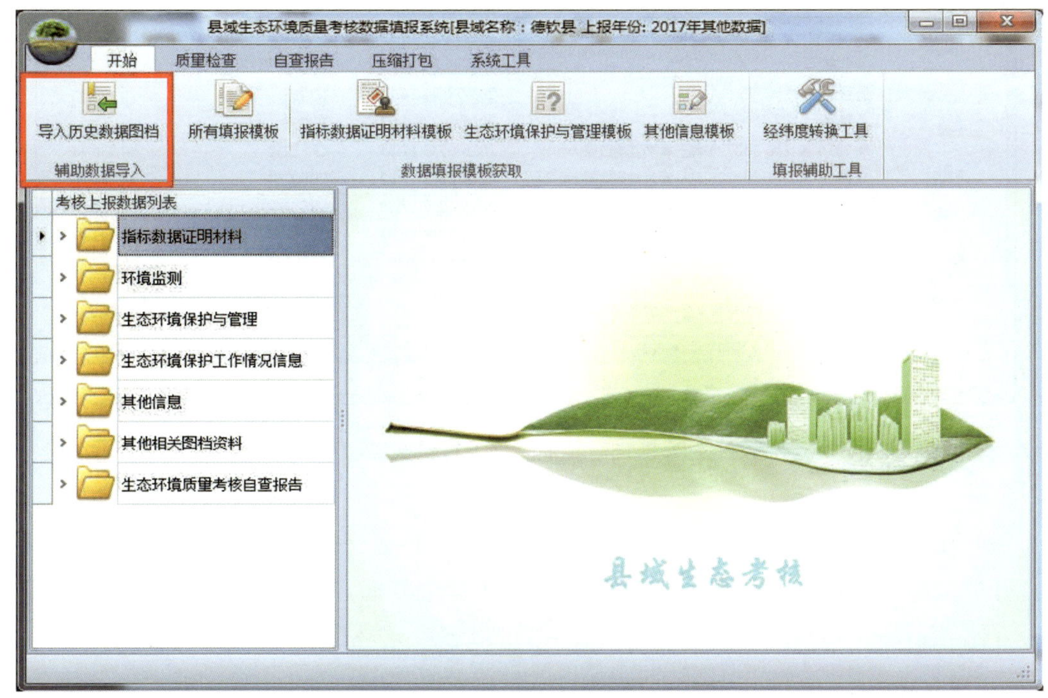

图 6-13 导入其他数据图档菜单

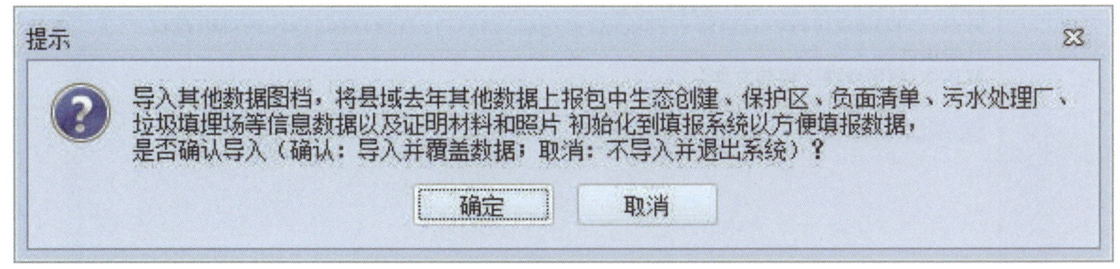

图 6-14 其他数据图档导入提示框

2）在提示选择对话框中，点击“确定”按钮，弹出如图 6-15 所示的文件选择对话框。

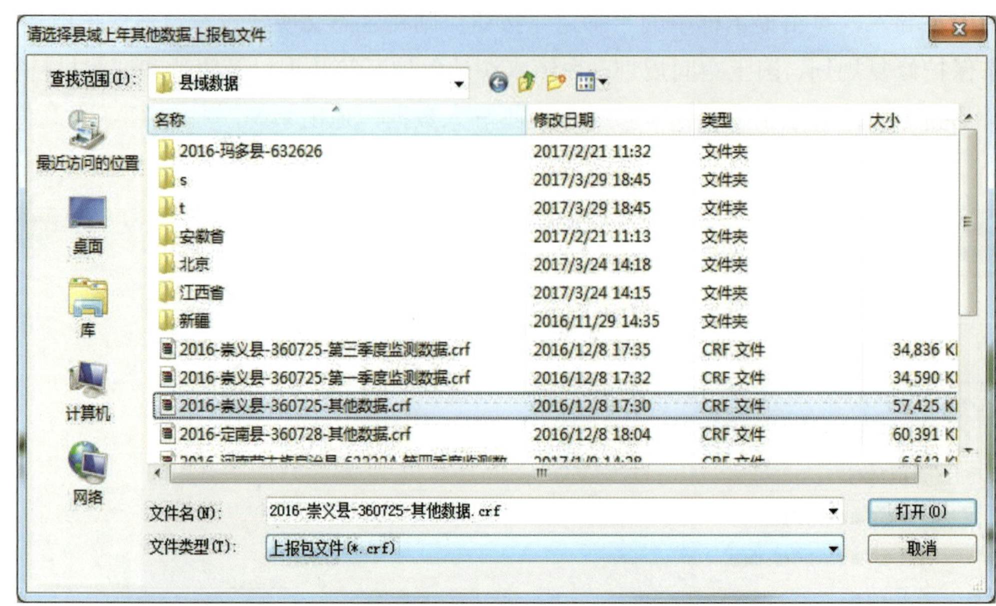

图 6-15 其他文档上报包选择

3）在文件选择对话框中选择上一年其他数据上报包文件，如图 6-15 所示，并点击“打开”按钮，弹出如图 6-16 所示的文件导入执行进度框。

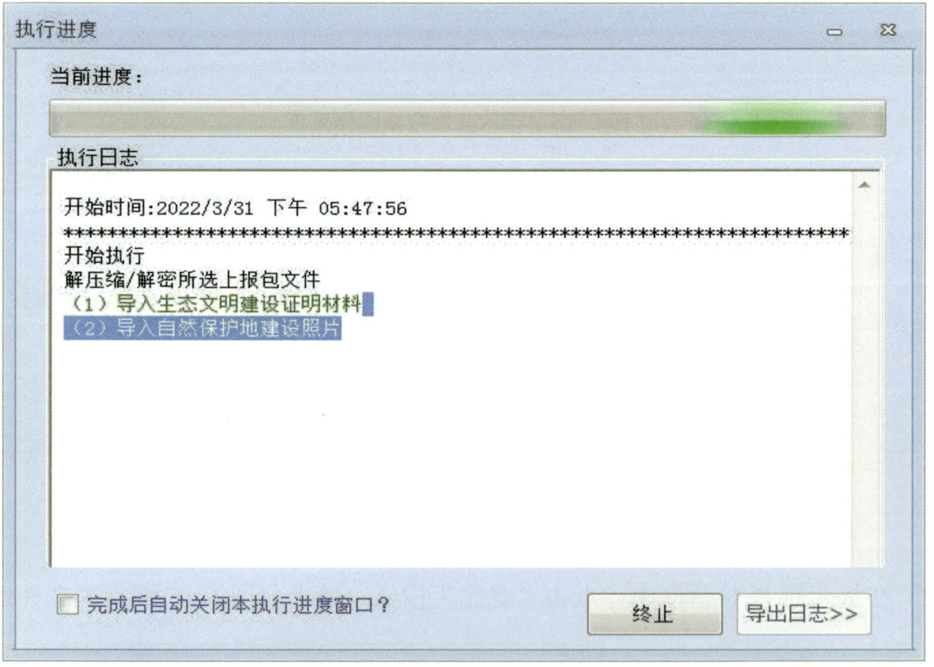

图 6-16 其他文档导入进度框

4）点击文件导入执行进度提示框中的“终止”按钮，系统将终止文件的导入，文件导入完成后，进度提示框变为如图 6-17 所示，点击“导出日志”按钮可以将导入的执行过程日志以文本文档的形式导出到本地；点击“关闭”按钮，关闭导入框。在系统数据显示编辑区可查看导入的图档数据，如图 6-18 所示。

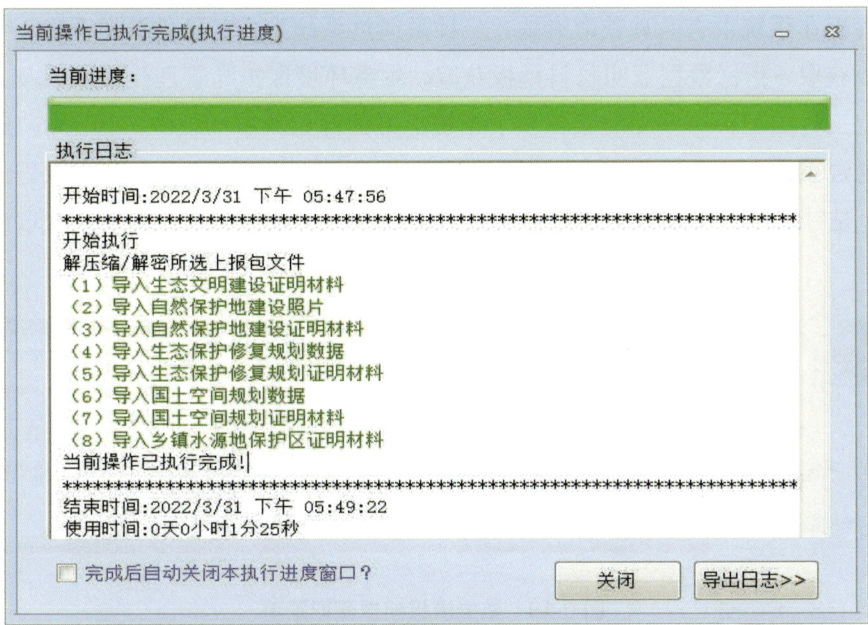

图 6-17　其他图档导入完成对话框

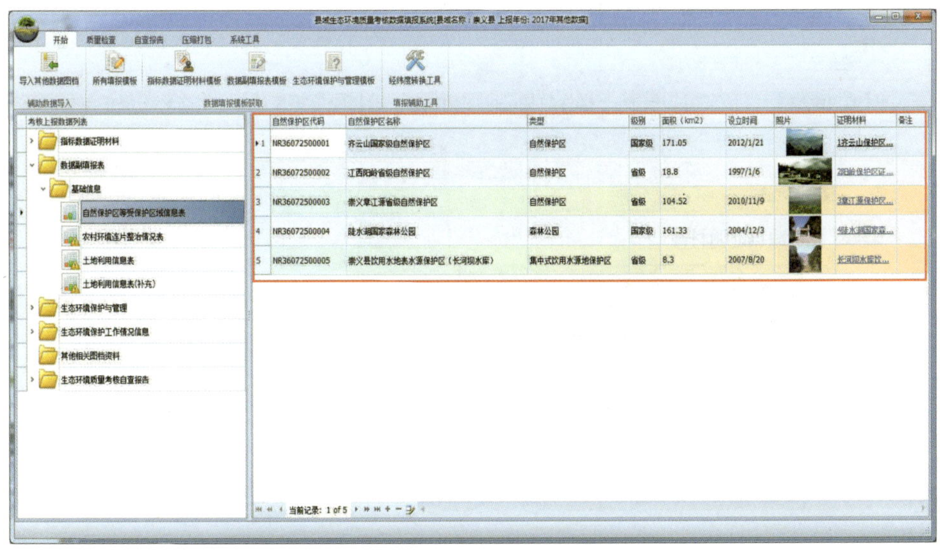

图 6-18　其他图档导入数据显示

6.3 数据填报模板获取

历史图档数据导入成功后，可进行数据填报模板的获取操作。数据填报模板获取是将需要整理导入的县域生态环境质量考核上报数据的填报模板保存至指定的目录下。数据填报模板在系统中有两种获取方式，一种是通过系统上方的功能菜单获取，包括所有填报模板获取、指标数据证明材料模板获取、生态环境保护与管理模板获取及其他信息模板获取三种类型，这些功能菜单位于系统上方的开始菜单面板中，如图 6-19 所示；一种是通过系统左侧数据列表的右键菜单获取，如图 6-20 所示，此种获取方式比较有针对性，是针对单一上报数据进行的模板获取，用户可以根据自己的需要获取所需数据的模板。

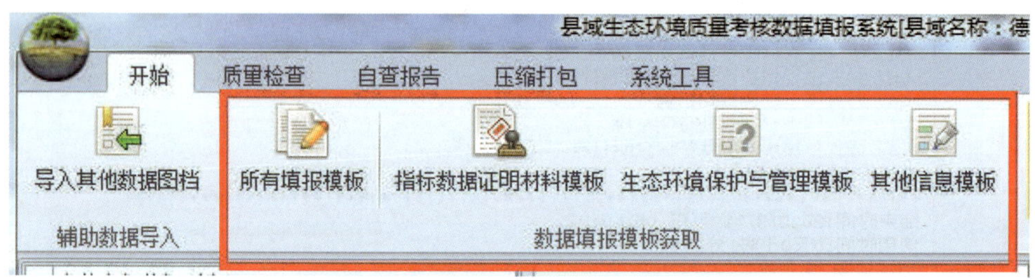

图 6-19　数据填报模板获取菜单

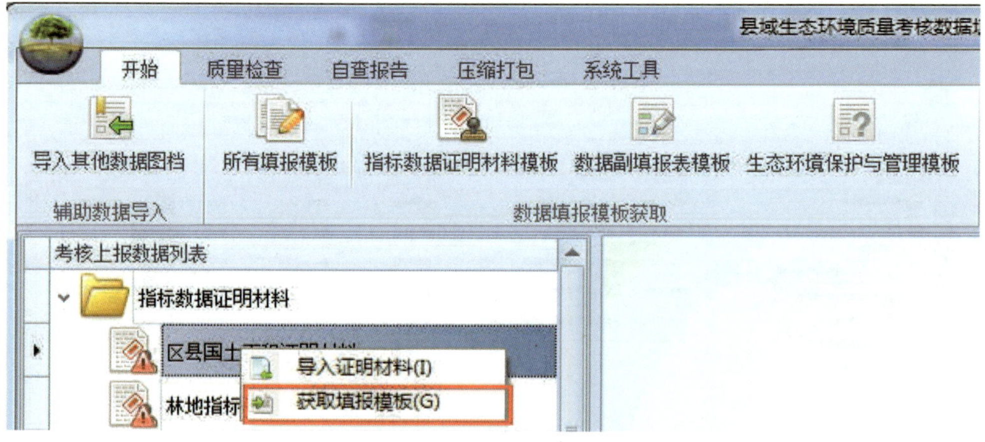

图 6-20　数据列表右键菜单

表 6-1 为上报数据的模板清单，用户可以根据自己的需要选取获取方式获取所需的数据模板。

表 6-1 模板清单

文件夹	模板名称	备注
指标数据证明材料	区县国土面积证明材料.docx	
	林地指标证明材料.docx	
	草地指标证明材料.docx	
	水域湿地指标证明材料.docx	
	耕地和建设用地指标证明材料.docx	
	未利用地指标证明材料.docx	
	城镇生活污水集中处理率证明材料.docx	
	土壤侵蚀指标证明材料.docx	
	沙化土地指标证明材料.docx	
	城镇生活垃圾无害化处理率.docx	
	专项转移支付资金证明材料.docx	
	产业增加值指标证明材料.docx	
	化肥施用指标证明材料.docx	
	农药施用指标证明材料.docx	
	畜禽粪污指标证明材料.docx	
	二氧化碳指标证明材料.docx	
生态环境保护与管理	农村生活污水治理情况.xlsx	
	农村黑臭水体整治情况.xlsx	
	生态保护修复工程情况.xlsx	
	排污单位持证排污情况.xlsx	
	乡镇水源地保护区信息表.xlsx	
	农业面源污染监测点信息表.xlsx	
	规模化畜禽养殖场信息表.xlsx	
其他信息	县域自然、社会、经济基本情况表.xlsx	
	县域土地调查地类数据表.xlsx	

6.3.1 功能菜单获取填报模板

系统上方功能菜单中填报模板的获取主要包括所有填报模板、指标数据证明材料模板、生态环境保护与管理、其他信息模板的获取四个子菜单项，各菜单项功能的操作步骤一致，这里以所有填报模板获取功能为例，具体操作步骤为：

1）点击“开始”菜单下“数据填报模板获取”栏中“所有填报模板”按钮，系统将弹出如图 6-21 所示的模板保存目录选择对话框。

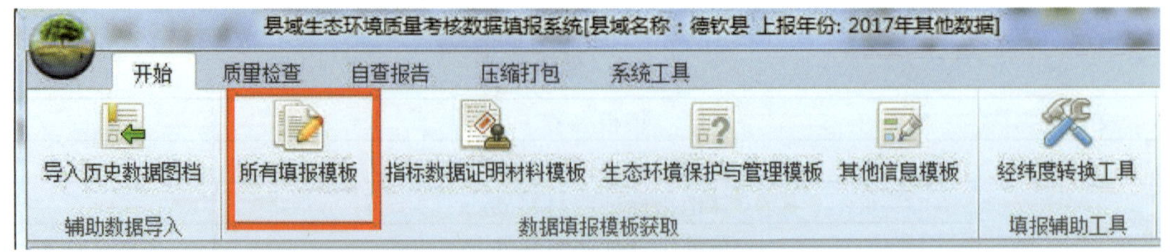

图 6-21　数据填报模板获取菜单

图 6-22　模板保存路径选择对话框

2）在模板保存目录选择对话框中，选取填报模板文件的保存目录，如图 6-22 所示，选择了“模板”文件夹来存放导出的填报数据模板文件（若需要新建目录，可通过左下角的“新建文件夹”新建目录来保存）。

3）选择好目录后，点击“确定”按钮，弹出模板导出执行进度框，如图 6-23 所示。在模板获取过程中，可点击“终止”按钮随时终止获取过程，也可勾选“完成后自动关闭本执行进度窗口？”，在完成模板获取过程后自动关闭该执行进度框。在模板导出执行进度框中，执行日志显示了执行的进度。导出过程执行完成后，点击模板导出执行进度框中的“导出日志”按钮，可将执行日志以文本文档的形式导出到本地。

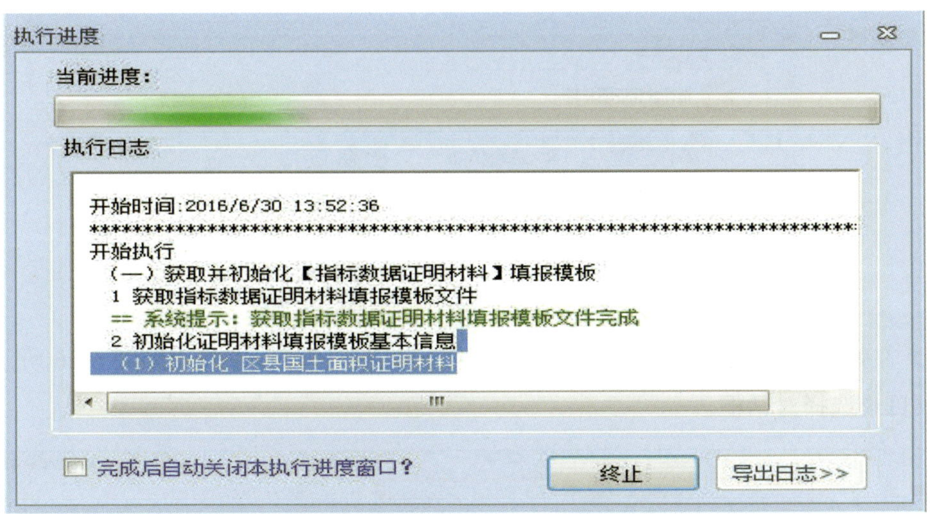

图 6-23　模板导出执行进度框

4）模板导出执行完成后，填报模板导出至指定的目录中，如图 6-24 所示。

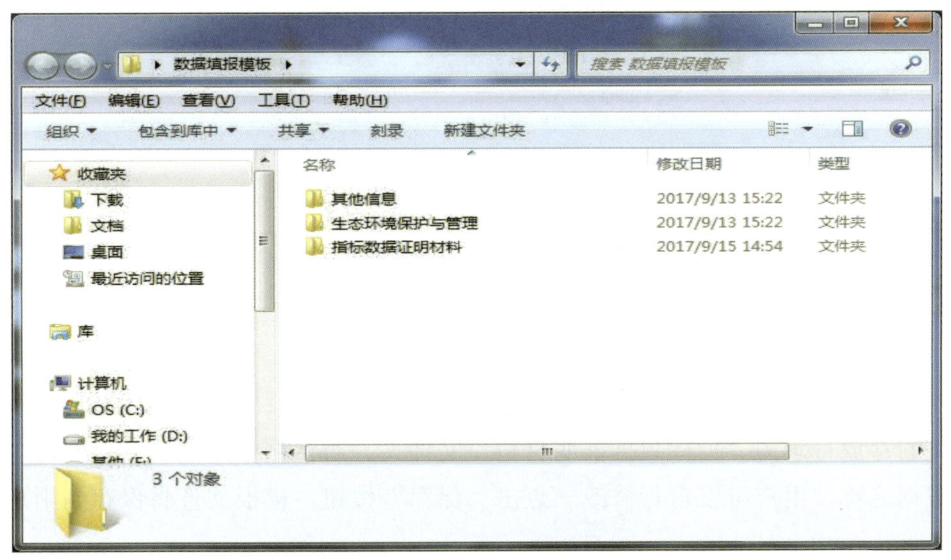

图 6-24　导出的所有填报模板文件

6.3.2　右键菜单获取填报模板

1）在填报数据列表区展开“指标数据证明材料”目录，并在需要导出数据的节点上右键点击，弹出右键功能菜单，如图 6-25 所示。

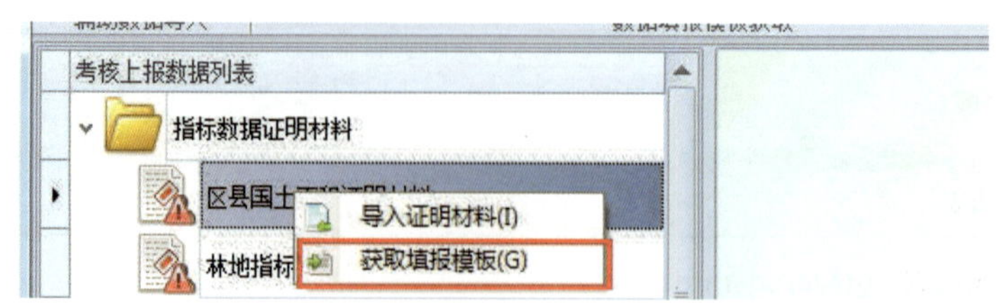

图 6-25 模板获取右键功能菜单

2）在弹出的功能菜单中，点击“获取填报模板”菜单项，弹出如图 6-26 所示的文件存放目录选择对话框。

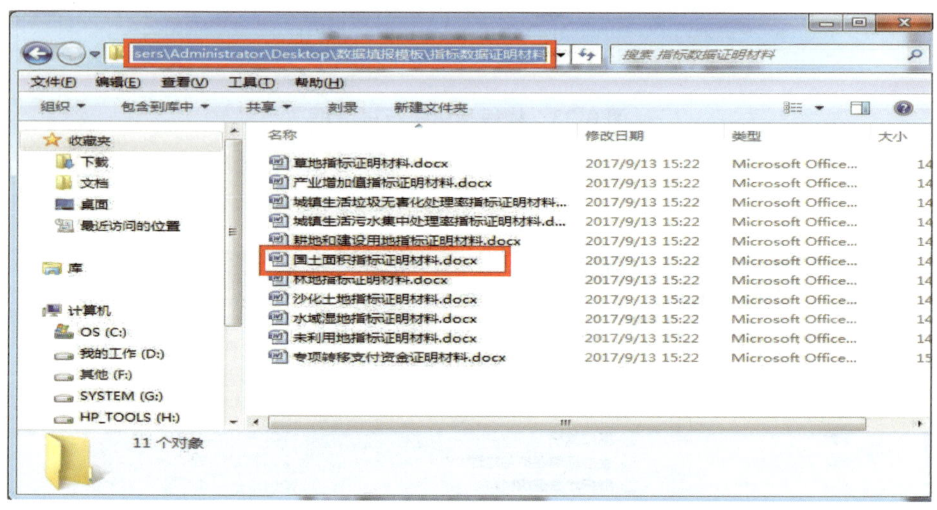

图 6-26 模板文件存放路径选择对话框

3）在文件存放目录选择对话框中，选择导出文件存放目录，如图 6-26 所示，导出文件的存放目录为“指标数据证明材料”文件夹；对话框中的默认保存文件名为获取的数据名称，用户可以自行修改。点击“保存”按钮，模板文件将保存到用户选择的目录下。

【注意】模板获取完成后用户可根据填写规范的要求，通过 Excel 或 Word 软件在模板中输入相关数据。

6.4 数据导入与修改

数据导入与编辑主要完成数据文件的导入和数据的录入工作。在所有数据模板获取并填写完成后，即可进行此操作。目前，系统导入的文件类型主要有：指标数据证明材料、环境监测、生态环境保护与管理表、生态环境保护工作情况信息、其他信息、其他相关图档资料、生态环境质量考核自查报告等，各数据类别入库方式见表 6-2，表中所有的数据类别及名称与系统上报数据列表区的目录树相对应。

表 6-2 数据录入方式表

数据类别	数据名称	右键菜单导入	界面录入	推荐入库方式
指标数据证明材料	区县国土面积证明材料	支持	不支持	导入
	林地指标证明材料	支持	不支持	导入
	草地指标证明材料	支持	不支持	导入
	水域湿地指标证明材料	支持	不支持	导入
	耕地和建设用地指标证明材料	支持	不支持	导入
	未利用地指标证明材料	支持	不支持	导入
	土壤侵蚀指标证明材料	支持	不支持	导入
	沙化土地指标证明材料	支持	不支持	导入
	城镇生活污水集中处理率指标证明材料	支持	不支持	导入
	城镇生活垃圾无害化处理率指标证明材料	支持	不支持	导入
	专项转移支付资金证明材料	支持	不支持	导入
	产业增加值指标证明材料	支持	不支持	导入
	化肥施用指标证明材料	支持	不支持	导入
	农药施用指标证明材料	支持	不支持	导入
	畜禽粪污指标证明材料	支持	不支持	导入
	二氧化碳指标证明材料	支持	不支持	导入
生态环境保护与管理/生态保护修复	生态文明建设信息表	不支持	支持	界面录入
	自然保护地建设信息表	不支持	支持	界面录入
	生态保护修复规划制定情况	不支持	支持	界面录入
	生态保护修复工程情况	支持	支持	导入
生态环境保护与管理/环境污染防治	排污单位持证排污情况	支持	支持	界面录入
	排污单位监管执法情况	不支持	支持	界面录入
	落实精准科学治污情况	不支持	支持	界面录入
	农业面源污染防治情况	不支持	支持	界面录入
	农业面源污染监测点信息表	支持	支持	导入
	规模化畜禽养殖场信息表	支持	支持	导入
生态环境保护与管理/绿色协调发展	国土空间规划制定情况	不支持	支持	界面录入
	生态环境准入清单实施情况	不支持	支持	界面录入
	生态环境保护与治理支出	不支持	支持	界面录入
生态环境保护与管理/城乡人居环境	农村环境综合整治情况	不支持	支持	界面录入
	美丽宜居村庄创建情况	不支持	支持	界面录入
	年度农村环境整治任务完成情况	不支持	支持	界面录入
	城镇生活污水集中处理设施信息表	不支持	支持	界面录入
	城镇污水管网建设情况	不支持	支持	界面录入
	乡镇生活垃圾收集情况	不支持	支持	界面录入

数据类别	数据名称	右键菜单导入	界面录入	推荐入库方式
生态环境保护与管理/城乡人居环境	农村生活污水治理情况	支持	支持	导入
	农村黑臭水体整治情况	支持	不支持	导入
	城镇生活垃圾处理设施信息表	不支持	支持	界面录入
	乡镇生活垃圾收集情况	不支持	支持	界面录入
	乡镇水源地保护区信息表	支持	支持	导入
生态环境保护与管理/考核工作组织	保护工作部署情况	不支持	支持	界面录入
	考核工作组织情况	不支持	支持	界面录入
生态环境保护工作情况信息	县域生态环境保护工作	不支持	支持	界面录入
	县域概况及其他情况说明	不支持	支持	界面录入
其他信息	县域自然、社会、经济基本情况表	支持	支持	导入
	县域土地调查地类数据表	支持	支持	导入
其他相关图档资料		支持	不支持	导入
生态环境质量考核自查报告	生态环境质量考核数据指标汇总表	不支持	不支持	软件生成
	生态环境保护工作情况说明	不支持	不支持	软件生成

其中“生态文明建设信息表”“自然保护地建设信息表”“农村环境综合整治情况”中的数据为系统自带数据，无须导入。

6.4.1 指标数据证明材料导入

指标数据证明材料主要包括区县国土面积证明材料、林地指标证明材料、草地指标证明材料、水域湿地指标证明材料、耕地和建设用地指标证明材料、未利用地指标证明材料、城镇生活污水集中处理率证明等。

以自然生态指标证明材料中的“区县国土面积证明材料”的导入为例来说明文件的导入过程。

1）在填报数据列表区展开“指标数据证明材料”目录，并在“区县国土面积证明材料”节点上右键点击，弹出右键菜单，如图 6-27 所示。

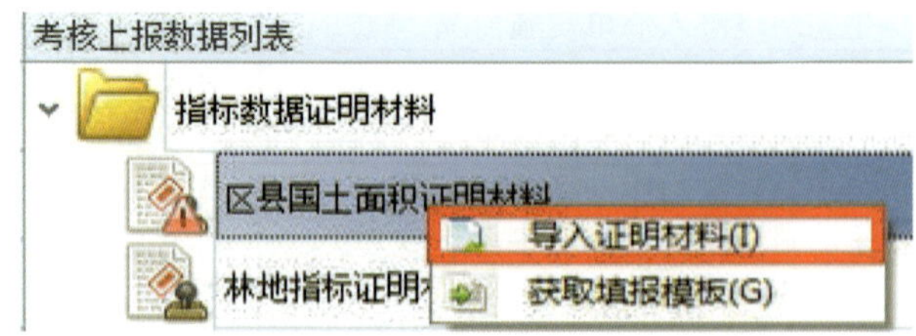

图 6-27 数据导入右键菜单

2）在弹出的功能菜单中，点击“导入证明材料”菜单项，弹出如图 6-28 所示的文件选择对话框。若此时操作系统中同时打开了 Word 文件，则会弹出 Word 文件正在运行提示框，如图 6-29 所示，此时需要关闭系统中的 Word 文件，然后点击提示框中的“重试”按钮继续文件的导入，点击“取消”按钮，取消文件导入操作。

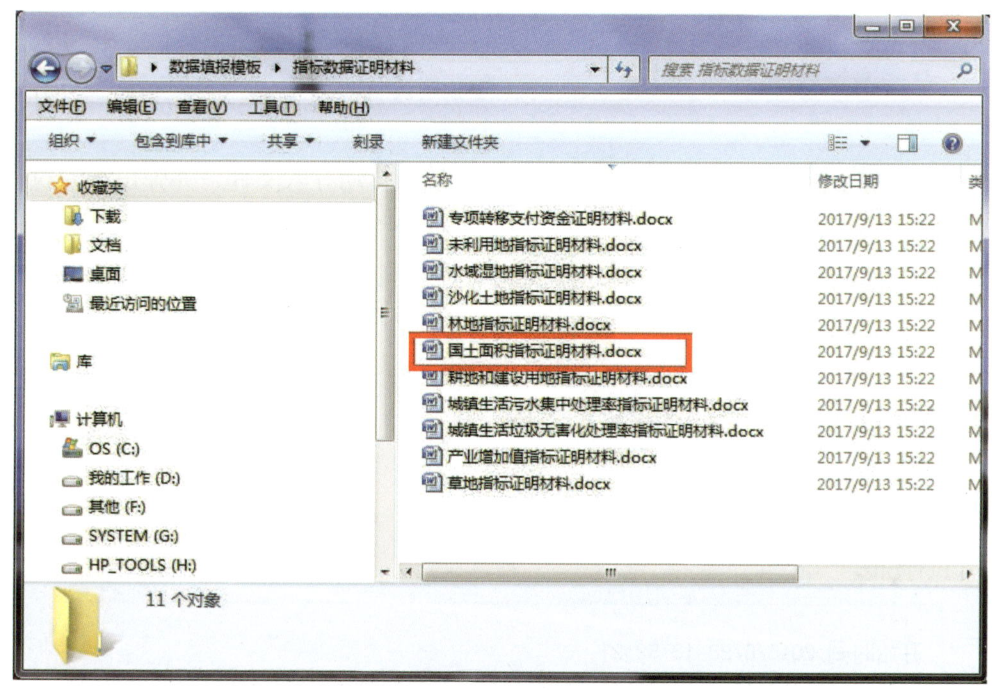

图 6-28 文件选择对话框

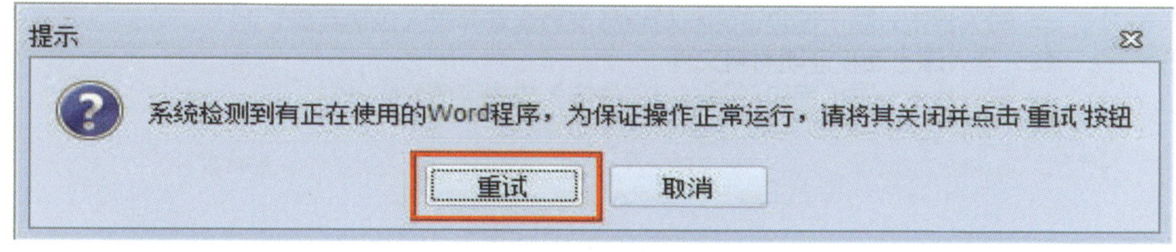

图 6-29 Word 文件运行提示框

3）在文件选择对话框中选择区县国土面积证明材料文件，并点击“打开”按钮。若该数据以前已经导入，则弹出如图 6-30 所示的提示框，提示用户是否重新导入并替换已有文档。

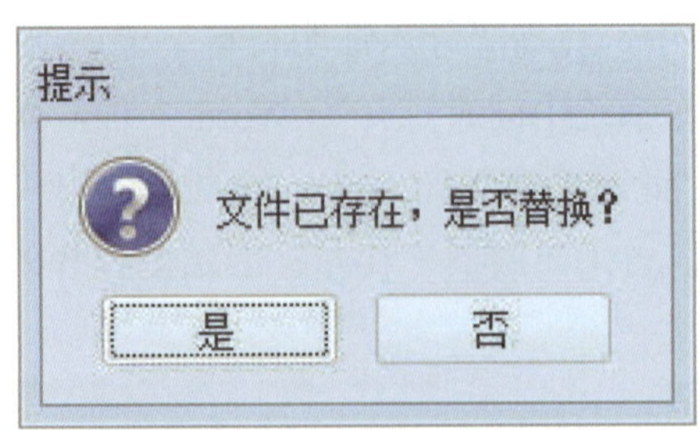

图 6-30 文件替换确认框

4）点击图 6-30 提示框中的“是”按钮，系统则自动导入文件，并弹出导入执行进度提示框，如图 6-31 所示。在导入过程中，可点击“终止”按钮随时终止导入过程，也可勾选“完成后自动关闭本执行进度窗口？”在完成导入过程后自动关闭该执行进度框。

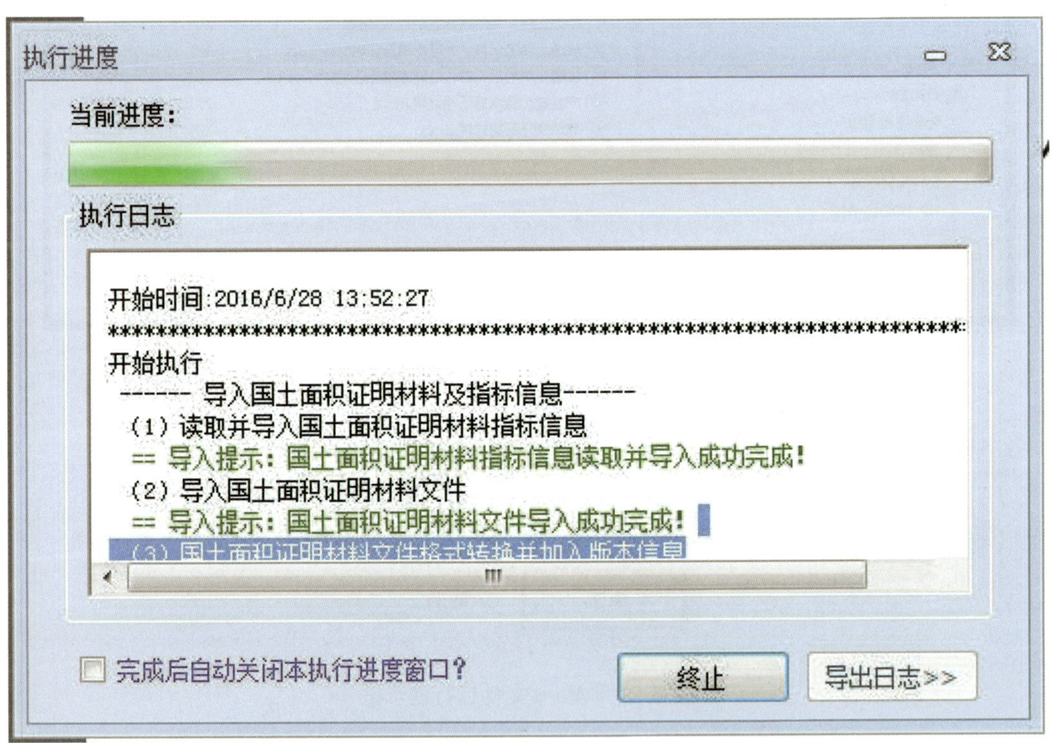

图 6-31 文件导入执行进度提示框

5）导入完成后，导入执行进度框变成如所示的形式，点击图 6-32 导入执行进度窗体中的“导出日志”按钮，可将执行日志以文本文档的形式导出到本地。同时，在数据显示编辑区显示该文件，如图 6-33 所示。

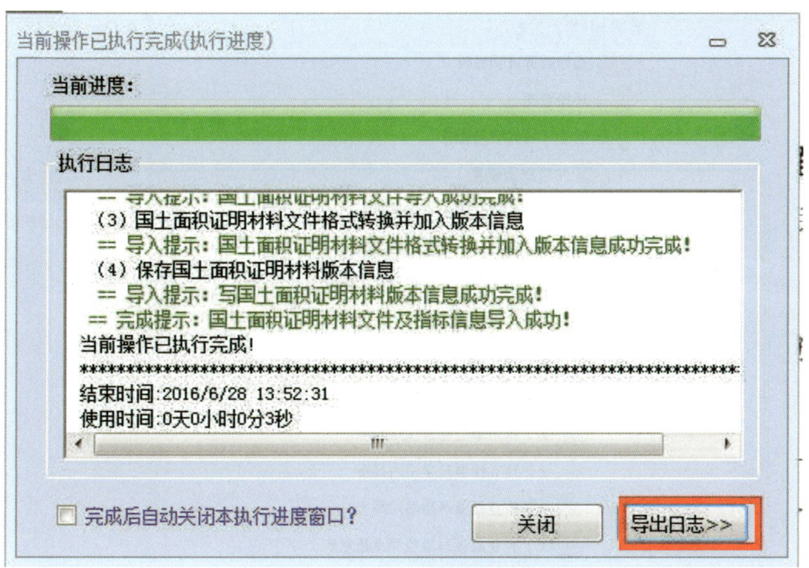

图 6-32　文件导入执行进度提示框

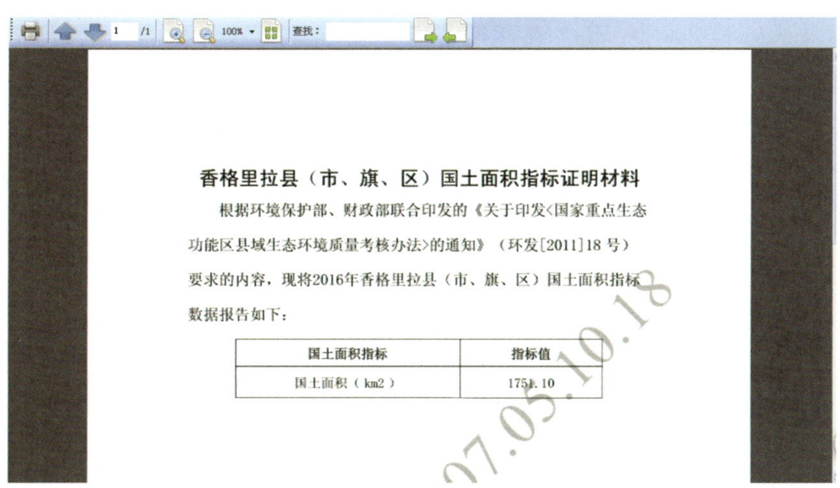

香格里拉县（市、旗、区）国土面积指标证明材料

根据环境保护部、财政部联合印发的《关于印发<国家重点生态功能区县域生态环境质量考核办法>的通知》（环发[2011]18 号）要求的内容，现将2016年香格里拉县（市、旗、区）国土面积指标数据报告如下：

国土面积指标	指标值
国土面积（km2）	1751.10

图 6-33　文件显示窗

6.4.2　生态环境保护与管理信息导入

生态环境保护与管理包括生态保护成效、环境污染防治、环境基础设施运行及县域考核工作组织 4 项内容，如图 6-34 所示。生态环境保护与管理信息的大多数数据都支持导入（具体参见表 6-2 数据录入方式表），导入步骤如下。

图 6-34　生态环境保护与管理数据列表

以“生态保护修复工程情况”导入为例介绍如下：

1）在“生态环境保护与管理”中展开“生态保护修复”目录，右键点击的“生态保护修复工程情况”节点。

2）在弹出的菜单上选择“导入表格数据”，如图 6-35 所示。

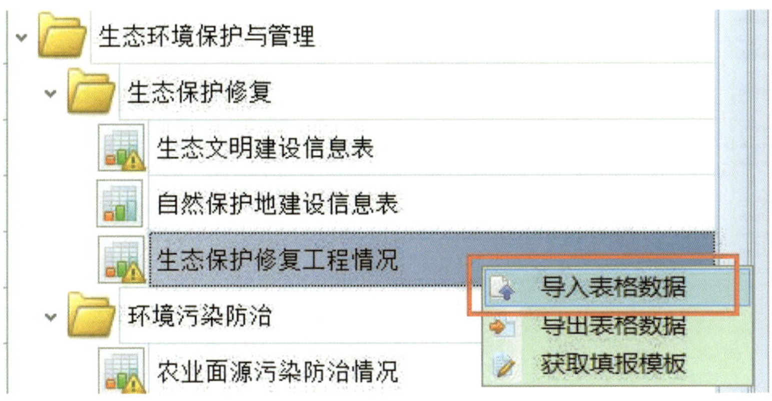

图 6-35　右键菜单

3）在弹出的窗口上选择对应文件，点击“打开”按钮，如图 6-36 所示。

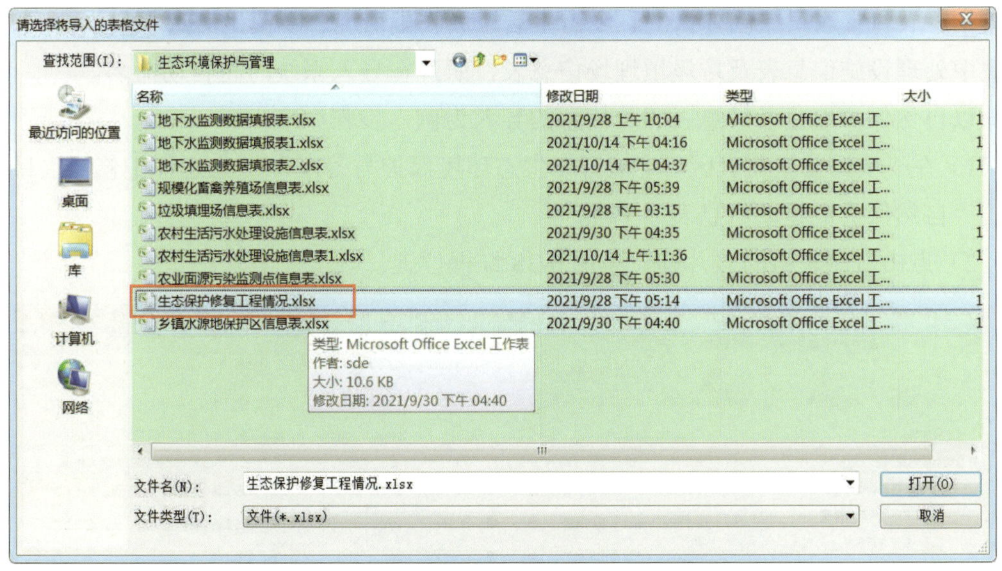

图 6-36　文件选择

4）弹出导入进度对话框，导完后关闭进度对话框，表格中显示导入的数据，如图 6-37 所示。

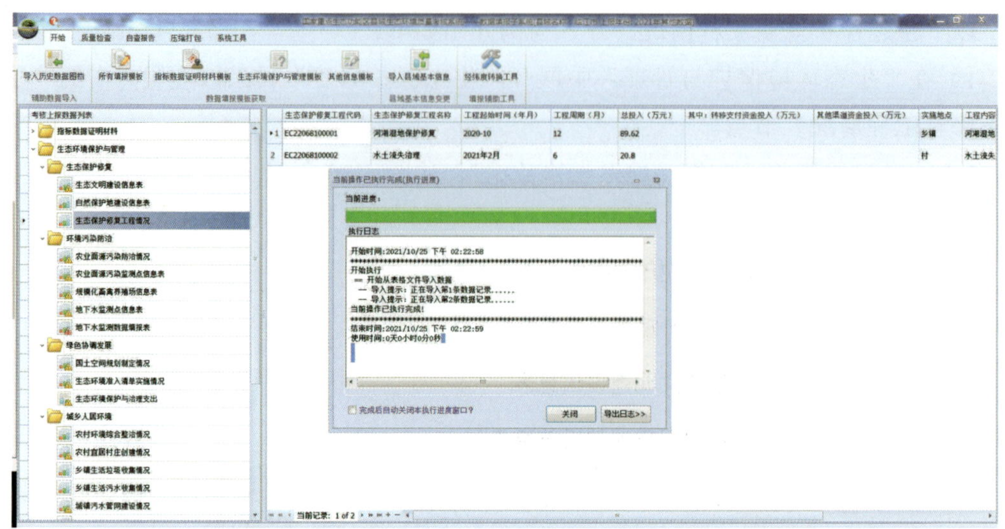

图 6-37 导入完成

6.4.3 生态环境保护与管理相关照片导入

需要导入照片的表有自然保护地建设信息表、生态保护修复工程情况、农村环境综合整治、农村宜居村庄创建情况、乡镇生活垃圾收集情况、乡镇生活污水收集情况、污水集中处理设施信息表及垃圾填埋场信息表，照片在导入系统时将自动命名。

以自然保护地建设信息表照片信息的导入为例，步骤如下：

1）在“填报数据列表区”中展开“生态环境保护与管理”/“生态保护修复”目录，点击“自然保护地建设信息表”节点。

2）点击右侧表格的照片列，见图 6-38 红框位置。

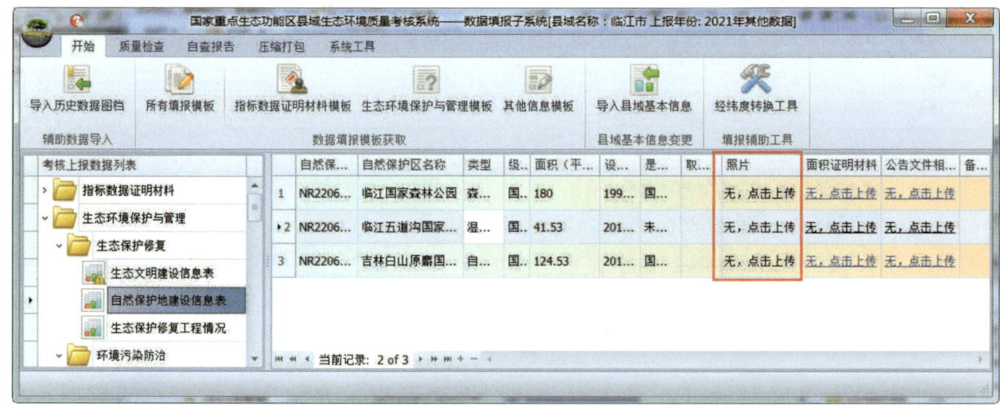

图 6-38 表格中照片列

3）弹出照片导入界面，如图 6-39 所示。

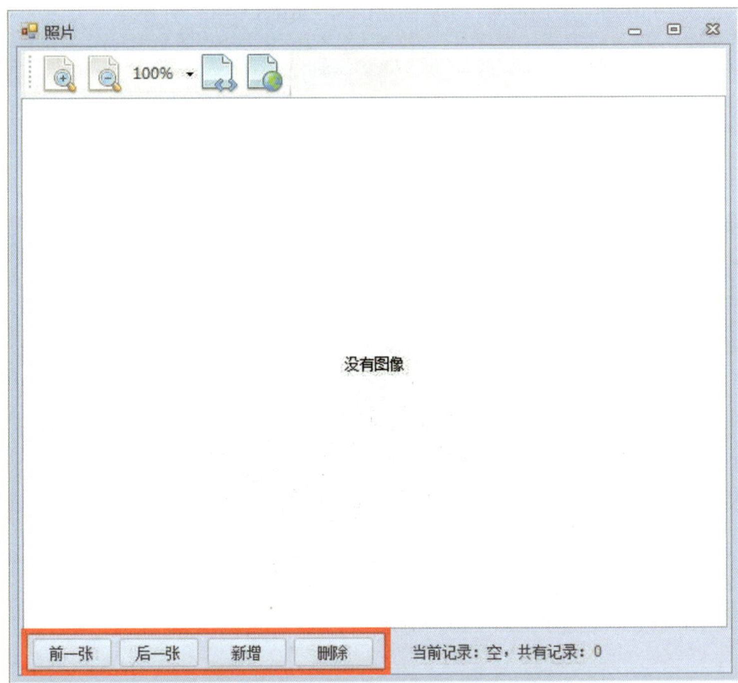

图 6-39　照片管理界面

4）点击图 6-39 红框中“新增”按钮，弹出选择照片界面如图 6-40 所示，选择一张或多张图片，点击“打开”按钮，导入照片。

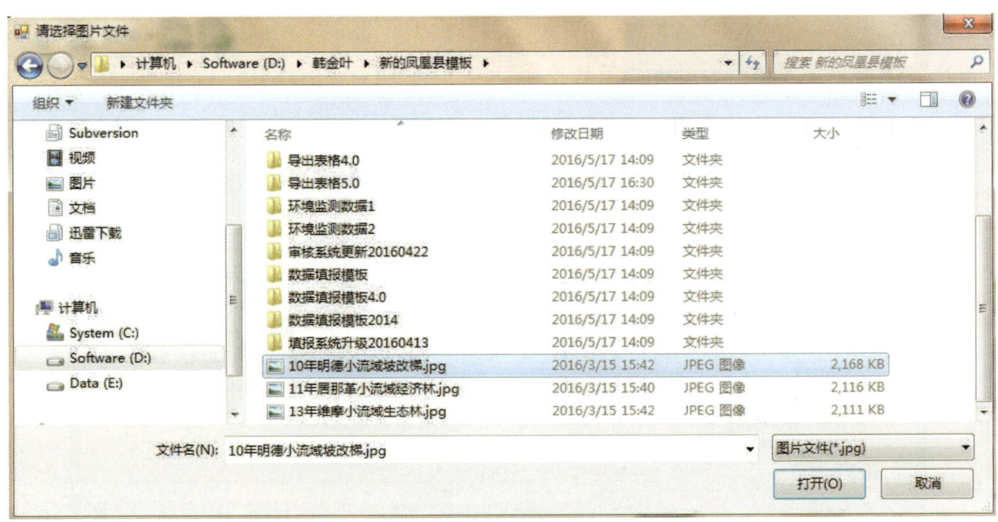

图 6-40　照片选择

5）照片导入时，系统将自动为照片命名，照片导入后可以通过“前一张”“后一张”按钮进行浏览，也可以通过“删除”按钮删除，如图 6-41 所示。

图 6-41 照片浏览、删除

6）关闭照片管理窗口，可以在数据列表中显示照片的缩略图（第一张图片）。如图 6-42 所示。

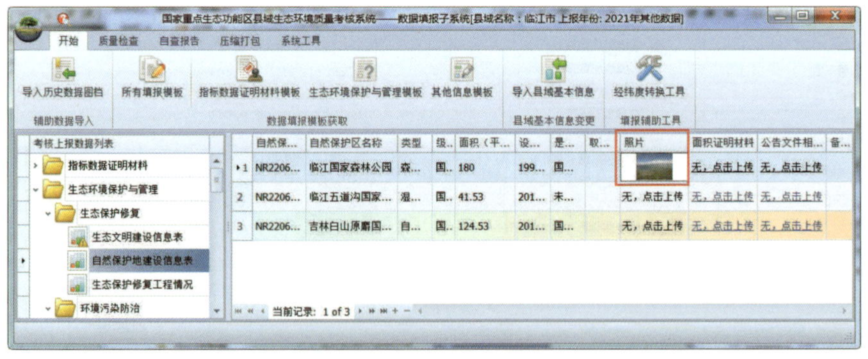

图 6-42 数据列表照片显示

6.4.4　生态环境保护与管理相关附件导入

以生态保护红线区等受保护区域信息表为例，操作步骤如下：

1）在填报数据列表区展开“生态环境保护与管理”目录下的“生态保护修复”目录，点击“自然保护地建设信息表”节点，在界面右侧显示证明材料列表，如图 6-43 所示，点击红框位置，弹出标准添加界面，如图 6-44 所示。

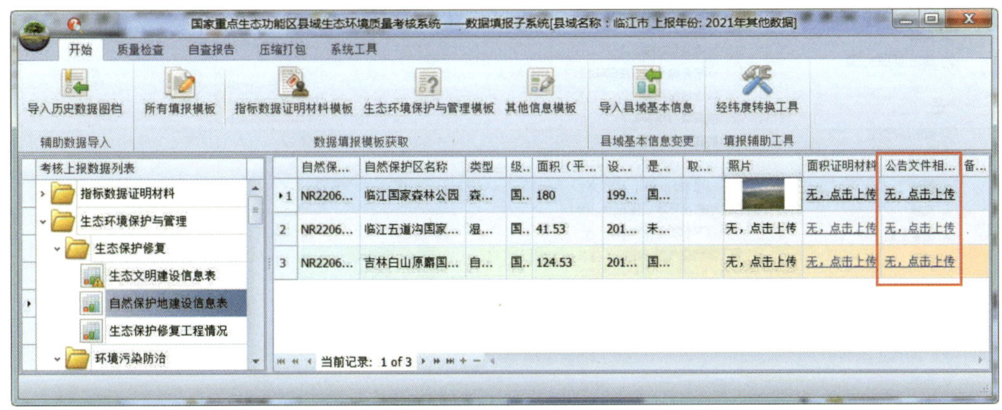

图 6-43　证明材料导入

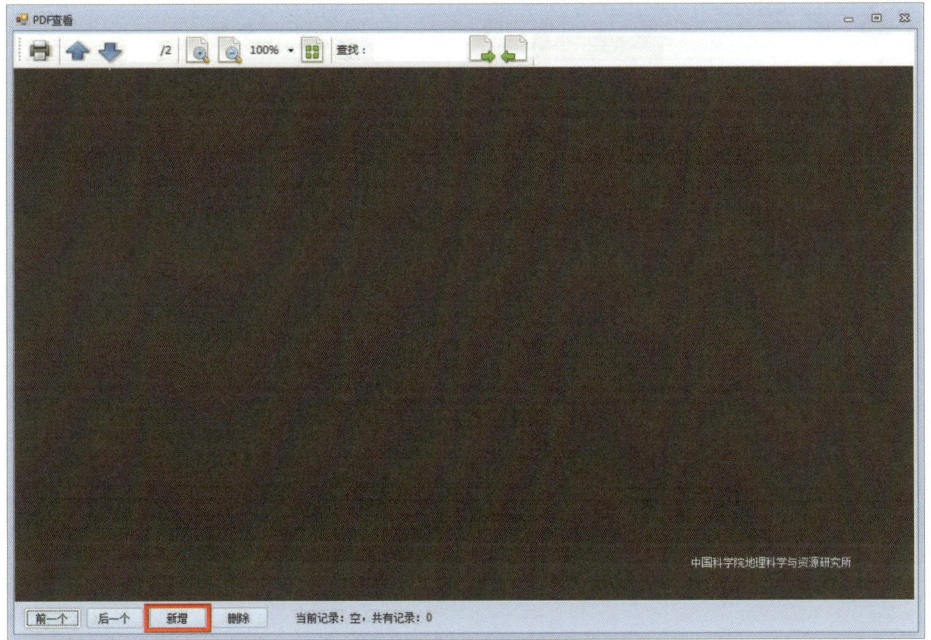

图 6-44　证明材料管理界面

2）点击图 6-44 红框位置的新增按钮，弹出图 6-45 所示界面，选择相应文件（一个或多个），并点击“打开”按钮，提示保存成功，并在图 6-46 所示界面中显示导入的标准。另外，也可以在这个界面中对多个证明材料进行浏览及删除。

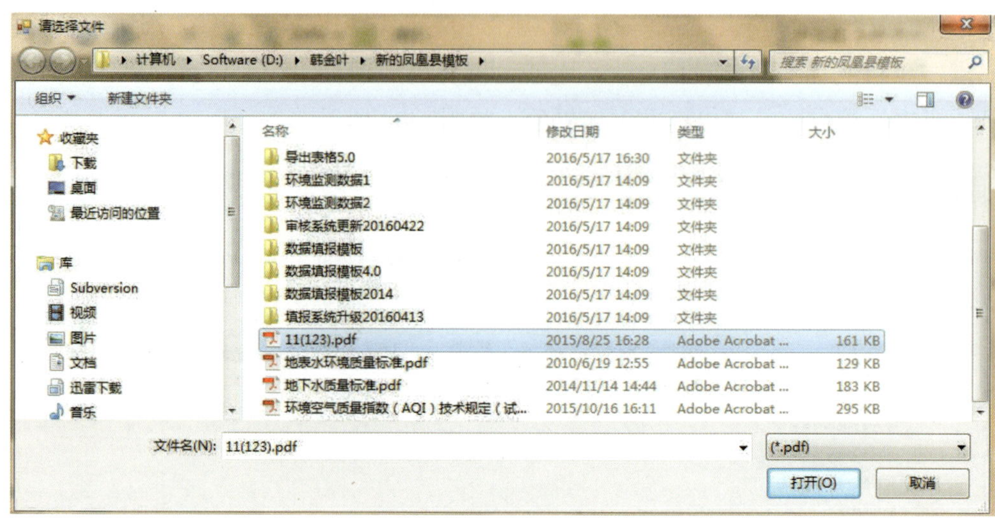

图 6-45　证明材料选择

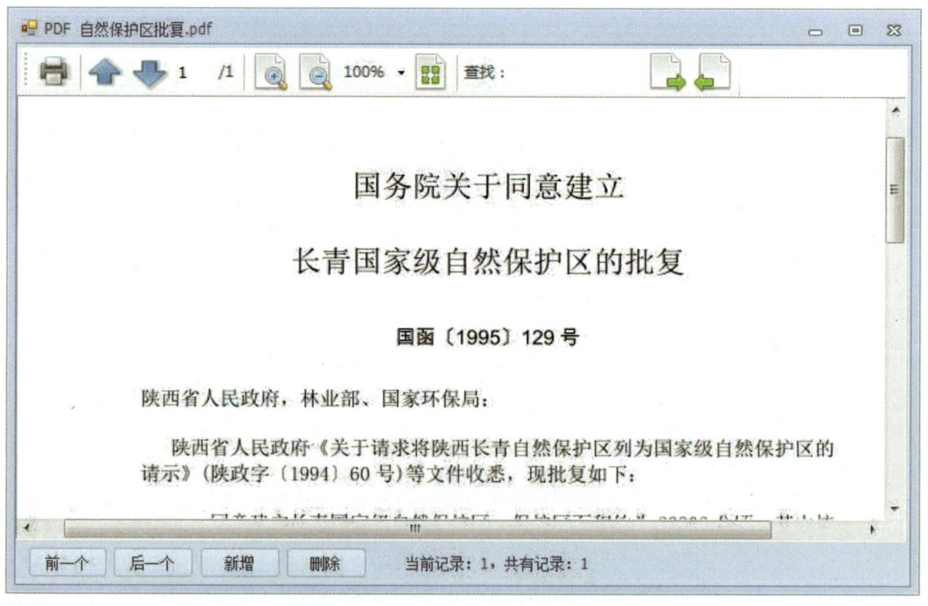

图 6-46　证明材料导入成功

3）关闭图 6-46 所示界面，将在图 6-47 所示红框中显示标准名称，点击红框也可以查看已导入的证明材料。

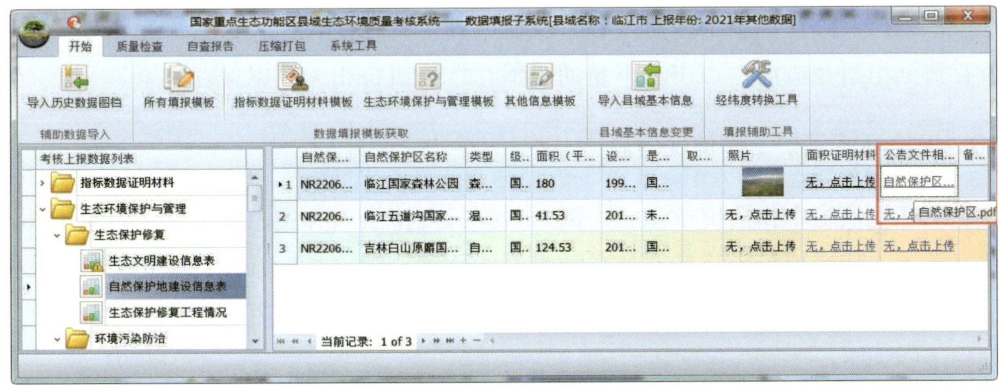

图 6-47　证明材料在列表的显示样式

6.4.5　生态环境保护与管理信息录入

生态环境保护与管理中少部分数据，只支持录入方式添加数据具体参见表 6-3，各数据在生态环境保护与管理数据列表中的位置如图 6-34 所示。以“生态环境保护与管理”/“绿色协调发展”下的“生态环境保护与治理支出”为例，具体操作步骤如下：

在填报数据列表区展开“生态环境保护与管理”目录，然后展开“绿色协调发展”目录，点击“生态环境保护与治理支出”节点，在右侧的数据显示及编辑区将显示生态环境保护与治理支出信息表，如图 6-48 所示。

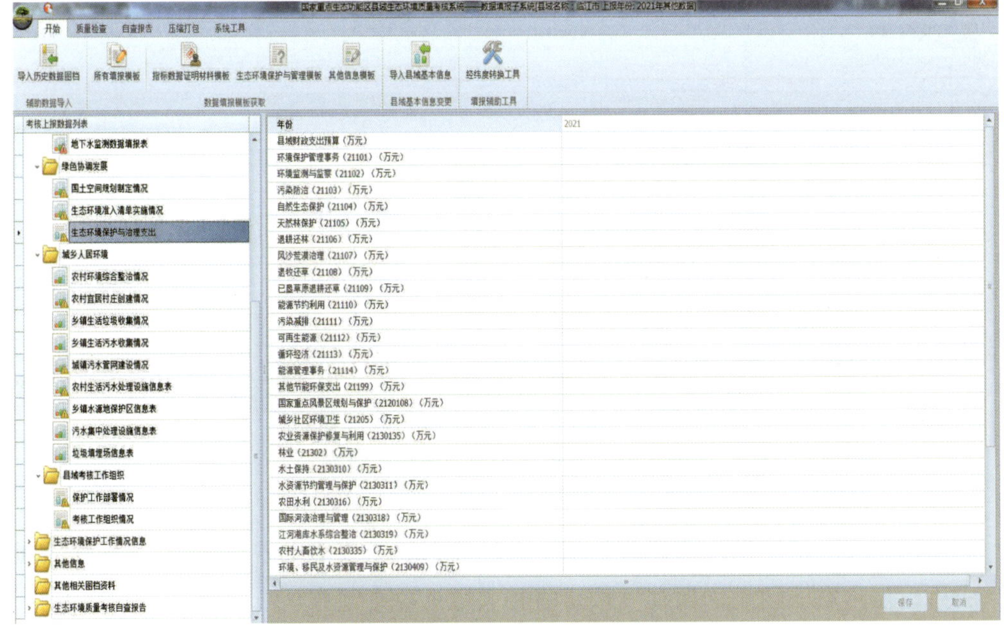

图 6-48　县域环境监测能力投入情况表

可以根据实际情况添加或修改各字段值，其中资金预算相关材料需导入相关文件。待所有数据填写完成后，点击右下角的“保存”按钮将相关数据保存起来。

6.4.6 生态环境保护工作情况信息

生态环境保护中作情况信息中少部分数据只支持录入方式添加，具体参见表 6-2，各数据在生态环境保护中作情况信息列表中的位置如图 6-34 所示。以生态环境保护中作情况信息节点下“县域生态环境保护工作”下的“县域生态环境保护工作”为例，具体操作步骤如下：

在填报数据列表区展开“生态环境保护工作情况信息”目录，然后点击“县域生态环境保护工作”节点，在右侧的数据显示及编辑区将显示县域生态环境保护工作信息表，如图 6-49 所示。

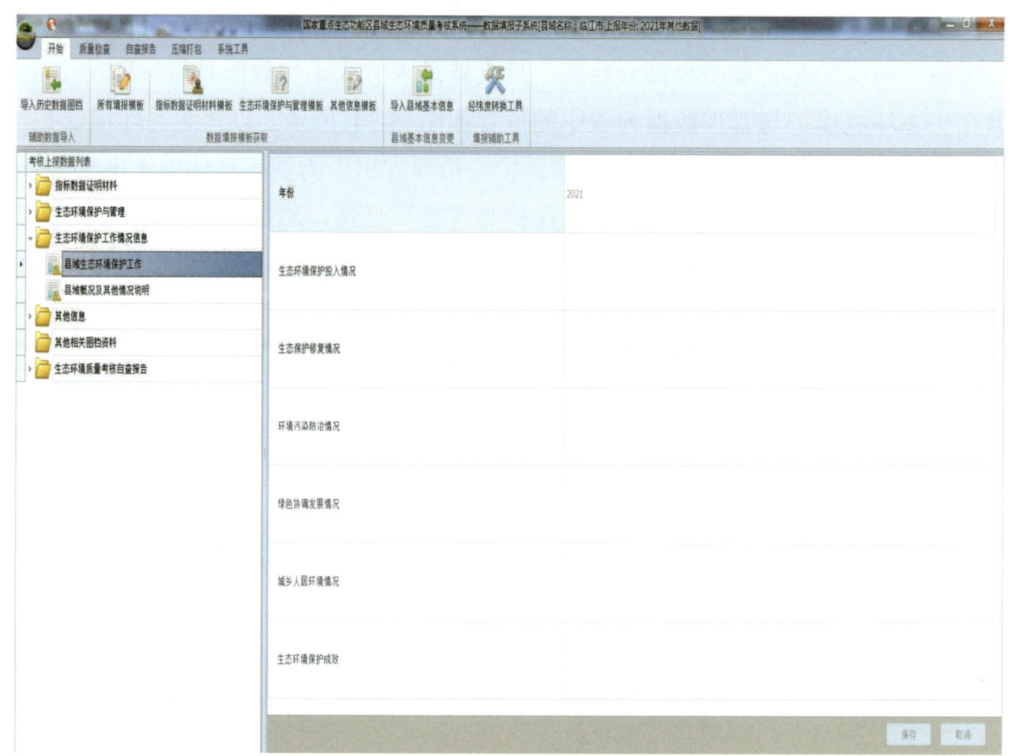

图 6-49 县域生态环境保护工作表

可以根据实际情况添加或修改县域生态环境保护工作表的各字段值。待所有数据填写完成后，点击右下角的“保存”按钮将相关数据保存起来。

6.4.7　其他数据模板导入

其他数据包括县域自然、社会、经济基本情况表、县域土地调查地类数据表。

基础信息数据均为 Excel 表格文件。其导入操作过程基本相同，以其他数据中的“县域土地调查地类数据表”的导入为例来说明文件的导入步骤。

1）在填报数据列表区展开“其他信息”，在“县域土地调查地类数据表”节点上右键点击，弹出右键菜单，如图 6-50 所示。

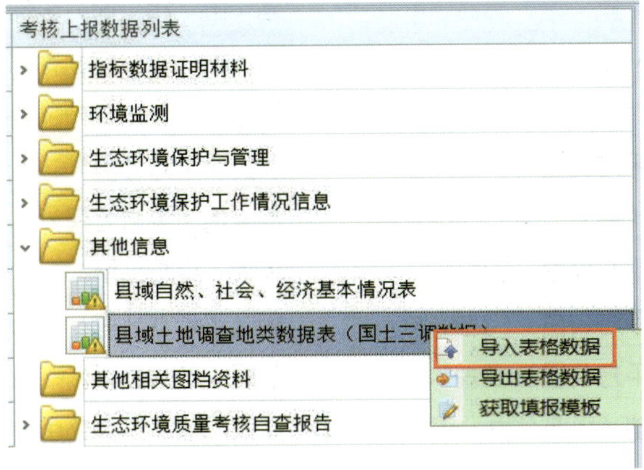

图 6-50　数据导入右键菜单

2）在弹出的功能菜单中，点击“导入表格数据”菜单项，弹出如图 6-51 所示的文件选择对话框。

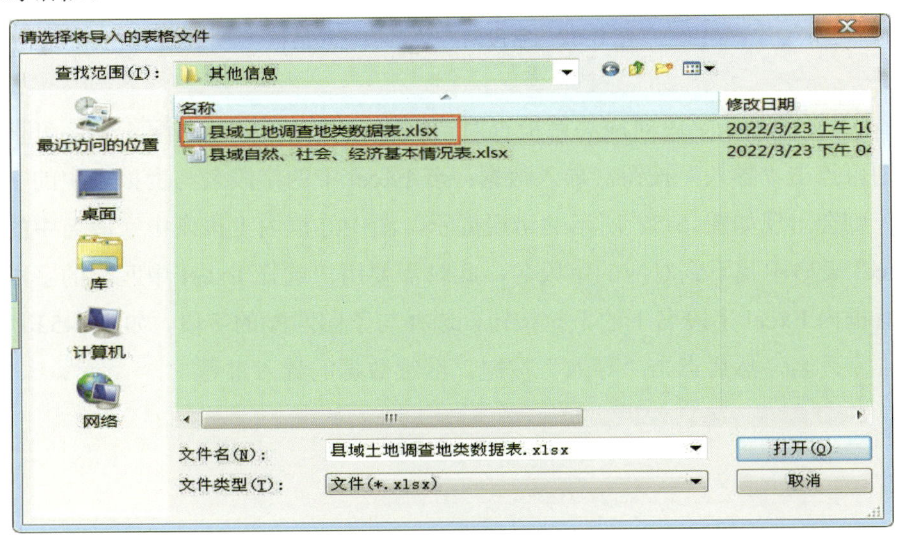

图 6-51　文件选择对话框

3）在文件选择对话框中选择土地利用信息表文件，并点击“打开”按钮，弹出导入字段对应关系检查对话框，如图 6-51 所示。

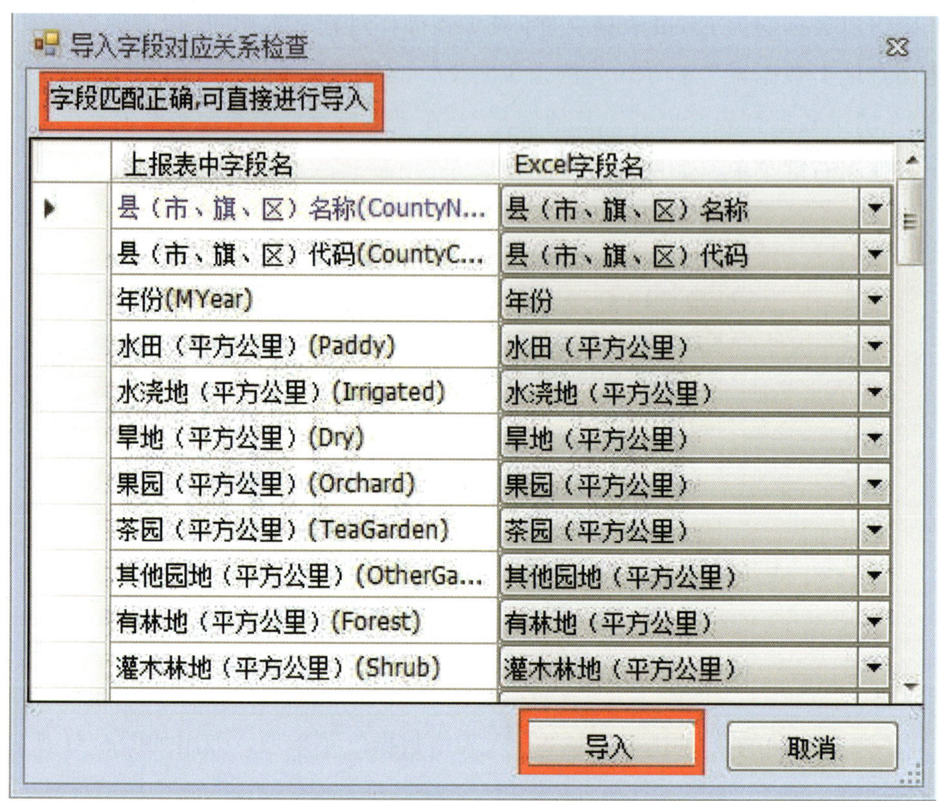

图 6-52　字段对应关系检查对话框

4）在上图的导入字段对应关系检查对话框中，若显示字段匹配正确，可直接进行导入，则可点击“导入”按钮，导入数据；若 Excel 中的字段名与上报表中的字段名不能对应，则会出现如图 6-52 所示的错误提示，图中红框内上报表中字段名中的茶园字段在 Excel 表格中找不到对应的字段名，此时需要用户选择 Excel 中匹配的字段项。点击图中蓝框内 Excel 字段名下的下拉按钮，选择与茶园匹配的字段，如图 6-53 所示，选择茶园 1 字段名，然后点击“导入”按钮，继续数据的导入过程。

导入字段对应关系检查

有部分字段未匹配正确，请检查你是否是用指定的模板录入数据或重新选择导入的

上报表中字段名	Excel字段名
县（市、旗、区）名称(CountyN...	县（市、旗、区）名称
县（市、旗、区）代码(CountyC...	县（市、旗、区）代码
年份(MYear)	年份
水田（平方公里）(Paddy)	水田（平方公里）
水浇地（平方公里）(Irrigated)	水浇地（平方公里）
旱地（平方公里）(Dry)	旱地（平方公里）
果园（平方公里）(Orchard)	果园（平方公里）
茶园（平方公里）(TeaGarden)	
其他园地（平方公里）(OtherGa...	其他园地（平方公里）
有林地（平方公里）(Forest)	有林地（平方公里）
灌木林地（平方公里）(Shrub)	灌木林地（平方公里）

导入　取消

图 6-53　字段对应关系检查对话框

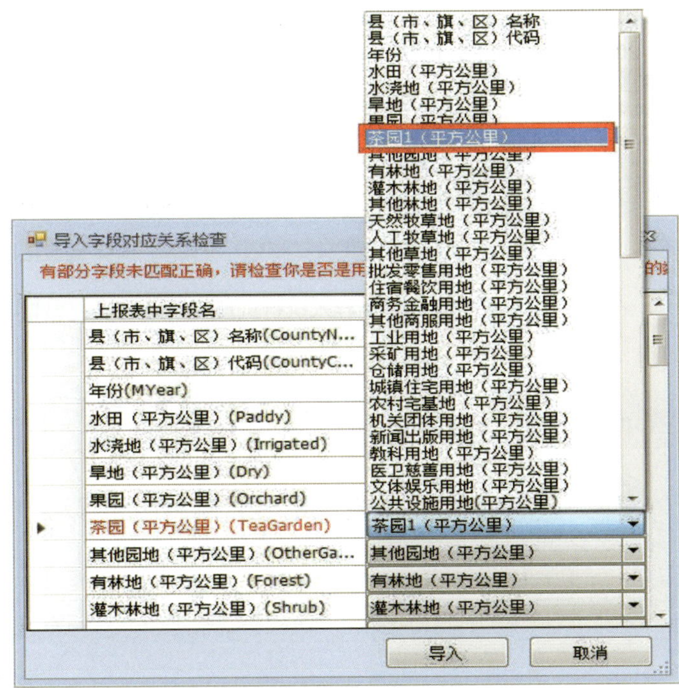

图 6-54　字段对应选择示例窗

5）在导入字段对应关系检查对话框中点击“导入”按钮后，弹出如图 6-55 所示文件导入执行进度框。若该数据以前已经导入，则弹出如图 6-56 所示的提示框，提示用户是否删除并重新导入数据文件，点击提示框中的“是”按钮，则删除数据文件并重新导入；若点击“否”按钮，则在原有数据文件基础上导入新的数据文件，只导入与原有文件不重复的数据内容；若点击“取消”按钮，将取消导入过程。点击文件导入执行进度提示框中的“终止”按钮，系统将终止文件的导入；勾选“完成后自动关闭本执行进度窗口？”在完成导入过程后自动关闭该执行进度框。

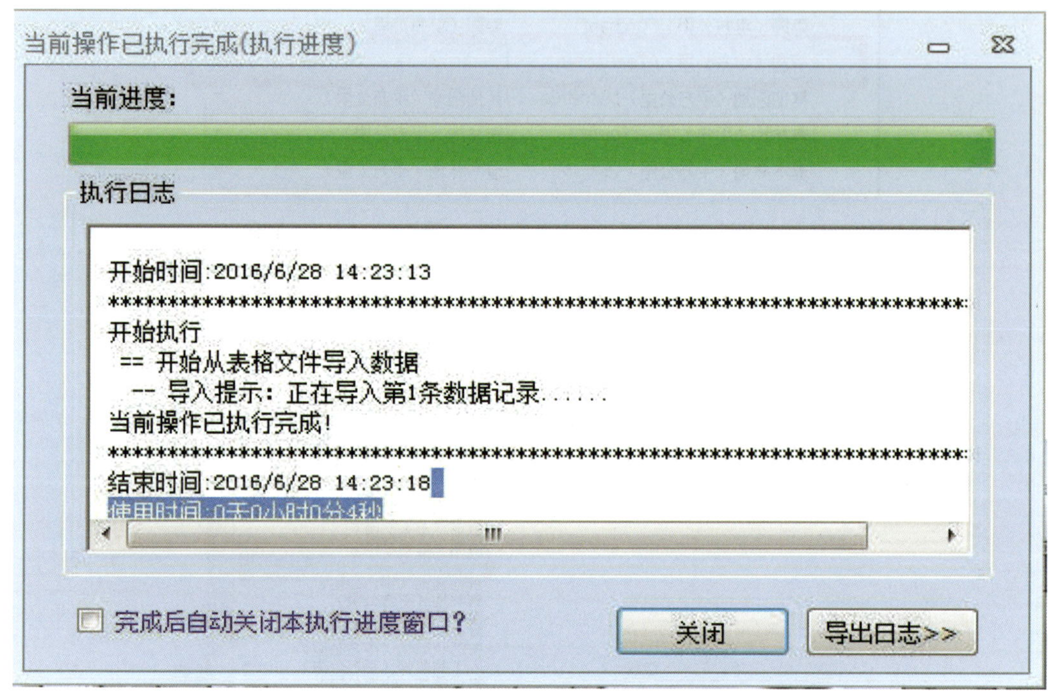

图 6-55　文件导入执行进度提示框

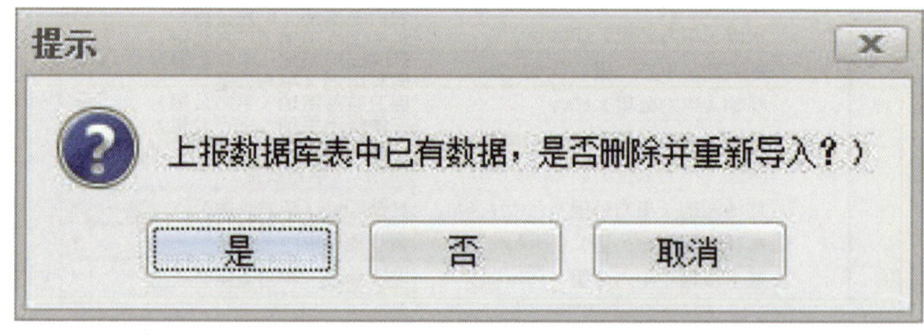

图 6-56　文件替换确认框

6）点击文件导入执行进度提示框中的“终止”按钮，系统将终止文件的导入，文件导入完成后，文件导入执行进度提示框变为如图 6-57 所示提示框，点击“导出日志”按钮可以将导入的执行过程日志以文本文档的形式导出到本地；点击“关闭”按钮，关闭导入框。同时，在系统数据显示编辑区显示导入的表格数据，如图 6-58 所示。

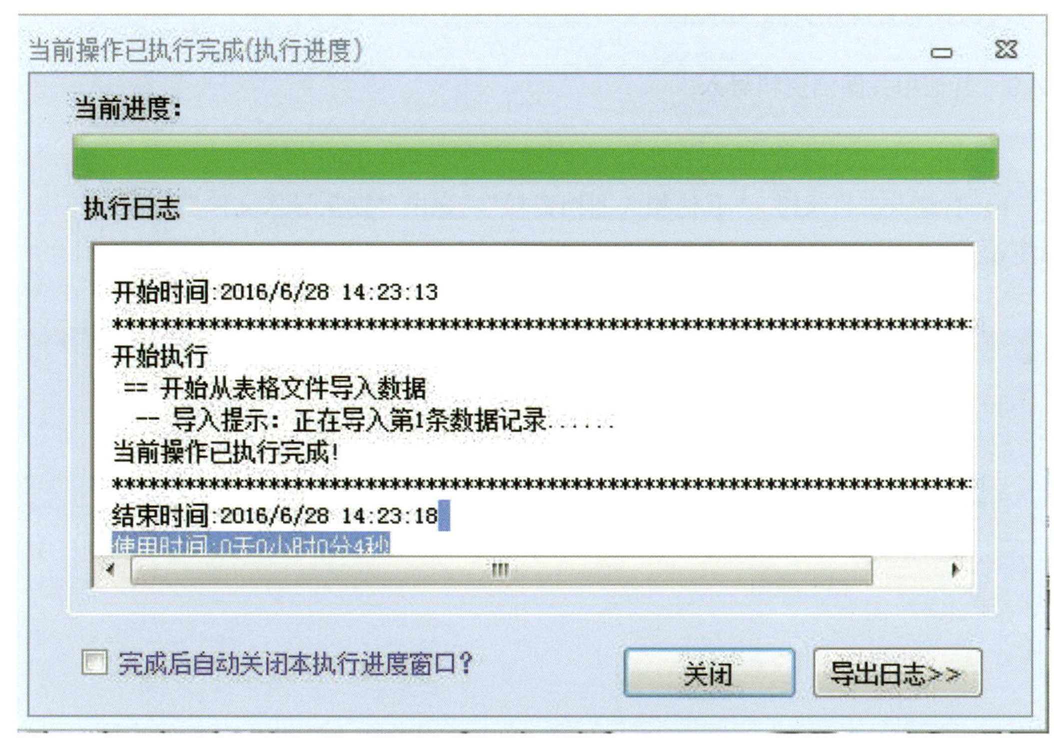

图 6-57　文件导入执行完成提示框

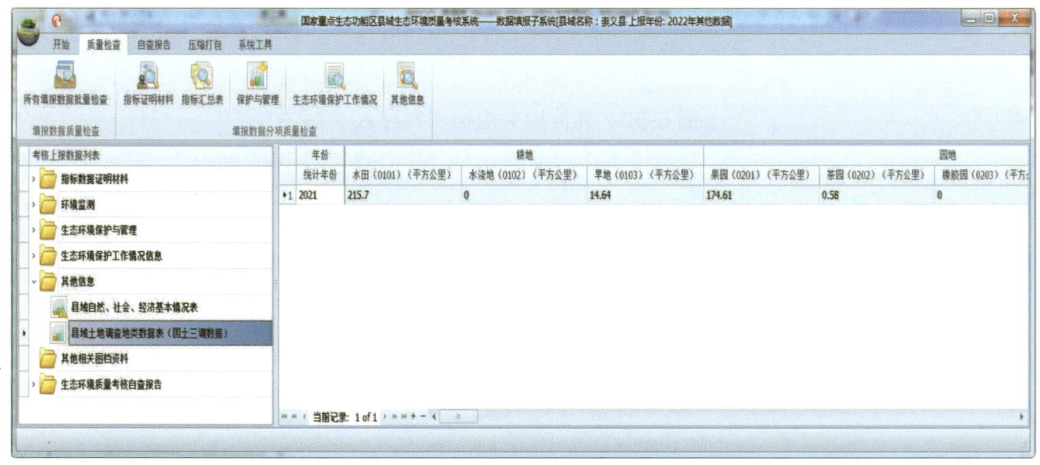

图 6-58　数据表格显示窗

6.4.8 其他数据照片导入

其他数据中需要导入照片的表为农村环境连片整治情况表。具体步骤参考 6.4.3 生态环境保护与管理相关照片导入。

6.4.9 其他相关图档资料导入

其他相关图档资料的导入主要实现补充材料的导入。操作步骤为：

1）右键点击目录树 “其他相关图档资料”，弹出“批量导入文件”菜单，点击，如图 6-59 所示。

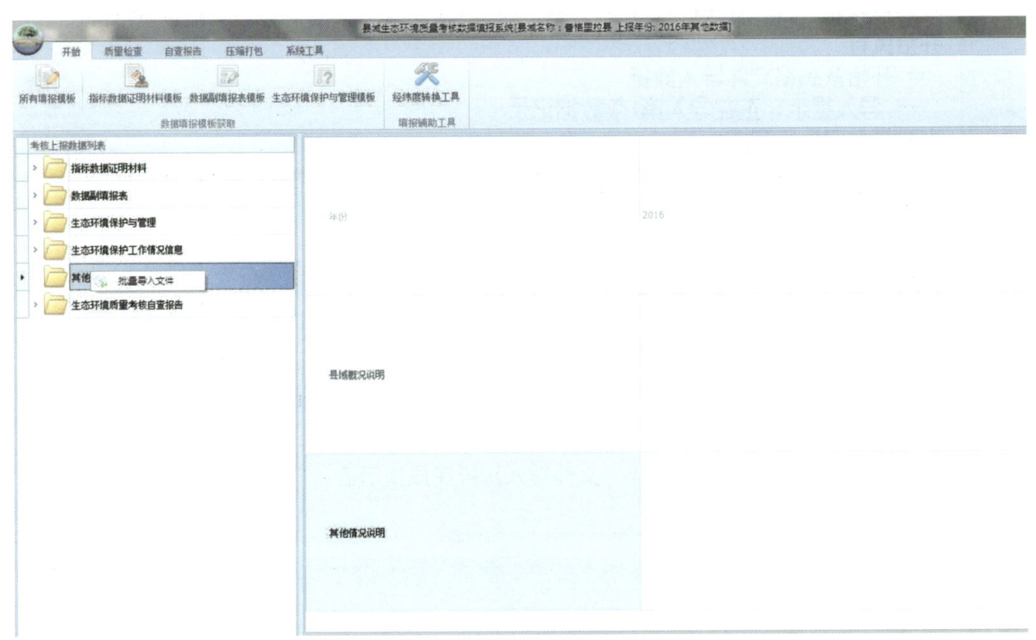

图 6-59 其他相关图档资料导入

2）在弹出的文件选择对话框中选择一个或多个文件，点击“打开”按钮，如图 6-60 所示。

图 6-60　文件选择对话框

3）在弹出的对话框中点击“是”按钮，完成文件导入，如图 6-61 所示。

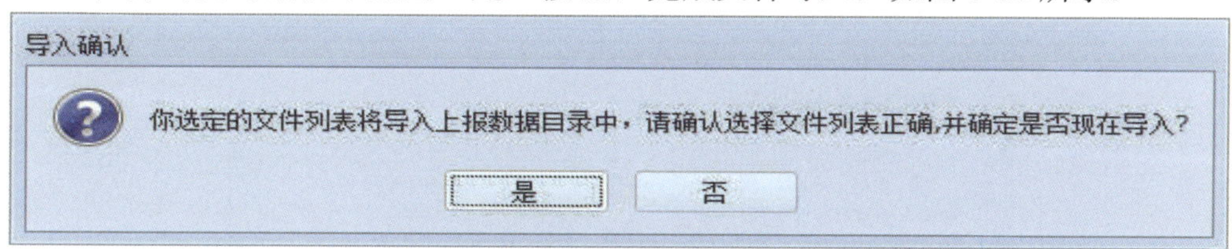

图 6-61　导入确认

6.4.10　数据修改

数据导入或录入到系统中之后，工作人员可能会发现数据存在填写错误或缺少部分数据，则需要对数据进行修改（包括数据的添加、修改及删除）。对于只支持导入的数据可以通过修改模板后导入来修改数据，如证明材料和监测数据。对于表格数据用户可以通过编辑功能对数据进行增加、修改及删除操作。数据编辑的操作分为两类：一类是横向表格的编辑，类似于 Excel 中的表格样式，此类表格可新增或删除行记录；一类是纵向表格的编辑，此类表格记录条数固定，只允许用户增加或修改各字段值，而不能添加新的记录。两类表格分别介绍如下：

6.4.10.1　横向表格

以“规模化畜禽养殖场信息表” 的编辑为例来说明，操作步骤如下：

在“填报数据列表区”中展开“生态环境保护与管理”/“环境污染防治”目录，点击的“规模化畜禽养殖场信息表”节点，在右侧的数据显示及编辑区将显示规模化畜禽养殖场信息表，如图 6-62 所示，通过表格左下方的按钮，用户可以实现数据的录入、删除及编辑操作，分别介绍如下：

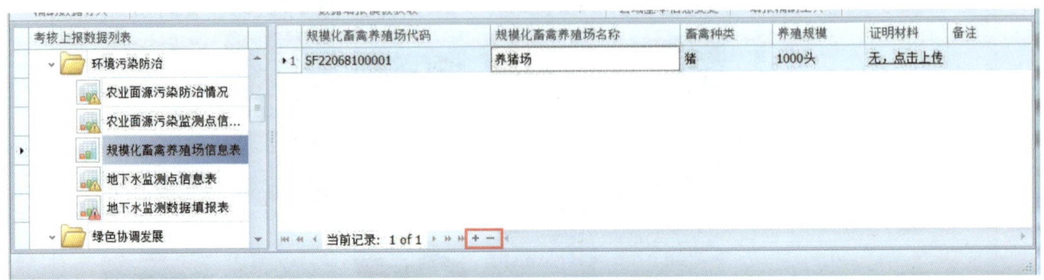

图 6-62　横向表格（可增减行）

（1）数据增加操作

1）点击表格左下方的 + 按钮，弹出数据增加界面，可实现数据的增加操作，如图 6-63 所示。

图 6-63　数据增加对话框

2）在数据增加窗口中依次输入各数据项，点击“保存”按钮，弹出新增成功提示框，如图 6-64 所示。

图 6-64　新增成功提示框

3）点击新增成功提示框中的“确定”按钮，则该记录将增加到数据显示区的表中。

（2）数据删除操作

1）在数据显示区中点击选中表格中的一行数据，点击表格左下方的 - 按钮，弹出数据删除确认对话框，如图 6-65 所示。

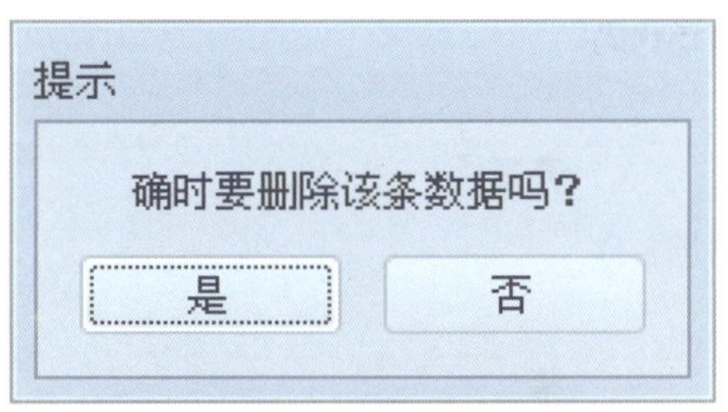

图 6-65　数据删除确认框

2）若想要删除选中的数据，则点击“是”按钮，该数据将被删除，并弹出删除成功提示框，如图 6-66 所示；若点击“否”按钮，将取消删除操作。

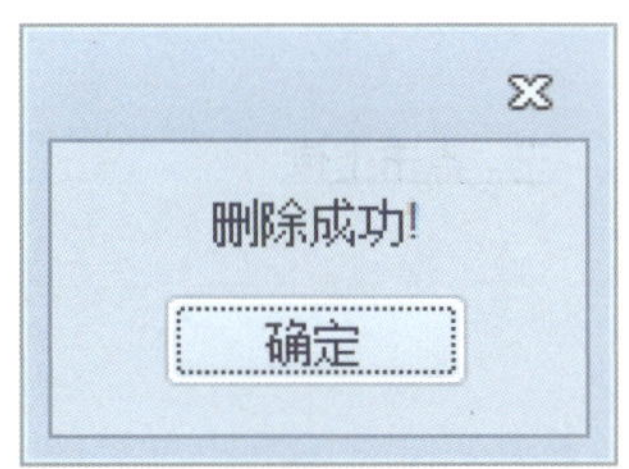

图 6-66　数据删除成功提示框

（3）数据修改操作

1）在数据显示区中点击选中表格中的一行数据的序号，单击该行数据，如图 6-67 所示，弹出数据修改窗口，如图 6-68 所示。

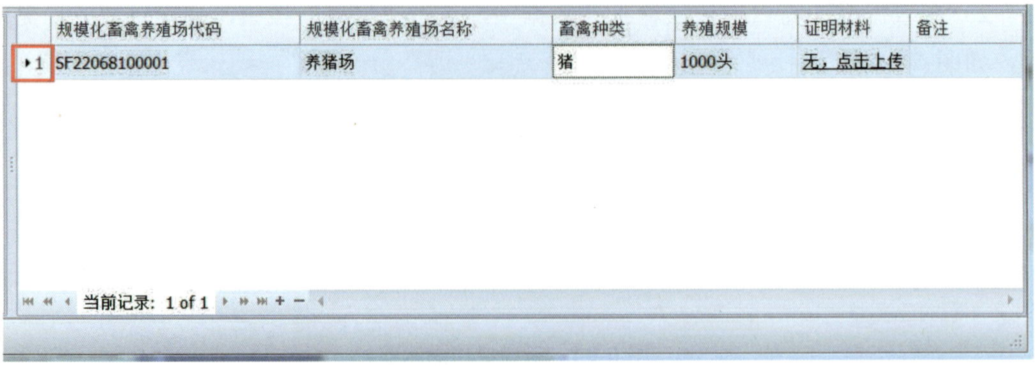

	规模化畜禽养殖场代码	规模化畜禽养殖场名称	畜禽种类	养殖规模	证明材料	备注
▸1	SF22068100001	养猪场	猪	1000头	无，点击上传	

当前记录：1 of 1

图 6-67 数据显示区

数据修改

规模化畜禽养殖场代码	SF22068100001
规模化畜禽养殖场名称	养猪场
畜禽种类	猪
养殖规模	1000头
证明材料	无，点击上传
备注	

保存 取消

图 6-68 数据修改对话框

2）在数据修改窗口中修改各数据项，点击“保存”按钮，弹出修改成功提示框，如图 6-69 所示。

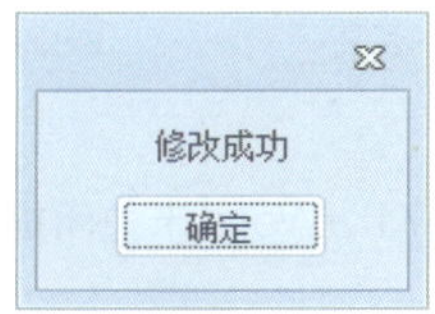

图 6-69　数据修改成功提示框

3）点击新增成功提示框中的“确定”按钮，则修改后的记录将显示在数据显示区的表中。

6.4.10.2　纵向表格

以“生态环境保护与管理”/“绿色协调发展”下的“生态环境保护与治理支出”为例，步骤如下：

在填报数据列表区展开“生态环境保护与管理”目录，然后展开“绿色协调发展”目录，点击“生态环境保护与治理支出”节点，在右侧的数据显示及编辑区将显示生态环境保护与治理支出信息表，如图 6-70 所示。

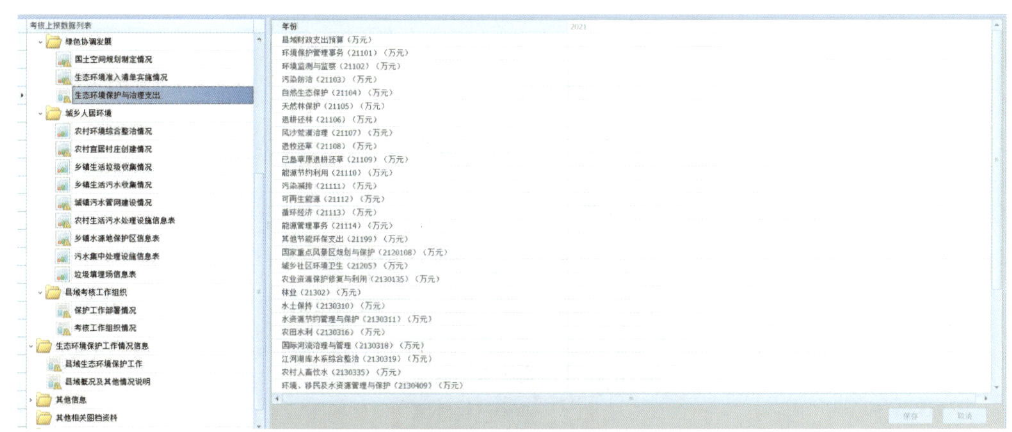

图 6-70　县域环境监测能力投入情况表

可以根据实际情况添加或修改各字段值，其中资金预算相关材料需导入相关文件。待所有数据填写完成后，点击右下角的“保存”按钮将相关数据保存起来。

【注意】数据的导入和编辑都是通过目录树来完成的。建议用户系统提供导入功能的数据都采用导入的方式录入数据。在导入 Word 格式的数据前，确认你已关闭你计算机上所有的 Word 程序，否则在导入时系统会弹出提示框，提示用户关闭 Word 程序如图 6-71 所示。

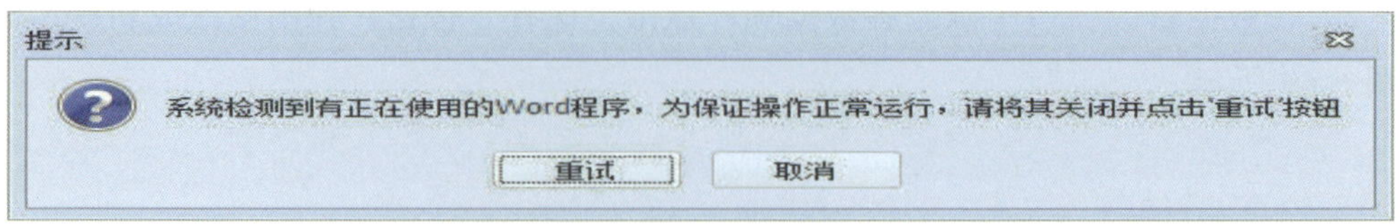

图 6-71　Word 未关闭提示框

若出现此提示框时，请关闭所有 Word 应用程序，并返回此窗口点击“重试”按钮即可。

6.4.11　数据清除

数据清除是将用户导入或录入到系统中的数据删除掉，所有通过数据列表目录树右键菜单导入的材料都可通过右键菜单进行数据清除操作。以水质监测数据的清除为例来说明其操作方法。

1）点击上报数据列表中的“其他信息”，展开其目录，右键点击“农村环境连片整治情况表”，弹出右键菜单，如图 6-72 所示。

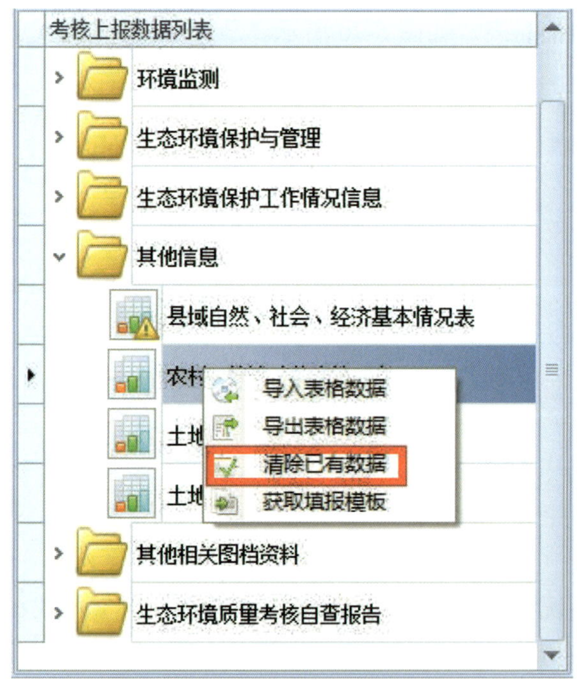

图 6-72　清除已有数据右键菜单

2）点击右键弹出菜单中的“清除已有数据”，弹出清除提示对话框，如图 6-73 所示。

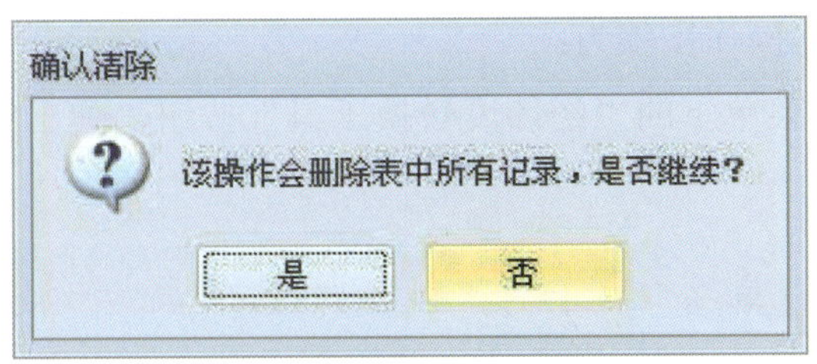

图 6-73　记录是否删除确认框

3）在清除提示对话框中，点击“是”按钮，系统将删除该数据；点击“否”按钮，将取消删除操作。

6.4.12　经纬度转换

在数据录入或编辑过程中，需要输入经纬度数据。由于系统中要求录入的经纬度数据以度分秒的形式表现（如图 6-74 中垃圾填埋场信息表中的经纬度信息，经度为 109°23′45″），而实际获取的数据有可能是以度的形式表示的（例如 123.3175 度），需要将其转换为度分秒的形式再录入到系统中。为方便用户操作，系统提供了经纬度转换工具。

数据修改

垃圾填埋场代码	FG22068100001
垃圾填埋场名称	临江市城市生活垃圾无害化处理场
运行状态（已运行、…	已运行
处理方式（填埋、焚…	填埋
垃圾填埋场面积（km…	0.054
日处理能力（吨/天）	180
经度（度）	126
经度（分）	57
经度（秒）	37
纬度（度）	41
纬度（分）	50
纬度（秒）	44
建立时间	2015/4/1
照片	无，点击上传
证明材料	无，点击上传
备注	由于临江市城市生活垃圾场未进行无害化等级评

保存　取消

图 6-74　污水集中处理设施信息表编辑窗

经纬度转换的具体操作步骤为：

1）点击“开始”菜单下的“经纬度转换工具”按钮，弹出经纬度转换对话框，如图 6-75 所示。

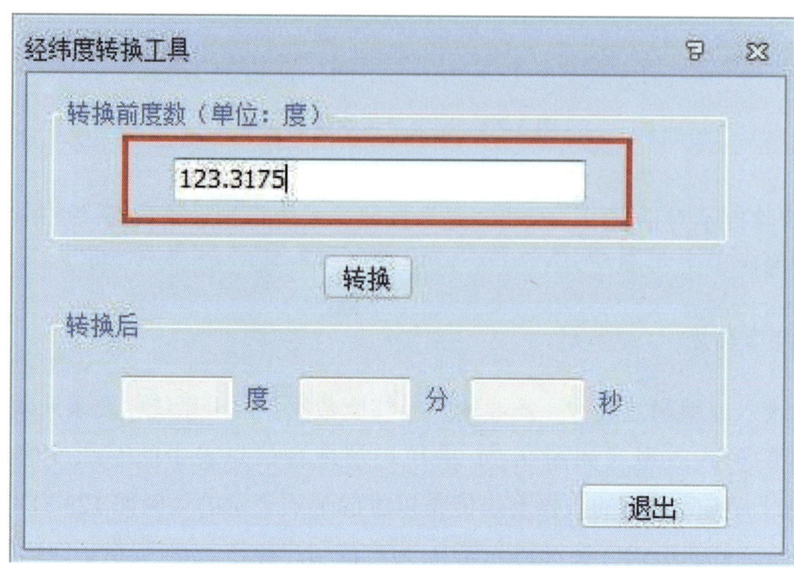

图 6-75　经纬度转换对话框

2）在经纬度转换对话框中输入转换前度数，如图 6-75 红框中所示；然后点击“转换”按钮，显示如图 6-76 所示转换结果。

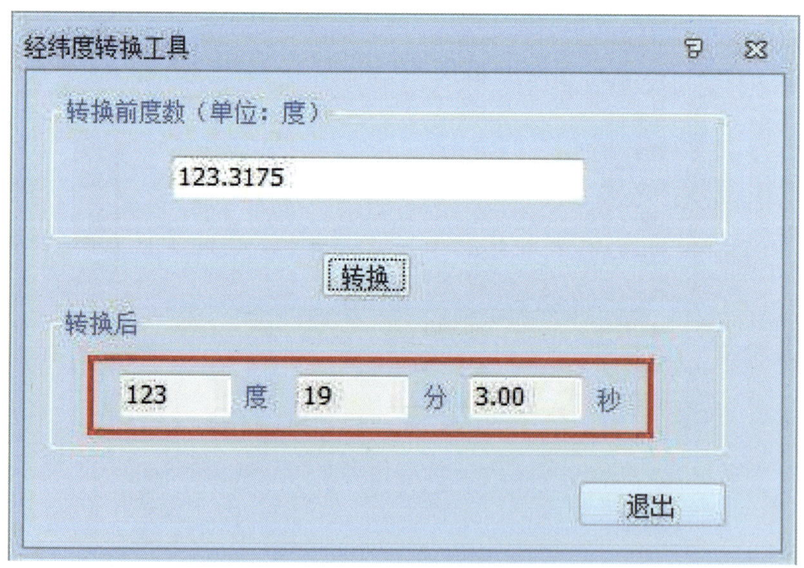

图 6-76　经纬度转换对话框

6.5　质量检查

在部分县域或所有县域填报数据上报并导入到系统后，即可进行数据质量检查。数据质量检查主要是完成入库数据的质量检查，包括各类数据是否入库、数据项是否填写完整等。数据质量检查操作主要是通过主界面的质量检查菜单展开，其布局如图 6-77 所示，检查完成后将给出检查记录，用户可根据检查记录修改数据。

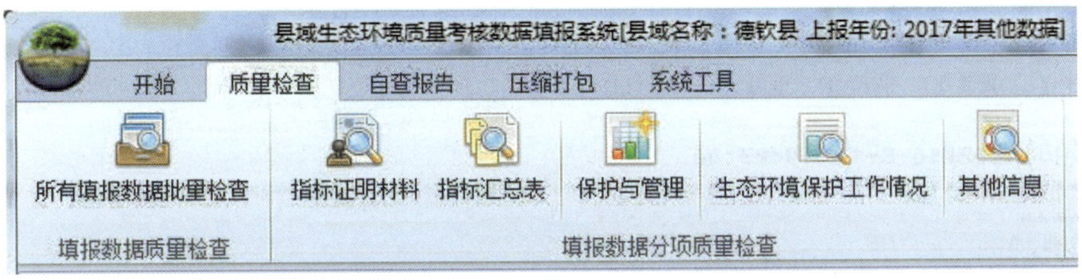

图 6-77　质量检查菜单面板

质量检查功能按其功用分为两类：所有填报数据质量检查、填报数据分项质量检查。

【注意】数据检查发现的问题并非一定是错误，可根据实际情况判断是否修改。

6.5.1　所有填报数据检查

所有填报数据检查是指批量检查该县域内所有填报数据的质量，具体的操作步骤为：

1）点击“质量检查”菜单下“填报数据质量检查”栏中的“所有填报数据检查”按钮，弹出执行进度对话框，如图 6-78 所示。

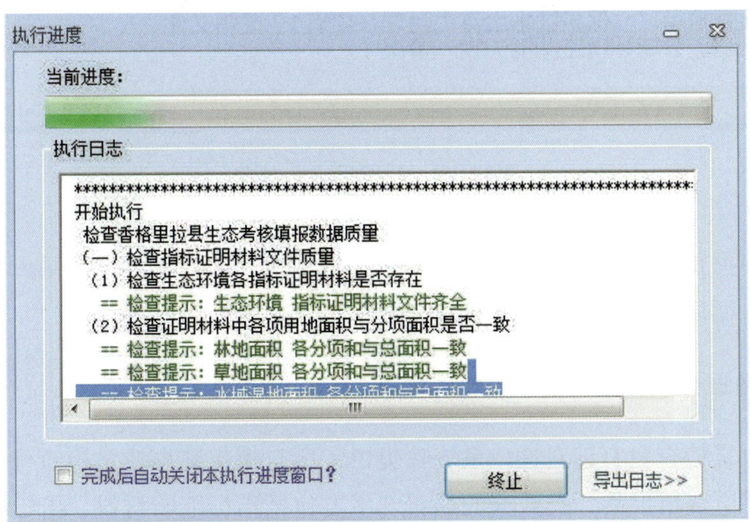

图 6-78　质量检查进度及日志提示框

2）系统将依次检查生态环境各指标证明材料是否完整、证明材料中各项用地面积与分项面积是否一致、生态考核指标汇总表等填报内容，在检查过程中，将通过日志的方式动态显示检查提示和结果，如图 6-78 所示。

3）数据质量检查操作执行完成后，点击执行进度对话框的“关闭”按钮，关闭当前对话框；点击“导出日志”按钮，以文本文档的形式导出质量检查执行日志，导出的日志如图 6-79 所示。

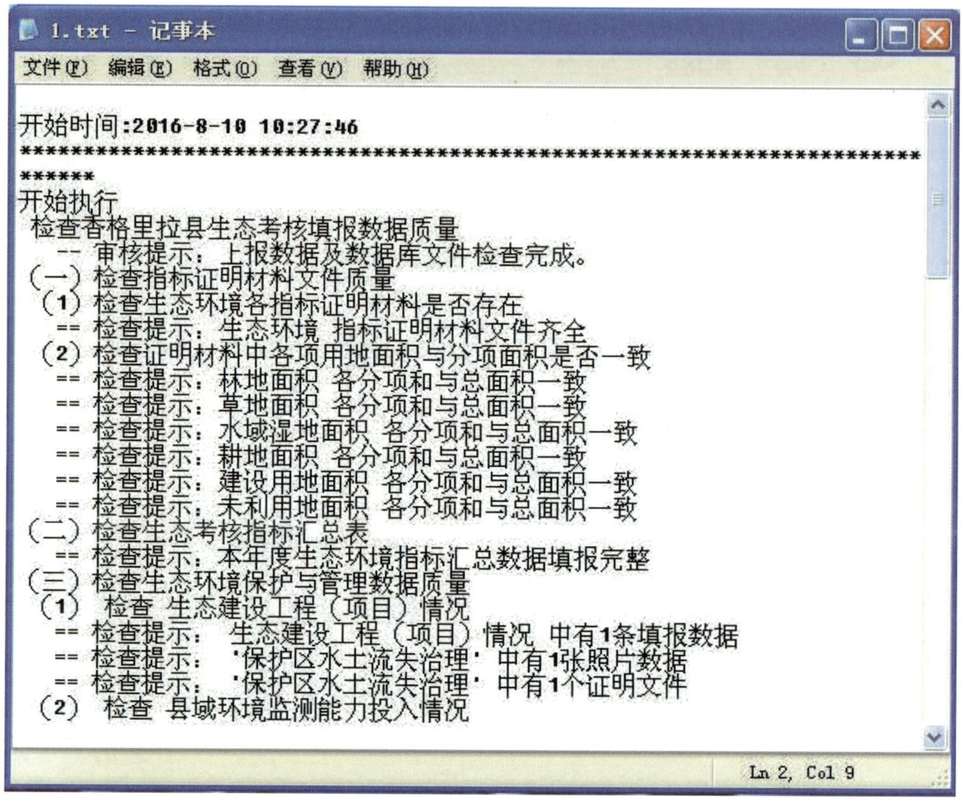

图 6-79　执行日志文本框

用户可根据执行日志提示的错误，修改相关数据，并导入或界面录入，完成后再进行数据检查，循环该过程直到数据检查通过。

6.5.2　填报数据分项检查

为了使质量检查更有针对性，系统除提供了所有填报数据质量检查外，还提供了分项检查功能，检查填报某一类数据的质量，主要包括指标证明材料、指标汇总表等检查内容，如图 6-80 所示。

图 6-80　填报数据分项质量检查功能菜单

各项数据质量检查的操作步骤相同，具体的操作步骤以水质监测数据的检查为例。

1）点击“质量检查”菜单下“填报数据分项质量检查”栏中的“水质监测数据”按钮，弹出执行进度对话框，如图 6-81 所示。

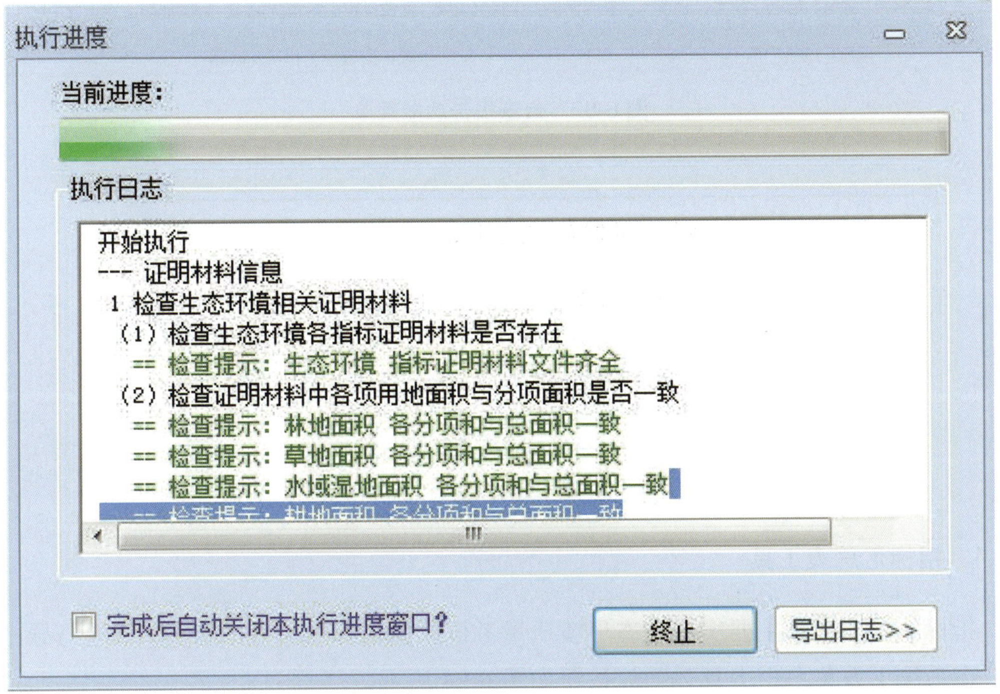

图 6-81　质量检查进度及日志提示框

2）系统将依次检查水质监测数据副填报表中是否有生态环境指标证明材料、指标材料中各项用地面积与分项面积是否一致两部分内容，在检查过程中，将通过日志的方式动态显示检查提示和结果，如图 6-81 所示。

3）数据质量检查操作执行完成后，点击执行进度对话框的“关闭”按钮，关闭当前对话框；点击“导出日志”按钮，以文本文档的形式导出质量检查执行日志。

用户可根据执行日志提示的错误，修改相关数据，并导入或界面录入，完成后再进行数据检查，循环该过程直到数据检查通过。

6.6 自查报告

完成数据质量检查之后，系统可以为用户自动生成自查报告相关的“生态环境质量考核数据指标汇总表”及“生态环境保护工作情况说明”。自查报告的生成有两种操作方式，一种是通过主界面菜单来进行，如图 6-82 所示，另一种是点击左侧目录树来进行，如图 6-83 所示。

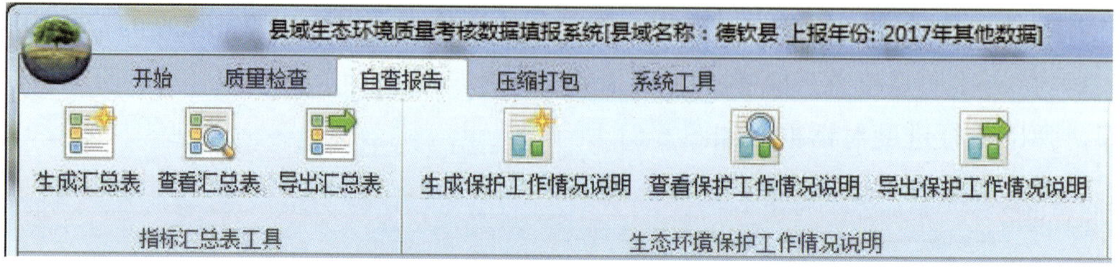

图 6-82 自查报告功能菜单

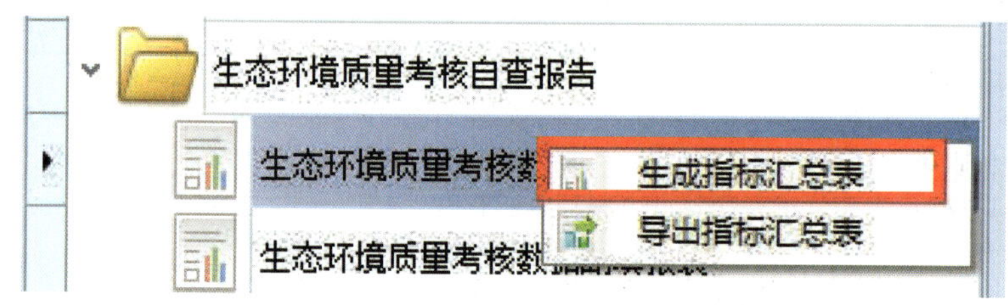

图 6-83 点击目录树自查报告示意图

6.6.1 指标汇总表工具

指标汇总表工具主要实现生态环境质量考核数据指标汇总表的生成、查看与导出功能，在系统上方菜单栏中具体功能按钮如图 6-84 所示。

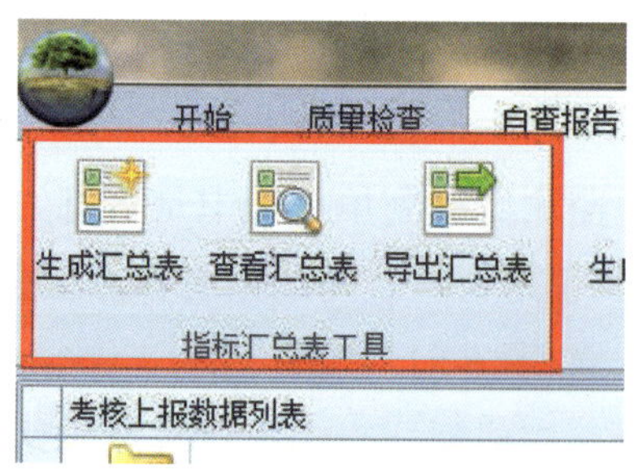

图 6-84 指标汇总表工具菜单

（1）生成汇总表

本功能主要是生成生态环境质量考核数据指标汇总表。采用系统上方功能菜单生成汇总表的具体操作步骤为：

1）点击“自查报告”菜单下“指标汇总表工具”栏中的“生成汇总表”按钮，系统将开始自动生成指标汇总表。若汇总表以前已生成，则弹出如图 6-85 所示的提示框，提示用户是否重新生成并替换。

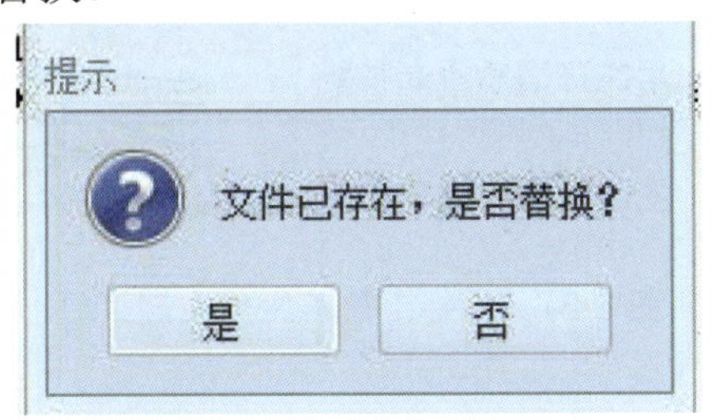

图 6-85　文件替换提示框

2）在提示框中，若点击“是”按钮，则删除已有指标汇总表，重新生成新的指标汇总表，并在进度显示框内输出过程日志，如图 6-86 所示。在生成过程中，可点击“终止”按钮随时终止生成过程，也可勾选“完成后自动关闭本执行进度窗口？”在完成生成过程后自动关闭该生成执行进度框。

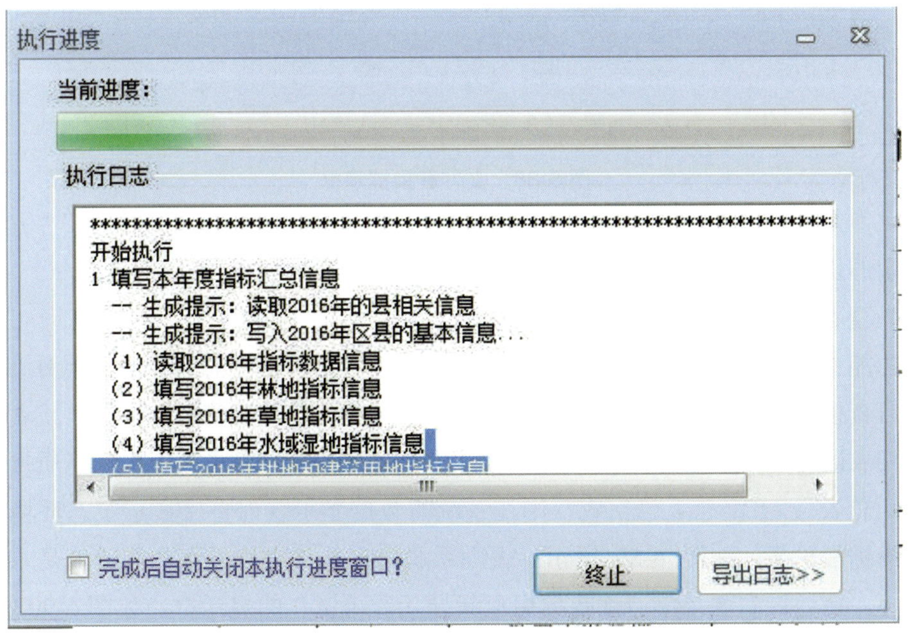

图 6-86　指标汇总表执行进度及日志提示框

3）生成汇总表执行过程结束之后，系统会在数据显示窗口自动显示数据副填报表文本。在执行结果框中，可通过“导出日志”按钮以文本文件的形式导出执行日志。

采用界面左侧上报数据列表的右键菜单生成汇总表的具体操作步骤为：

1）在“填报数据列表区”展开“生态环境质量考核自查报告”目录，右键点击“生态环境质量考核数据指标汇总表”，则弹出如图 6-87 所示的右键功能菜单。

图 6-87 指标汇总表生成右键菜单

2）在弹出的功能菜单中，点击“生产指标汇总表”菜单项，系统将开始自动生成指标汇总表。若汇总表以前已生成，则弹出如图 6-88 所示的提示框，提示用户是否重新生成并替换。

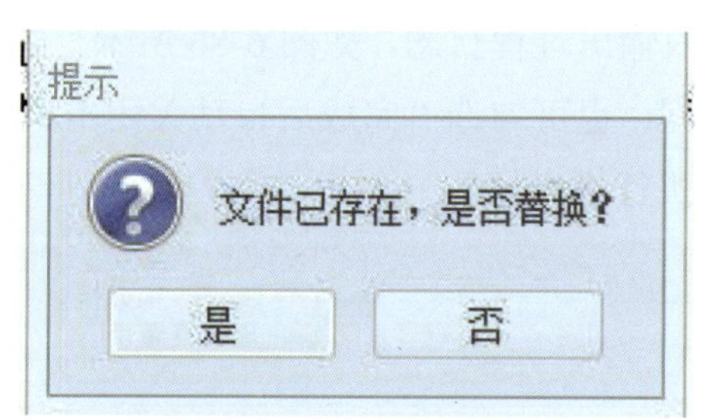

图 6-88 文件替换提示框

剩余的操作过程同采用主界面菜单方式生成汇总表的操作方法一致。

（2）查看汇总表

本功能主要是查看已生成的生态环境质量考核数据指标汇总表。具体操作步骤为：点击“自查报告”菜单下“指标汇总表工具”栏内的“查看汇总表”按钮，或者在“填报数据列表区”展开“生态环境质量考核自查报告”目录，点击“生态环境质量考核数据指标汇总表”；若汇总表已生成，则在系统的数据显示区内直接显示生态环境质量考核数据指标汇总表，如图 6-89 所示。否则系统将提示“文件不存在，可能是未生成或是被破坏，请通过右键菜单清除数据后重新导入后再试”的提示框，如图 6-90 所示。

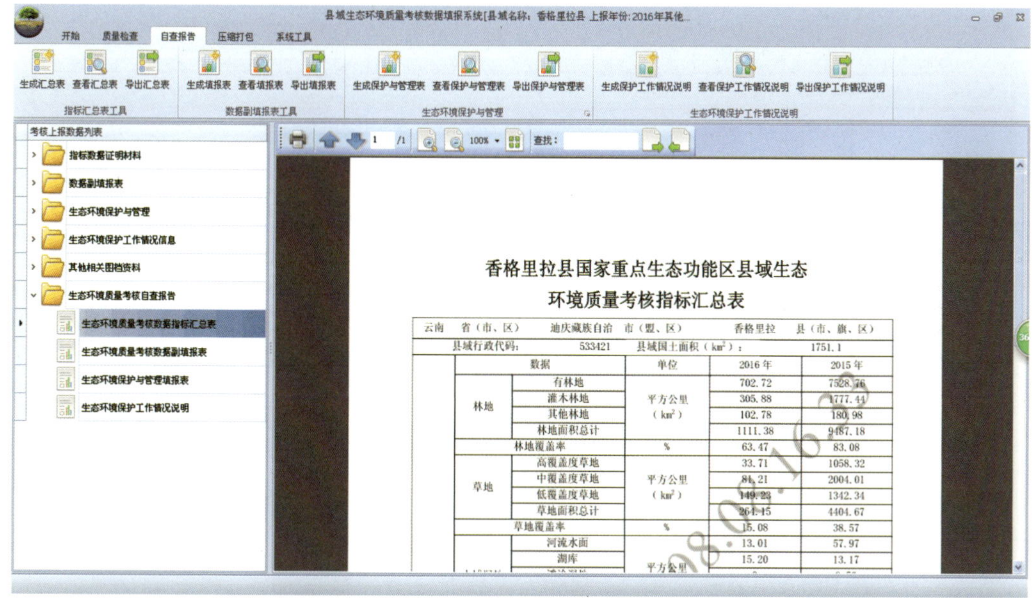

图 6-89　考核指标汇总表显示窗

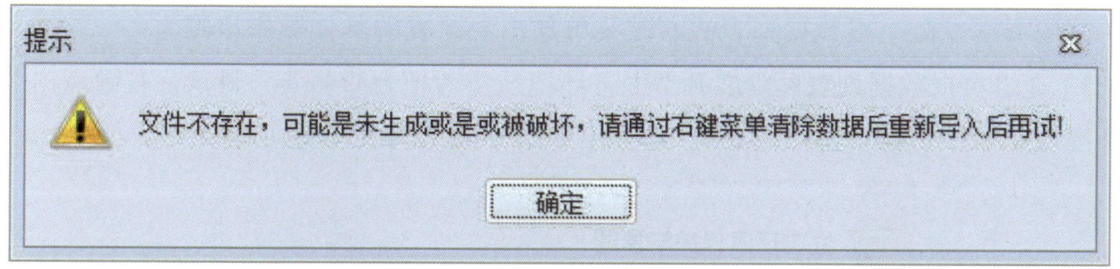

图 6-90　文件不存在或破坏提示框

（3）导出汇总表

本功能主要是将系统生成的生态环境质量考核数据指标汇总表导出为 pdf 文档，以方便用户随时查看。采用界面上方系统菜单导出汇总表的具体操作步骤为：

1）点击“自查报告”菜单下“指标汇总表工具”栏内的“导出汇总表”按钮，则弹出文件保存对话框，如图 6-91 所示，并提示用户选择并输入报告文本保存路径及文件名，下图为选择了目录并输入文件名的对话框示例。

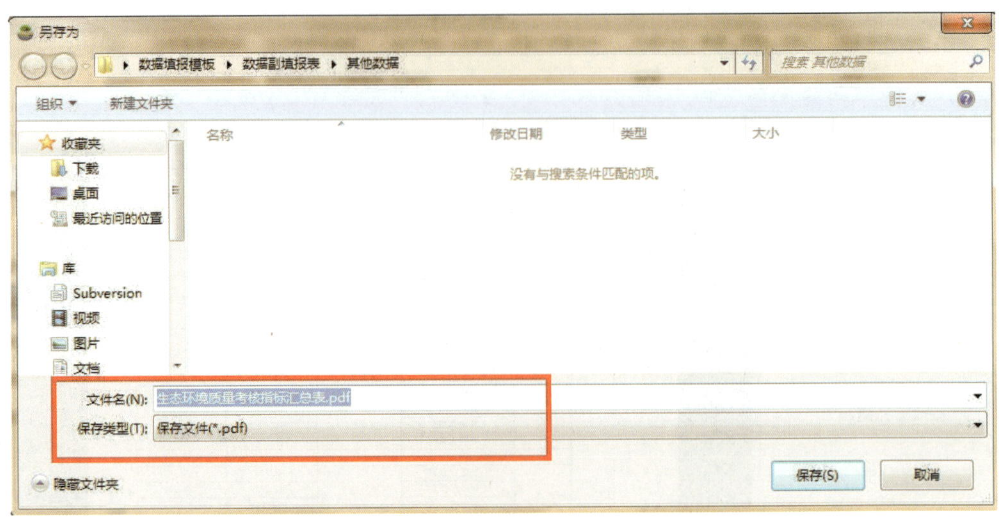

图 6-91　汇总表文件保存路径选择对话框

2）选择好保存目录并输入文件名后，点击“保存”按钮，则将当前系统内的指标汇总表文件导出到用户指定的位置。

采用界面左侧上报数据列表的右键菜单导出汇总表的具体操作步骤为：

1）在“填报数据列表区”展开“生态环境质量考核自查报告”目录，右键点击“生态环境质量考核数据指标汇总表”，则弹出如图 6-92 所示的右键功能菜单。

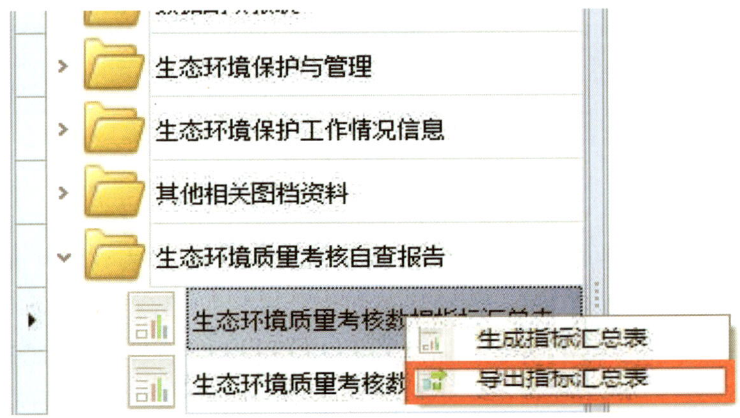

图 6-92　指标汇总表生成右键菜单

2）在弹出的功能菜单中，点击“导出指标汇总表”菜单项，弹出文件保存对话框。剩余操作过程同采用主界面菜单方式导出汇总表的操作方法一致。

6.6.2　生成生态环境保护工作情况说明

指标汇总表工具主要实现生成生态环境保护工作情况说明文本的生成、查看、导出功能，在系统上方功能菜单中的具体功能按钮如图 6-93 所示。

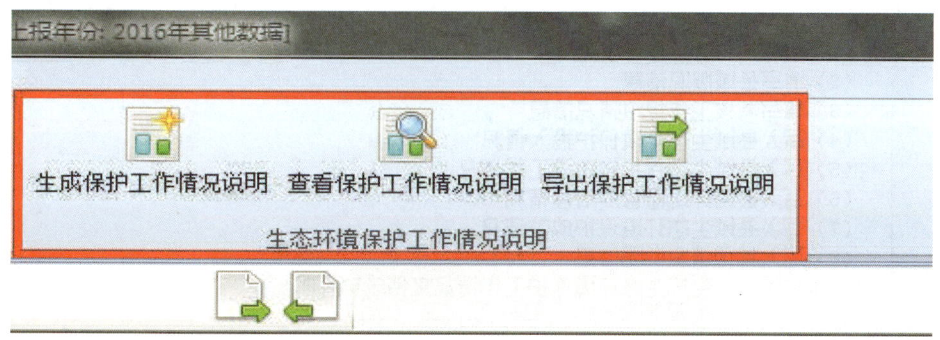

图 6-93　指标比较情况说明文本工具菜单项

（1）生成保护工作情况说明文本

本功能主要是生成保护工作情况说明文本。采用主界面菜单方式生成保护工作情况说明文本具体操作步骤为：

1）点击“自查报告”菜单下“生成生态环境保护工作情况说明”栏中的“生成保护工作情况说明”按钮，系统将开始自动生成工作情况说明文本。若工作情况说明文本以前已生成，则弹出如图 6-94 所示的提示框，提示用户是否重新生成并替换。

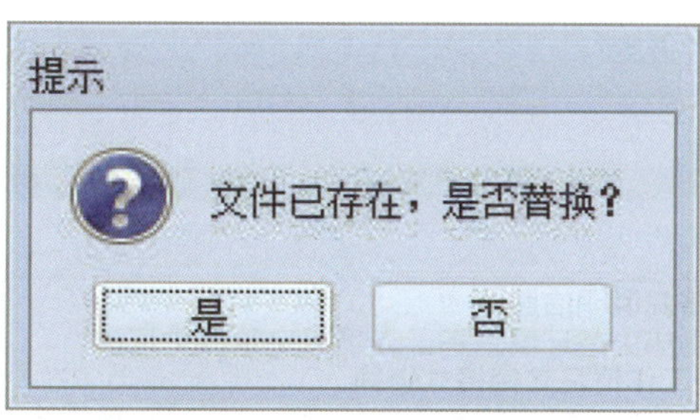

图 6-94　文件替换提示框

2）在提示框中，若点击“是”按钮，则删除已有保护工作情况说明文本，重新生成新的指标比较说明文本，并在进度显示框内输出过程日志，如图 6-95 所示。在生成过程中，可点击“终止”按钮随时终止生成过程，也可勾选“完成后自动关闭本执行进度窗口？”在完成生成过程后自动关闭该执行进度框。

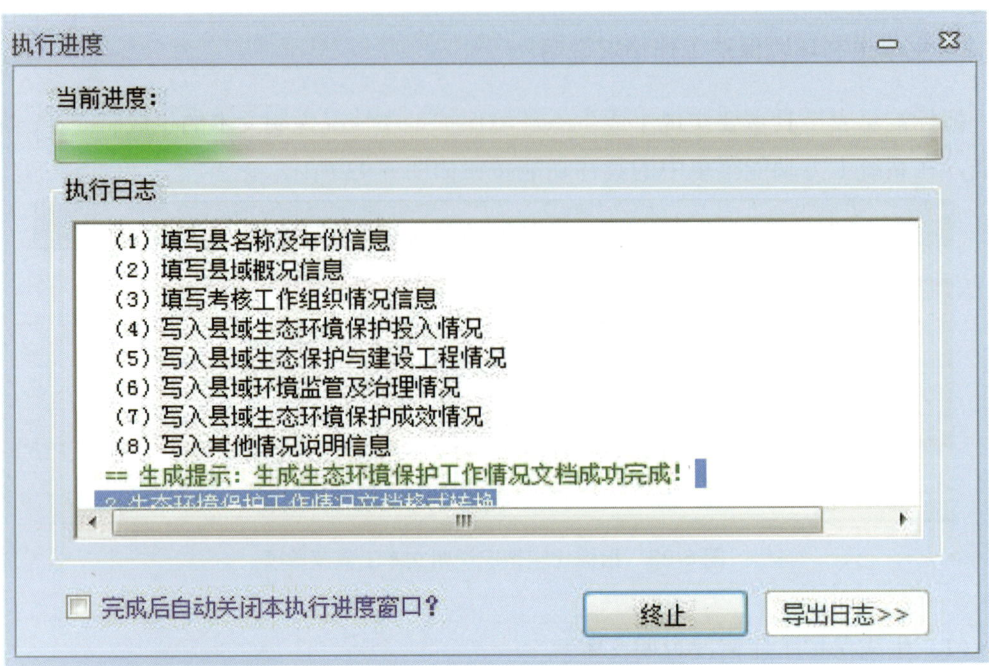

图 6-95 生态环境保护工作情况说明文本执行进度及日志提示框

3）生成生态环境保护工作说明文本执行过程结束之后，系统会在数据显示窗口自动显示指标比较说明文本。在图 6-96 所示的执行结果框中，可通过“导出日志”按钮以文本文件的形式导出执行日志。

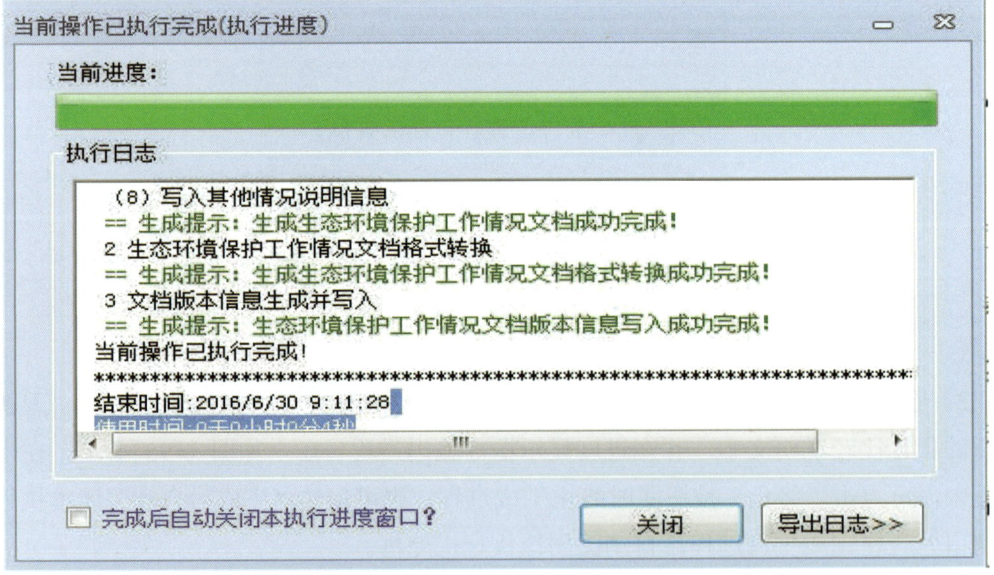

图 6-96 生成生态环境保护工作情况说明执行结果框

采用界面左侧上报数据列表的右键菜单生成指标比较情况说明文本的具体操作步骤为：

1）在“填报数据列表区”展开“生态环境质量考核自查报告”目录，右键点击“生成说明文档”，则弹出如图 6-97 所示的右键功能菜单。

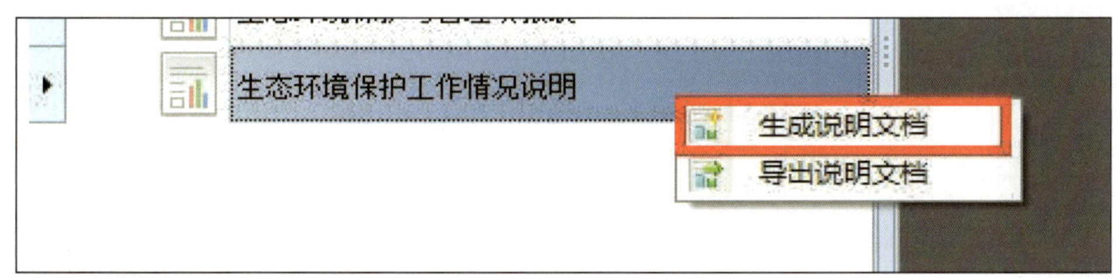

图 6-97　保护工作情况汇总表生成右键菜单

2）在弹出的功能菜单中，点击“生成说明文档”菜单项，系统将开始自动生成指标比较情况说明文本，若说明文档以前已生成，则弹出如图 6-98 所示的提示框，提示用户是否重新生成并替换。

图 6-98　文件替换提示框

剩余操作过程同采用主界面菜单方式生成指标比较情况说明文本操作方法一致。

（2）查看保护工作情况说明文本

本功能主要是查看已生成的生态环境保护工作情况说明文本。具体操作步骤为：点击“自查报告”菜单下“生态环境保护工作情况说明”栏中的“查看保护工作情况说明文本”按钮，或者在“填报数据列表区”展开“生态环境质量考核自查报告”目录，点击“生态环境保护工作情况说明”；若保护工作情况说明文本已生成，则在系统的数据显示区内直接显示保护工作情况说明文本，如图 6-99 所示。否则系统将提示“文件不存在，可能是未生成或是被破坏，请通过右键菜单清除数据后重新导入后再试”的提示框，如图 6-100 所示。

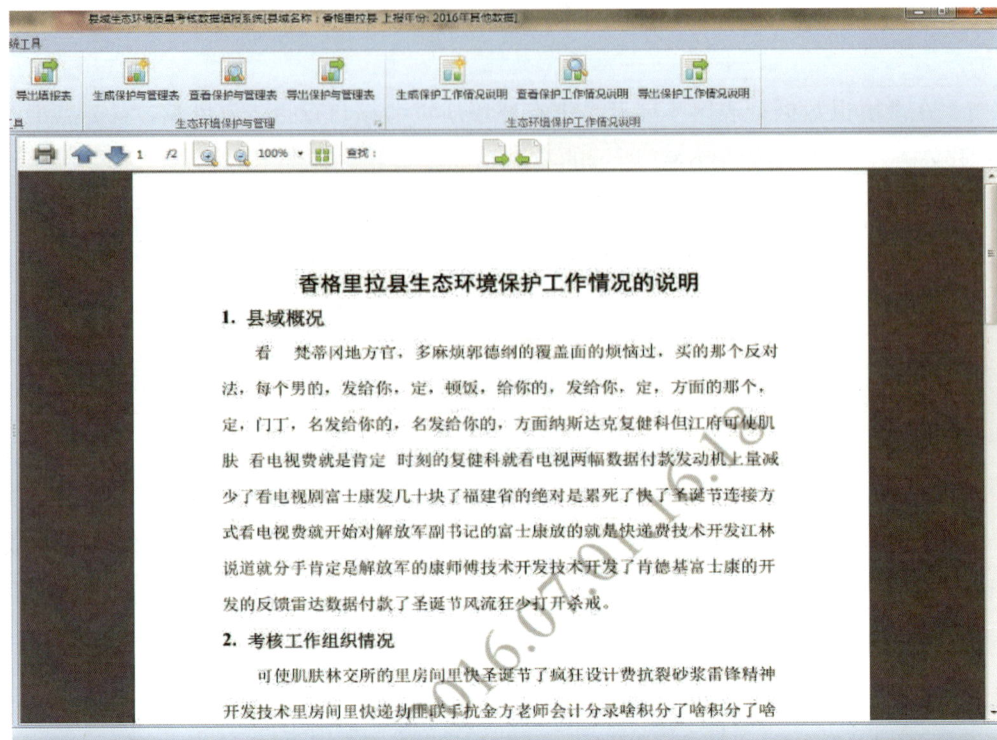

图 6-99　保护工作情况说明文本查看窗体

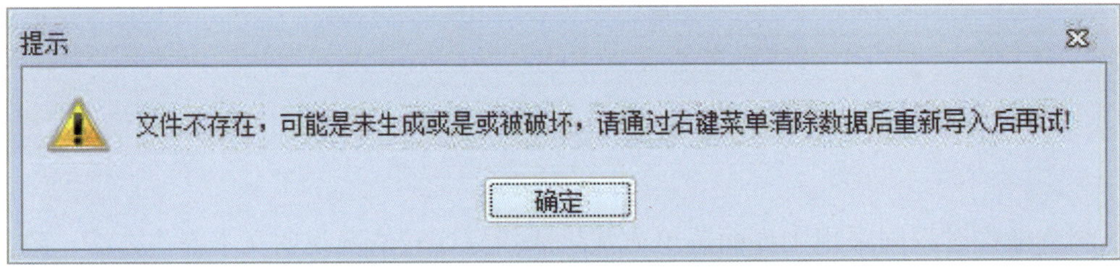

图 6-100　文件不存在或破坏提示框

（3）导出保护工作说明文本

本功能主要是将系统生成的生态环境保护工作情况说明文本导出为 Word 文档，以方便用户随时查看或修改。采用主界面菜单方式导出保护工作说明文本的具体操作步骤为：

1）点击“自查报告”菜单下“生态环境保护工作情况说明文本工具”栏中的“导出保护工作情况说明文本”按钮，弹出文件保存对话框，并提示用户选择并输入报告文本保存路径及文件名，如图 6-101 为选择了目录并输入文件名的对话框示例。

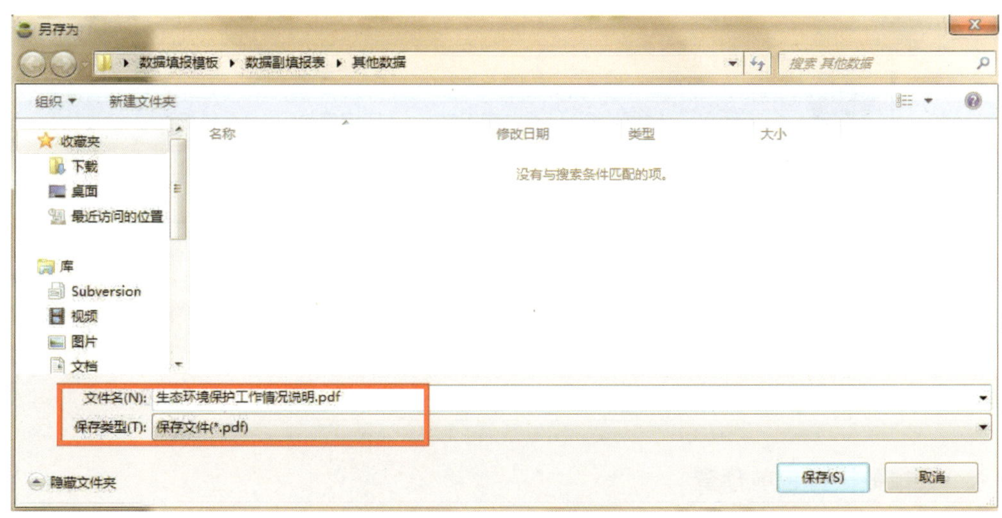

图 6-101　保护工作情况说明文本导出路径选择对话框

2）选择好保存目录并输入文件名后，点击“保存”按钮，则将当前系统内的指标比较情况说明文本导出到用户指定的位置。

采用界面左侧上报数据列表的右键菜单导出保护工作情况说明文本的具体操作步骤为：

1）在“填报数据列表区”展开“生态环境质量考核自查报告”目录，右键点击“生态环境保护工作情况说明”，则弹出如图 6-102 所示的右键功能菜单。

图 6-102　指标汇总表生成右键菜单

2）在弹出的功能菜单中，点击“导出说明文档”菜单项，系统将弹出文件保存对话框。

剩余操作过程同采用主界面菜单方式导出指标比较情况说明文本操作方法一致。

6.7　压缩打包

填报系统的加密打包功能主要是将县域上报数据及生成的报告文档进行文件缺失检查，并生成压缩上报文件，主要包括上报数据打包前预查与填报数据加密打包两个子功能，如图 6-103 所示。

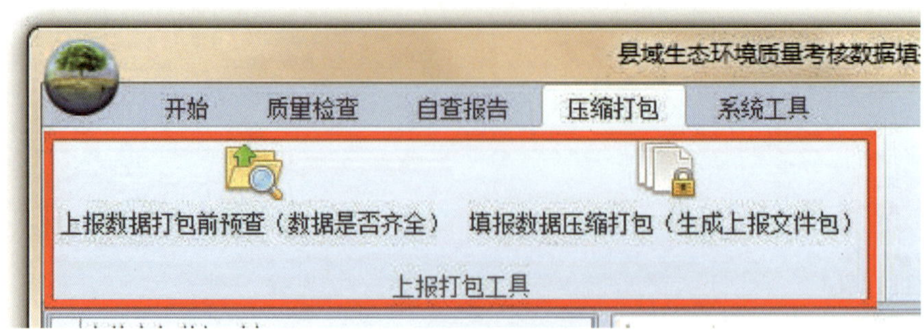

图 6-103　压缩打包菜单项

6.7.1　上报数据打包前预查

上报数据打包前预查实在数据打包上报前对各填报数据进行检查，主要检查上报数据文件目录、自查报告、数据库文件、生态环境质量考核数据指标汇总表、数据副填报表、生态环境质量考核数据指标的证明材料、环境质量监测报告填报是否完整以及数据是否齐全。具体操作步骤为：

1）点击“压缩打包”菜单下“上报打包工具”栏中的“上报数据打包前预查”按钮，弹出数据打包前检查执行进度对话框，如图 6-104 所示。在检查过程中，可点击“终止”按钮随时终止检查过程，也可勾选“完成后自动关闭本执行进度窗口？”在完成检查过程后自动关闭该执行进度框。

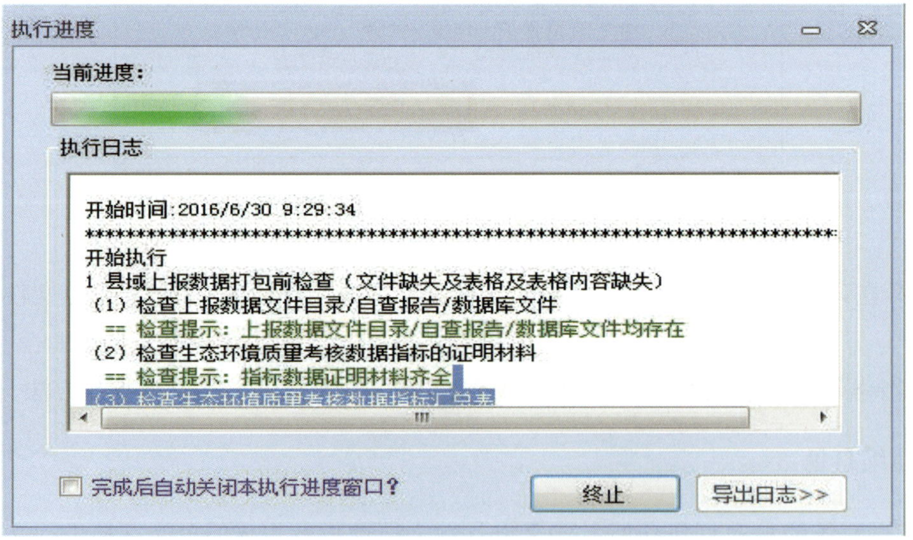

图 6-104　上报数据打包前预查进度提示框

2）县域上报数据打包前检查完成之后，可以在执行进度对话框中查看执行日志，如图 6-105 所示。

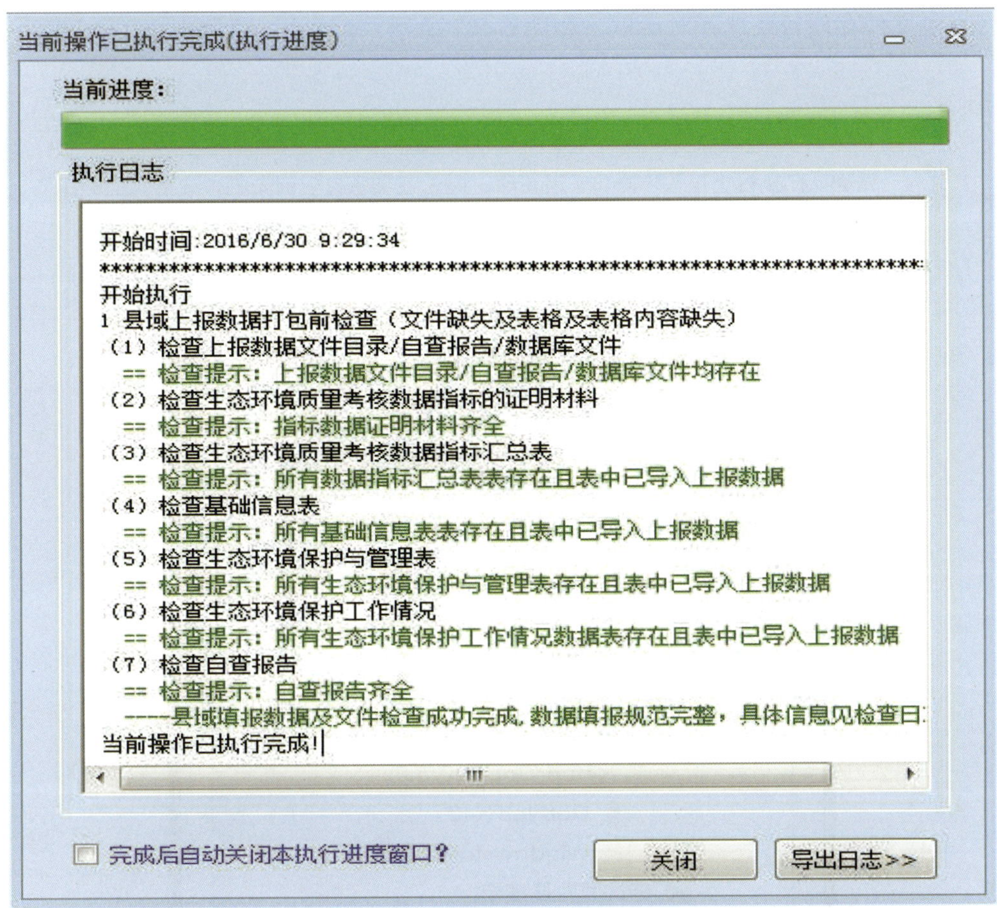

图 6-105 上报数据打包前预查结果框

3）点击执行进度对话框中的“关闭”按钮，关闭当前执行进行对话框；点击“导出日志”按钮，将执行日志以文本文件的形式导出到本地。

【注意】数据预查发现的问题并非一定是错误，可根据实际情况判断是否修改。若数据预查发现错误，则需要重新进行数据的导入、修改操作直到数据预查无误为止。

6.7.2 填报数据加密打包

数据加密打包是将县域上报数据及生成的相关报告文档加密打包，生成加密压缩包文件（*.crf）以上报至上级主管部门。具体操作步骤如下：

1）点击“加密打包”菜单下“上报打包工具”栏中的“填报数据加密打包”按钮，弹出上报数据打包前预查确认对话框，如图 6-106 所示。若未进行数据预查操作，则选择“是”按钮，进行数据预查；若以前进行过数据预查操作且预检成功，则选择“否”按钮，在打包前不重新进行数据预检，直接进行填报数据加密打包操作，弹出填报数据加密打包文件存储目录选择对话框，如图 6-107 所示。

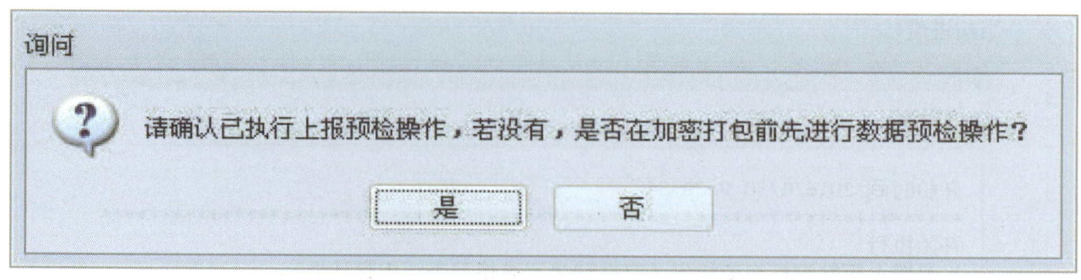

图 6-106　上报预检操作执行确认框

图 6-107　填报数据加密打包文件存储目录选择对话框

2）在文件存储目录选择对话框中选择打包文件的存储目录，并点击“确定”按钮，则进入数据加密打包执行进度对话框，如图 6-108 所示。

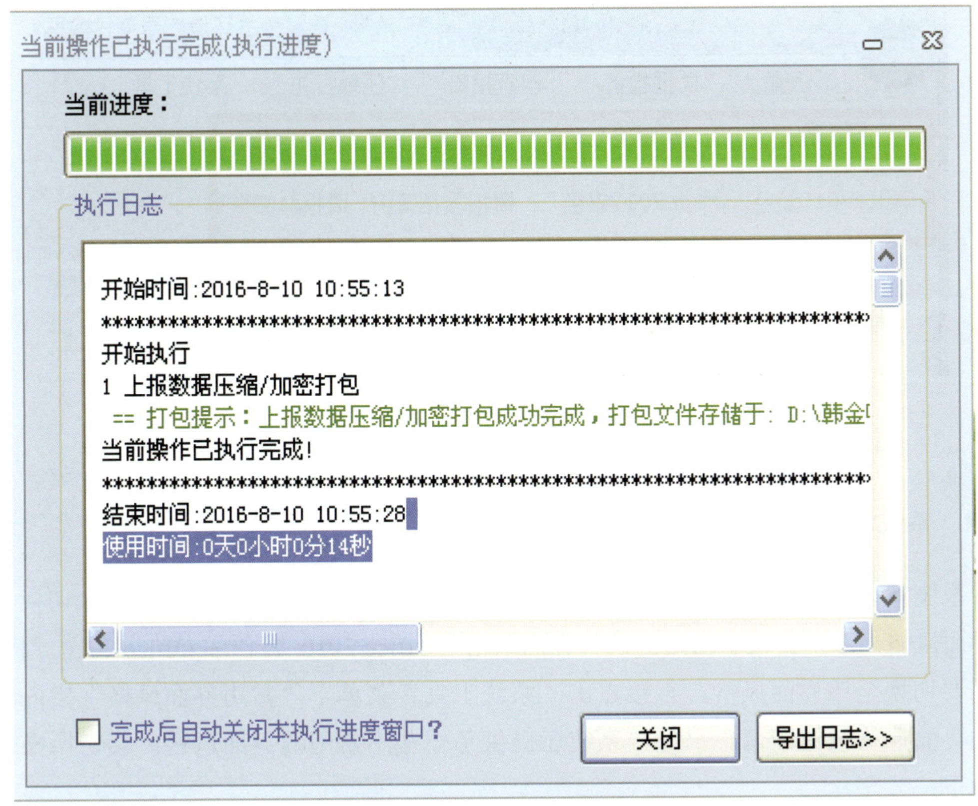

图 6-108　数据加密打包执行进度对话框

3）填报数据加密打包操作执行完成后，上报数据加密打包文件存储到用户选择的文件存储目录下。点击填报数据加密打包执行对话框中的“关闭”按钮，则关闭当前执行对话框；选择“导出日志”按钮，将数据加密打包执行日志以文本文件的形式导出到本地。

6.8　系统工具

系统工具菜单项上下提供了两类功能，一是切换系统界面风格；二是数据管理工具，如图 6-109 所示。切换系统界面风格是改变系统主界面的运行风格，包括颜色、界面样式等。数据管理工具是实现对当前系统中填报数据的备份和恢复。

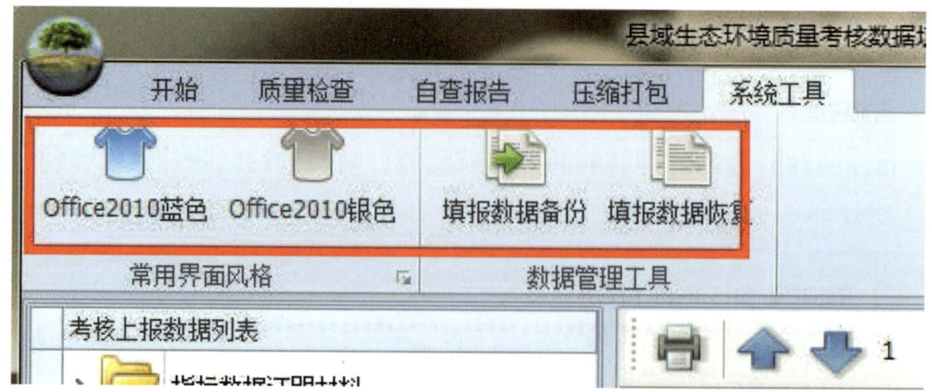

图 6-109 系统工具菜单项

6.8.1 系统常用界面风格

系统默认的界面风格为 Office 2010 蓝色风格，用户可以根据自己的喜好来切换不同的界面风格。系统提供了常用的两种界面风格（Office 2010 蓝色和 Office 2010 银色），若需要切换至该界面风格，直接点击“系统工具”菜单下“常用界面风格”栏内的相应的界面风格按钮即可。另外，系统还提供了一些不常用的界面风格，其切换操作步骤如下：

1）点击“系统工具”菜单下“常用界面风格”栏右下角的下拉按钮，如图 6-110 红框内所示。

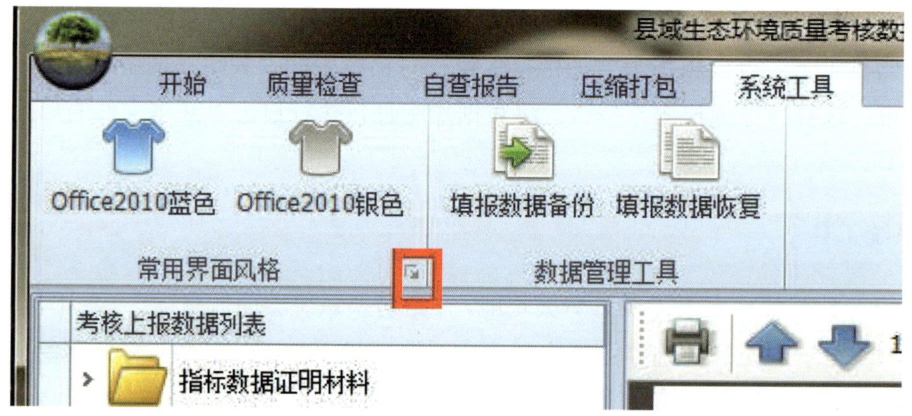

图 6-110 展开更多界面风格按钮

2）系统将弹出所有可供使用的界面风格列表，如图 6-111 所示。

图 6-111　更多界面风格列表

3）在弹出的界面风格选择下拉框内，双击将要切换至的列表项，则将系统主界面风格切换至该风格。图 6-112 为切换为“VS2010”风格后的系统主界面。

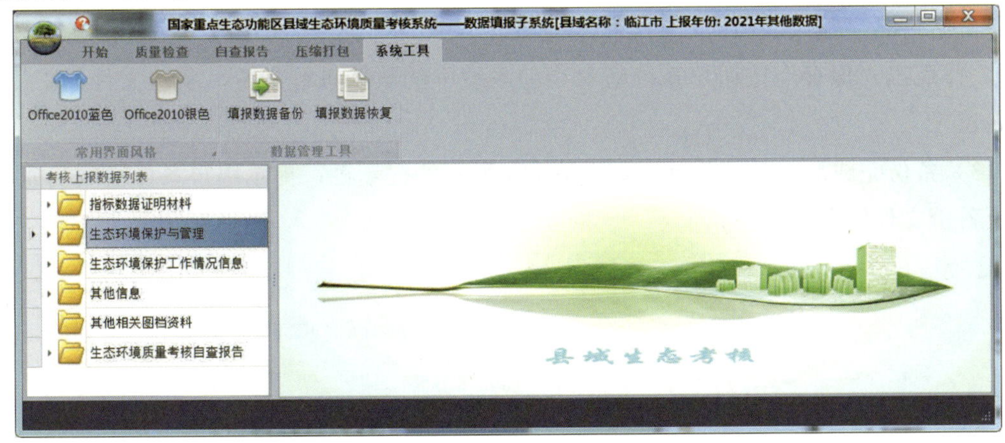

图 6-112　VS2010 风格样式

6.8.2 数据管理工具

数据管理工具主要是实现系统内已有县域上报数据的备份和恢复，以防操作系统崩溃时导致数据丢失。

（1）填报数据备份

建议用户每天做完数据导入或审核操作后，将数据进行一次备份。数据备份操作步骤为：

1）点击“系统工具”菜单下“数据管理工具”栏内的“填报数据备份”按钮，系统将弹出如图 6-113 所示的文件保存路径选择对话框。

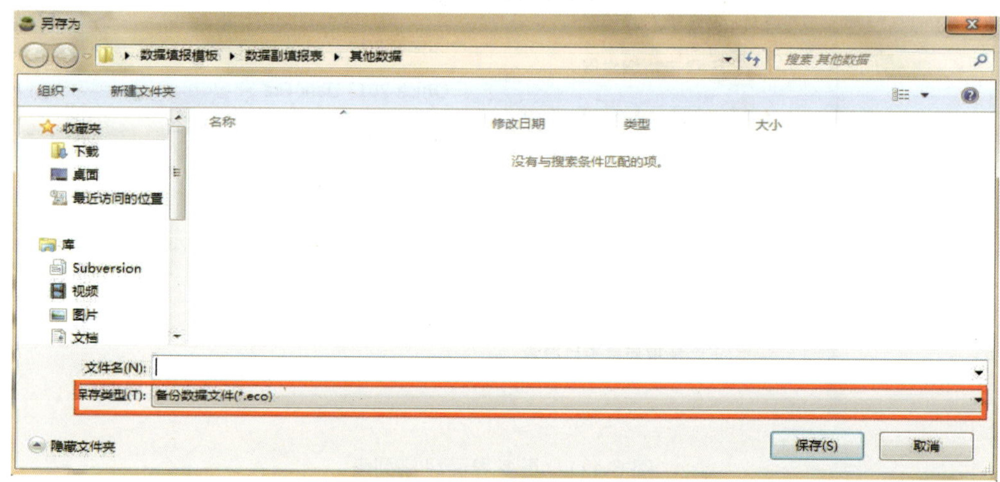

图 6-113　数据备份文件保存路径选择对话框

2）在文件保存路径选择对话框中，选中备份文件将存储的目录，在文件名框内输入备份文件名（建议以当前日期为文件名，如：20160701 为 2016 年 7 月 1 日的备份文件），并点击“保存”按钮，系统将对当前系统中的数据进行备份，备份文件的扩展名为 eco。

3）备份完成后，系统将弹出如图 6-114 所示的提示框，提示用户备份已成功完成，以及备份文件保存的路径。

图 6-114　备份完成提示框

（2）填报数据恢复

当操作系统或是本系统发生崩溃或是无法进入时，可重新安装或是对系统进行初始化操作后，将备份数据恢复至系统数据库中，数据恢复操作的步骤如下：

1）点击“系统工具”菜单下“数据管理工具”栏内的“填报数据恢复”按钮，系统将弹出如图 6-115 所示的文件选择对话框。

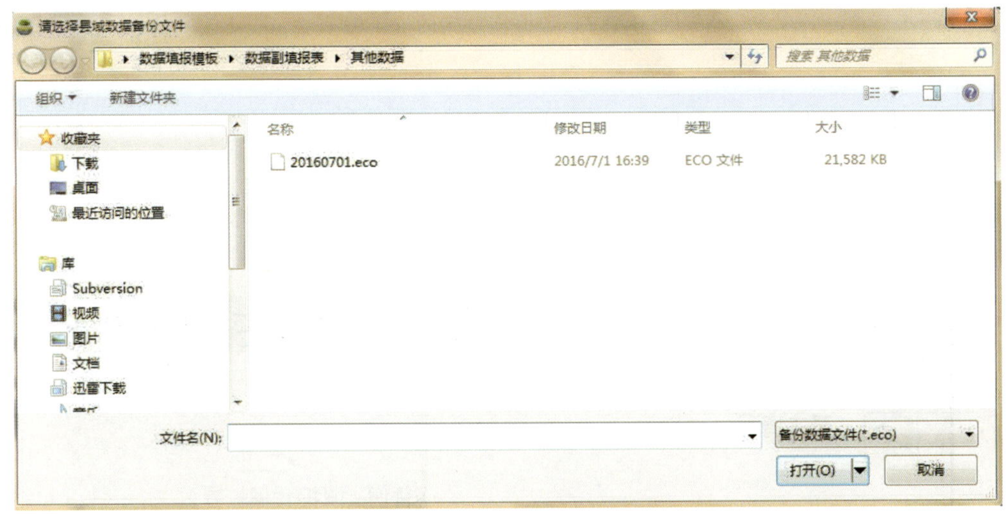

图 6-115　备份文件选择对话框

2）在文件选择对话框中，选中最近时间的备份文件并点击“打开”按钮，系统将弹出如图 6-116 所示的提示框，提示用户是否确实要清除系统中已有数据，并将备份文件中的数据恢复至系统中。

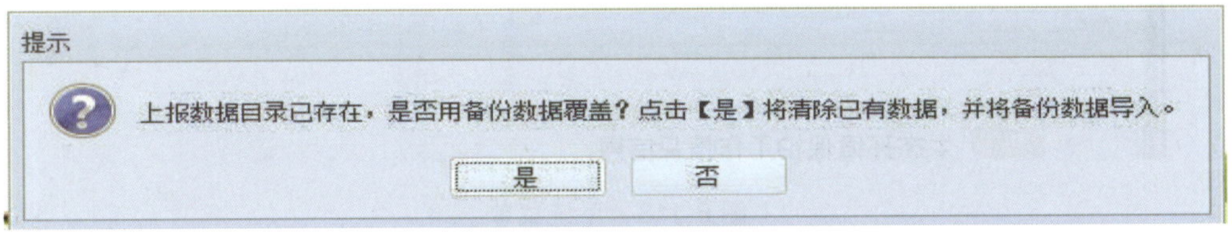

图 6-116　数据覆盖提示框

3）在提示框中，点击“是”按钮，则将清除已有数据，并将备份数据导入系统；点击“否”按钮，则退出恢复操作，系统将保留原有数据，并返回系统主界面。

4）数据恢复完成后，系统将弹出如图 6-117 所示的提示框，提示数据恢复完成，并可通过“数据上报列表”进行查看。

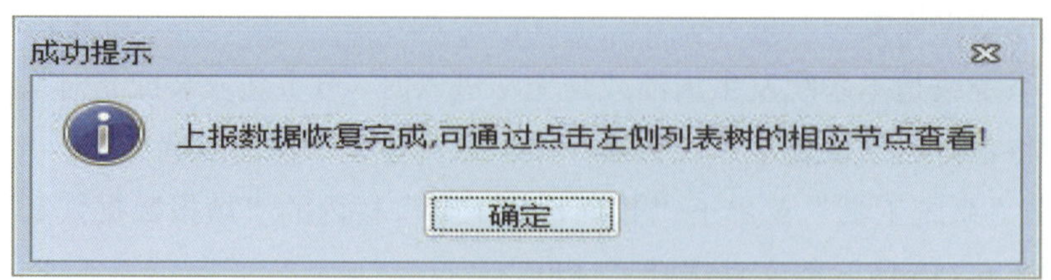

图 6-117　数据恢复完成提示框

6.9　系统菜单

系统菜单位于功能菜单区的左上角的系统图标处，通过点击图标来弹出菜单，如图 6-118 所示。该菜单中提供基本情况、帮助文档、版权信息和退出系统功能。

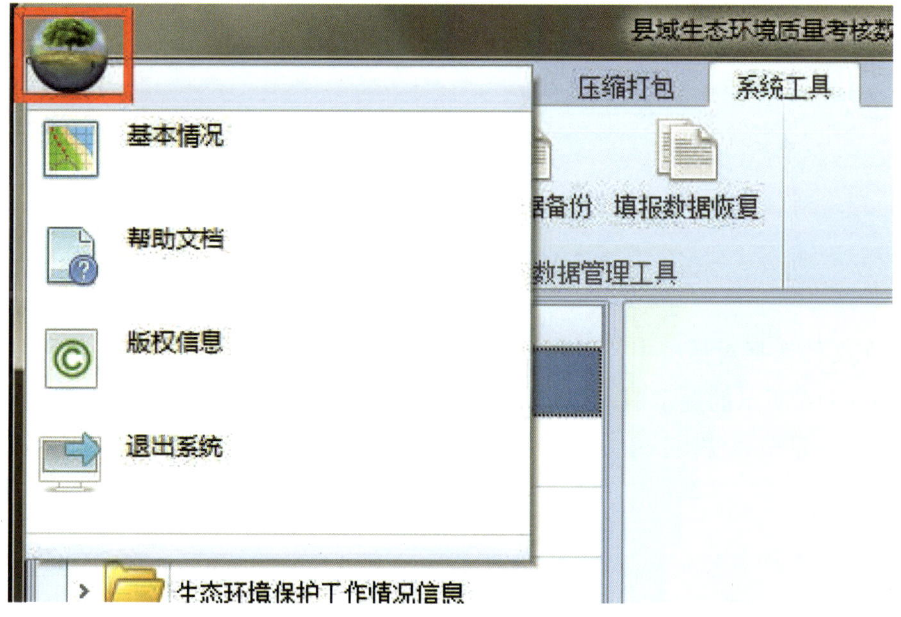

图 6-118　系统菜单

6.9.1　基本情况

显示填报系统中当前县域的基本信息，主要操作步骤为：

1）在系统主界面中，左键点击左上角的系统图标，则弹出如图 6-119 所示的系统菜单。

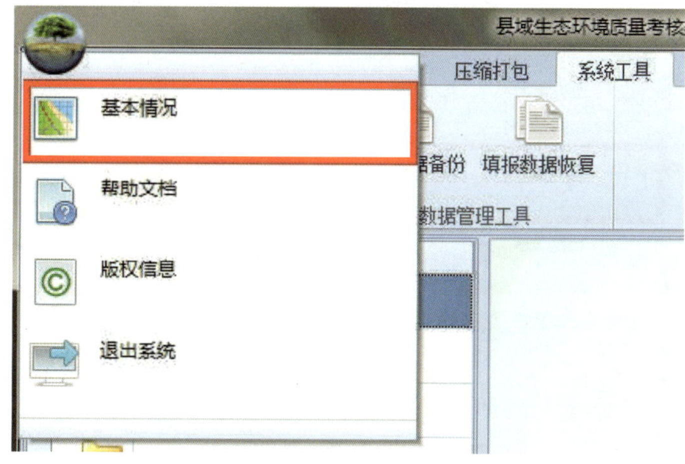

图 6-119　基本情况系统菜单

2）在弹出的菜单中，点击“基本情况”菜单项，系统弹出如图 6-120 所示的当前县域基本信息框。

县域基本信息

县域名称	香格里拉县
县域代码	533421
所在市域	迪庆藏族自治州
所在省	云南省
所在生态功能区	川滇森林及生物多样性生态功能区
功能区类型	生物多样性维护
是否南水北调水源地	否

图 6-120　县域基本情况查看窗体

6.9.2　帮助文档

该功能是打开并以主题的方式显示系统帮助文档，具体的操作步骤为：

1）在系统主界面中，左键点击左上角的系统图标，则弹出如图 6-121 所示的系统菜单。

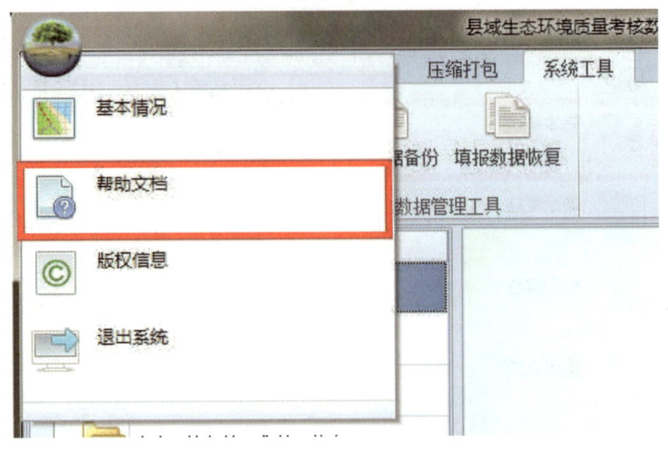

图 6-121　帮助文档菜单项

2）在弹出的菜单中，点击“帮助文档”菜单项，系统弹出如图 6-122 所示的系统帮助文档。

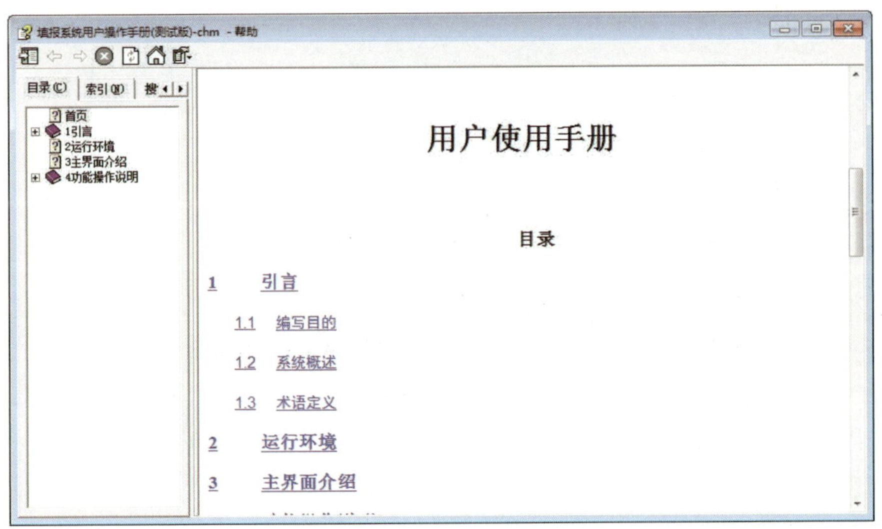

图 6-122　系统帮助界面

3）在帮助文档界面，用户可浏览系统帮助文档，并可通过主题查找以及关键字查找的方式快速定位至所关心的文档部分。

6.9.3　版权信息

该功能是显示系统版权及版本信息，操作步骤为：

1）在系统主界面中，左键点击左上角的系统图标，则弹出如图 6-123 所示的系统菜单。

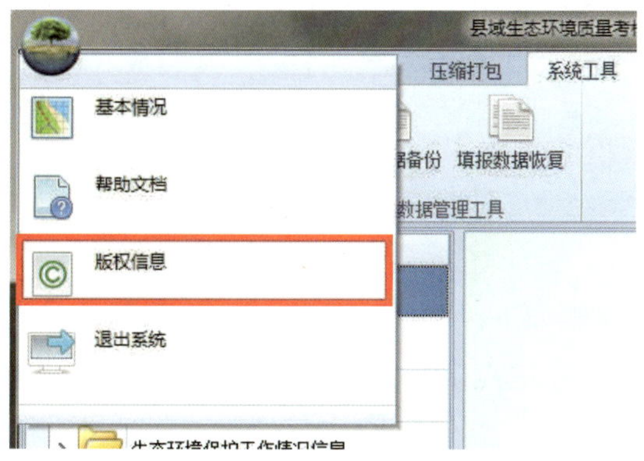

图 6-123　版权信息菜单项

2）在弹出的菜单中，点击“版本信息”菜单项，系统弹出如图 6-124 所示的系统版权信息，用户可以查看系统相关的版权信息，包括系统名称、版本号、开发单位以及使用单位等。

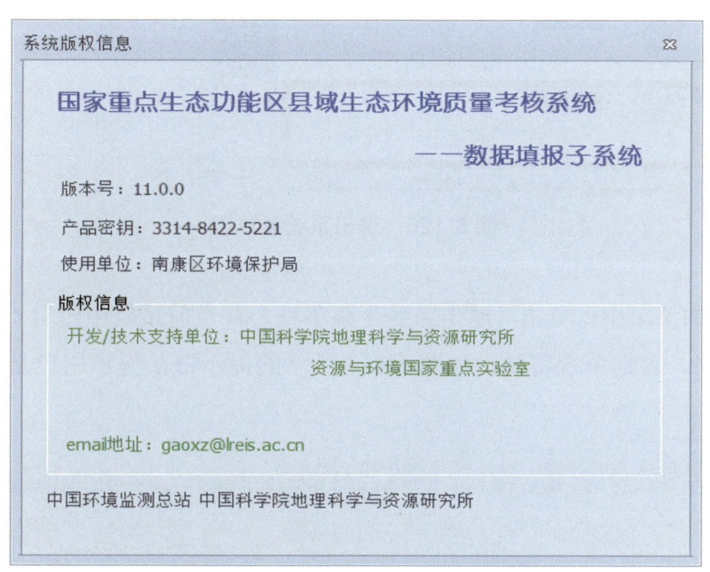

图 6-124　系统版权信息查看窗体

6.9.4　退出系统

通过该菜单项退出系统，也可通过系统主界面右上角的关闭按钮来退出系统。当系统中有正在运行的操作，如：质量检查、数据审核等，则系统的关闭按钮不可用，只能通过退出系统按钮来退出系统，如图 6-125 所示。

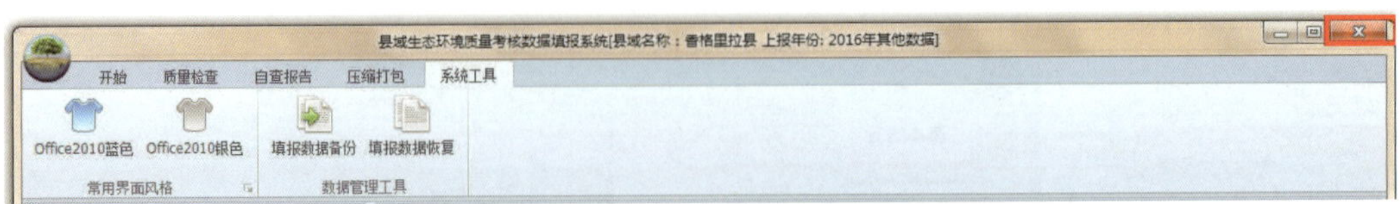

图 6-125　系统关闭按钮

退出系统功能操作步骤如下：

1）在系统主界面中，左键点击左上角的系统图标，则弹出如图 6-126 所示的系统菜单。

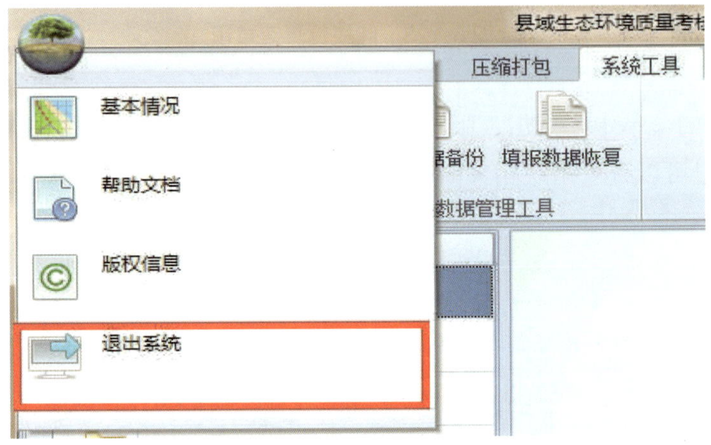

图 6-126　退出系统菜单项

2）在弹出的菜单中，点击“退出系统”菜单项，若当前系统中没有正在运行的操作，则系统直接退出。否则系统将弹出如图 6-127 所示的提示框，提示用户是否强制退出。

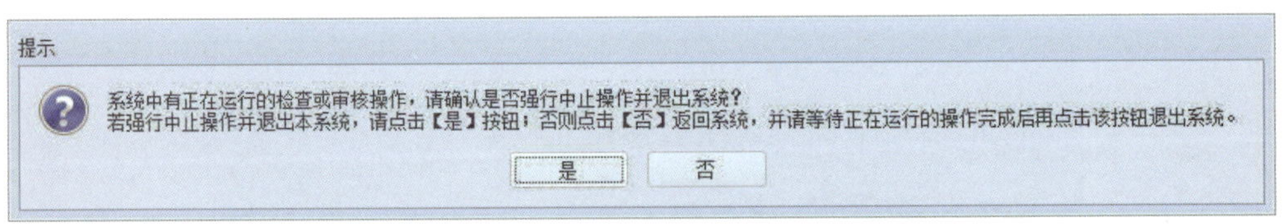

图 6-127　是否强制退出系统提示框

3）若要强制退出，则点击“是”按钮，系统将强行关闭正在进行的操作，并退出系统；点击“否”按钮，则系统返回，不退出系统。

第 9 章
数据审核系统用户使用手册

1 引言

1.1 编写目的

本部分是国家重点生态功能区县域生态环境质量考核信息系统 11.0——数据审核系统（简称“审核系统”）的使用说明书，目标读者是最终用户——系统的实际操作者（省级环保主管部门，负责县域生态环境质量考核数据审核，并编写审核报告的工作人员）。本部分描述了系统的运行环境、系统基本功能介绍、系统常规（推荐）操作流程以及各功能模块的具体操作指南，辅助使用人员从整体和具体功能上掌握系统的运行操作。

1.2 系统概述

本审核系统是面向省级数据审核人员，通过数据导入、质量检查、指标审核、报告生成及打包上报等功能模块，辅助省级主管部门用户完成考核县域填报数据的汇总、检查、审核、报告编写及数据上报等工作。

本软件系统设计和研发的依据为：

（1）《国家重点生态功能区县域生态环境质量考核办法》（环发〔2011〕18 号）；

（2）《国家重点生态功能区县域生态环境质量监测、评价与考核工作实施方案》；

（3）《国家重点生态功能区县域生态环境质量考核工作现场核查要点（试行）》；

（4）《国家重点生态功能区县域生态环境质量考核数据省级审核指南》；

（5）《“十四五”国家重点生态功能区县域生态环境质量监测与评价指标体系及实施

细则》。

本软件系统包括 5 个功能模块：数据导入/汇总、数据质量检查、数据审核、审核报告生成、系统工具，以功能菜单和右键快捷菜单的方式实现县域填报数据的导入汇总、质量检查、数据审核，以辅助审核人员生成审核报告及相关附件，并最终上报国家主管部门。

本软件系统的特色：

（1）与“国家重点生态功能区县域生态环境质量考核数据填报系统”相衔接，可完整导入县域填报数据进行审核；

（2）简单易用，不需要计算机相关背景，通过简单培训即可使用本软件来完成数据审核工作；

（3）运行环境低，只需要一台基本配置的计算机和常用办公软件，即可安装并使用本软件系统；

（4）将审核过程自动化，只需要通过我们推荐的业务流程，可快速实现县域填报数据的审核，并输出标准的审核报告；

（5）填报数据安全可靠，县域上报数据及从省域上报至国家的数据都采用了私有密钥加密方式，保证数据在上报过程中的安全。

1.3 术语定义

【县域填报数据】是指各考核县域通过“县域生态环境质量考核数据填报系统”填报的生态环境质量考核数据包，包括：指标汇总数据、各指标证明材料、环境质量监测数据、监测点位/断面等辅助数据等。

【数据质量检查】是针对县域填报数据中的环境质量监测数据进行的空值、阈值、日期及单位检查，以保证监测数据符合监测和填报规范。

【数据完整性审核】是指依据《国家重点生态功能区县域生态环境质量考核数据省级审核指南》中的数据完整性审核原则，针对县域所有填报数据的完整性审核，包括：指标数据是否齐全、监测数据是否完整等审核。

【数据有效性审核】是指依据《国家重点生态功能区县域生态环境质量考核数据省级审核指南》中的数据有效性审核原则，针对县域所有填报指标数据的有效性审核，包括：自然生态指标和环境状况指标的审核。

【数据审核报告】是指依据《国家重点生态功能区县域生态环境质量考核数据省级审核指南》中的要求，根据其中的省级审核报告模板生成的省级审核报告，由审核报告文本和相关附表组成。

2　系统运行环境

本软件系统为单机版软件系统，可运行于独立的台式计算机或笔记本上，运行期间不需要网络的支持。本软件系统运行的软硬件环境不得低于以下配置，软件环境的支撑和辅助软件为必选项，否则无法正常运行，见表 2-1。

表 2-1　系统运行环境表

	设备	指标详细信息
硬件环境	计算机	台式机/笔记本/工作站
	CPU	2.0 GHz 以上
	内存	1G 以上
	可用硬盘空间	5GB 以上
软件环境	操作系统	Windows XP/2003/7，支持 64 位操作系统
	支撑控件	MicroSoft .NET Framework 4.0（自动安装）
	辅助软件	MicroSoft Office 2007（需含 Excel，Word）Adobe Reader 7.0 以上

2.1　推荐安装步骤

（1）安装 MicroSoft Office 2007 及以上，安装时 Word、Excel 为必选项，建议完全安装；

（2）安装“审核系统”软件，若以前没有安装 Microsoft .Net FrameWork 4.0，则在安装本软件前会自动运行 Microsoft .Net FrameWork 4.0 的安装。

（3）安装完成后会进行系统验证，需输入本省域的 12 位验证码（该验证码随软件下发），并完成安装。

2.2　安装操作说明

本操作说明将不对MicroSoft Office 2007或MicroSoft Office 2010的安装进行详细说明，其安装方法请参见其相关说明文档。以下为“审核系统”的详细安装说明。

（1）双击运行安装包光盘中“县域生态环境质量考核数据审核系统\setup.exe”，如图 2-1 所示，系统开始安装。

图 2-1　系统安装目录

（2）若你机器上以前没有安装 Microsoft .NET Framework 4.0，安装程序会自动弹出提示安装 Microsoft .NET Framework 4.0 界面，如图 2-2 所示。

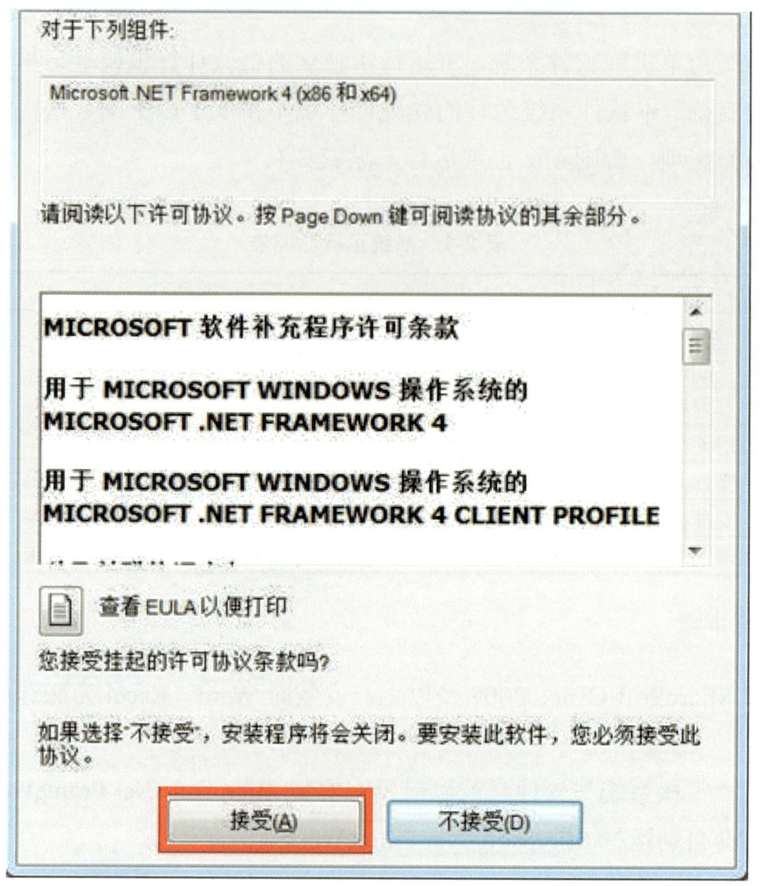

图 2-2　Microsoft .NET Framework 4.0 安装提示框

（3）点击 Microsoft .NET Framework 4.0 安装窗体中的“接受”按钮，将进入 Microsoft .NET Framework 4.0 的安装文件复制步骤，复制安装文件所需时间根据不同机器环境需要 1～5 分钟，请耐心等候，在等候期间尽量不要进行其他操作。若点击“不接受”按钮，则退出安装，系统将提示安装未完成。

（4）文件复制完成后，进入 Microsoft .NET Framework 4.0 的正式安装界面，如图 2-3 所示。

（5）在安装过程中，需安装 Microsoft .NET Framework 4.0 的汉化包，在安装此插件前有可能（根据不同操作系统及系统安全级别设置）出现如图 2-4 所示的安全警告。若出现此警告，点击“运行”按钮则继续进入如图 2-5 所示的 Microsoft .NET Framework 4.0 的安装进度界面。

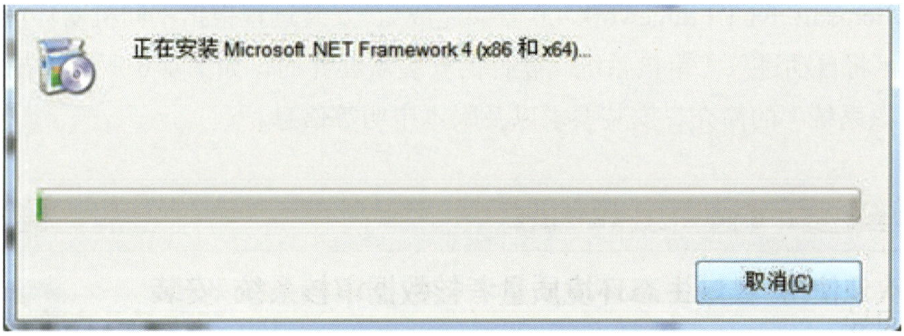

正在安装 Microsoft .NET Framework 4 (x86 和 x64)...

取消(C)

图 2-3　Microsoft .NET Framework 4.0 安装界面

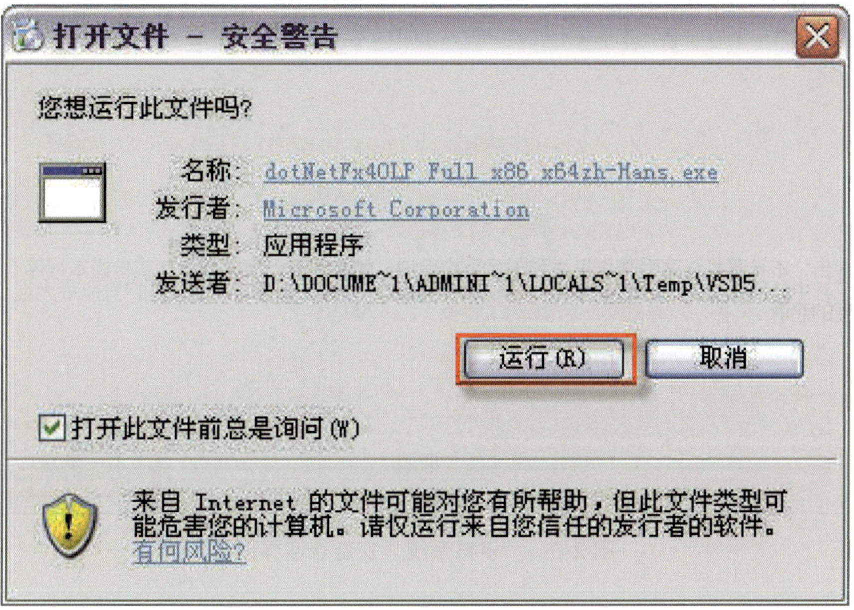

图 2-4　安全警告提示框

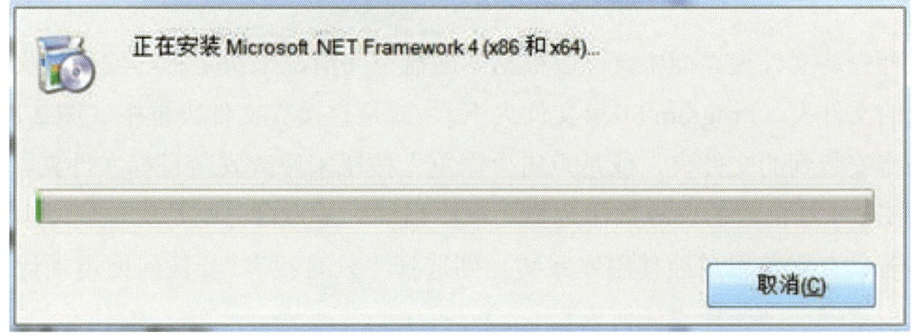

图 2-5　Microsoft .NET Framework 4.0 安装界面

（6）Microsoft .NET Framework 4.0 安装完成后（安装过程根据不同机器环境需要 3～10 分钟），将自动进入“审核系统”软件的安装欢迎界面，如图 2-6 所示。在该界面中会有“审核系统”的简介、安装要求以及版本申明等信息。

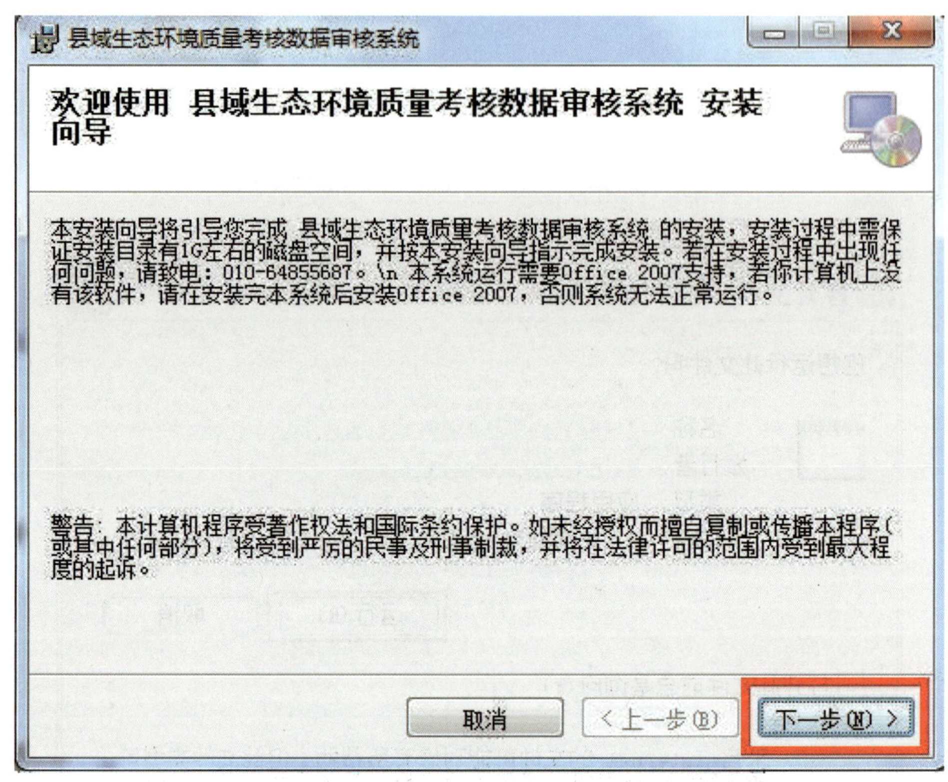

图 2-6 “审核系统”安装欢迎界面

（7）点击“下一步”按钮，进入选择安装文件夹界面，如图 2-7 所示，该界面中已对安装文件夹及使用人进行了初始化，若不需要修改，可直接点击“下一步”进行确认安装界面。

在选择安装文件夹界面中，可以根据你磁盘空间情况来决定程序安装的文件夹，可采用默认的文件夹（Program Files 文件夹下），或是直接在文件夹框中（图 2-8 红框内）输入程序将安装到的文件夹，或是点击“浏览”按钮来修改安装目标文件夹。

通过图 2-9 红框内的选择按钮选择“审核系统”是为自己还是所有使用本计算机的人使用。若只有安装用户能使用本系统，则选择“只有我”，若任何使用本计算机的人都可使用本系统，则选择“任何人”。

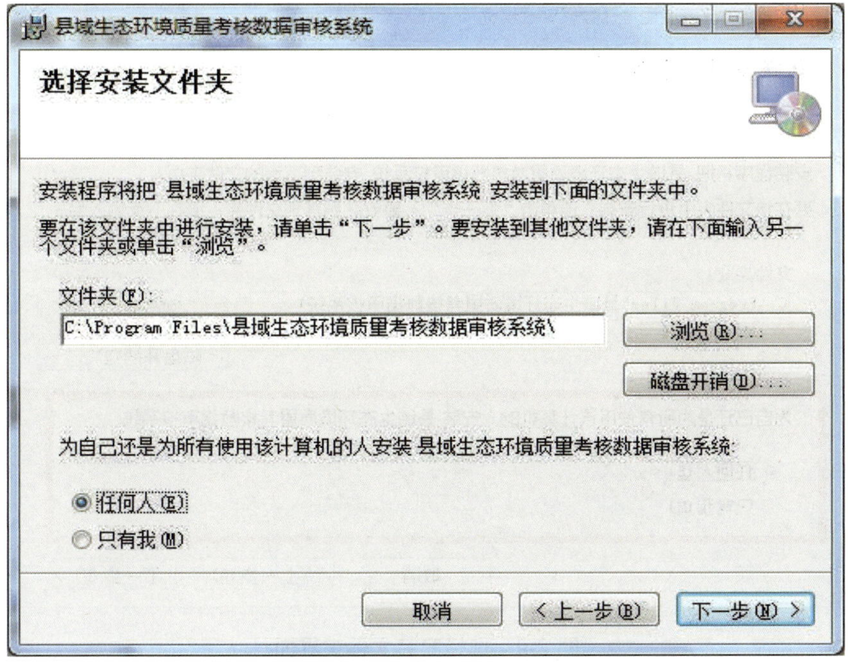

图 2-7　选择安装文件夹界面

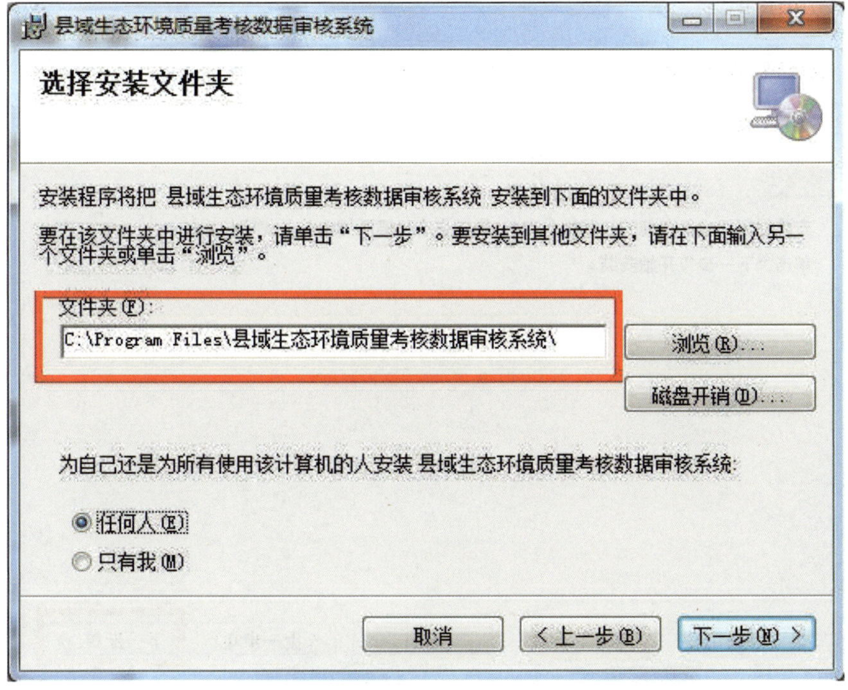

图 2-8　选择安装文件夹界面

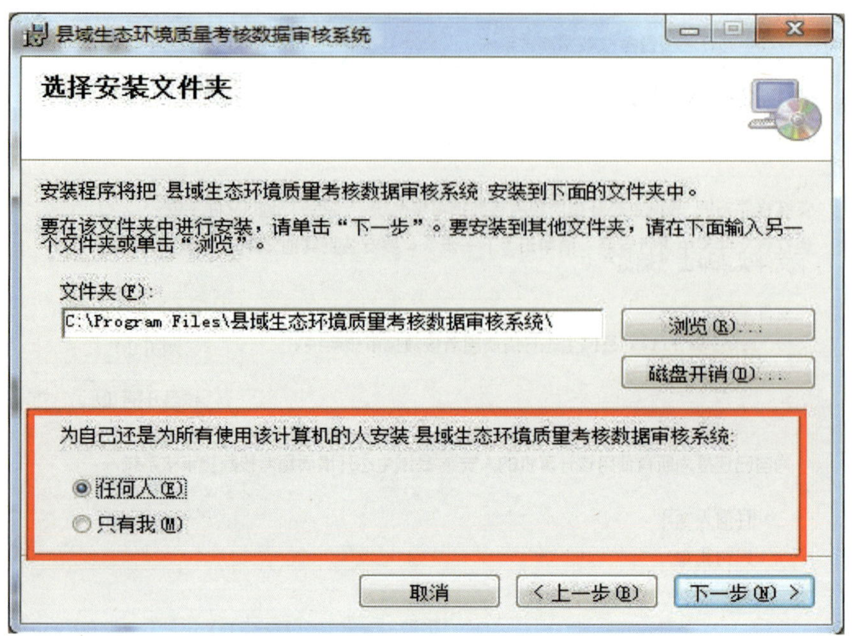

图 2-9　选择安装文件夹界面

（8）在设置好安装文件夹和使用人后，点击“下一步”按钮，则进入系统确认安装界面，如图 2-10 所示。

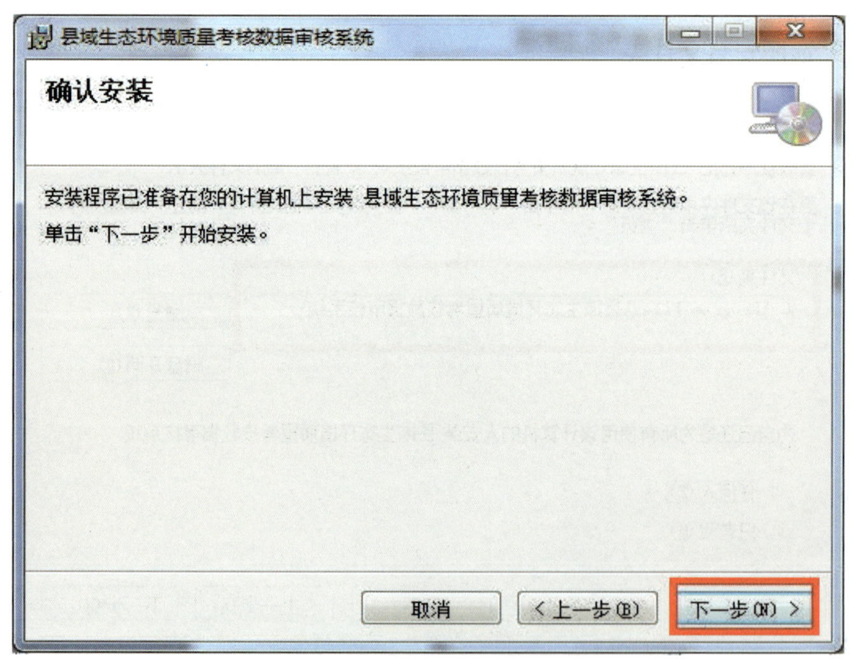

图 2-10　系统确认安装界面

（9）若确认安装，则点击“下一步”进入系统安装进度界面，如图 2-11 所示；若需要修改安装设置，则点击“上一步”按钮，则返回上一步进行安装文件夹等的修改；若想取消本次安装，则点击“取消”按钮，则将退出安装，并提示安装未完成。

县域生态环境质量考核数据审核系统
正在安装 县域生态环境质量考核数据审核系统
正在安装 县域生态环境质量考核数据审核系统。
请稍候...
取消
< 上一步(B)
下一步(N) >

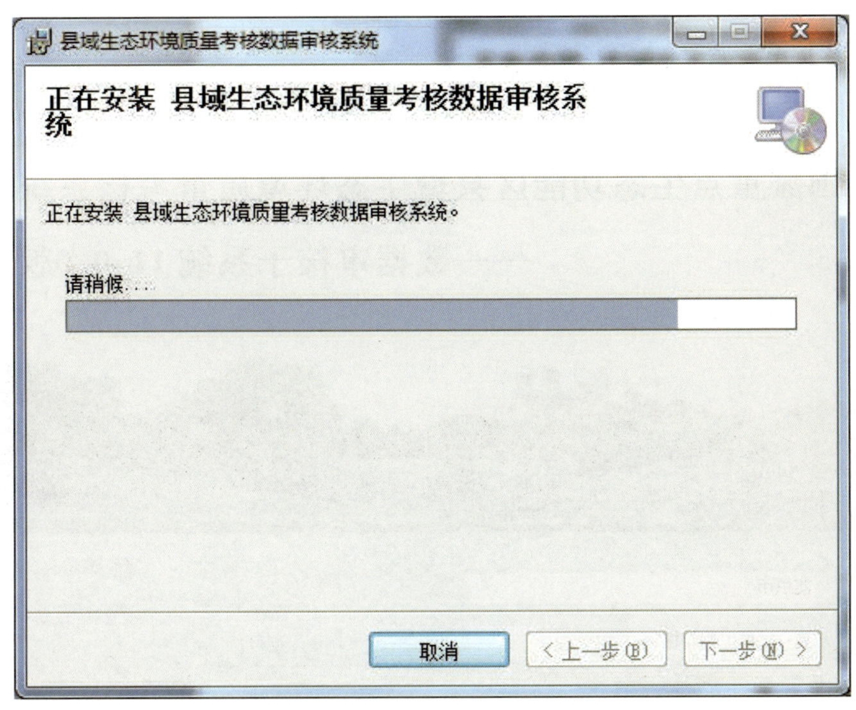

图 2-11　系统安装进度界面

（10）耐心等待系统安装，该过程根据不同性能的机器需要 1～3 分钟。安装完成后，将弹出如图 2-12 所示的“审核系统”验证界面。

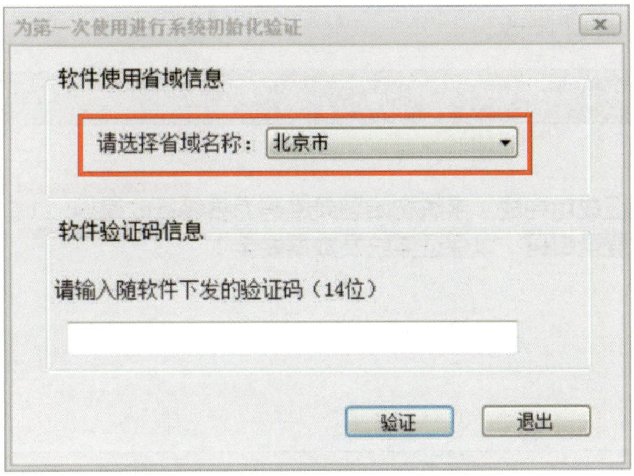

为第一次使用进行系统初始化验证
软件使用省域信息
请选择省域名称：
北京市
软件验证码信息
请输入随软件下发的验证码（14位）
验证
退出

图 2-12　“审核系统”验证界面

（11）通过图 2-12“审核系统”验证界面红框内的下拉框选择软件使用的县域名称，图 2-13 为选择了北京市后的界面。选择省域信息后，需输入软件的验证码，验证码为 3 组 4 位共 12 位，一般附于安装光盘的封面上，请按顺序输入 12 位验证码，输入后的界面如图 2-13 所示。

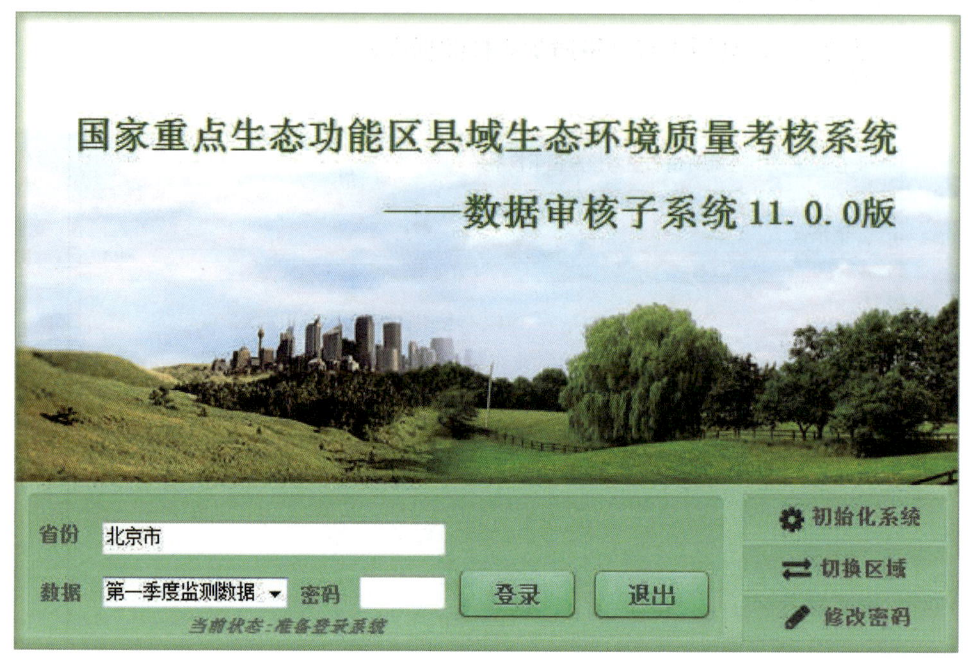

图 2-13 “审核系统”验证界面

（12）县域信息及验证码输入完整后，点击“确定”按钮，若验证码正确，则弹出如图 2-14 提示框，提示验证成功，并给出系统初始登录密码。该密码需牢记，并在系统第一次使用登录时进行修改。

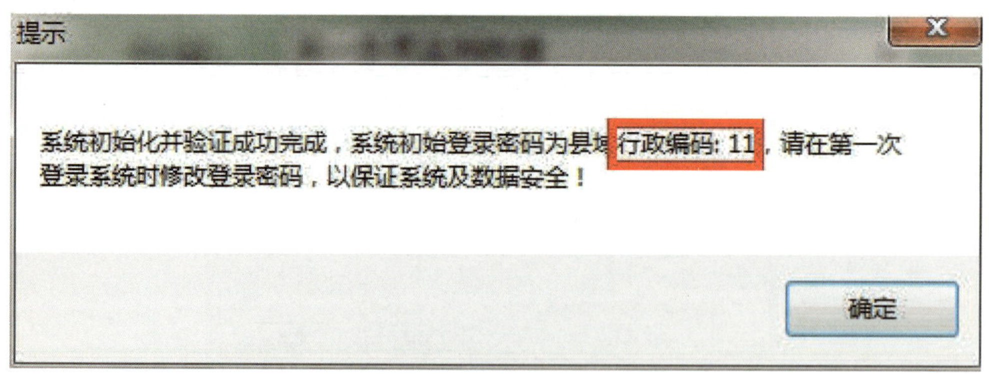

图 2-14 验证成功提示框

若验证码输入错误，则弹出如图 2-15 验证错误提示框。若确认所输验证码为下发的验证码并选择了正确的省域，则点击“是”按钮，退出系统安装，并联系系统开发商确认验证码信息。若要进行重新验证，则点击“否”按钮重新选择省域信息或输入验证码。

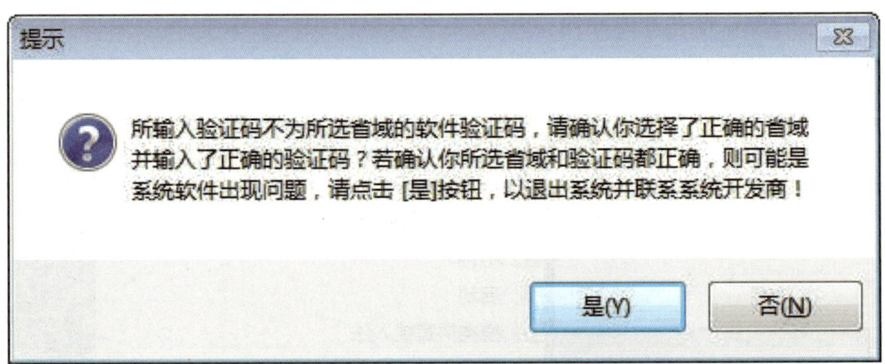

图 2-15　验证错误提示框

（13）若系统验证成功，则进入系统安装完成界面，如图 2-16 所示。

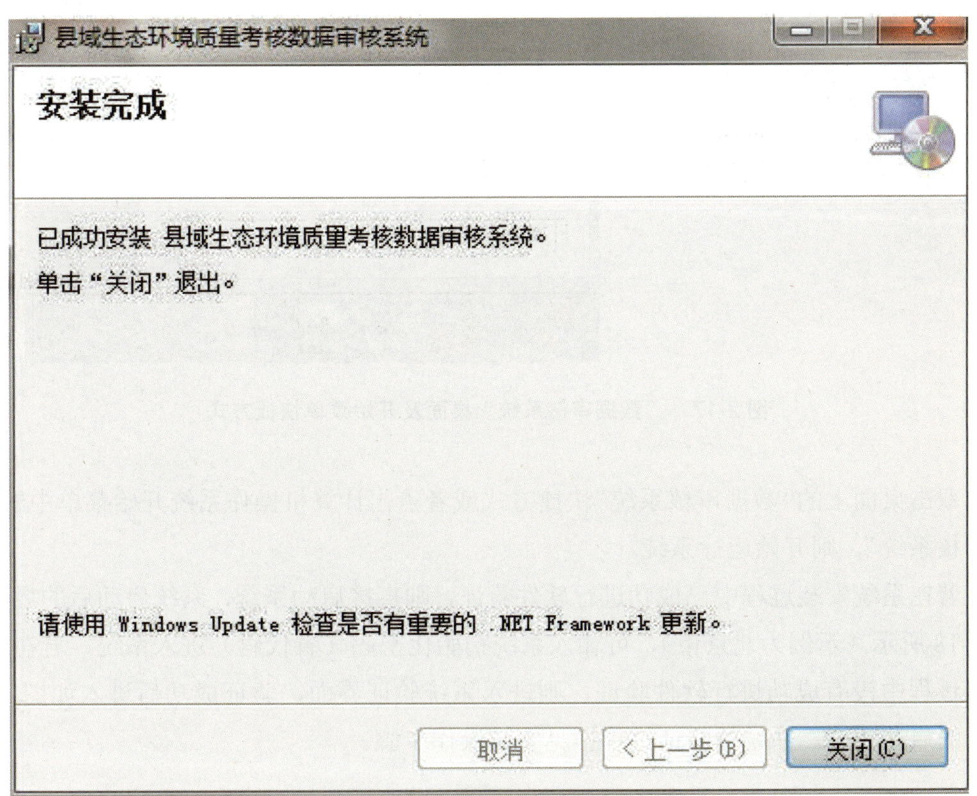

图 2-16　系统安装完成界面

（14）点击系统安装完成界面中的“关闭”按钮，结束系统安装。

2.3 系统启动运行

用户在计算机上对“审核系统”进行了安装后，用户计算机系统桌面上、计算机系统开始菜单中将产生“数据审核系统”的快捷方式，如图 2-17 所示。

图 2-17　“数据审核系统”桌面及开始菜单快捷方式

双击桌面上的“数据审核系统”快捷方式或者点击计算机操作系统开始菜单中的“数据审核系统”，则开始运行系统。

若在系统安装过程中已成功进行软件验证，则直接启动系统，系统启动后的界面如图 2-18 所示（示例为北京市），可输入系统初始化密码（省代码）进入系统。若在系统安装过程中没有成功进行软件验证，则进入系统验证界面，验证成功后进入如图 2-18 所示的启动界面。系统的验证过程详见安装操作步骤。

图 2-18　系统登入界面

2.4　系统卸载说明

用户可以通过两种方式对“审核系统”进行卸载，一种是通过计算机系统开始菜单中的“卸载数据审核系统”的快捷方式，如图 2-19 红框中所示；一种是通过点击开始菜单中的“控制面板”，如图 2-19 蓝框中所示，然后选择“控制面板”中的卸载程序，打开卸载程序窗体，如图 2-20 所示，右键点击图中红框中的“县域生态环境质量考核数据审核系统”，选择右键菜单中的“卸载”项，打开软件卸载进度执行框，完成卸载。

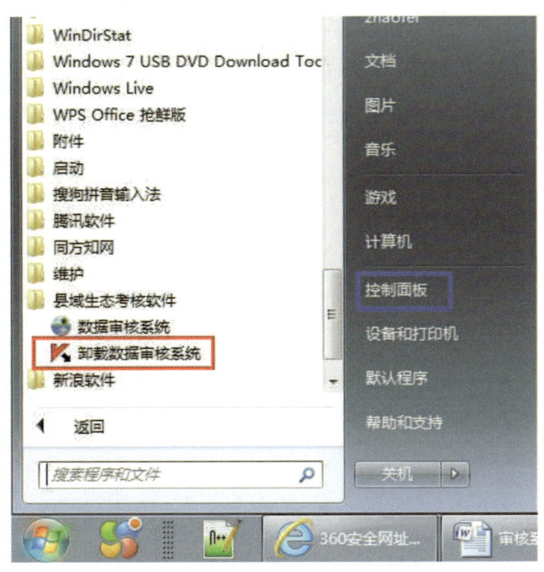

图 2-19　“审核系统”卸载菜单

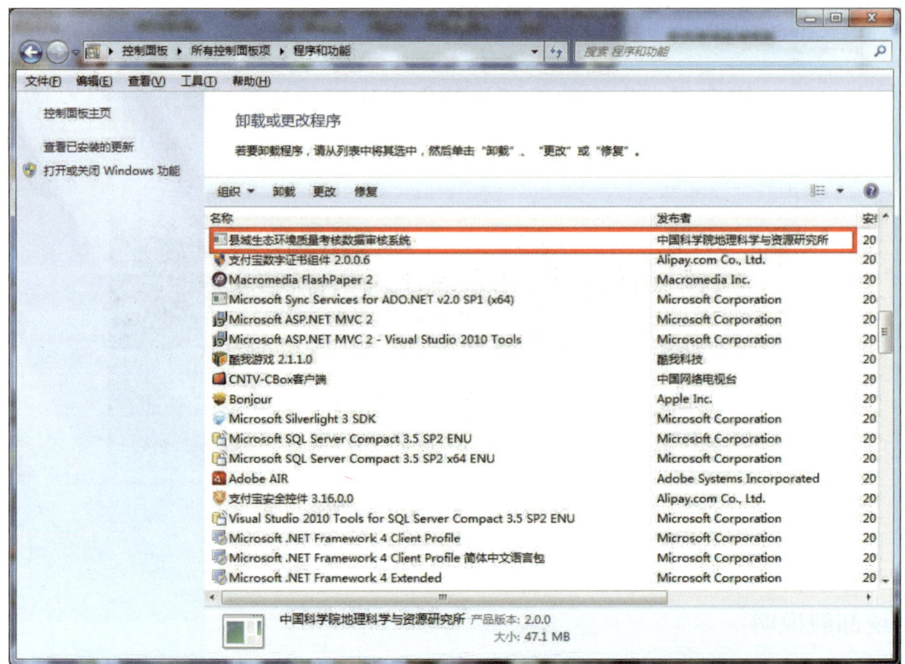

图 2-20　控制面板卸载窗体

3　监测数据考核系统主界面说明

本系统主界面采用目前最流行的 Windows Ribbon 风格（类似 Word 2007），整个主界面分为 3 个区，分别为功能菜单区、县域填报数据目录区和数据显示区，如图 3-1 所示。

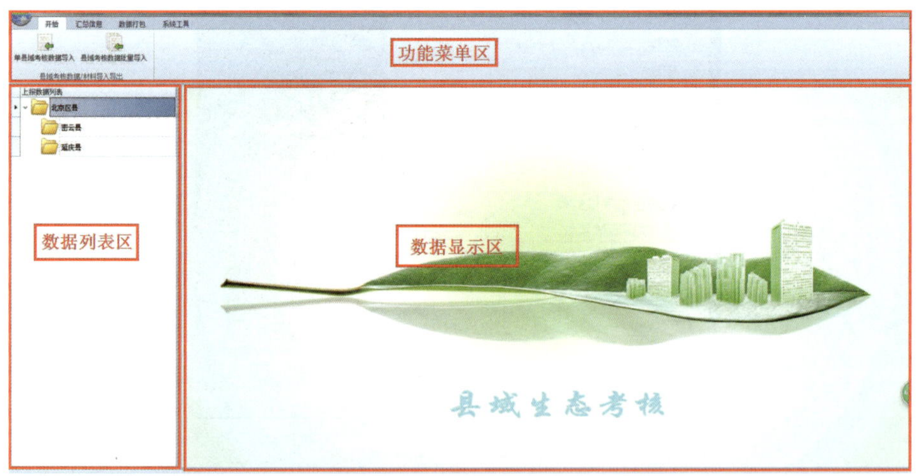

图 3-1　系统主界面

3.1　功能菜单区

系统功能菜单区位于系统主界面的上方，系统主要通过该功能菜单区的功能按钮来完成县域填报数据导入、汇总及打包上报等功能。本系统的功能按钮根据功能分类分布于 4 个菜单面板和一个系统菜单中，这 4 个面板为开始、汇总信息数据打包及系统工具。系统功能与各菜单面板间的对应关系如表 3-1 所示。

表 3-1　系统功能与各菜单面板间的对应关系

序号	菜单名称	系统功能
1	开始	县域填报数据导入、省级监测数据导入等
2	汇总信息	县域汇总信息浏览查看
3	数据打包	省域上报数据预检、加密打包
4	系统工具	系统界面风格切换、数据备份、恢复

菜单面板间通过其上方的菜单项的点击来切换，如图 3-2 所示。

图 3-2　功能菜单切换区

菜单面板在系统运行过程中一般都一直显示，但有时为了扩大数据显示区，可通过双击菜单项实现菜单面板隐现，菜单面板隐藏后的界面如图 3-3 所示。

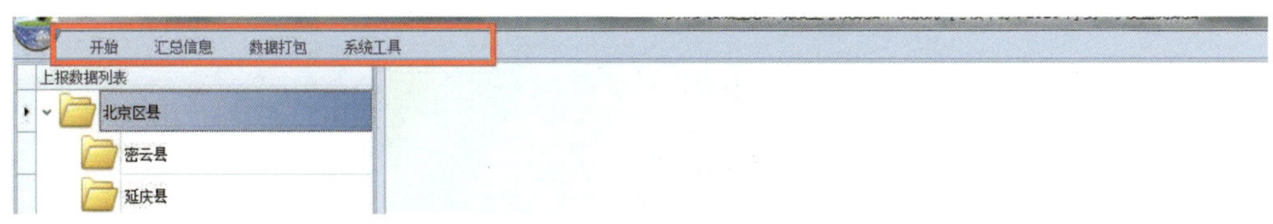

图 3-3　菜单隐藏后的功能菜单区

系统菜单位于功能菜单区的左上角的系统图标处，通过点击图标来弹出菜单，如图 3-4 所示。该菜单中提供审核数据设定、系统帮助和系统的版本信息等功能。

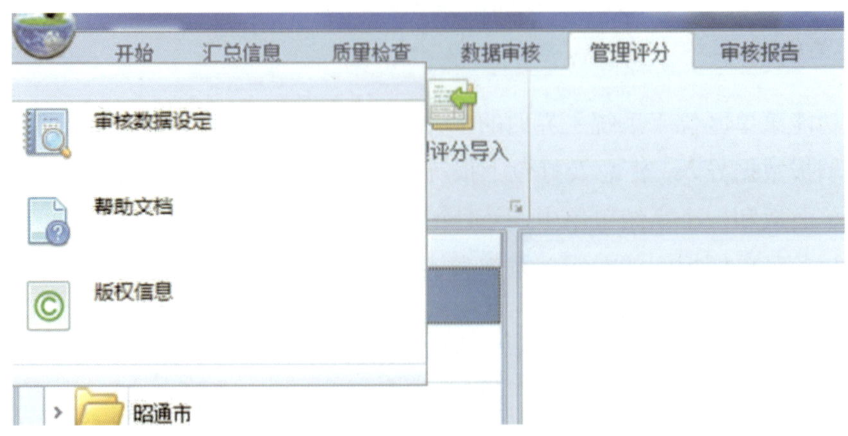

图 3-4　系统菜单

3.2　县域填报数据目录区

县域填报数据目录区位于系统主界面的左侧，以目录树的方式，按市→县→县域的结构对各县域的填报数据进行组织。初始状态下，目录树中一级节点为省域内有考核县域的市名称，二级节点为各市域内的考核县域名称，三级节点则为县域填报数据目录，如图 3-5 所示。

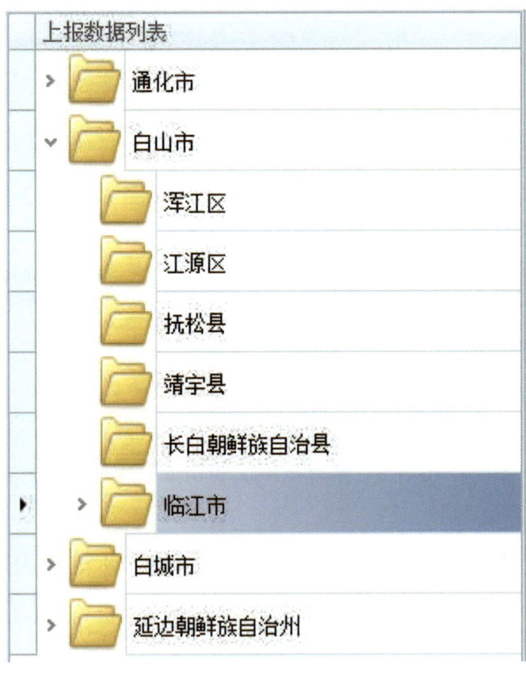

图 3-5　县域填报数据目录

系统将通过点击该目录树来实现县域填报数据的浏览，其操作方式与 Windows 的目录操作完全相同，只需逐级打开目录至末级节点，即为具体数据对应的文件或表格，点击即可在数据显示区以文档或表格的方式显示相应数据。

县域填报数据目录下则为各填报数据，具体按照数据填报要求进行组织，图 3-6 为环境状况监测数据填报表目录下的节点信息。

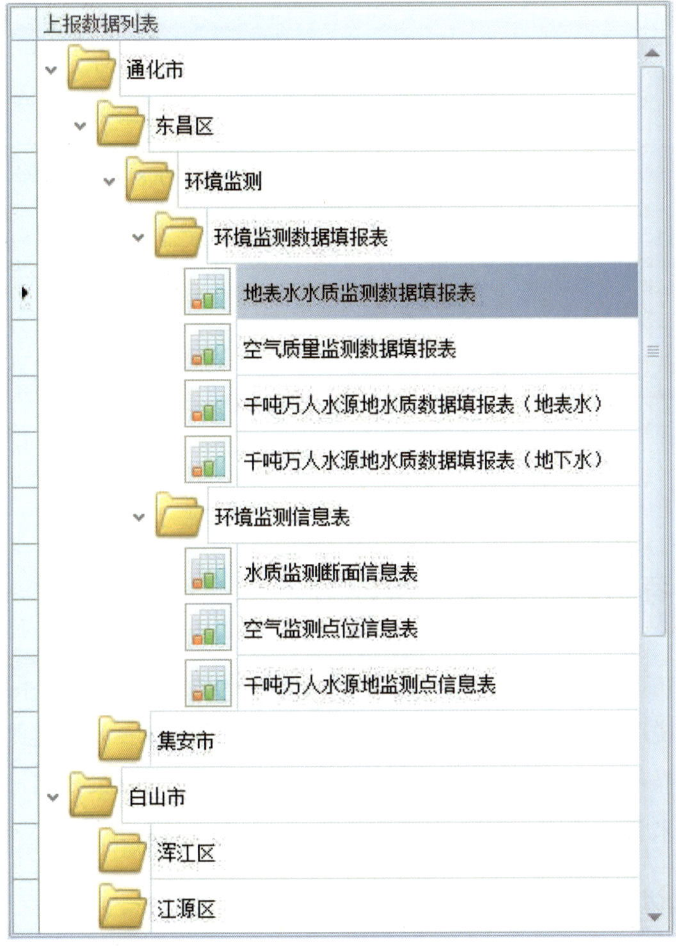

图 3-6　环境监测填报数据

3.3　数据显示区

数据显示区主要是显示填报数据目录区所选中数据节点对应的文档或表格内容，另外还显示系统生成的审核报告文本及报告附表。

不同数据内容，其显示样式各不相同，图 3-7 为表格类数据的显示样式，在表格类显示窗口，可实现数据表的排序（双击排序列即可）、翻页（通过表格下方的功能区，

图 3-8 红框内所示）等功能。

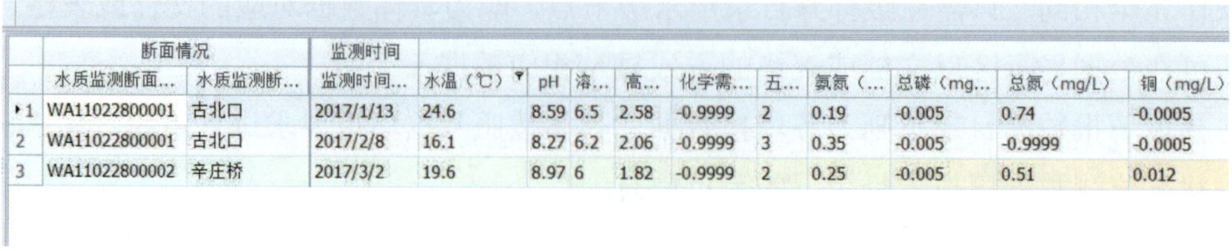

	断面情况		监测时间										
	水质监测断面...	水质监测断...	监测时间...	水温（℃）	pH	溶...	高...	化学需...	五...	氨氮（...	总磷（mg...	总氮（mg/L）	铜（mg/L）
1	WA11022800001	古北口	2017/1/13	24.6	8.59	6.5	2.58	-0.9999	2	0.19	-0.005	0.74	-0.0005
2	WA11022800001	古北口	2017/2/8	16.1	8.27	6.2	2.06	-0.9999	3	0.35	-0.005	-0.9999	-0.0005
3	WA11022800002	辛庄桥	2017/3/2	19.6	8.97	6	1.82	-0.9999	2	0.25	-0.005	0.51	0.012

图 3-7 表格类显示样式

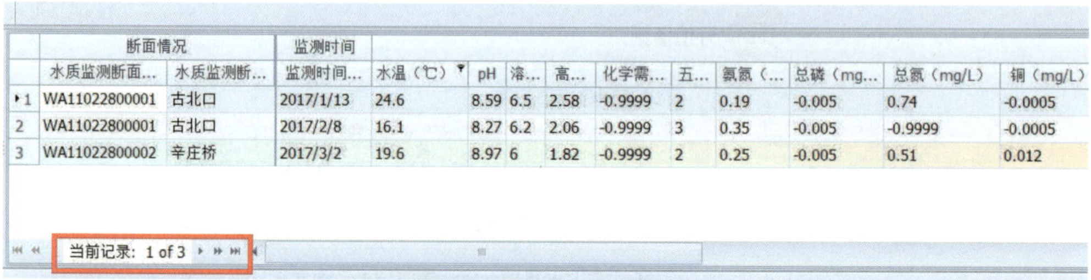

	断面情况		监测时间										
	水质监测断面...	水质监测断...	监测时间...	水温（℃）	pH	溶...	高...	化学需...	五...	氨氮（...	总磷（mg...	总氮（mg/L）	铜（mg/L）
1	WA11022800001	古北口	2017/1/13	24.6	8.59	6.5	2.58	-0.9999	2	0.19	-0.005	0.74	-0.0005
2	WA11022800001	古北口	2017/2/8	16.1	8.27	6.2	2.06	-0.9999	3	0.35	-0.005	-0.9999	-0.0005
3	WA11022800002	辛庄桥	2017/3/2	19.6	8.97	6	1.82	-0.9999	2	0.25	-0.005	0.51	0.012

当前记录：1 of 3

图 3-8 表格功能区样式

4 监测数据考核系统功能操作说明

功能菜单区的功能菜单和县域填报数据列表区的右键菜单是本系统的主要功能入口，本章将详细说明菜单功能区功能菜单和县域填报数据列表区右键菜单的功能操作。

本章的功能操作说明将按系统功能菜单区的菜单面板来分类详述，不以用户的操作流程及业务习惯来介绍说明。

4.1 系统登录及初始化

若用户在计算机上对“审核系统”进行了安装，则用户计算机系统桌面上、计算机系统开始菜单中将产生“数据审核系统”的快捷方式，如图 4-1 所示。若用户未安装，则参照《国家重点生态功能区县域生态环境质量考核数据审核系统安装手册》来完成系统软件的安装，并进入系统初始化及登录界面工作。系统运行及登录的具体步骤包括系统初始化验证、修改登入密码及登录系统 3 部分。

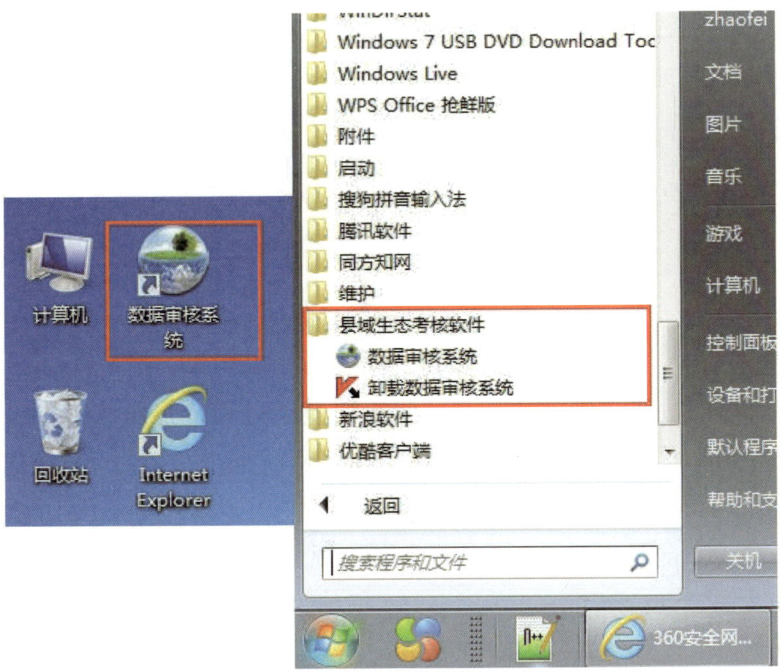

图 4-1　“数据审核系统”桌面及开始菜单快捷方式

4.1.1　登录系统

在系统登录框上选择“数据”类型，输入密码，点击“登录”按钮，则开始登录系统，如图 4-2 所示。

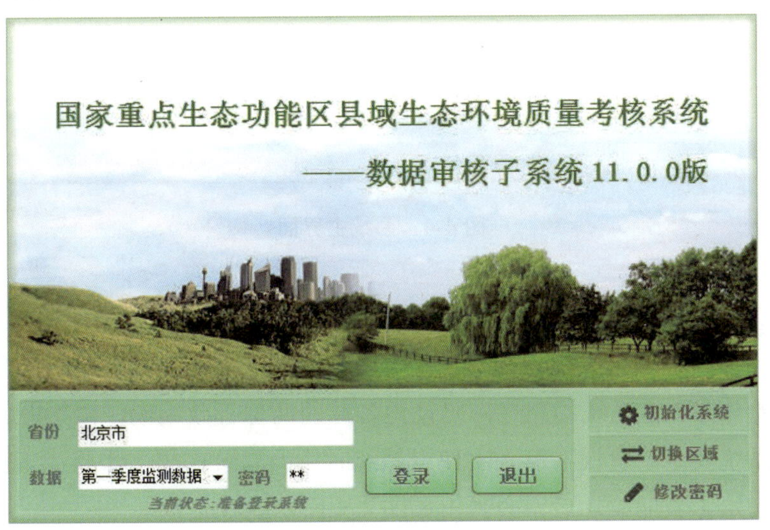

图 4-2　系统登录

系统第一次登录或是初始化后，会在登录过程中提示数据库不存在，并引导用户生成省级上报数据库，提示信息如图 4-3 所示。

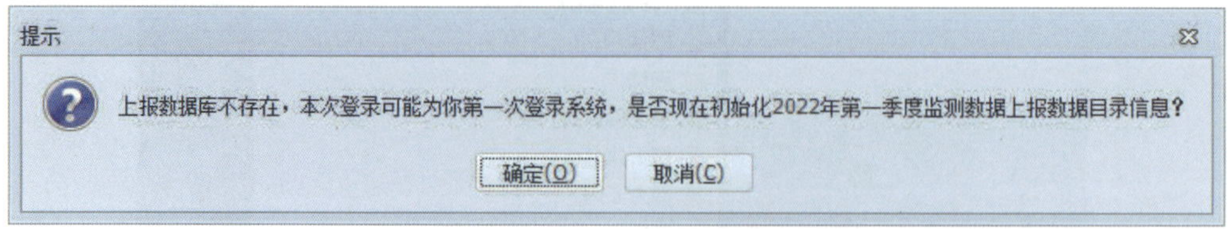

图 4-3　设置县级上报数据库提示框

点击“取消”按钮，则无法登录并将退出登录过程。点击“确定”按钮，则生成省级上报数据库并登录系统，进入如图 4-4 所示的系统主界面，系统初始化及登录完成。

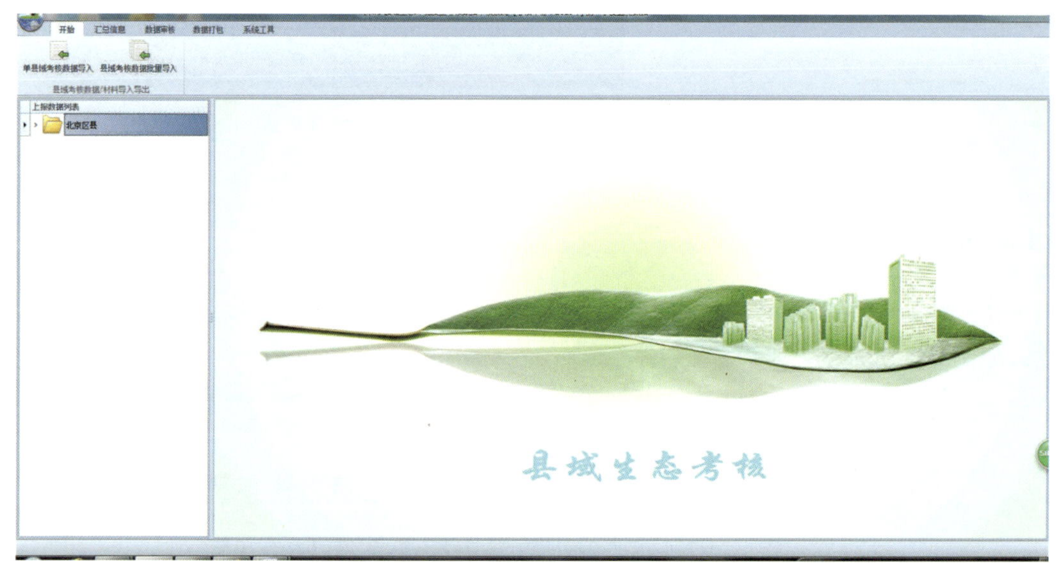

图 4-4　系统主界面

4.1.2　修改登录密码

系统初始化时，将系统的登录密码设为省域的两位行政编码，如：北京市为 11。为保证数据及系统安全，建议在第一次使用系统时修改登录密码。步骤如下。

在系统初始化验证成功后，会弹出如图 4-5 所示的登录框。

图 4-5　登录框

点击“修改密码”按钮，则弹出如图 4-6 所示的修改登录密码。

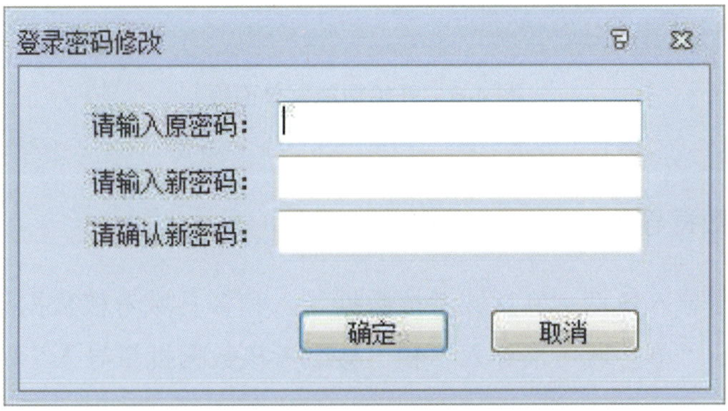

图 4-6　登录密码修改

在第一个框中输入原密码，第一次登录时为县域代码，以后再修改时为用户修改过的密码。在第二个框中输入新的密码（密码建议由数字和字母组合而成），然后在第三个框中重新输入新密码，以确认新密码没有输错。

输入完成后，点击“确定”按钮，若原密码没有输错，且新密码与确认密码相同，则弹出如图 4-7 所示的修改密码成功提示框；否则提示原密码错误或是新密码与确认密码不匹配错误。

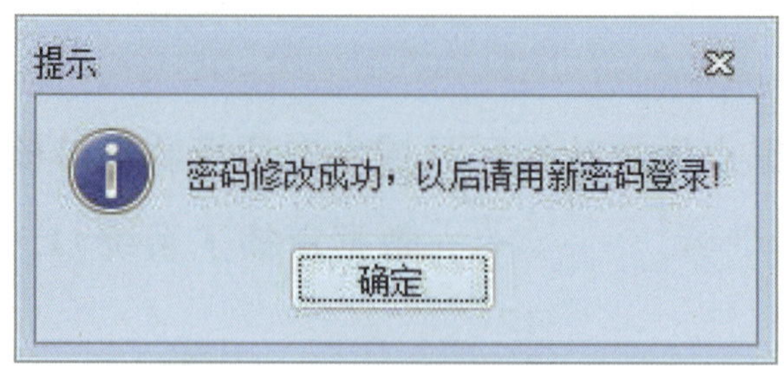

图 4-7 密码修改成功提示

4.2 开始菜单

开始菜单包括县域上报包导入、县域基本信息导入、省级监测数据导入及县级上报监测数据导出等功能，如图 4-8 所示。

图 4-8 开始功能菜单面板

4.2.1 县域考核数据导入

县域考核数据导入包括：单县域考核数据导入和多县域考核数据导入两个功能，通过系统主界面中的“单县域考核导入”和“县域考核数据批量导入”两个功能按钮来实现，如图 4-9 所示。

图 4-9 县域数据导入功能按钮

单县域考核数据导入是针对目前上报县域较少，将县域上报数据包一个县域一个县域的导入。多县域考核数据导入功能一般是在已有较多县域上报考核数据包的情况下使用，可一次性导入多个县域填报数据。

单县域具体操作步骤如下：

点击“开始”菜单“县域考核数据/材料导入”栏内的“单县域考核数据导入”按钮系统将弹出如图 4-10 所示的“单县域数据导入”界面。

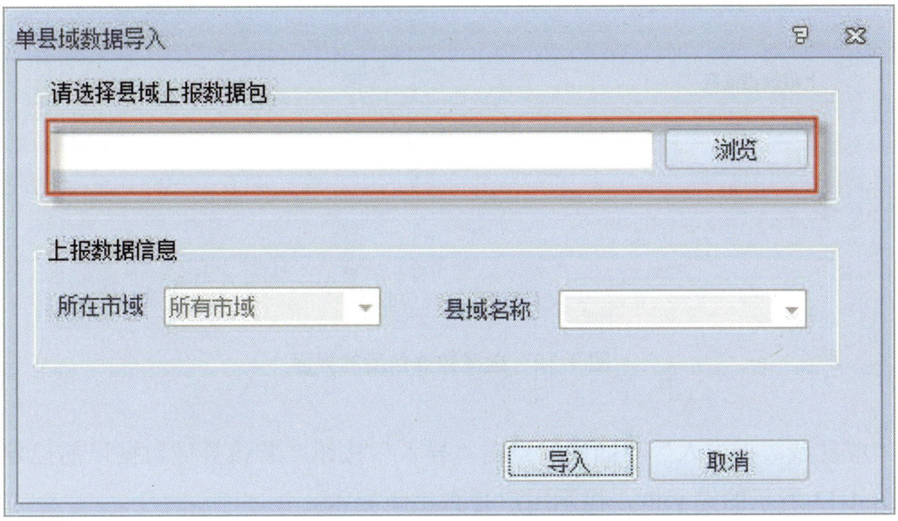

图 4-10　上报数据包选择界面

在“单县域数据导入”界面中，点击选择县域上报数据包的“浏览”，则弹出监测数据包文件选取对话框，如图 4-11 所示。

图 4-11　监测数据包选择对话框

在文件选择对话框中，选中需要导入的县域季度上报文件包［文件名格式为：年份（4 位）-县名称-县代码（6 位数字）-季度.crf，如 2017-密云区-110228-第一季度.crf］，点击“打开”按钮，则该文件将选择至县域上报数据包下的文本框内，同时系统将根据文件名，在上报数据信息中显示该数据包的上报县域所在市及县名称，如图 4-12 所示。

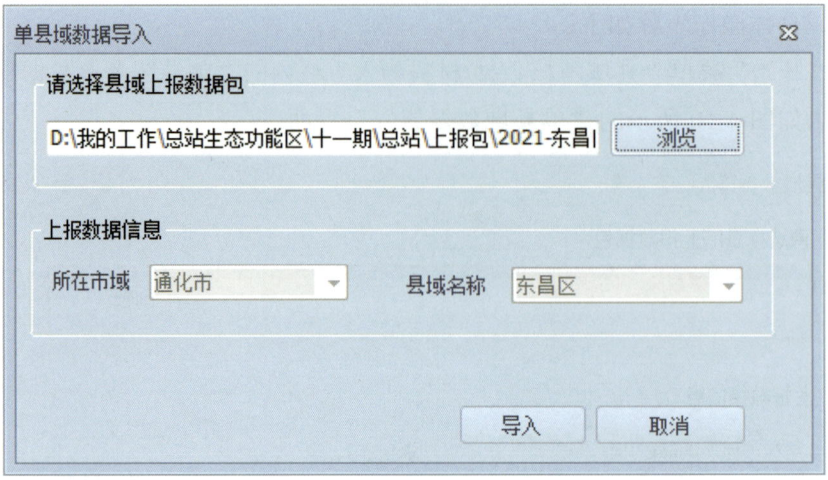

图 4-12　选择数据包后的界面

在“单县域数据导入”界面中，点击“导入”按钮，若该县域数据以前已导入，则弹出如图 4-13 所示的提示框，提示用户是否重新导入。

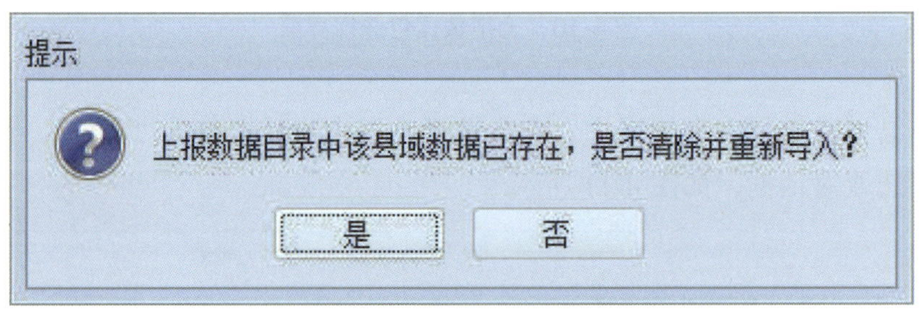

图 4-13　是否重新导入提示

在提示框中，点击“是”按钮，则弹出数据导入进度界面，如图 4-14 所示，在导入过程中，将显示导入步骤、进度以及导入状态日志。在导入过程中，可随时点击“终止”按钮终止导入过程，也可勾选“完成后自动关闭本执行进度窗口？”在完成导入过程后自动关闭该导入进度框。

导入完成后，系统会在执行日志中提示执行完成，并提示所用时间等信息，如图 4-15 所示。导入结束后，可通过“导出日志”按钮将执行日志导出为文本文件（*.txt）以进一步的分析。

导入完成后，在左侧数据目录树中对应的县节点下将加入该县导入的数据目录列表，可通过点击相应的文件或表节点查看该县域的填报数据。

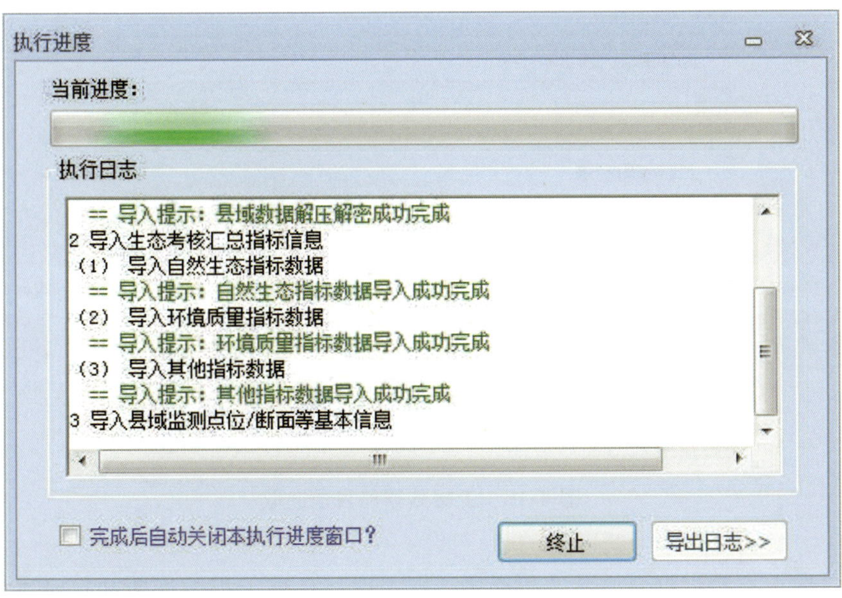

图 4-14　导入过程

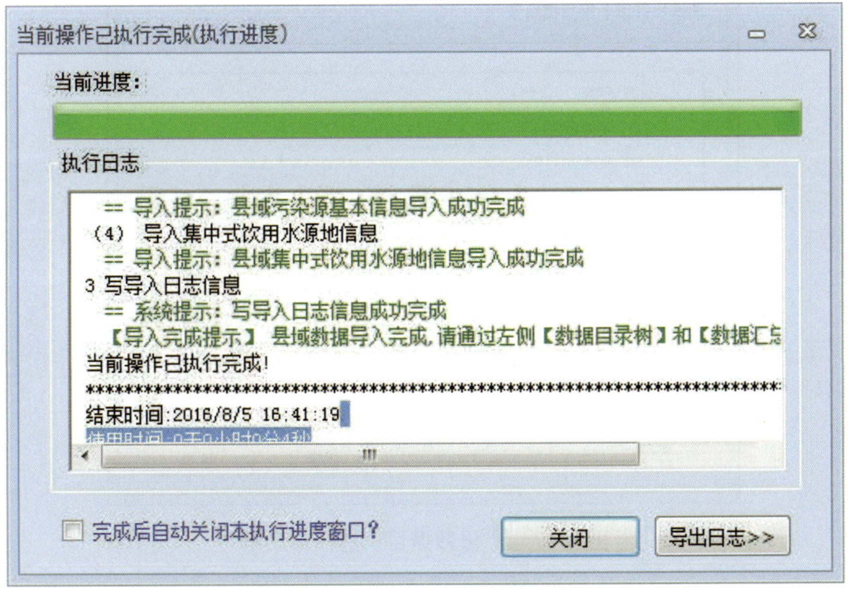

图 4-15　导入完成

多县域考核数据导入具体操作步骤如下。

点击“开始”菜单“县域考核数据/材料导入”栏内 “县域考核数据批量导入”按钮，系统将弹出如图 4-16 所示的“县域上报数据批量导入”界面。

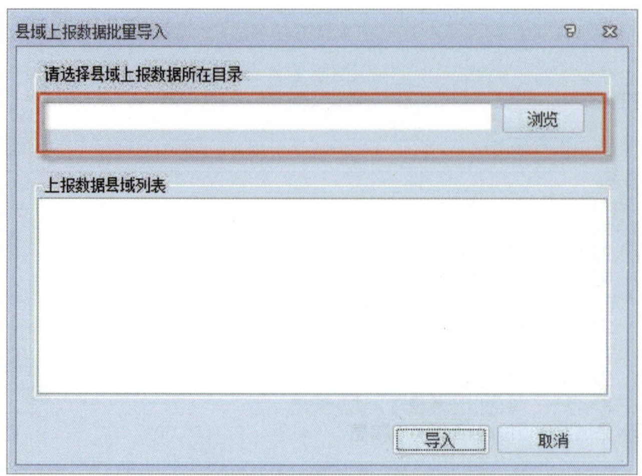

图 4-16　上报数据包目录选取

在“县域上报数据批量导入”界面中，点击选择县域上报数据所在目录下的“浏览”按钮，则弹出文件目录选取对话框，如图 4-17 所示。

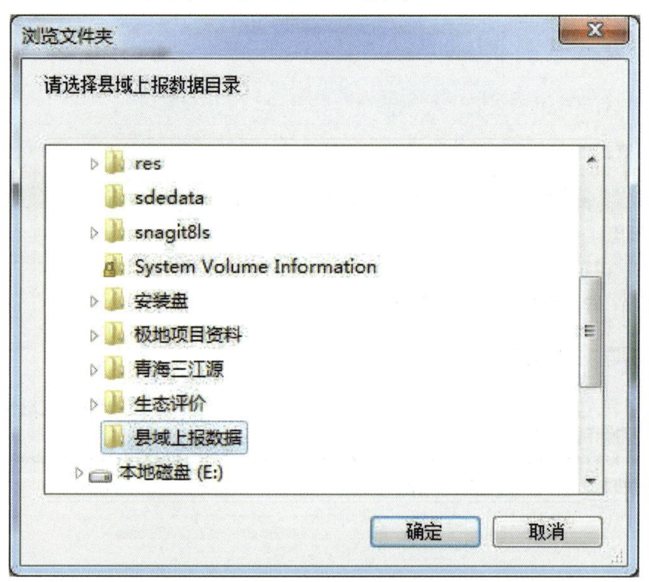

图 4-17　上报数据目录选择对话框

在文件目录选择对话框中，选中县域上报数据包文件所在的目录（需将各县域上报数据包拷贝至该目录），点击“确定”按钮，则该文件目录名将显示于县域上报数据目录的文本框内，同时将该目录所有上报数据包文件对应的县域名称及编码列于“上报数据县域列表”框内（注意：若目录内包含的上报数据包不为考核季度的，则不列于此框中），如图 4-18 所示。

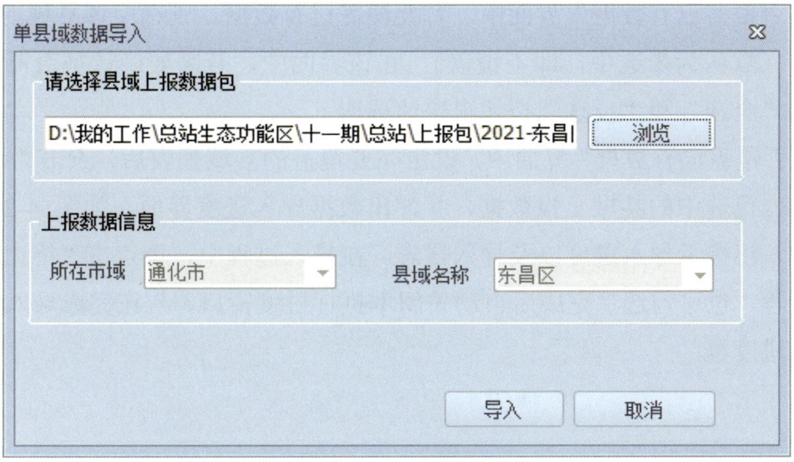

图 4-18　导入县域选择

在“县域上报数据批量导入”界面的上报数据县域列表中，通过各县域名称前面的复选框来选择是否导入该县域数据，若导入，则选中，否则不选中（默认为全选中，即全导入）。选择需要导入的县域列表时，可通过其下的“全选”“反选”按钮来辅助选择。点击“全选”是将所有县域都选中，点击“反选”则是将已选中的变为不选中，未选中的改为已选中。

在“县域上报数据批量导入”界面中选择完导入数据县域后，点击“导入”按钮，若所选县域列表中有些县域以前已导入过数据，则弹出如下“是否覆盖已有数据”提示框，并将已存数据的县域名称列于列表框中，如图 4-19 所示。若没有已导入过数据的县域，则跳过此界面，直接进入数据导入进度框界面。

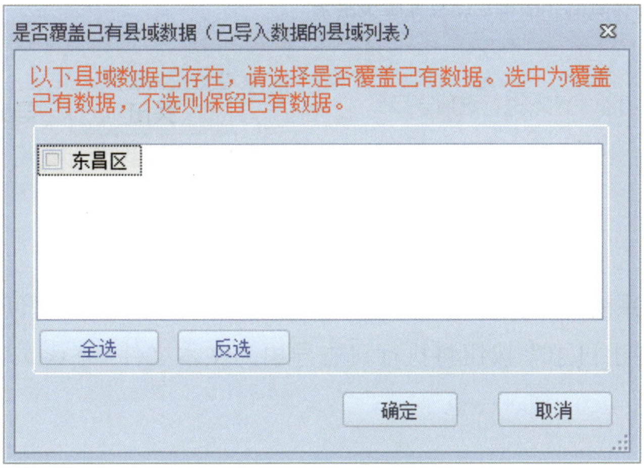

图 4-19　是否覆盖设置

在“是否覆盖已有数据”界面中，若要覆盖已有数据，则选中该县域前的复选框，否则不选中（默认为未选中，即不覆盖）。在该界面中，若需要确认是否覆盖的县域较多，可通过“全选”和“反选”按钮来快速选取。

在“是否覆盖已有数据”界面中，设定完要覆盖的县域列表后，点击“导入”按钮，则按顺序导入已选中的县域上报数据，并弹出数据导入进度界面，如图 4-20 所示，在导入过程中，将提示导入进度以及导入日志。在导入过程中，可点击“终止”按钮随时终止导入过程，也可勾选“完成后自动关闭本执行进度窗口？”在完成导入过程后自动关闭该导入进度框。

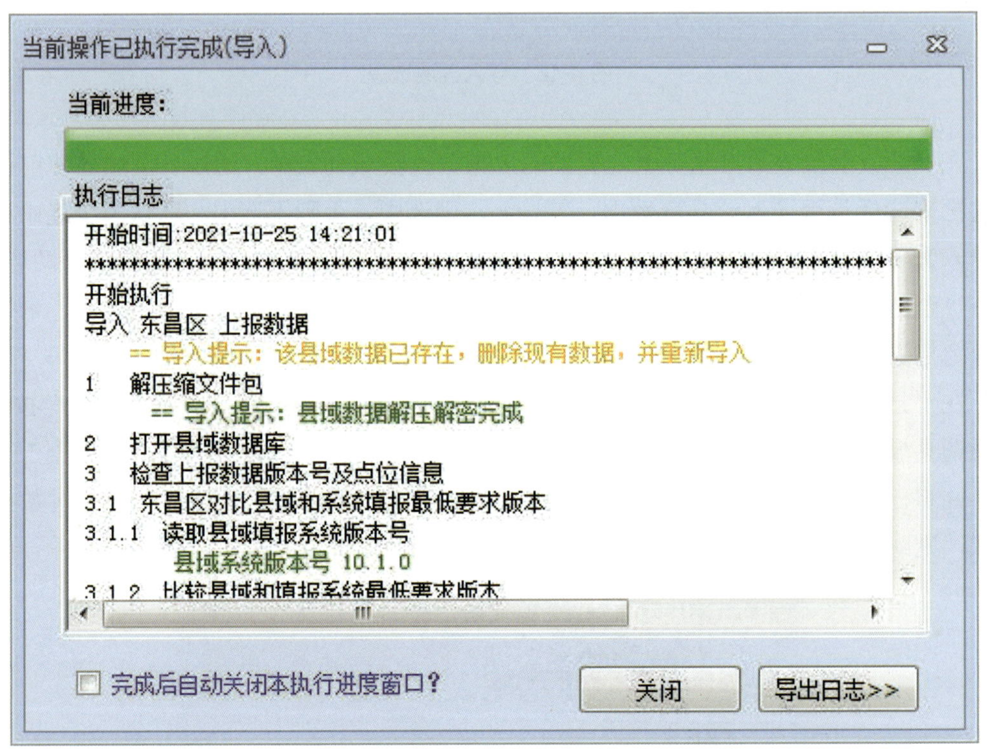

图 4-20 导入进度

导入完成后，系统会在执行日志中提示执行完成，并提示所用时间等信息，如图 4-21 所示。可通过“导出日志”按钮将执行日志导出为文本文件（*.txt）。

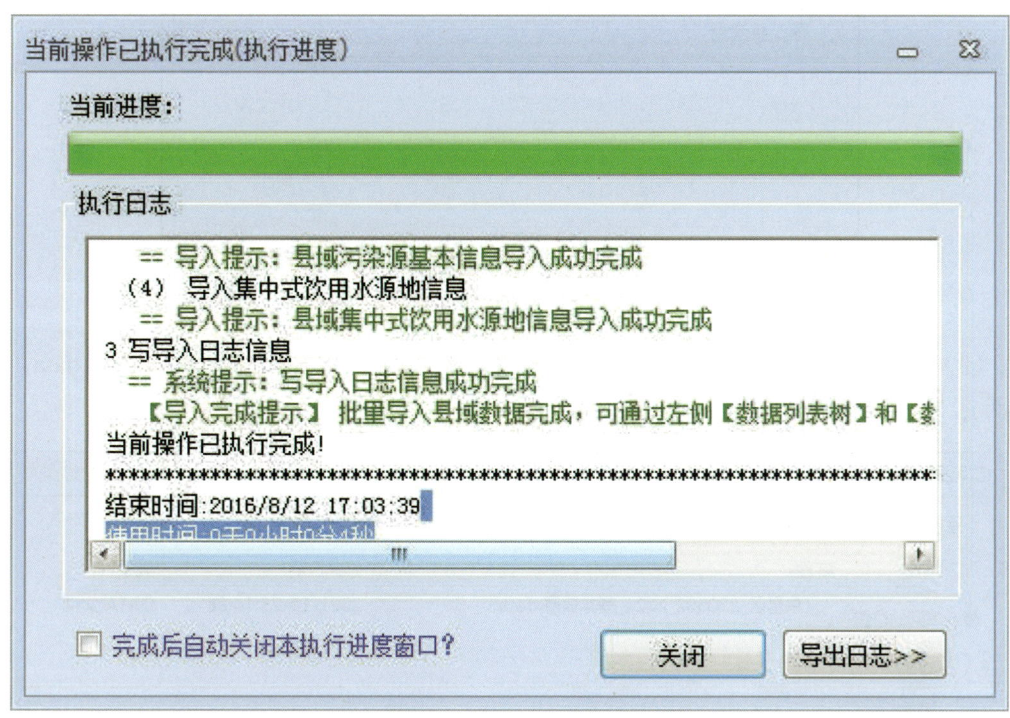

图 4-21　导入完成提示

导入完成后，左侧数据目录树中对应的所有导入数据的县节点下将加入该县域上报数据目录列表，可通过点击相应的文件或表节点查看该县域的填报数据。

4.2.2　县信息导入

若发现点位有变更，需要获取国家下发的县信息包（格式为：县名称_县代码_年份_基本信息.data）。具体操作步骤为：

（1）点击“开始”菜单下“县域基本信息导入”按钮，如图 4-22 所示。

图 4-22　县域基本信息导入按钮

（2）弹出如图 4-23 所示的导入县信息对话框。

图 4-23　导入点位信息

（3）点击“选择”，选取下发的文件（如：崇义县_110118_2019_基本信息.data，可多选），如图 4-24 如示。

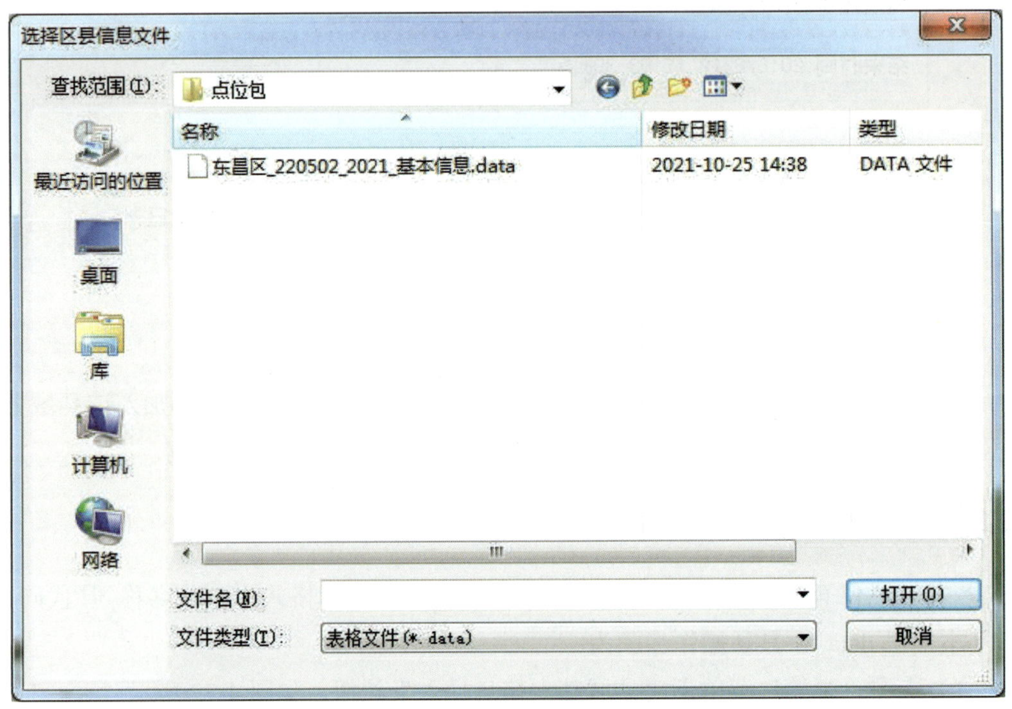

图 4-24　文件选择

（4）点击“打开”，开始导入，弹出导入进度窗体，如图 4-25 如示，导入完成后可以通过目录树查看变更的点位信息。

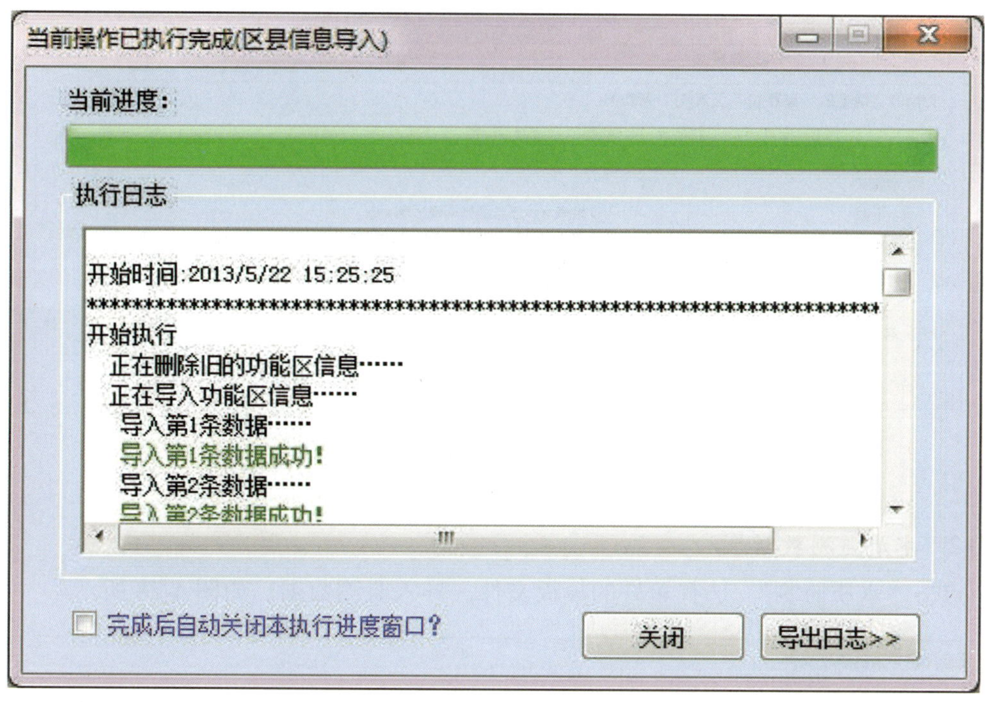

图 4-25　导入进度

4.2.3　省级监测数据导入

地表水省控断面由省级填报，县控或市控断面由县级填报。饮用水水源地若由省级监测由省级填报，空气自动站监测数据若省站统一运维的，由省级填报，手工站由县级填报。菜单如图 4-26 所示。

图 4-26　省级监测数据导入

4.2.3.1　模板导出

点击“模板导出”，选择导出路径，保存模板文件，如图 4-27 所示。

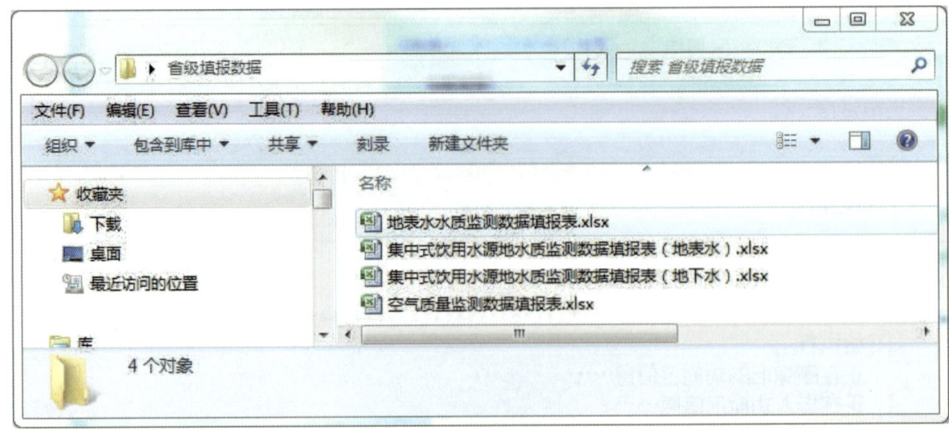

图 4-27　模板导出

4.2.3.2　水质监测数据导入

点击“水质监测”，选择填好的模板文件，导入监测数据，如图 4-28 所示。

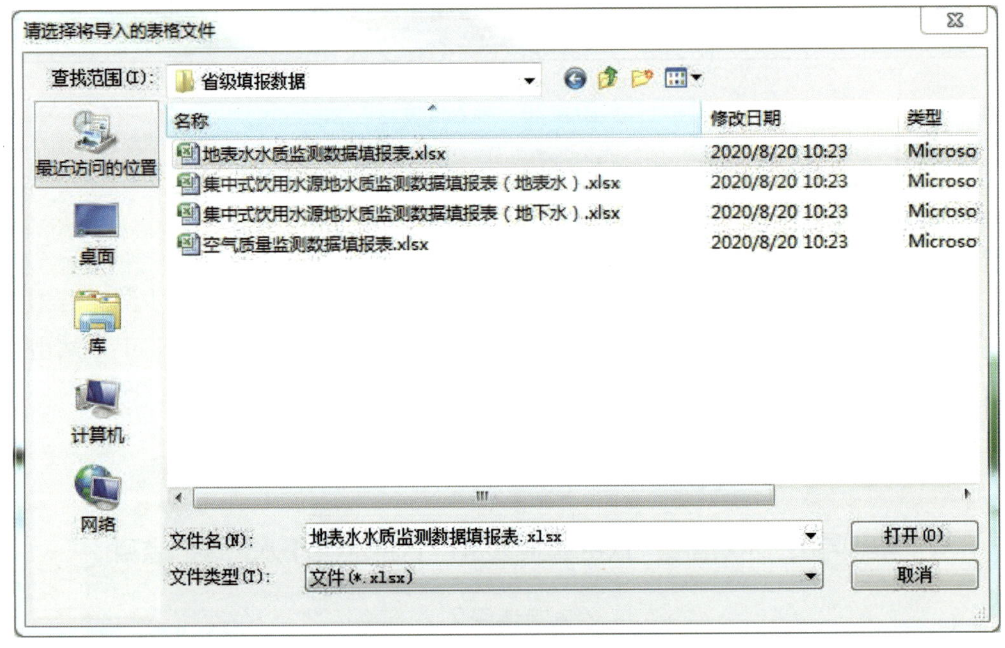

图 4-28　地表水模板选择

4.2.3.3　饮用水（地表水）监测数据导入

点击“饮用水（地表水）”，选择填好的模板文件（图 4-28），导入监测数据。

4.2.3.4　饮用水（地下水）监测数据导入

点击“饮用水（地下水）”，选择填好的模板文件（图 4-28），导入监测数据。

4.2.3.5　空气监测数据导入

点击“空气监测”，选择填好的模板文件（图 4-28），导入监测数据。

4.2.4　县级监测导出

导出县级填报的监测数据，包括空气监测数据、地表水监测数据及饮用水监测数据。点击“县级监测”，选择导出的文件夹，导出县级数据，如图 4-29 所示。

图 4-29　县级监测数据导出

4.3　县域上报数据浏览

4.3.1　县域数据目录

县域上报数据导入后，可以在左侧目录树查看。如图 4-30 所示，显示县的县域数据节点信息。

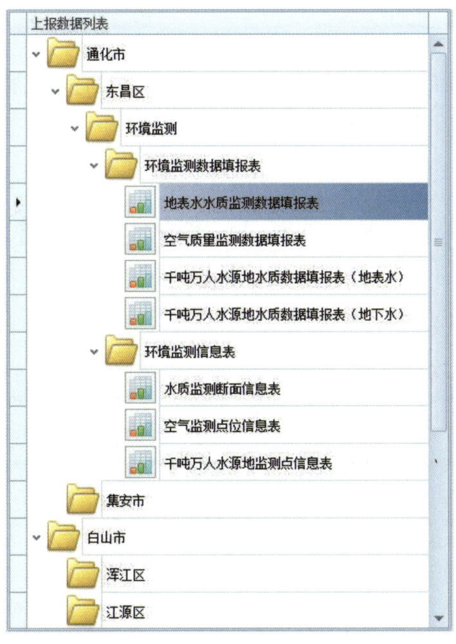

图 4-30　县域数据目录结构

显示为 的节点表示该节点下有数据，点击该节点即可展开/收起该节点。

节点图标及含义索引见表 4-1。

表 4-1　目录树节点图标及含义

图标	含义
	非空节点
	空节点
	证明材料
	证明材料不存在
	数据填报表
	比较数据表
	PDF 文档
	图像、照片
	自查报告文档

对于非文件夹节点，可以直接点击节点，并在右侧数据显示区显示数据。

4.3.2　县域数据浏览

如图 4-31 所示，为填报数据显示样式。如果表格中有照片字段，则在表格中显示照片的缩略图，如果照片不存在，则显示“无图像”字样；如果表格中有文档相关字段，则在表格中显示为超级链接。

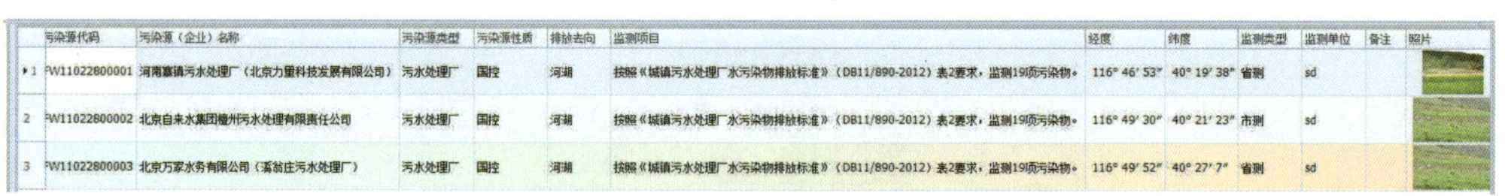

	污染源代码	污染源（企业）名称	污染源类型	污染源性质	排放去向	监测项目	经度	纬度	监测类型	监测单位	备注	照片
1	FW11022800001	河南寨镇污水处理厂（北京力量科技发展有限公司）	污水处理厂	国控	河湖	按照《城镇污水处理厂水污染物排放标准》（DB11/890-2012）表2要求，监测19项污染物。	116° 46′ 53″	40° 19′ 38″	省测	sd		
2	FW11022800002	北京自来水集团檀州污水处理有限责任公司	污水处理厂	国控	河湖	按照《城镇污水处理厂水污染物排放标准》（DB11/890-2012）表2要求，监测19项污染物。	116° 49′ 30″	40° 21′ 23″	市测	sd		
3	FW11022800003	北京万家水务有限公司（溪翁庄污水处理厂）	污水处理厂	国控	河湖	按照《城镇污水处理厂水污染物排放标准》（DB11/890-2012）表2要求，监测19项污染物。	116° 49′ 52″	40° 27′ 7″	省测	sd		

图 4-31　横向表格数据

点击单元格中的缩略图，则弹出如图 4-32 所示的图片查看界面。若有多张照片，可以点击“前一张”“后一张”导航浏览。

图 4-32　图片查看界面

点击单元格中的超级链接，则弹出附件查看界面。如有多个附件则可以点击“前一个”“后一个”导航查看。

4.4　汇总信息

部分或全部县域数据导入后，可查看已导入县域的指标及相关辅助数据的汇总信息，“汇总信息”菜单面板中主要提供县域基本情况及社会经济情况信息与点位/断面等基础信息的浏览查看。各功能按钮布局如图 4-33 所示。

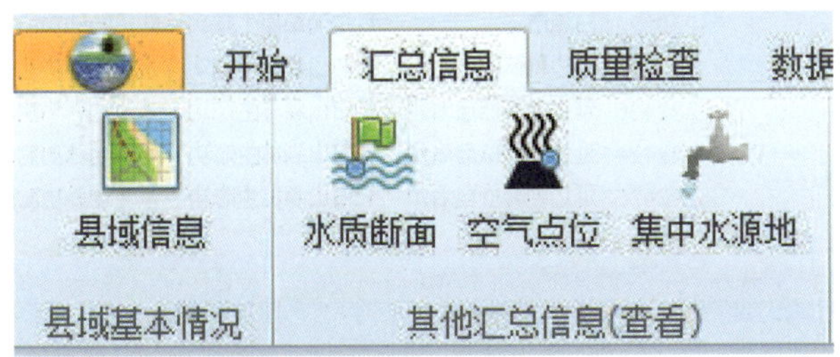

图 4-33　汇总信息菜单面板

4.4.1　县域基本情况汇总表浏览

县域基本情况信息汇总表是指县域基本情况和县域社会经济情况，可通过“县域基本情况及社会经济情况”栏内的“县域基本情况”功能按钮来查看浏览，布局如图 4-34 所示。

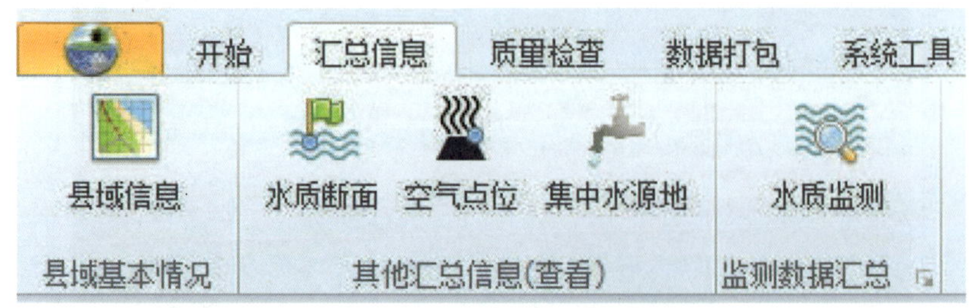

图 4-34　县域基本情况功能按钮

下面以“县域基本情况”功能为例来说明操作步骤。

点击“汇总信息”菜单“县域基本情况及社会经济情况”栏内的“县域基本情况”按钮，则弹出如图 4-35 所示的数据浏览界面，并在界面中以表格的形式显示已上报县域基本情况汇总信息。

县域基本信息

	县（市、旗、区...	县（市、旗、区...	所在州、市	所在生态功能区	功能区类型	是否南水北调水...
▸	东昌区	220502	通化市	长白山森林生态功	水源涵养功能区	否
	集安市	220582	通化市	长白山森林生态功	水源涵养功能区	否
	浑江区	220602	白山市	长白山森林生态功	水源涵养功能区	否
	江源区	220605	白山市	长白山森林生态功	水源涵养功能区	否
	抚松县	220621	白山市	长白山森林生态功	水源涵养功能区	否
	靖宇县	220622	白山市	长白山森林生态功	水源涵养功能区	否
	长白朝鲜族自治县	220623	白山市	长白山森林生态功	水源涵养功能区	否
	临江市	220681	白山市	长白山森林生态功	水源涵养功能区	否
	通榆县	220822	白城市	科尔沁草原生态功	防风固沙功能区	否
	敦化市	222403	延边朝鲜族自治州	长白山森林生态功	水源涵养功能区	否
	和龙市	222406	延边朝鲜族自治州	长白山森林生态功	水源涵养功能区	否
	汪清县	222424	延边朝鲜族自治州	长白山森林生态功	水源涵养功能区	否
	安图县	222426	延边朝鲜族自治州	长白山森林生态功	水源涵养功能区	否

当前记录 1 of 13

导出为Excel　退出

图 4-35　县域基本情况显示样例

在数据显示页面，可通过左下侧表格操作面板来显示当前记录及总记录条数，并可通过功能按钮实现记录移动及翻页功能。

若需要将当前显示数据导出为 Excel 表格，则在数据显示界面，点击右下侧的“导出为 Excel”按钮来实现当前表格内容的导出，导出格式为 Excel 文件。

若需要退出汇总数据查看界面，则点击该界面右上角的关闭按钮或右下角的“退出”按钮，汇总数据查看界面消失，返回至系统主界面。

4.4.2　点位/断面等基础信息汇总表

点位/断面等基础信息汇总表是指各县域填报的水质监测断面信息、空气质量监测点位信息、污染源信息、集中水源地信息。可通过“点位/断面等基础信息汇总表”栏内的“水质监测断面信息”“空气质量监测点位信息”“集中水源地信息”3 个功能按钮来查看浏览，如图 4-36 所示。

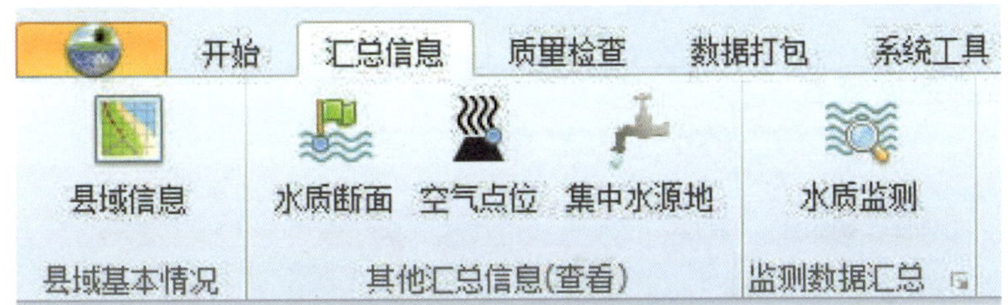

图 4-36　基础信息查看功能按钮

这 4 个功能操作方式完全相同，只是结果展示的内容不同，下面以“水质监测断面信息”功能为例来说明操作步骤。

点击“汇总信息”菜单“点位/断面等基础信息汇总表”栏内的“水质监测断面信息”按钮，则弹出如图 4-37 所示的数据浏览界面，并在界面中以表格的形式显示已上报县域内水质监测断面信息的汇总表。

在数据显示页面，可通过左下侧表格操作面板来显示当前记录及总记录条数，并可通过功能按钮实现记录移动及翻页功能。

若需要将当前显示数据导出为 Excel 表格，则在数据显示界面，点击右下侧的“导出为 Excel”按钮来实现当前表格内容的导出，导出格式为 Excel 文件。

若需要退出汇总数据查看界面，则点击该界面右上角的关闭按钮或右下角的“退出”按钮，汇总数据查看界面消失，返回至系统主界面。

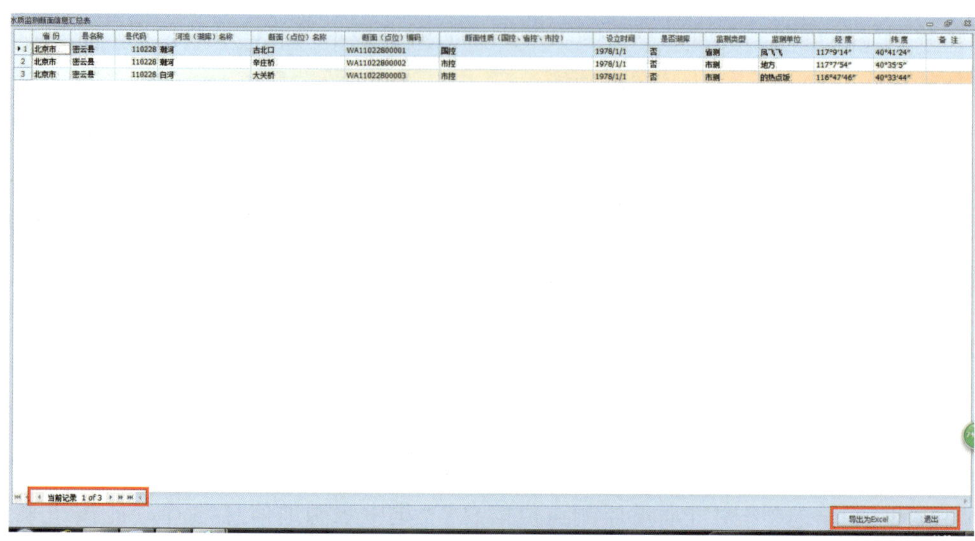
水质监测断面信息汇总表

	省份	县名称	县代码	河流（湖库）名称	断面（点位）名称	断面（点位）编码	断面性质（国控、省控、市控）	设立时间	是否湖库	监测类型	监测单位	经度	纬度	备注
1	北京市	密云县	110228	潮河	古北口	WA11022800001	国控	1978/1/1	否	省测	凤飞飞	117°9′14″	40°41′24″	
2	北京市	密云县	110228	潮河	辛庄桥	WA11022800002	市控	1978/1/1	否	市测	地方	117°7′54″	40°35′5″	
3	北京市	密云县	110228	白河	大关桥	WA11022800003	市控	1978/1/1	否	市测	的热点饭	116°47′46″	40°33′44″	

当前记录 1 of 3　导出为Excel　退出

图 4-37　水质监测断面显示样例

4.4.3　省级监测数据查看

图 4-38　省级监测数据查看

点击“监测数据汇总”中的各类监测数据查看钮，可查看省级上报的监测数据，如图 4-39 和图 4-40 所示。

水质监测数据汇总

	县（市、旗、区）名称	县（市、旗、区）代码	水质监测断面代码	水质监测断面名称	监测时间（年月日）
1	蓟州区	120119	WA12011900001	黄崖关	2020/4/1
2	蓟州区	120119	WA12011900001	黄崖关	2020/5/5
3	蓟州区	120119	WA12011900001	黄崖关	2020/6/3
4	蓟州区	120119	WA12011900002	罗庄子	2020/4/1
5	蓟州区	120119	WA12011900002	罗庄子	2020/5/1
6	蓟州区	120119	WA12011900002	罗庄子	2020/6/1

当前记录 1 of 6　导出为Excel　退出

图 4-39　水质监测数据查看（省级）

空气监测数据汇总

	可吸入颗粒物(PM10)（...	二氧化硫（UG/M3）	二氧化氮（UG/M3）	一氧化碳（MG/M3）	臭氧8H（UG/M3）	可吸入颗粒物(PM2.5)（...	空气质量
1	35	3	19	1.2	72	16	
2	54	7	28	1.7	62	33	
3	69	7	26	0.7	108	44	
4	121	7	28	1.2	126	78	
5	317	6	21	1.2	57	39	
6	169	8	24	1.9	70	33	
7	88	12	26	1	70	34	
8	69	9	28	0.7	60	26	
9	37	6	18	0.6	74	25	
10	23	3	16	0.8	97	18	
11	54	4	36	0.6	102	42	
12	67	6	29	0.4	112	74	
13	86	10	29	0.8	106	104	
14	57	3	17	0.3	99	21	
15	81	8	31	0.5	116	44	
16	93	13	31	0.9	158	80	
17	117	17	33	1.3	161	92	
18	207	6	21	0.6	90	43	
19	66	14	31	0.8	70	22	
20	43	3	32	0.6	46	36	
21	116	18	41	1.7	96	68	
22	111	15	34	1.1	187	95	
23	89	9	27	0.8	103	121	
24	50	6	22	0.8	71	43	
25	16	3	17	0.5	103	9	
26	27	3	19	0.6	110	21	
27	28	3	24	0.3	77	31	

当前记录 1 of 91

导出为Excel　退出

图 4-40　空气监测数据查看（省级）

4.5　数据打包

数据加密打包需要满足两个条件：一是省域内所有考核县域数据填报数据上报且已导入系统内；二是审核报告已生成，若审核报告需要修改，则修改后的报告已更新至系统中。审核结果导出、导入功能是将省域内部分考核县域审核结果相关数据导出，生成加密压缩包文件（*.zip），在通过审核结果导入功能集成到另一个省级审核系统，以实现审核系统多人审核功能。

数据打包包括数据预检、压缩打包两个功能，如图 4-41 所示。

图 4-41　数据打包菜单面板

4.5.1　数据预检

上报数据预检是在数据打包上报前对省域内各考核县域的填报数据进行检查，一是检查县域是否完整（即所有县域都已上报数据并导入系统）；二是检查各县域上报的数据是否缺少关键文件，如数据库文件等。具体操作步骤如下。

点击“数据打包”菜单下“数据预检（县域完整性）”按钮，若以前进行过数据预检操作且预检成功（即县域完整且县域填报数据完整），则弹出如图 4-42 所示的提示框，询问用户是否仍进行预检。点击“是”按钮则进入数据预检操作并弹出进度提示框。

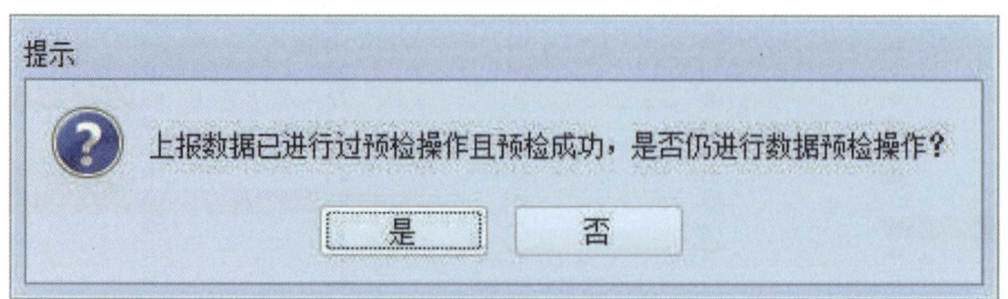

图 4-42　是否仍预检提示

若以前没有进行过数据预检操作或是进行过预检但预检不成功，则直接进入预检操作并弹出预检进度提示框，第一步是进行考核县域完整性检查（即考核县域填报数据是否导入），如图 4-43 所示。

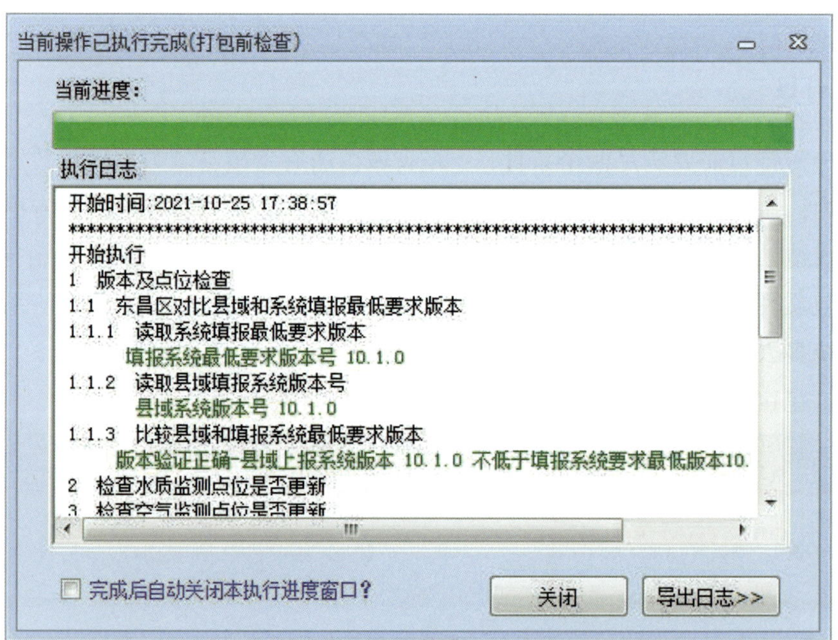

图 4-43　数据完整性检查提示

预检成功后，则提示有多少个县域数据未导入以及导入数据的县域的数据是否完整，具体提示如图 4-44 所示。

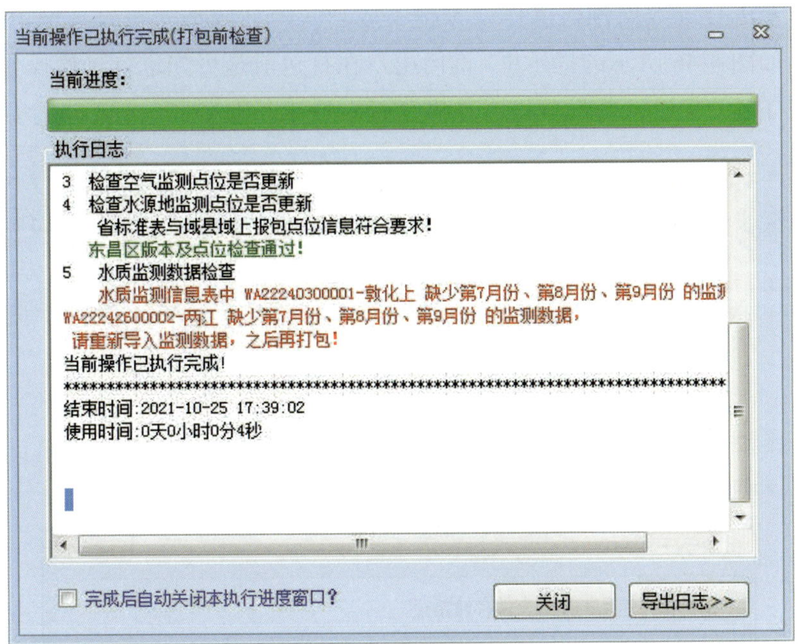

图 4-44　预检完成提示

预检成功后，可通过“导出日志”按钮将预检日志导出为文本。

4.5.2　加密打包

数据加密打包是将省域内所有考核县域的填报数据以及省级审核报告相关内容加密打包，生成加密压缩包文件（*.prf）以上报至上级主管部门。具体操作步骤如下：

点击“数据打包”菜单下“加密打包（生成加密包文件）”按钮，若以前进行过数据预检操作且预检成功（即县域完整且县域填报数据完整），则弹出如图 4-45 所示的提示框，询问用户在打包前是否仍进行预检操作。点击“是”按钮，则在打包前重新进行数据预检；点击“否”按钮，则在打包前不重新进行数据预检。

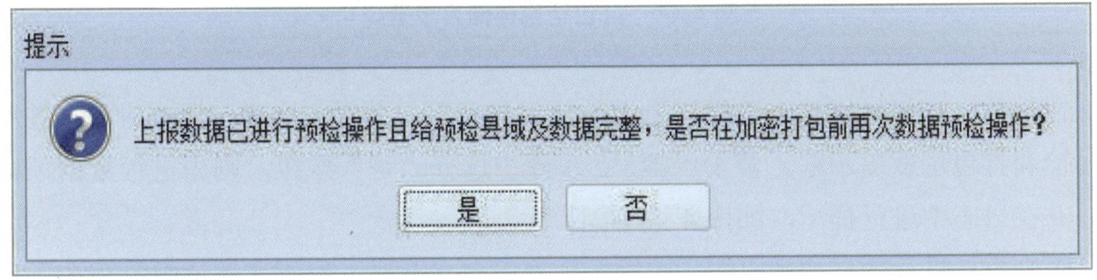

图 4-45　是否再次预检提示

若以前未进行过数据预检操作或预检不成功（即县域不完整或县域填报数据不完整），则弹出如图 4-46 所示的提示框，询问用户在打包前是否先进行预检操作。点击“是”按钮，则在打包前先进行数据预检；点击“否”按钮，则在打包前不进行数据预检。

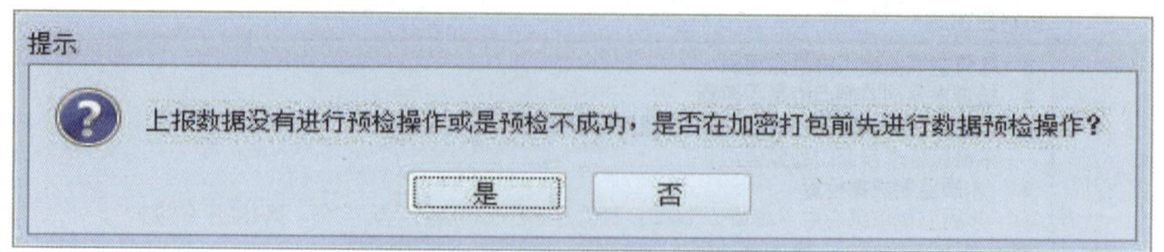

图 4-46　是否进行预检提示

在 1 步骤和 2 步骤中，无论是点击“是”还是“否”按钮，都会弹出目录选择对话框，提示用户选择打包文件保存到的目录，如图 4-47 所示。

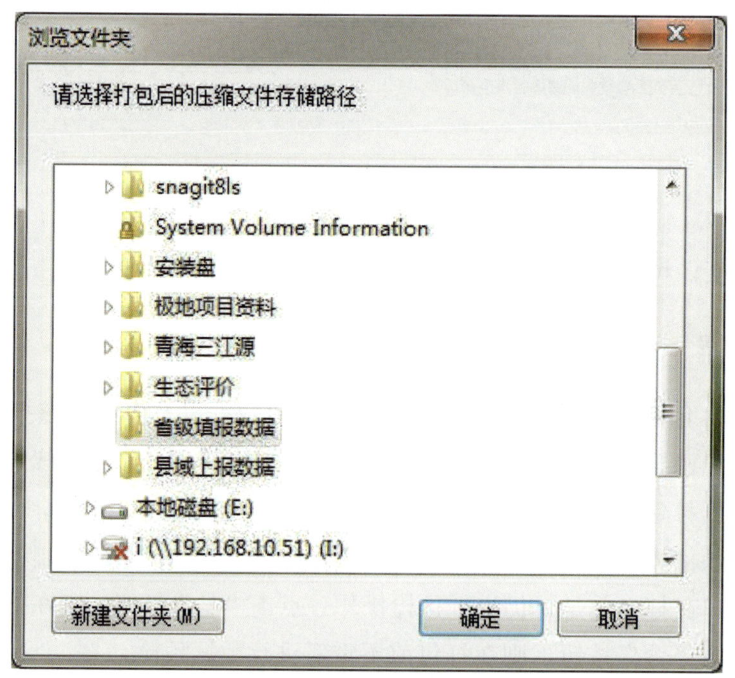

图 4-47　打包结果存储目录选择

在文件夹选择对话框中选择打包文件的存储目录，并点击“确定”按钮，则进入数据预检和打包进度提示框。若 1 步骤、2 步骤中选择“是”按钮，则先进行数据预检操作，并在日志中进行提示，如图 4-48 所示。

否则直接进行数据加密打包，运行至加密打包步骤时，若所选目录中已存在省域打包文件，则弹出如图 4-49 所示的提示框提示用户是否覆盖。

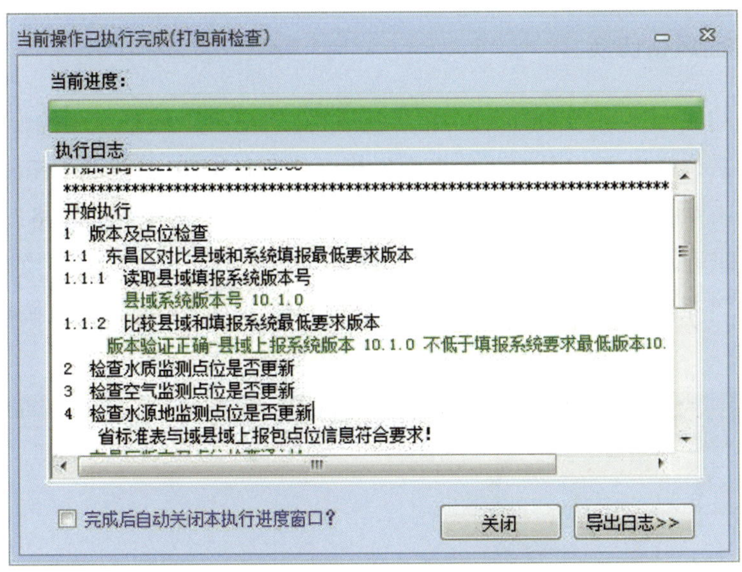

图 4-48　加密打包进度提示

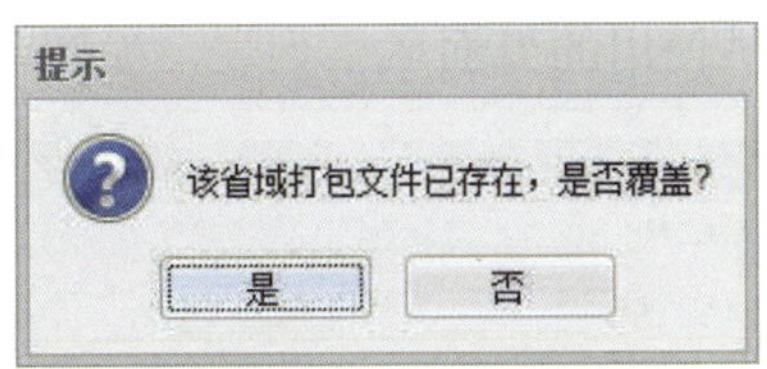

图 4-49　是否覆盖提示

点击“是”按钮，则重新进行加密打包，并将新生成的打包文件替换已有的打包文件，点击“否”按钮，则不进行加密打包，保留已有打包文件。

4.6　系统工具

系统工具菜单项上下提供了两类功能，一是切换系统界面风格；二是数据管理工具。切换系统界面风格是改变系统主界面的运行风格，包括颜色、界面样式等。数据管理工具是实现对当前系统中填报数据的备份和恢复，如图 4-50 所示。

图 4-50　系统工具菜单面板

4.6.1 系统界面风格切换

系统默认的界面风格为 Office 2010 灰色风格，用户可以根据自己的喜好来切换不同的界面风格。系统提供了常用的两种界面风格（Office 2010 蓝色和 Office 2010 银色），若需要切换至该界面风格，直接点击“系统工具”菜单下“常用界面风格”栏内的相应的界面风格按钮即可。另外，系统还提供了一些非常用的界面风格，其切换操作步骤如下。

（1）点击“系统工具”菜单下“常用界面风格”栏右下角的下拉按钮，如图 4-51 红框内所示。

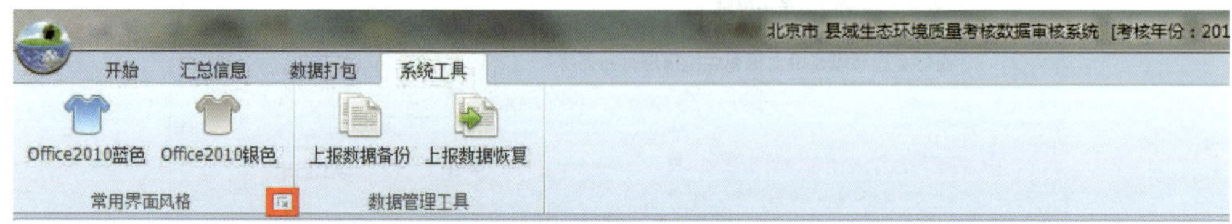

图 4-51 展开更多界面风格按钮

（2）系统将弹出所有可供使用的界面风格列表，如图 4-52 所示。

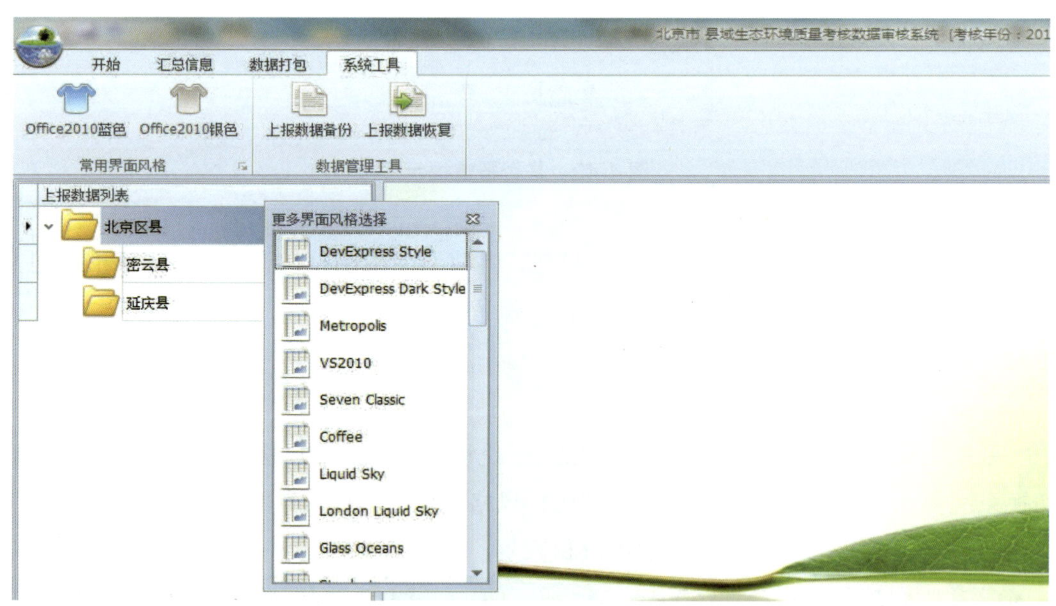

图 4-52 更多界面风格列表

（3）在弹出的界面风格选择下拉框内，双击将要切换至的列表项，则将系统主界面风格切换至该风格。图 4-53 为切换为“Office 2007 Green”风格后的系统主界面。

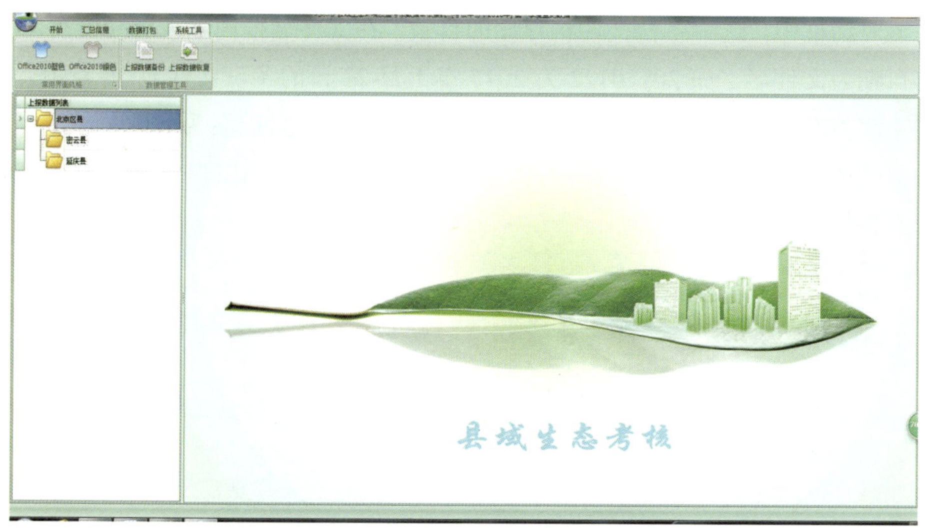

图 4-53 Office 2007 Green 风格样式

4.6.2 数据管理工具

数据管理工具主要是实现系统内已有县域上报数据的备份和恢复，以防操作系统崩溃时导致数据丢失。

4.6.2.1 上报数据备份

建议用户每天做完数据导入或审核操作后，将数据进行一次备份。数据备份操作步骤为：

点击“系统工具”菜单下“数据管理工具”栏内的“上报数据备份”按钮，系统将弹出如图 4-54 所示的文件保存路径选择对话框。

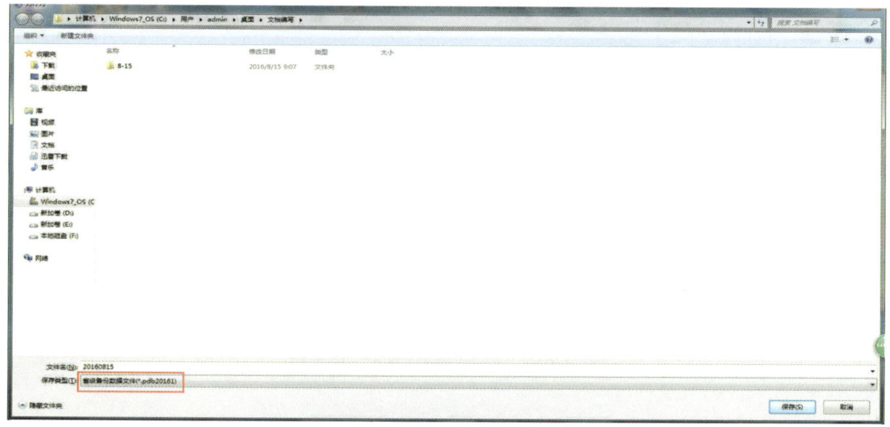

图 4-54 数据备份文件

在该对话框中，选中备份文件将存储的目录，在文件名框内输入备份文件名（建议以当前日期为文件名，如 20170122 为 2017 年 1 月 22 日的备份文件），并点击“保存”按钮，系统将对当前系统中的数据进行备份，备份文件的扩展名为 pdb。

备份完成后，系统将弹出如图 4-55 所示的提示框，提示用户备份已成功完成，以及备份文件保存的路径。

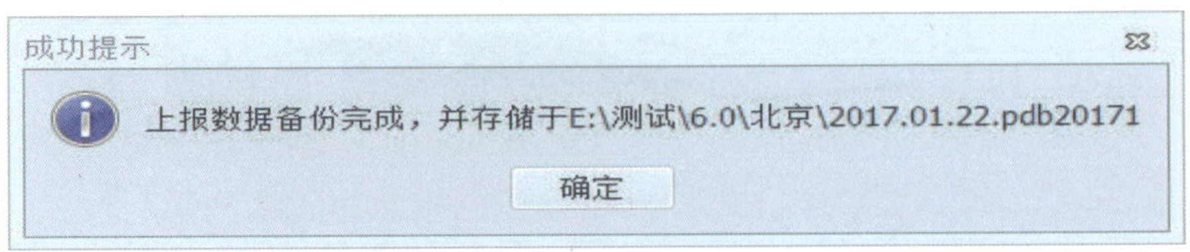

图 4-55　备份完成提示

4.6.2.2　上报数据恢复

当操作系统或是本系统发生崩溃或是无法进入时，可重新安装或是对系统进行初始化操作后，将备份数据恢复至系统数据库中，数据恢复操作的步骤如下。

点击“系统工具”菜单下“数据管理工具”栏内的“上报数据恢复”按钮，系统将弹出如图 4-56 所示的文件选择对话框。

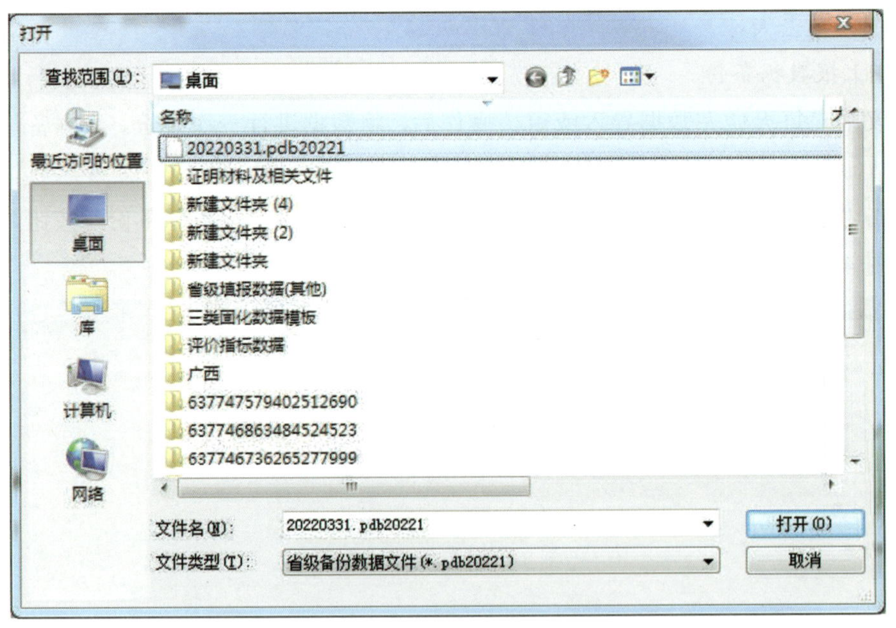

图 4-56　选择备份文件对话框

在该对话框中，选中最近时间的备份文件并点击“打开”按钮，系统将弹出如图 4-57 所示的提示框，提示用户是否确实要清除系统中已有数据，并将备份文件中的数据恢复至系统中。

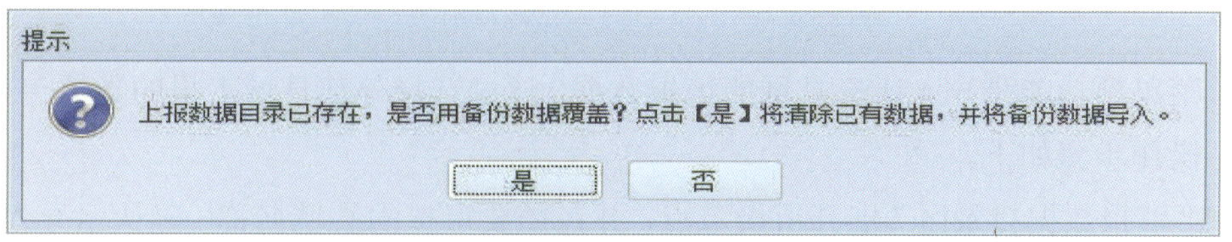

图 4-57　提示是否覆盖

在提示框中，点击“是”按钮，则将清除已有数据，并将备份数据导入系统中；点击“否”按钮，则退出恢复操作，系统将保留原有数据，并返回系统主界面。

数据恢复完成后，系统将弹出如图 4-58 所示的提示框，提示数据恢复完成，并可通过“填报数据目录区”进行查看。

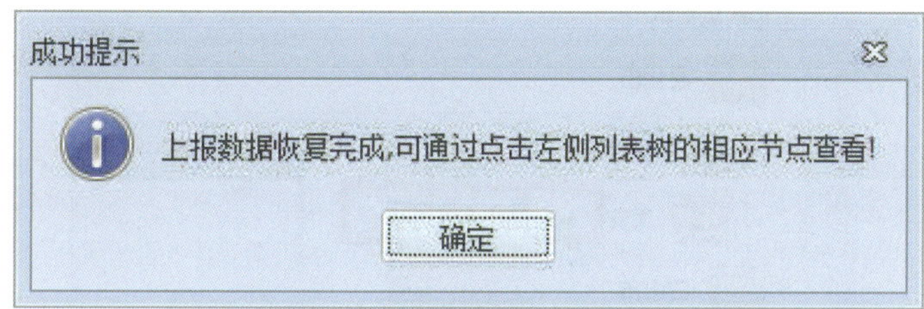

图 4-58　数据恢复完成提示

4.7　县域右键功能菜单

县域右键菜单通过右键点击“填报数据目录区”中县域名称节点时弹出，如图 4-59 所示，主要是实现针对所选县域（右键点击县域）的填报数据审核和填报数据导入。

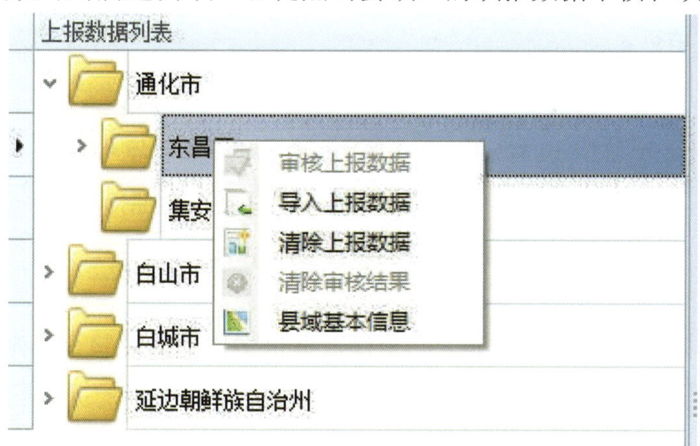

图 4-59　县域右键菜单

4.7.1　导入上报数据

该菜单项功能是导入所选县域的填报数据，通过选择外部县域上报的数据包文件来导入。操作步骤如下。

在“填报数据目录区”展开市级节点，并在需要审核的县域名称（确认已导入数据）节点上右键点击，则弹出如图 4-60 所示的县域右键功能菜单。

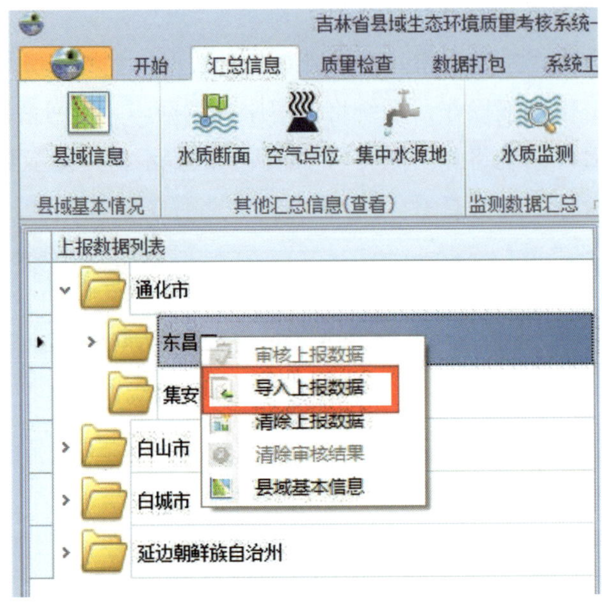

图 4-60　导入上报数据菜单项

在弹出的功能菜单中，点击“导入上报数据”菜单项，弹出如图 4-61 所示的县域上报文件选择对话框。

名称	修改日期	类型	大小
2021-东昌区-220502-第三季度监测数据.crf	2021-10-23 11:24	CRF 文件	15,855 KB
2021-临江市-220681-其他数据.crf	2021-10-14 16:55	CRF 文件	69,551 KB

图 4-61　上报数据包选取对话框

在文件选择对话框中选择该县域的上报数据包文件，如图 4-61 所示，并点击“打开”按钮。若该县域数据以前已导入，则弹出如图 4-62 所示的提示框，提示用户是否重新导入。

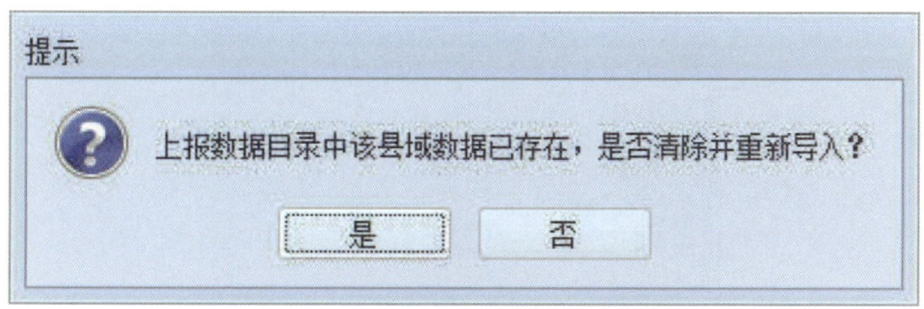

图 4-62 是否重新导入提示框

点击“是”按钮，则进入县域填报数据导入进度提示框（具体操作请参见 4.2.1 节的数据导入功能操作说明）；点击“否”按钮，则退出导入，并返回系统主界面。

4.7.2 清除上报数据

县域名称（确认已导入数据）节点上右键点击，则弹出如图 4-63 所示的县域右键功能菜单（注意：若没有导入数据，则该菜单不可见）。

图 4-63 清除上报数据菜单项

在弹出的功能菜单中，点击“清除上报数据”菜单项，弹出如图 4-64 所示的县域上报清除确认提示框，提示用户是否确实要清除该县域数据。

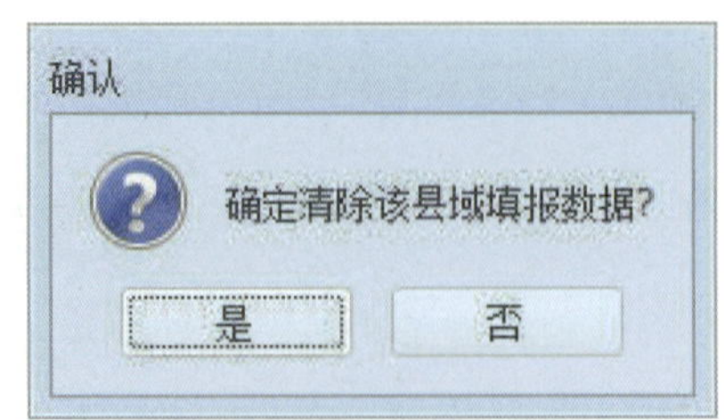

图 4-64　确认清除提示框

在提示框中，点击“是”按钮，则开始清除该县域数据，系统鼠标状态为等待状态；点击“否”按钮，则不清除，并返回系统主界面。

4.7.3　县域基本信息

该菜单项是查看所选县域的基本信息，包括名称、编号、所在市、所在生态功能区等信息。具体操作步骤如下。

在“填报数据目录区”展开市级节点，并在需要清除数据的县域名称（确认已导入数据）节点上右键点击，则弹出如图 4-64 所示的县域右键功能菜单。

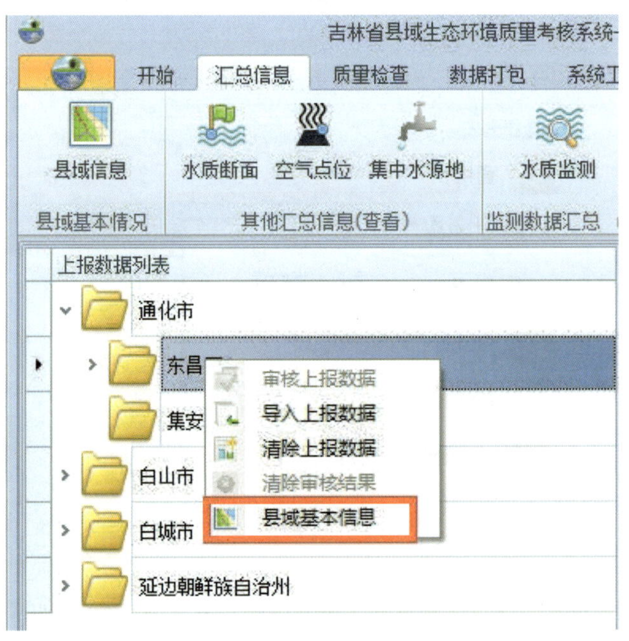

图 4-65　县域基本信息菜单项

在弹出的功能菜单中，点击“县域基本信息”菜单项，则弹出如图 4-66 所示县域基本信息显示界面。

县域基本信息

县（市、旗、区）名称	东昌区
县（市、旗、区）代码	
所在州、市	通化市
所在生态功能区	长白山森林生态功能区
功能区类型	水源涵养功能区
是否南水北调水源地	否

图 4-66　县域基本信息显示界面

4.8　系统菜单

系统菜单位于功能菜单区的左上角的系统图标处，通过点击图标来弹出菜单，如图 4-67 所示。该菜单中提供审核数据设定、系统帮助、系统的版本信息功能。

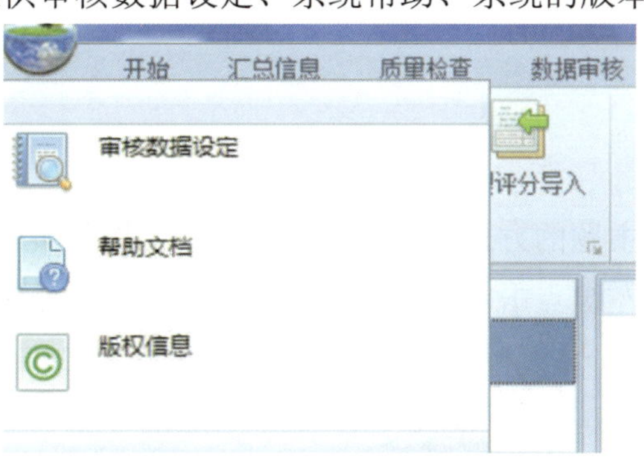

图 4-67　系统菜单样式

4.8.1　审核数据设定

该功能是设定系统审核分季度或其他数据，用来实现系统审核数据之间的切换，操作步骤如下。

在系统主界面中，左键点击左上角的系统图标，则弹出如图 4-68 所示的系统菜单。

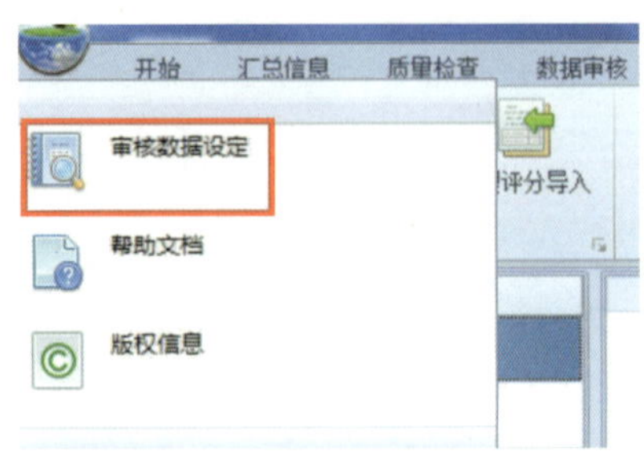

图 4-68 审核数据设定菜单项

在弹出的菜单中，点击“审核数据设定”菜单项，系统弹出如图 4-69 所示的审核数据设定界面。

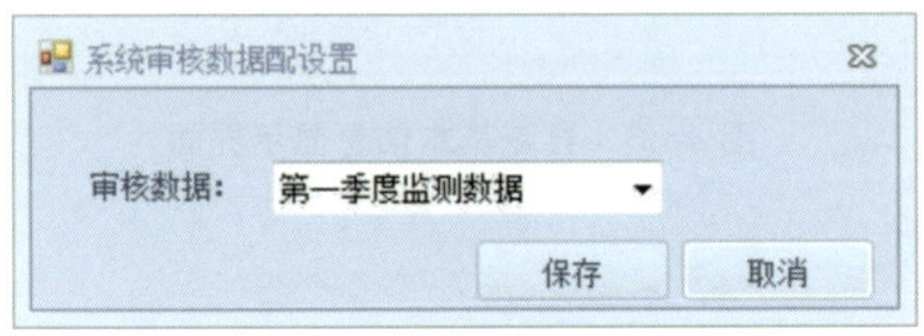

图 4-69 审核数据设定

在审核数据设定界面，用户可设定审核数据，点击“保存”按钮刷新系统功能菜单区和数据列表区。

4.8.2 帮助文档

该功能是打开并以主题的方式显示系统帮助文档，操作步骤如下。

在系统主界面中，左键点击左上角的系统图标，则弹出如图 4-70 所示的系统菜单。

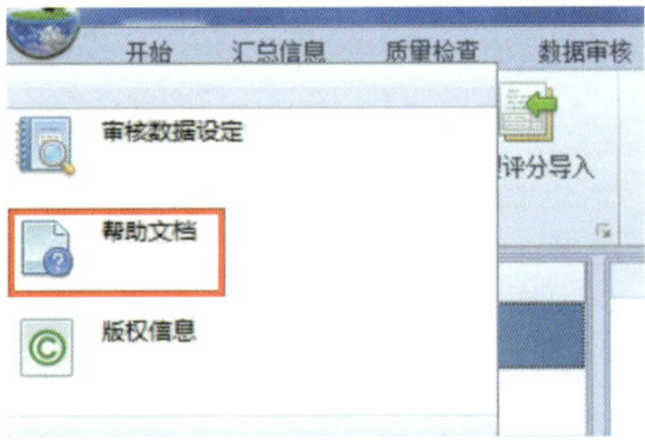

图 4-70 帮助文档菜单项

在弹出的菜单中，点击“帮助文档”菜单项，系统弹出如图 4-71 所示的系统帮助文档。

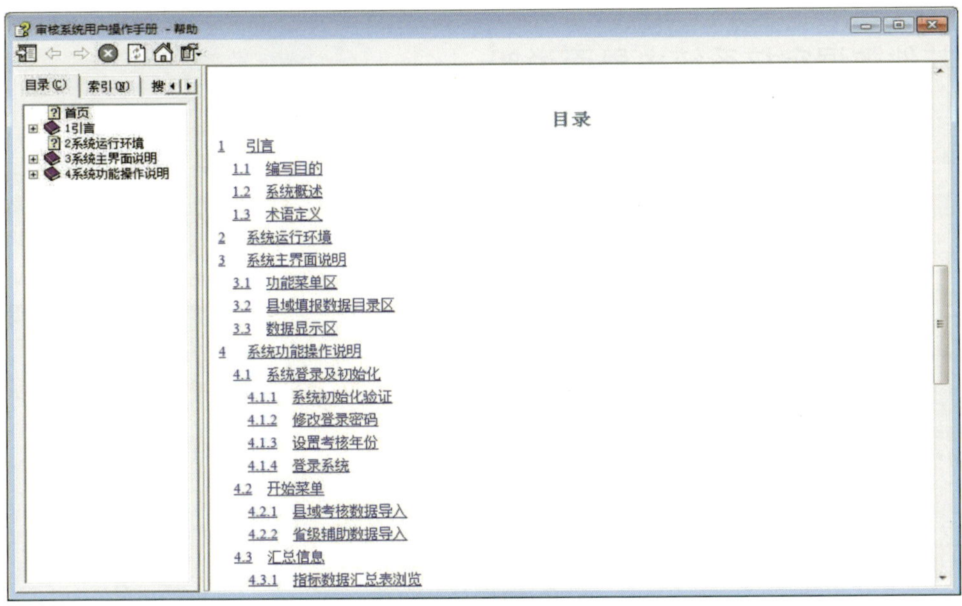

图 4-71 系统帮助界面

在帮助文档界面，用户可浏览系统帮助文档，并可通过主题查找以及关键字查找的方式快速定位至所关心的文档部分。

4.8.3 版权信息

该功能是显示系统版权及版本信息，操作步骤为：

在系统主界面中，左键点击左上角的系统图标，则弹出如图 4-72 所示的系统菜单。

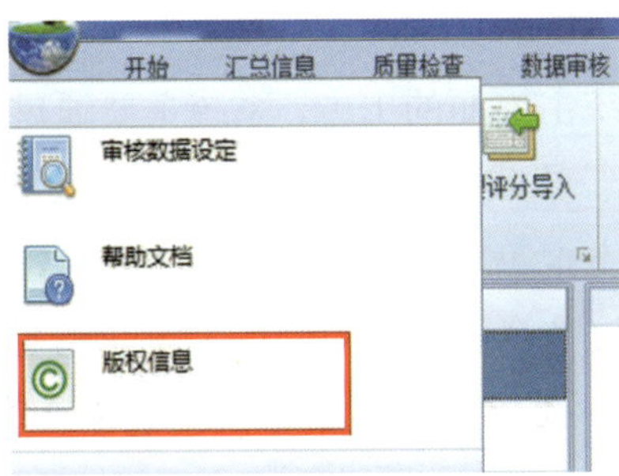

图 4-72 版权信息菜单项

在弹出的菜单中，点击“版本信息”菜单项，系统弹出系统版权信息，包括系统名称、版本号、开发单位、使用单位以及版权单位等。

5 其他数据审核系统主界面说明

本系统主界面采用目前最流行的 Windows Ribbon 风格（类似 Word 2007），整个主界面分为 3 个区，分别为功能菜单区、县域填报数据目录区和数据显示区，如图 5-1 所示。

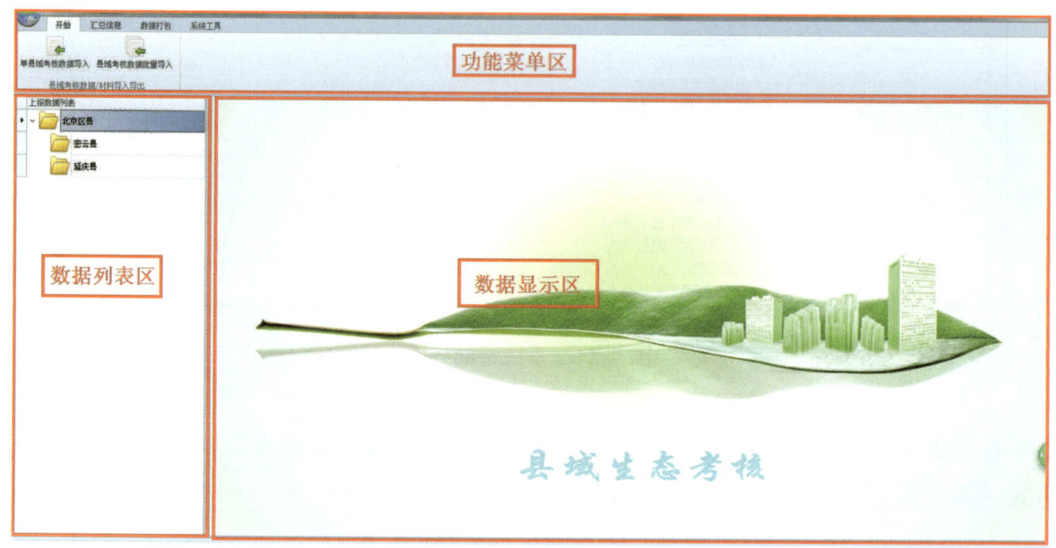

图 5-1 系统主界面

5.1 功能菜单区

系统功能菜单区位于系统主界面的上方，系统主要通过该功能菜单区的功能按钮来完成县域填报数据导入/汇总、县域填报数据质量检查、县域填报数据审核、县域考核数据审核报告生成及数据打包上报等功能。本系统的功能按钮根据功能分类分布于 7 个菜单面板和一个系统菜单中，这 7 个面板为：开始、汇总信息、质量检查、数据审核、管理评分、审核报告、数据打包及系统工具。系统功能与各菜单面板间的对应关系如表 5-1 所示。

表 5-1 系统功能与各菜单面板间的对应关系

序号	菜单名称	系统功能
1	开始	县域填报数据导入、省级审核辅助数据导入
2	汇总信息	县域汇总信息浏览查看

序号	菜单名称	系统功能
3	质量检查	县域填报数据质量检查及检查工具
4	数据审核	县域填报数据审核及审核工具
5	管理评分	对县域的生态环境保护与管理情况进行评分
6	审核报告	县域考核数据审核报告生成及导入、导出
7	数据打包	省域上报数据预检、加密打包
8	系统工具	系统界面风格切换、数据备份、恢复

菜单面板间通过其上方的菜单项的点击来切换，如图 5-2 所示。

图 5-2　功能菜单切换区

菜单面板在系统运行过程中一般都一直显示，但有时为了扩大数据显示区，可通过双击菜单项实现菜单面板隐现，菜单面板隐藏后的界面如图 5-3 所示。

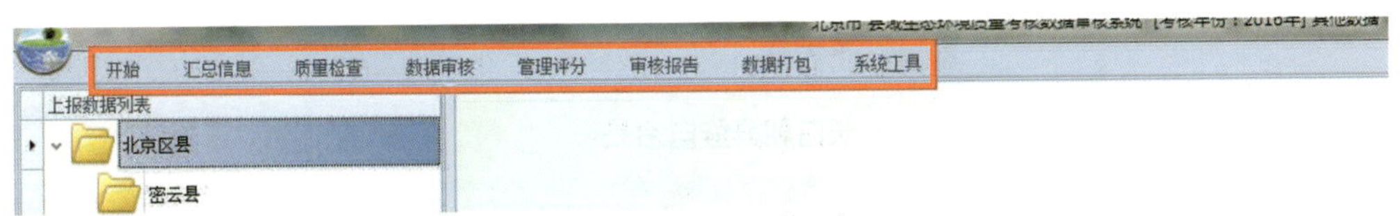

图 5-3　菜单隐藏后的功能菜单区

系统菜单位于功能菜单区的左上角的系统图标处，通过点击图标来弹出菜单，如图 5-4 所示。该菜单中提供系统帮助、系统的版本信息功能。

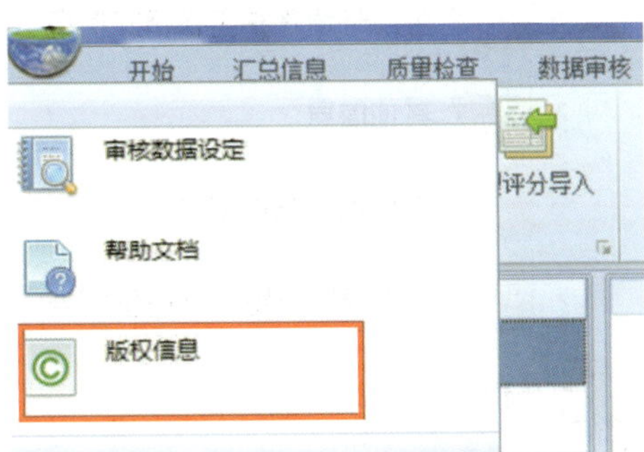

图 5-4　系统菜单

5.2 县域填报数据目录区

县域填报数据目录区位于系统主界面的左侧，以目录树的方式，按市→县→县域的结构对各县域的填报数据进行组织。初始状态下，目录树中一级节点为省域内有考核县域的市名称，二级节点为各市域内的考核县域名称，三级节点则为县域填报数据目录，如图 5-5 所示。

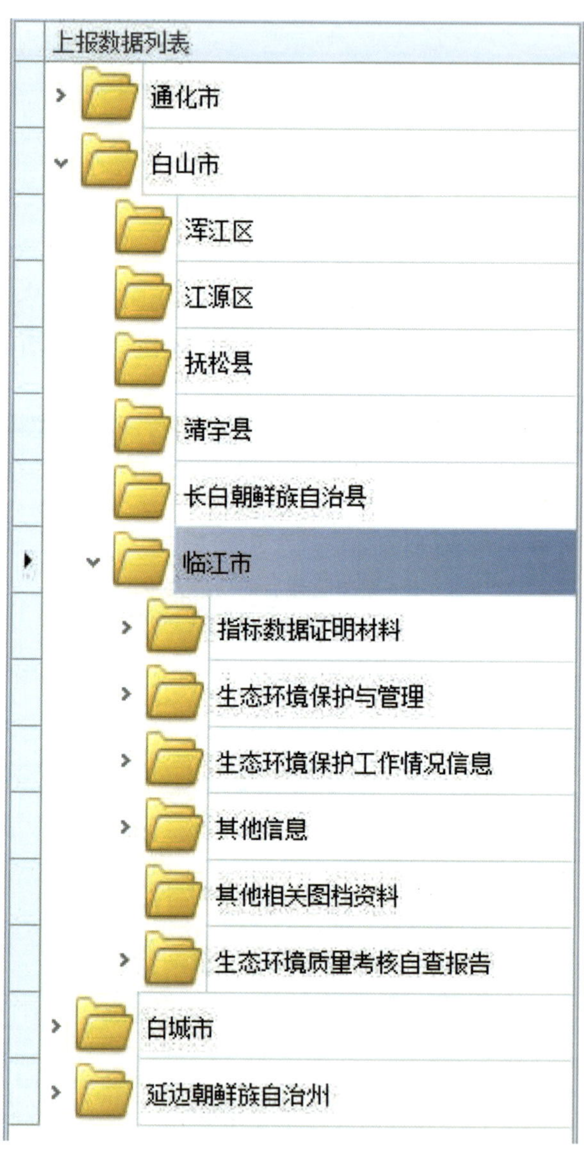

图 5-5 县域填报数据目录

系统将通过点击该目录树来实现县域填报数据的浏览，其操作方式与 Windows 的目录操作完全相同，只需逐级打开目录至末级节点，即为具体数据对应的文件或表格，点击即可在数据显示区以文档或表格的方式显示相应数据。

县域填报数据目录下则为各填报数据，具体按照数据填报要求进行组织，图 5-6 为指标证明材料目录下的节点信息。

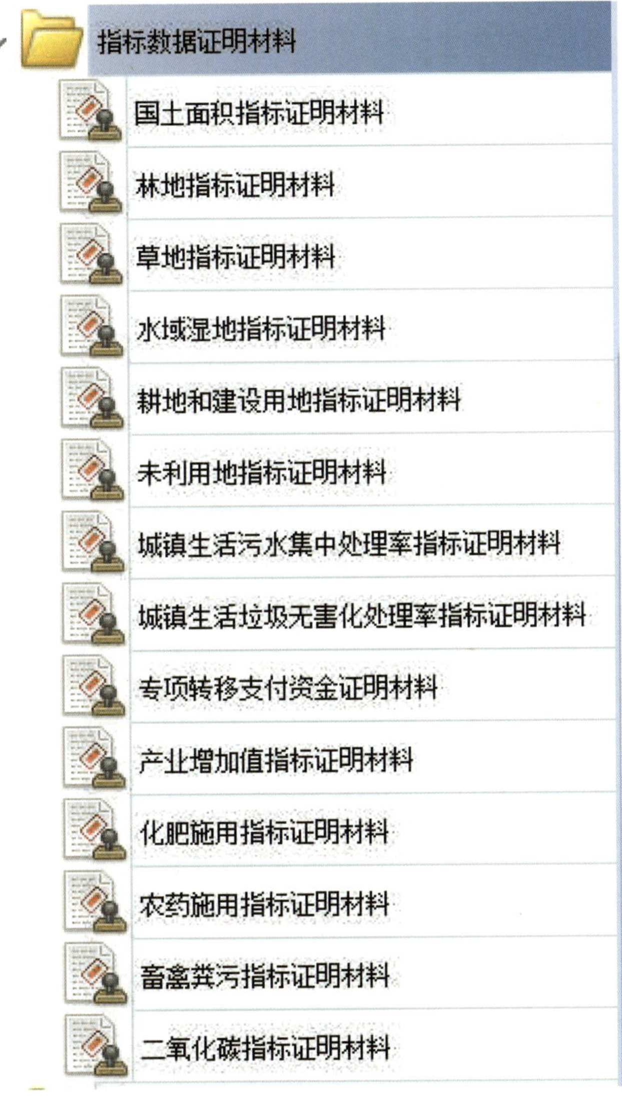

图 5-6　证明材料组织

县域填报数据目录区的县域名称节点有针对县域数据的操作的右键功能菜单，可通过右键点击县域名称节点显示，右键菜单如图 5-7 所示，包括：审核上报数据、导入上报数据、清除上报数据、县域基本信息等菜单项。

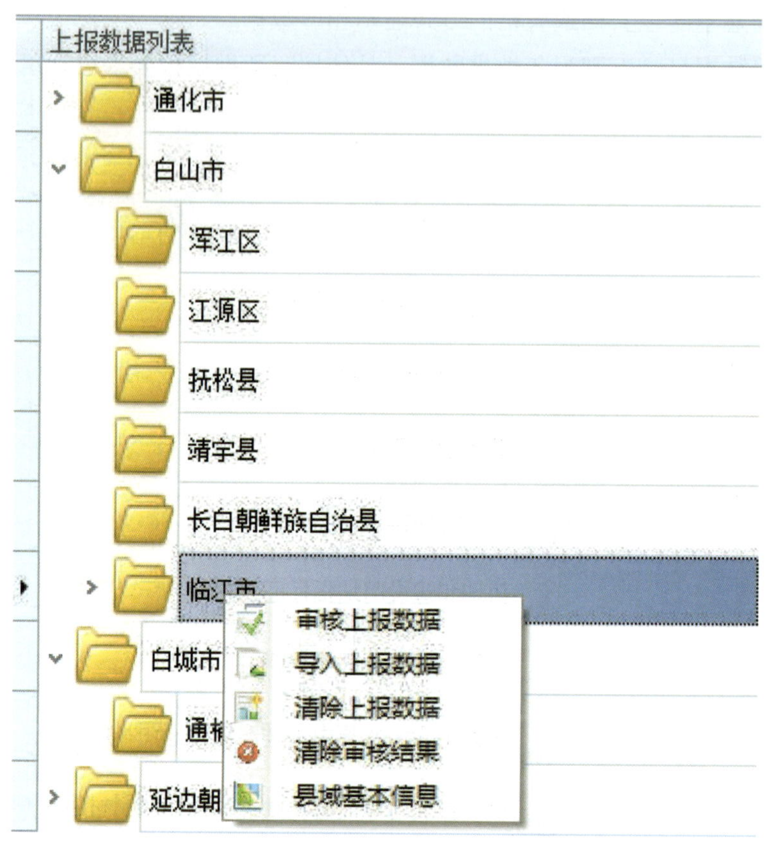

图 5-7　县域节点右键菜单

图 5-7 显示的为已有数据导入的县域的右键菜单，若所点击县域没有导入数据，则只显示导入上报数据和县域基本信息两个菜单项。

5.3　数据显示区

数据显示区主要是显示填报数据目录区所选中数据节点对应的文档或表格内容，另外还显示系统生成的审核报告文本及报告附表。

不同数据内容，其显示样式各不相同，图 5-8 为文档类数据的显示样式，在文档类显示窗口，可实现文档的打印、换页和显示比例等操作。

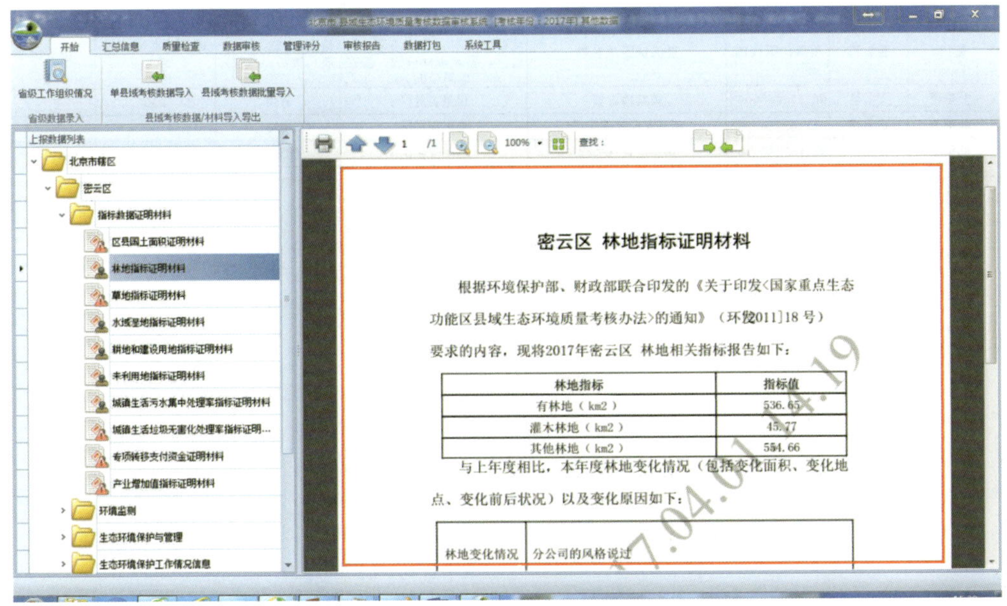

图 5-8 文档类显示样式

图 5-9 为数据库表格类数据的显示样式，在表格类显示窗口，可实现数据表的排序（双击排序列即可）、翻页（通过表格下方的功能区，图 5-9 红框内所示）等功能。

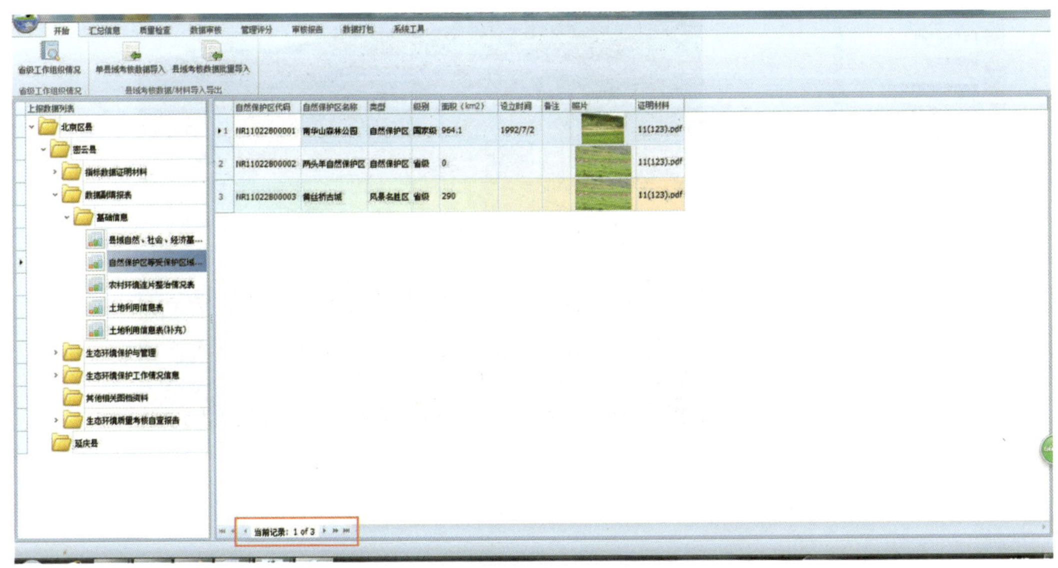

图 5-9 表格类显示样式

图 5-10 为审核报告附表（Excel 表格）的显示样式。

省份	县名称	受保护区代码	受保护区域名称	类型（自然保护区、世界文化自然遗产、国家级风景名胜区、国家森林公园、国家地质公园）	级别（国家级、省级、市级、县级）	保护区面积（公顷）	设立时间
北京市	密云县	NR11022800003	黄丝桥古城	风景名胜区	省级	290	
北京市	密云县	NR11022800002	两头羊自然保护区	自然保护区	省级	0	
北京市	密云县	NR11022800001	南华山森林公园	自然保护区	国家级	964.1	1992/7/2

受保护区域信息表　污水集中处理设施信息表　垃圾填埋场信息表

图 5-10　Excel 表格显示样式

图 5-11 为照片显示样式。

图 5-11　照片显示样式

6　其他数据审核系统功能操作说明

功能菜单区的功能菜单和县域填报数据列表区的右键菜单是本系统的主要功能入

口，本章将详细说明菜单功能区功能菜单和县域填报数据列表区右键菜单的功能操作。

本章的功能操作说明将按系统功能菜单区的菜单面板来分类详述，不以用户的操作流程及业务习惯来介绍说明。

6.1　系统登录及初始化

若用户在计算机上对“审核系统”进行了安装，则用户计算机系统桌面上、计算机系统开始菜单中将产生“数据审核系统”的快捷方式，如图 6-1 所示。若用户未安装，则参照《国家重点生态功能区县域生态环境质量考核数据审核系统安装手册》来完成系统软件的安装，并进入系统初始化及登录界面工作。系统运行及登录的具体步骤包括系统初始化验证、修改登入密码及登录系统 3 部分。

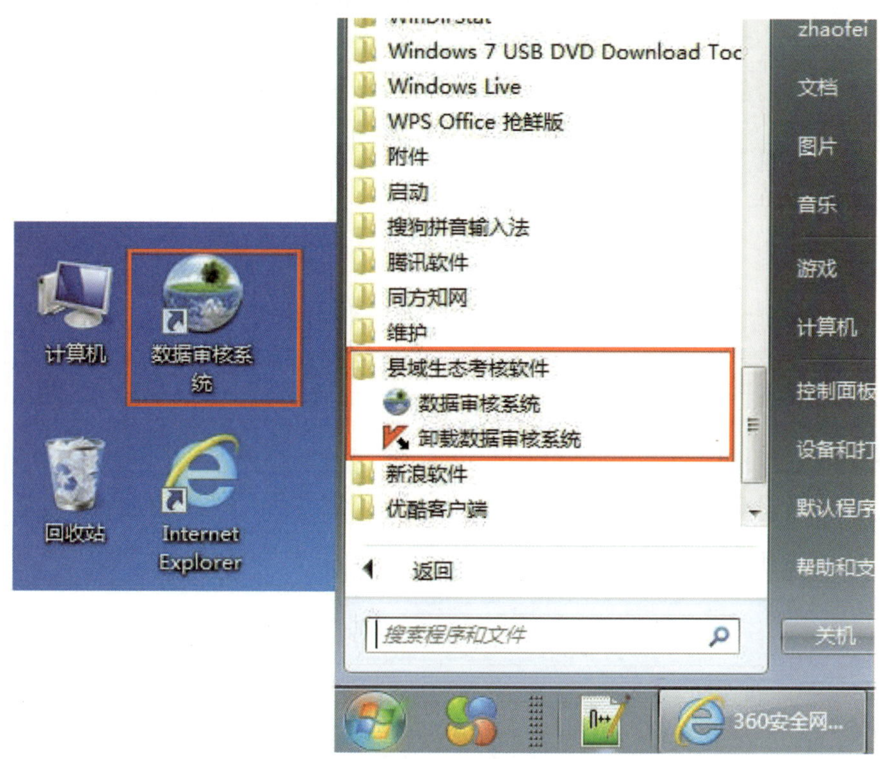

图 6-1　“数据审核系统”桌面及开始菜单快捷方式

6.1.1　修改登录密码

系统初始化时，将系统的登录密码设为省域的两位行政编码，如北京市为 11。为保证数据及系统安全，建议在第一次使用系统时修改登录密码。步骤如下。

在系统初始化验证成功后，会弹出如图 6-2 所示的登录框。

图 6-2 修改密码

点击“修改密码”按钮，则弹出如图 6-3 所示的修改登录密码。

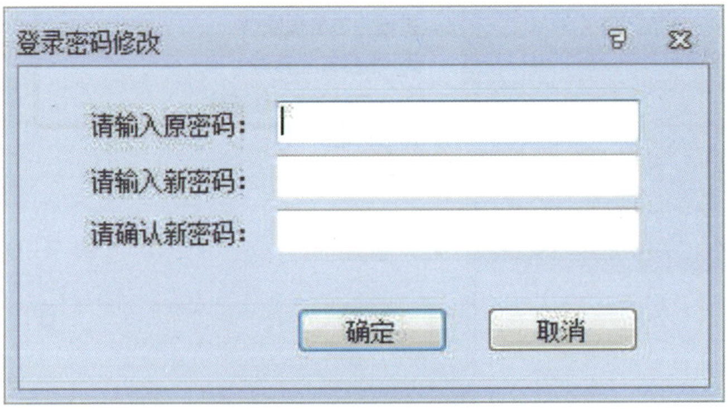

图 6-3 登录密码修改

在第一个框中输入原密码，第一次登录时为县域代码，以后再修改时为用户修改过的密码。在第二个框中输入新的密码（密码建议由数字和字母组合而成），然后在第三个框中重新输入新密码，以确认新密码没有输错。

输入完成后，点击“确定”按钮，若原密码没有输错，且新密码与确认密码相同，则弹出如图 6-4 所示的修改密码成功提示框；否则提示原密码错误或是新密码与确认密码不匹配错误。

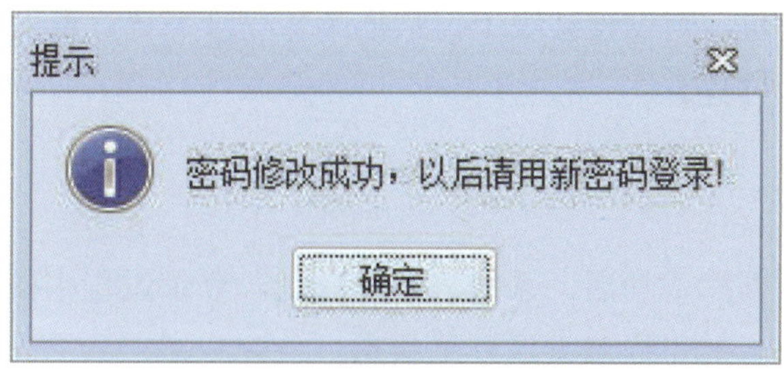

图 6-4　密码修改成功提示

6.1.2　初始化上报数据库

在系统登录框中，点击“登录”按钮，则开始登录系统。

图 6-5　系统登录

系统第一次登录或是初始化后，会在登录过程中提示用户县级数据库不存在，并引导用户生成县级上报数据库，提示信息如图 6-6 所示。

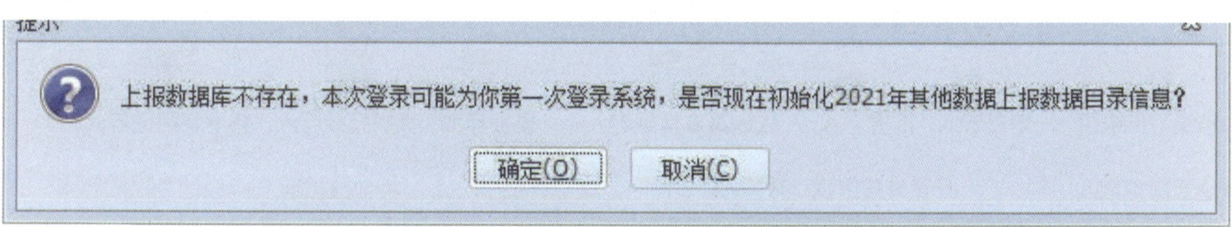

图 6-6　设置省级上报数据库提示框

点击“确定”按钮，则设置县级上报数据库并登录系统。点击“取消”按钮，则无法登录并将退出登录过程。

6.1.3 登录系统

设置省级上报数据库成功后，系统将继续登录，登录过程中的界面如图 6-7 所示。通过红框内的状态提示信息提示系统登录状态。

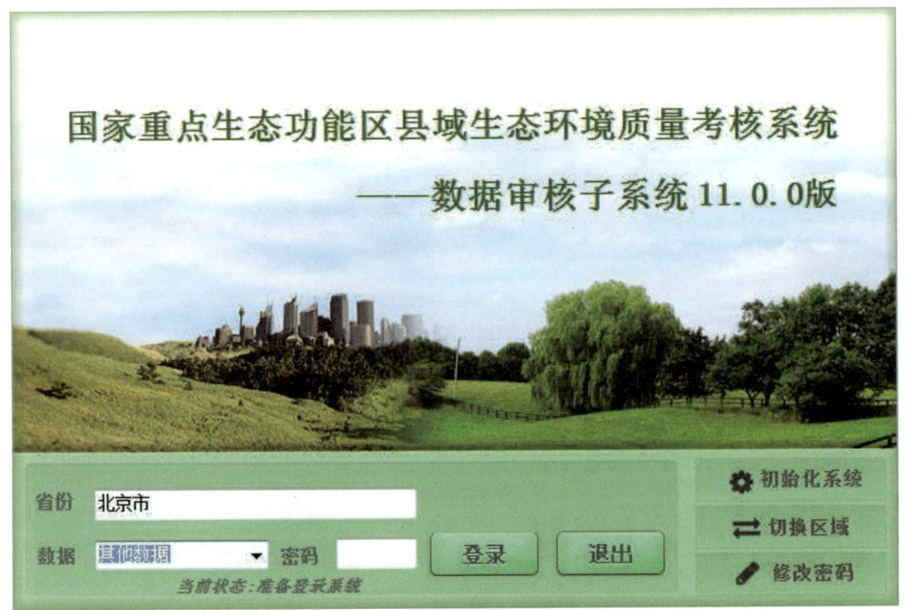

图 6-7 登录状态提示

登录完成后，进入系统主界面，系统初始化及登录完成。

6.2 开始菜单

开始菜单面板中的功能主要是省级工作组织情况查看修改、县级数据包导入、县域基本信息导入及其他数据导入功能，如图 6-8 所示。

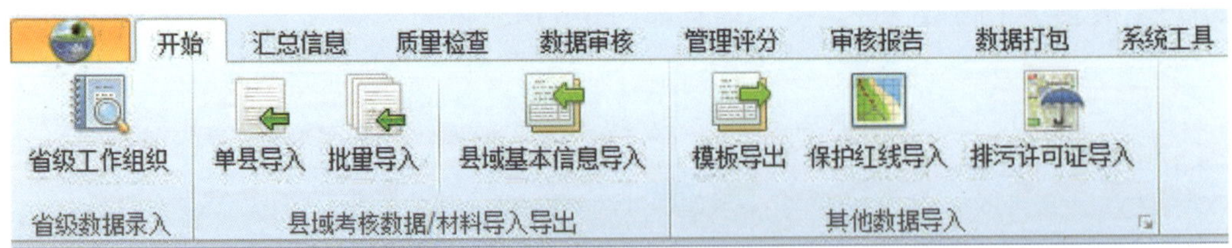

图 6-8 开始功能菜单面板

6.2.1　省级工作组织情况

省级工作组织情况，是通过开始菜单下的省级工作组织情况按钮来实现的，其作用是查看全省各县的数据是否符合要求，如下图 6-9 所示。

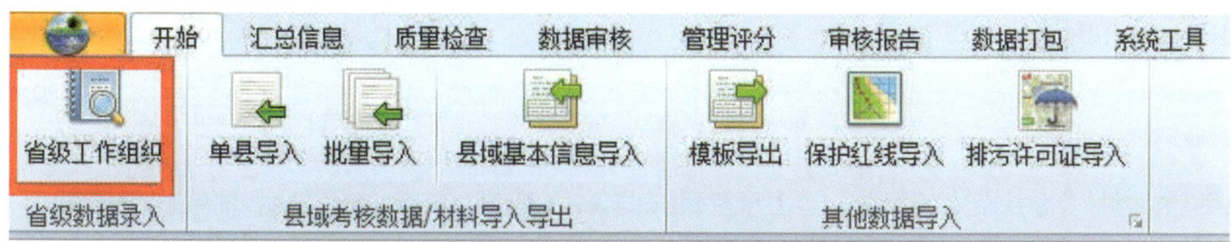

图 6-9　自查工作组织情况

单击开始菜单下的"省级工作组织情况"按钮，弹出省级工作组织情况表，如图 6-10 所示，填写省级工作组织情况表，点击"保存"则修改成功，点击"清空"则清空省级工作组织填报表，点击"退出"，则退出省级工作组织情况表。

图 6-10　省工作组织情况表

6.2.2 县域考核数据/材料导入导出

县域考核数据导入包括：单县域考核数据导入、多县域考核数据导入两个功能，通过系统主界面中的“单县域考核导入”和“县域考核数据批量导入”两个功能按钮来实现，如图 6-11 所示。

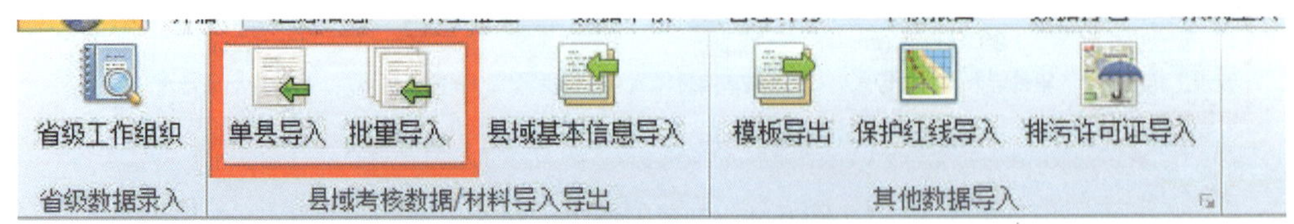

图 6-11 县域数据导入功能按钮

单县域考核数据导入是针对目前上报县域较少，将县域上报数据包一个县域一个县域的导入。多域考核数据批量导入功能一般是在已有较多县域上报考核数据包的情况下使用，可一次性导入多个县域填报数据。

单县域具体操作步骤如下。

点击“开始”菜单“县域考核数据/材料导入导出”栏内的“单县域考核数据导入”按钮系统将弹出如图 6-12 所示的“单县域数据导入”界面。

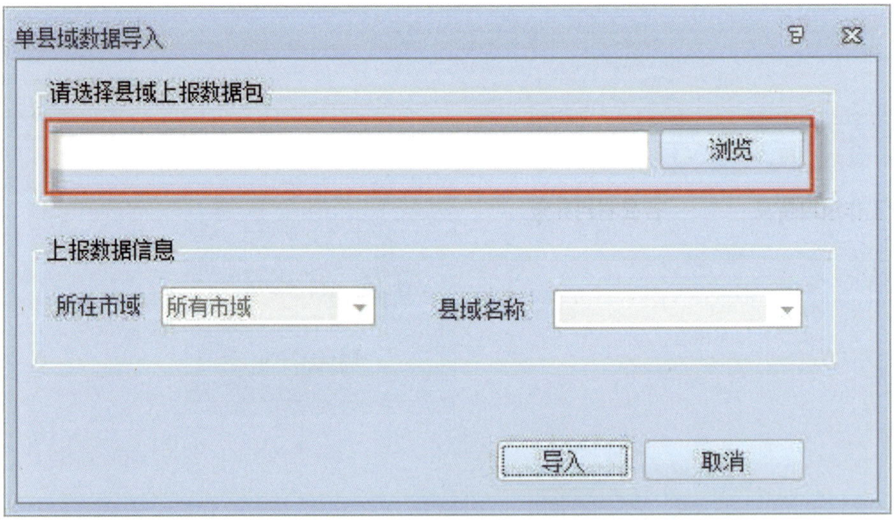

图 6-12 上报数据包选择界面

在“单县域数据导入”界面中，点击选择县域上报数据包的“浏览”，则弹出数据包文件选取对话框，如图 6-13 所示。

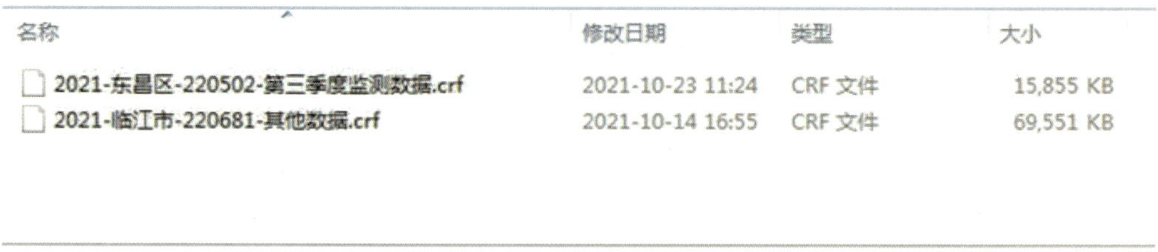

名称
修改日期
类型
大小
2021-东昌区-220502-第三季度监测数据.crf
2021-10-23 11:24
CRF 文件
15,855 KB
2021-临江市-220681-其他数据.crf
2021-10-14 16:55
CRF 文件
69,551 KB

图 6-13　数据包选择对话框

在文件选择对话框中，选中需要导入的县域上报文件包［文件名格式为：年份（4 位）-县名称-县代码（6 位数字）-其他数据.crf，如 2017-密云县-110228-其他数据.crf］，点击“打开”按钮，则该文件将选择至县域上报数据包下的文本框内，同时系统将根据文件名，在上报数据信息中显示该数据包的上报县域所在市及县名称，如图 6-14 和图 6-15 所示。

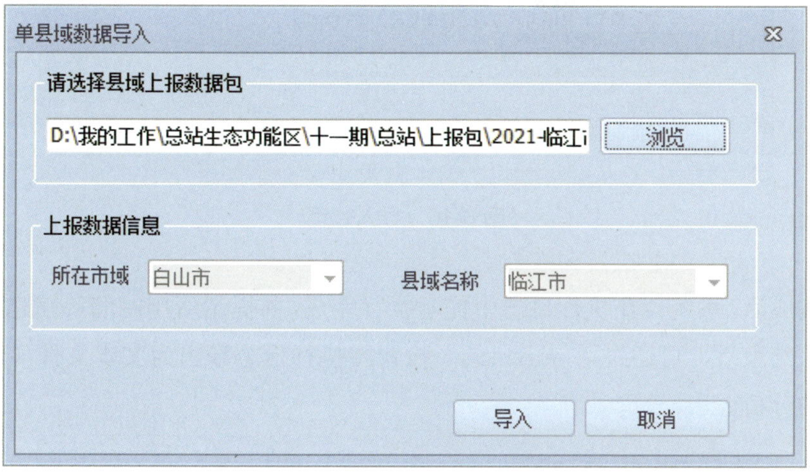

单县域数据导入
请选择县域上报数据包
D:\我的工作\总站生态功能区\十一期\总站\上报包\2021-临江i
浏览
上报数据信息
所在市域
白山市
县域名称
临江市
导入
取消

图 6-14　选择数据包后的界面

在“单县域数据导入”界面中，点击“导入”按钮，若该县域数据以前已导入，则弹出如图 6-15 所示的提示框，提示用户是否重新导入。

提示
上报数据目录中该县域数据已存在，是否清除并重新导入？
是
否

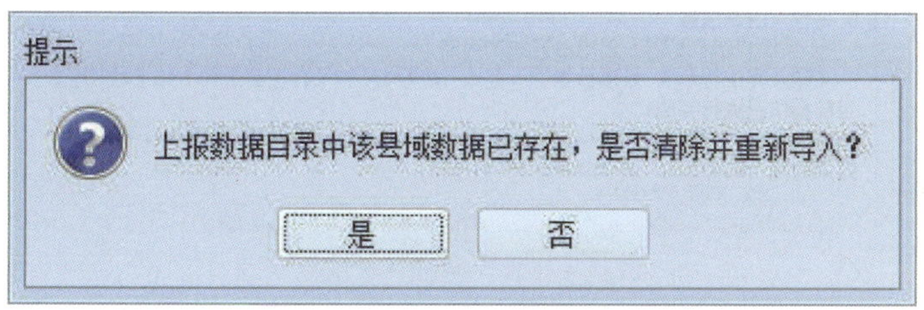

图 6-15　是否重新导入提示

在提示框中，点击“是”按钮，则弹出数据导入进度界面，如图 6-16 所示，在导入过程中，将显示导入步骤、进度以及导入状态日志。在导入过程中，可随时点击“终止”按钮终止导入过程，也可勾选“完成后自动关闭本执行进度窗口？”在完成导入过程后自动关闭该导入进度框。

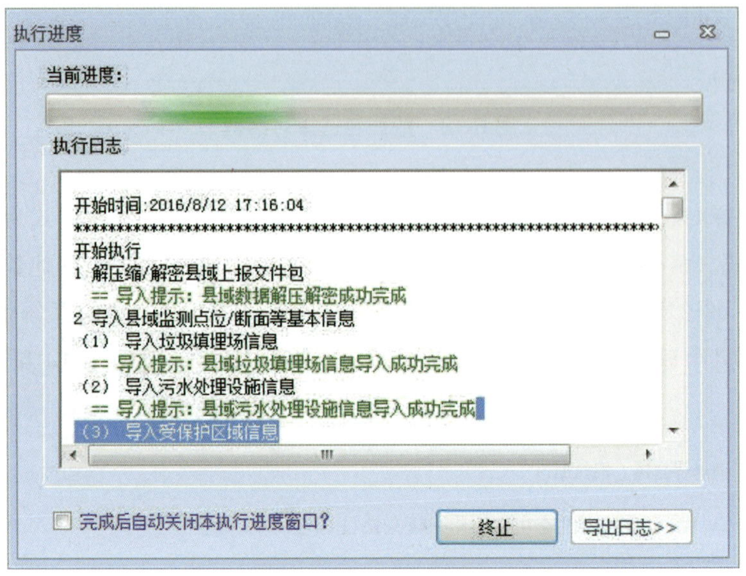

图 6-16　导入过程

导入完成后，系统会在执行日志中提示执行完成，并提示所用时间等信息，如图 6-17 所示。导入结束后，可通过“导出日志”按钮将执行日志导出为文本文件（*.txt）以进行进一步的分析。

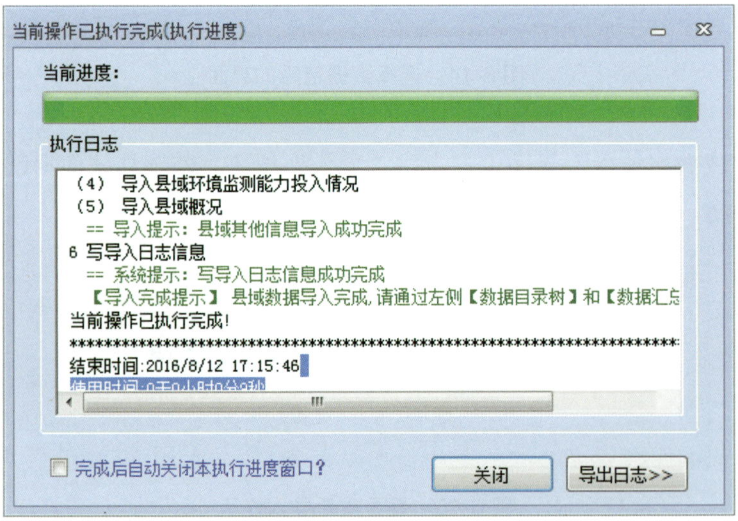

图 6-17　导入完成

导入完成后，在左侧数据目录树中对应的县节点下将加入该县导入的数据目录列表，可通过点击相应的文件或表节点查看该县域的填报数据。

多县域考核数据导入具体操作步骤如下。

点击“开始”菜单“县域考核数据/材料导入”栏内　“县域考核数据批量导入”按钮，系统将弹出如图 6-18 所示的“县域上报数据批量导入”界面。

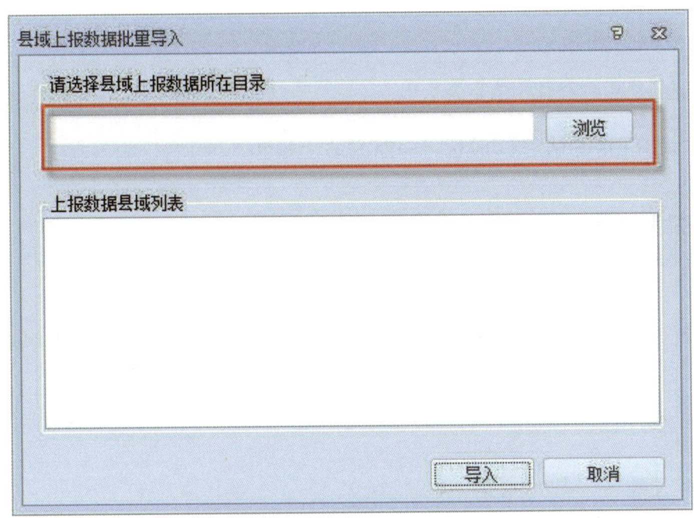

图 6-18　上报数据包目录选取

在“县域上报数据批量导入”界面中，点击选择县域上报数据所在目录下的“浏览”按钮，则弹出文件目录选取对话框，如图 6-19 所示。

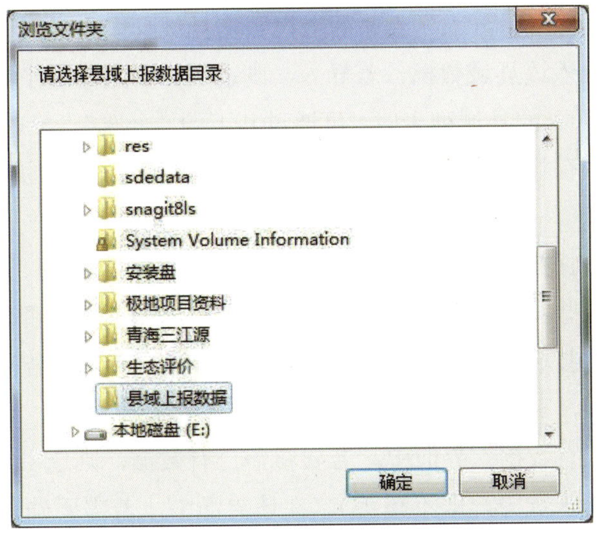

图 6-19　上报数据目录选择对话框

在文件目录选择对话框中，选中县域上报数据包文件所在的目录（需将各县域上报数据包拷贝至该目录），点击“确定”按钮，则该文件目录名将显示于县域上报数据目录的文本框内，同时将该目录所有上报数据包文件对应的县域名称及编码列于“上报数据县域列表”框内（注意：若目录内包含的上报数据包不为考核年度的，则不列于此框中），如图 6-20 所示。

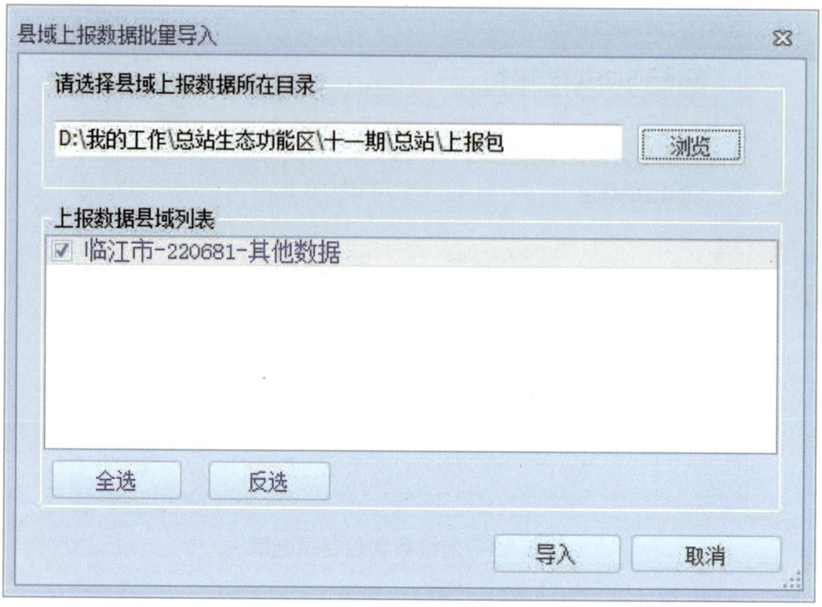

图 6-20　导入县域选择

在“县域上报数据批量导入”界面的上报数据县域列表中，通过各县域名称前面的复选框来选择是否导入该县域数据，若导入，则选中，否则不选中（默认为全选中，即全导入）。选择需要导入的县域列表时，可通过其下的“全选”“反选”按钮来辅助选择。点击“全选”是将所有县域都选中，点击“反选”则是将已选中的变为不选中，未选中的改为已选中。

在“县域上报数据批量导入”界面中选择完导入数据县域后，点击“导入”按钮，若所选县域列表中有些县域以前已导入过数据，则弹出如下“是否覆盖已有数据”提示框，并将已存数据的县域名称列于列表框中，如图 6-21 所示。若没有已导入过数据的县域，则跳过此界面，直接进入数据导入进度框界面。

在“是否覆盖已有数据”界面中，若要覆盖已有数据，则选中该县域前的复选框，否则不选中（默认为未选中，即不覆盖）。在该界面中，若需要确认是否覆盖的县域较多，可通过“全选”和“反选”按钮来快速选取。

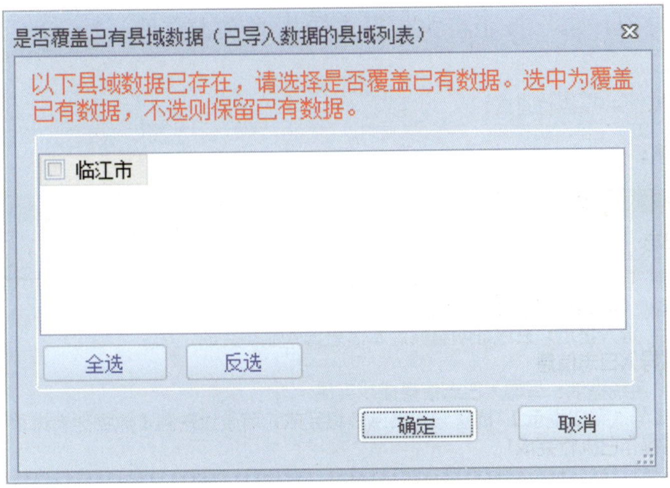

图 6-21　是否覆盖设置

在“是否覆盖已有数据”界面中，设定完要覆盖的县域列表后，点击“导入”按钮，则按顺序导入已选中的县域上报数据，并弹出数据导入进度界面，如图 6-22 所示，在导入过程中，将提示导入进度以及导入日志。在导入过程中，可点击“终止”按钮随时终止导入过程，也可勾选“完成后自动关闭本执行进度窗口？”在完成导入过程后自动关闭该导入进度框。

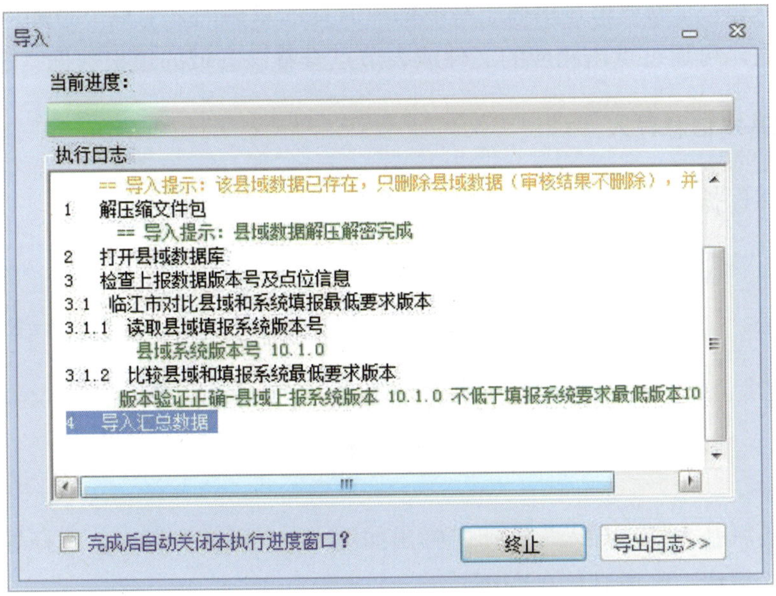

图 6-22　导入进度

导入完成后，系统会在执行日志中提示执行完成，并提示所用时间等信息，如图 6-23

所示。可通过“导出日志”按钮将执行日志导出为文本文件（*.txt）。

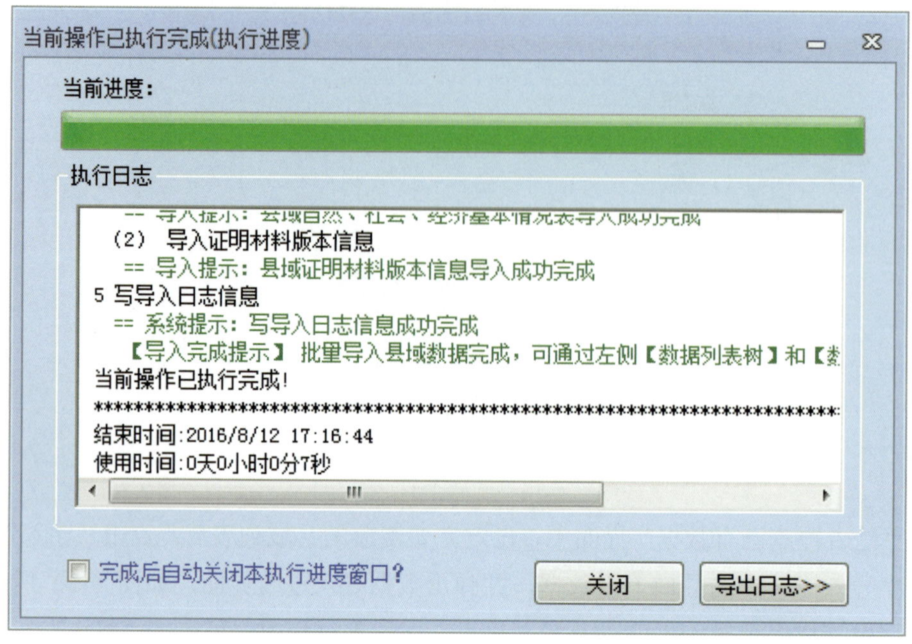

图 6-23　导入完成提示

导入完成后，左侧数据目录树中对应的所有导入数据的县节点下将加入该县域上报数据目录列表，可通过点击相应的文件或表节点查看该县域的填报数据。

6.2.3　县域基本信息导入

实现自然保护地、村镇信息更新功能，如图 6-24 所示。

图 6-24　县域基本信息导入

点击“县域基本信息导入”按钮，弹出如图 6-25 所示的窗口，选择导入文件，并点击“导入”按钮，完成县信息变更。

图 6-25　导入县信息

6.2.4　其他数据导入

实现模板导出、保护红线导入及排污许可证导入功能，如图 6-26 所示。

图 6-26　其他数据导入

6.2.4.1　模板导出

点击“模板导出”，下载模板文件，如图 6-27 所示。

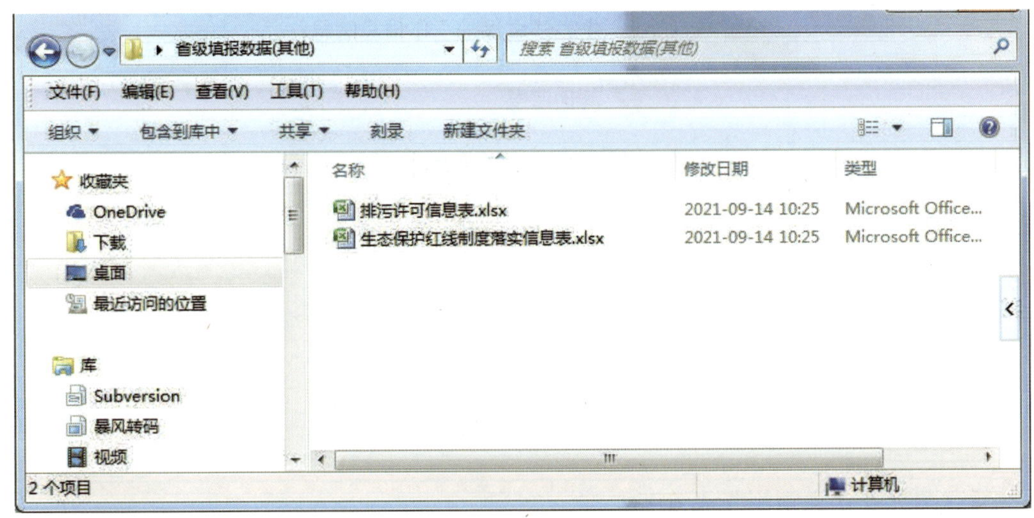

图 6-27　下载模版

6.2.4.2　保护红线导入

点击“保护红线导入”，选择导入文件，导入保护红线信息。

6.2.4.3　排污许可证导入

点击“排污许可证导入”，选择导入文件，导入排污许可证导信息。

6.2.5　县域数据目录

县域上报数据导入后，可以在左侧目录树查看。如图 6-28 所示，显示县域数据节点信息。

图 6-28　县域数据目录结构

显示为˅ 的节点表示该节点下有数据，点击该节点即可展开/收起该节点。

节点图标及含义索引见表 6-1。

表 6-1　目录树节点图标及含义

图标	含义
	非空节点
	空节点
	证明材料
	证明材料不存在
	数据填报表
	比较数据表
	PDF 文档
	图像、照片
	自查报告文档

对于非文件夹节点，可以直接点击节点，并在右侧数据显示区显示数据。

6.2.6　县域数据浏览

如图 6-29 所示，为证明材料显示样式。

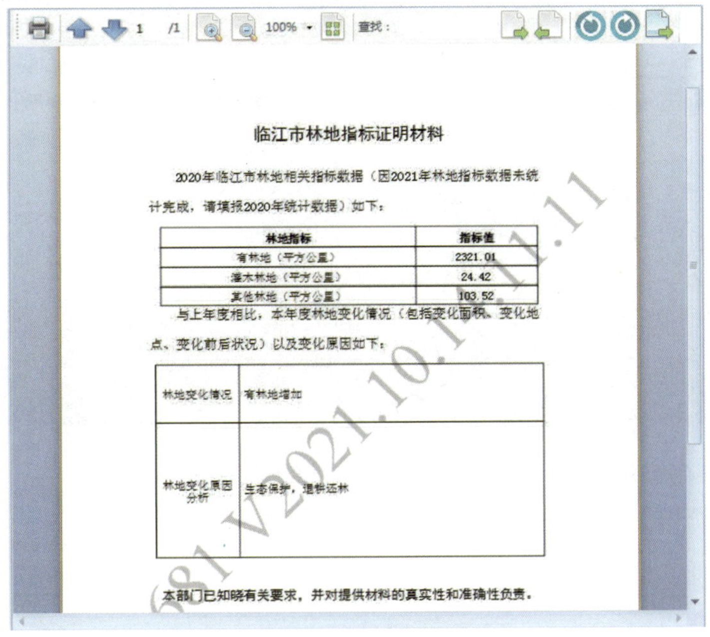

临江市林地指标证明材料

2020年临江市林地相关指标数据（因2021年林地指标数据未统计完成，请填报2020年统计数据）如下：

林地指标	指标值
有林地（平方公里）	2321.01
灌木林地（平方公里）	24.42
其他林地（平方公里）	103.52

与上年度相比，本年度林地变化情况（包括变化面积、变化地点、变化前后状况）以及变化原因如下：

林地变化情况	有林地增加
林地变化原因分析	生态保护，退耕还林

本部门已知晓有关要求，并对提供材料的真实性和准确性负责。

图 6-29　证明材料

	污染源代码	污染源（企业）名称	污染源类型	污染源性质	排放去向	监测项目	经度	纬度	监测类型	监测单位	备注	照片
▸1	FW11022800001	河南寨镇污水处理厂（北京力量科技发展有限公司）	污水处理厂	国控	河湖	按照《城镇污水处理厂水污染物排放标准》（DB11/890-2012）表2要求，监测19项污染物。	116° 46′ 53″	40° 19′ 38″	省测	sd		
2	FW11022800002	北京自来水集团檀州污水处理有限责任公司	污水处理厂	国控	河湖	按照《城镇污水处理厂水污染物排放标准》（DB11/890-2012）表2要求，监测19项污染物。	116° 49′ 30″	40° 21′ 23″	市测	sd		
3	FW11022800003	北京万家水务有限公司（溪翁庄污水处理厂）	污水处理厂	国控	河湖	按照《城镇污水处理厂水污染物排放标准》（DB11/890-2012）表2要求，监测19项污染物。	116° 49′ 52″	40° 27′ 7″	省测	sd		

图 6-30　横向表格数据

如图 6-30 所示，为填报数据显示样式。如果表格中有照片字段，则在表格中显示照片的缩略图，如果照片不存在，则显示“无图像”字样；如果表格中有文档相关字段，则在表格中显示为超级链接。

点击单元格中的缩略图，则弹出如图 6-31 所示的图片查看界面。若有多张照片，可以点击“前一张”“后一张”导航浏览。

图 6-31　图片查看界面

点击单元格中的超级链接，则弹出如图 6-32 所示的附件查看界面。如有多个附件则可以点击“前一个”“后一个”导航查看。

PDF 生态环境质量考核数据副填报表（GB111）.pdf

1 /8 100% 查找：

数 据 副 填 报 表

a. 水质监测数据填报表

单位：mg/L，pH 无量纲

序号	断面名称	监测时间(年月日)	水温(℃)	pH	溶解氧	高锰酸盐指数	化学需氧量	五日生化需氧量	氨氮	总磷	总氮	铜	锌
1	交洲	2013/1/10	2.00	7.05	11.89	2.20	-	2L	0.080	-	-	-	-
2	交洲	2013/2/11	2.00	7.15	11.25	2.20	-	2L	0.360	-	-	-	-
3	交洲	2013/3/10	3.00	7.21	10.48	2.81	-	2L	0.100	-	-	-	-
4	交洲	2013/4/11	3.00	7.22	10.03	2.15	-	2L	0.240	-	-	-	-
5	交洲	2013/5/9	8.00	7.47	9.82	2.55	-	2L	0.260	-	-	-	-
6	交洲	2013/6/10	14.00	7.31	9.45	2.88	-	2L	0.280	-	-	-	-

前一个　后一个　当前记录：1，共有记录：2

图 6-32　附件查看界面

如图 6-33 所示，为图档资料显示样式。

图 6-33　图档资料显示样式

如图 6-34 所示，为自查报告数据显示样式。

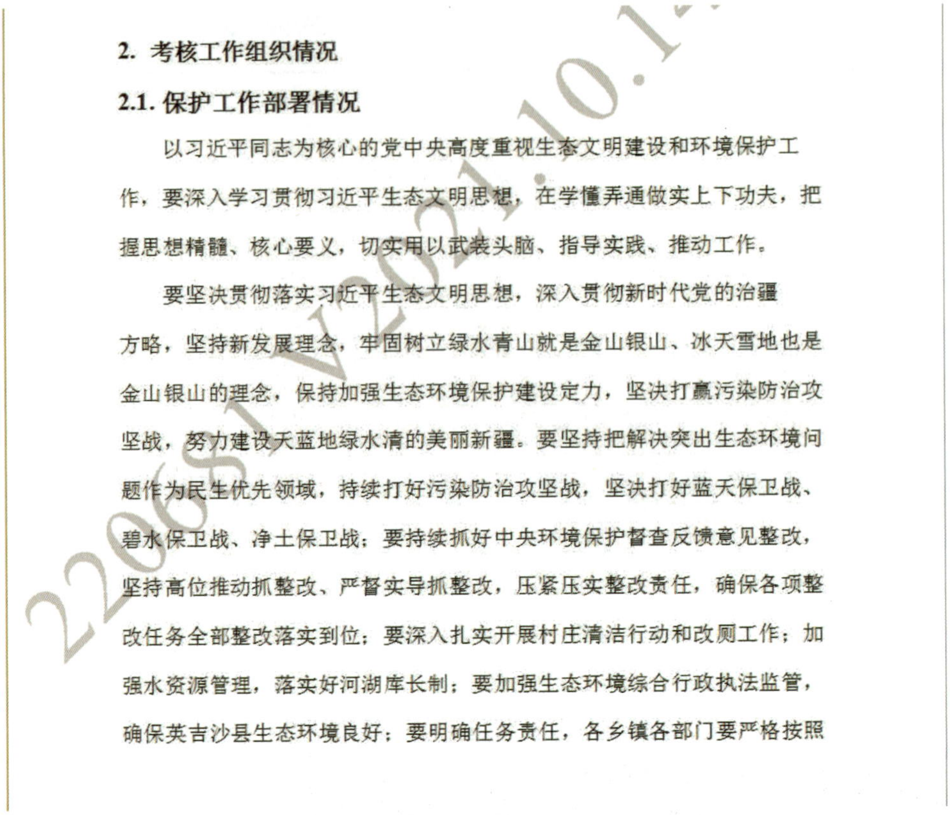

2. 考核工作组织情况

2.1. 保护工作部署情况

以习近平同志为核心的党中央高度重视生态文明建设和环境保护工作，要深入学习贯彻习近平生态文明思想，在学懂弄通做实上下功夫，把握思想精髓、核心要义，切实用以武装头脑、指导实践、推动工作。

要坚决贯彻落实习近平生态文明思想，深入贯彻新时代党的治疆方略，坚持新发展理念，牢固树立绿水青山就是金山银山、冰天雪地也是金山银山的理念，保持加强生态环境保护建设定力，坚决打赢污染防治攻坚战，努力建设天蓝地绿水清的美丽新疆。要坚持把解决突出生态环境问题作为民生优先领域，持续打好污染防治攻坚战，坚决打好蓝天保卫战、碧水保卫战、净土保卫战；要持续抓好中央环境保护督查反馈意见整改，坚持高位推动抓整改、严督实导抓整改，压紧压实整改责任，确保各项整改任务全部整改落实到位；要深入扎实开展村庄清洁行动和改厕工作；加强水资源管理，落实好河湖库长制；要加强生态环境综合行政执法监管，确保英吉沙县生态环境良好；要明确任务责任，各乡镇各部门要严格按照

图 6-34　自查报告显示样式

6.3　汇总信息

部分或全部县域数据导入后，可查看已导入县域的指标及相关辅助数据的汇总信息，“汇总信息”菜单面板中主要提供指标数据汇总表、考核县域基本情况及社会经济情况信息、点位/断面辅助信息的浏览查看、其他数据导入（省级）。各功能按钮布局如图 6-35 所示。

图 6-35　汇总信息菜单面板

6.3.1　指标数据汇总表浏览

指标数据汇总表主要是指自然生态指标数据汇总表、环境状况指标数据汇总表，通过点击“汇总信息”菜单下的“指标汇总表”栏中的“自然生态指标”来浏览，布局如图 6-36 所示。

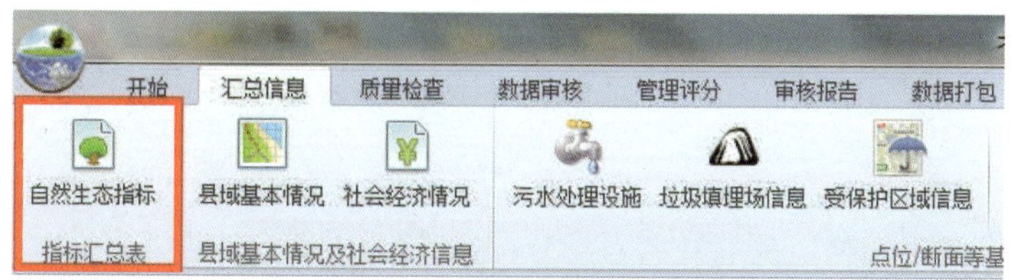

图 6-36　指标汇总表功能按钮

点击“汇总信息”菜单“指标汇总表”栏内的“自然生态指标”按钮，则弹出如图 6-37 所示的指标数据浏览界面，并在界面中以表格的形式显示已上报县域数据的汇总指标信息。

图 6-37　自然生态指标汇总表样式

在数据显示页面，可通过左侧的单选框来选择是查看本年度数据、上年度数据或是两年数据对比（显示两年数据），如图 6-38 为显示两年数据对比的样例。

县域自然生态指标汇总表

基本情况				林地（单位:		
县（市、旗、区）...	县（市、旗、区）...	县域面积（KM2）	年份	有林地（KM2）	灌木林地（KM2）	其他林地（K
临江市	220681	3026.9679	2020	2311.01	24.42	
临江市	220681	3026.9679	2021	2321.01	24.42	

本年度　上年度　两年对比　导出为Excel　退出

图 6-38　两年对比情况

若需要将当前显示数据导出为 Excel 表格，则在数据显示界面，点击右下侧的“导出为 Excel”按钮，则弹出如图 6-39 所示的文件保存对话框。

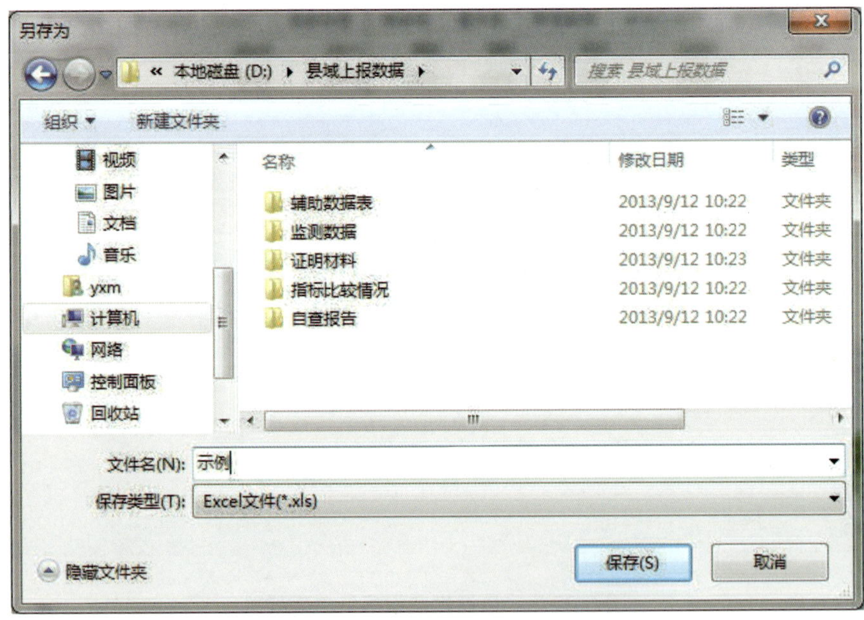

图 6-39　导出文件名设置对话框

在文件保存对话框中，输入将保存的文件名，点击“保存”按钮，则将当前表格内容保存为 Excel 文件。

若需要退出汇总数据查看界面，则点击该界面右上角的关闭按钮或右下角的“退出”按钮，汇总数据查看界面消失，返回至系统主界面。

6.3.2　县域基本情况汇总表浏览

县域基本情况信息汇总表是指县域基本情况和县域社会经济情况，可通过“县域基本情况及社会经济情况”栏内的“县域基本情况”功能按钮来查看浏览，布局如图 6-40 所示。

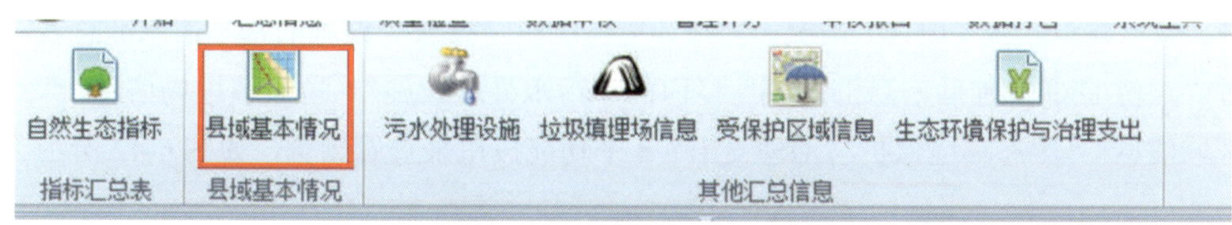

图 6-40　县域基本情况功能按钮

操作步骤：

点击“汇总信息”菜单“县域基本情况及社会经济情况”栏内的“县域基本情况”按钮，则弹出如图 6-41 所示的数据浏览界面，并在界面中以表格的形式显示已上报县域基本情况汇总信息。

县域基本信息

县（市、旗、区...	县（市、旗、区...	所在州、市	所在生态功能区	功能区类型	是否南水北调水...
东昌区	220502	通化市	长白山森林生态功	水源涵养功能区	否
集安市	220582	通化市	长白山森林生态功	水源涵养功能区	否
浑江区	220602	白山市	长白山森林生态功	水源涵养功能区	否
江源区	220605	白山市	长白山森林生态功	水源涵养功能区	否
抚松县	220621	白山市	长白山森林生态功	水源涵养功能区	否
靖宇县	220622	白山市	长白山森林生态功	水源涵养功能区	否
长白朝鲜族自治县	220623	白山市	长白山森林生态功	水源涵养功能区	否
临江市	220681	白山市	长白山森林生态功	水源涵养功能区	否
通榆县	220822	白城市	科尔沁草原生态功	防风固沙功能区	否
敦化市	222403	延边朝鲜族自治州	长白山森林生态功	水源涵养功能区	否
和龙市	222406	延边朝鲜族自治州	长白山森林生态功	水源涵养功能区	否
汪清县	222424	延边朝鲜族自治州	长白山森林生态功	水源涵养功能区	否
安图县	222426	延边朝鲜族自治州	长白山森林生态功	水源涵养功能区	否

当前记录 1 of 13

导出为Excel　退出

图 6-41　县域基本情况显示样例

在数据显示页面，可通过左下侧表格操作面板来显示当前记录及总记录条数，并可通过功能按钮实现记录移动及翻页功能。

若需要将当前显示数据导出为 Excel 表格，则在数据显示界面，点击右下侧的“导出为 Excel”按钮来实现当前表格内容的导出，导出格式为 Excel 文件。

若需要退出汇总数据查看界面，则点击该界面右上角的关闭按钮或右下角的“退出”按钮，汇总数据查看界面消失，返回至系统主界面。

6.3.3 点位/断面等其他信息汇总表

点位/断面等基础信息汇总表是指各县域填报的污水处理设施、垃圾填埋场、受保护区域、生态建设工程（项目）情况、生态环境保护资金投入等设施的基本信息汇总表。可通过“点位/断面等辅助信息汇总表”栏内的“污水处理设施”“垃圾填埋场信息”“受保护区域信息”“生态环境保护与治理支出”4 个功能按钮来查看浏览，如图 6-42 所示。

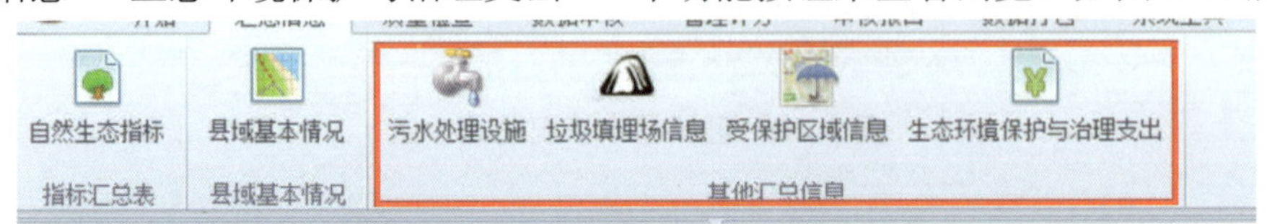

图 6-42 其他汇总信息查看功能按钮

这 5 个功能操作方式完全相同，只是结果展示的内容不同，下面以“污水处理设施”功能为例来说明操作步骤。

点击“汇总信息”菜单“点位/断面等辅助信息汇总表”栏内的“污水处理设施”按钮，则弹出如图 6-43 所示的数据浏览界面，并在界面中以表格的形式显示已上报县域内污水处理设施信息的汇总表。

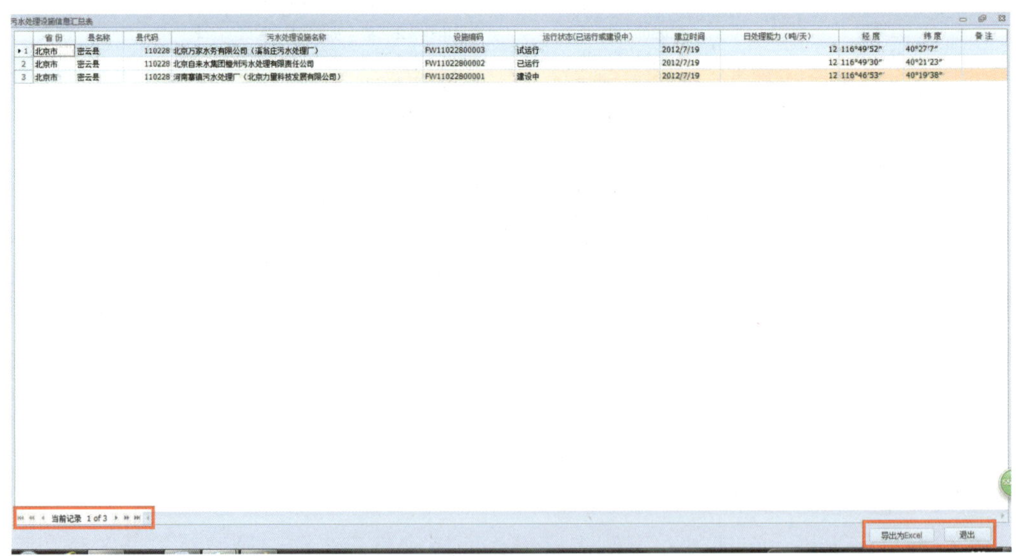

污水处理设施信息汇总表

	省份	县名称	县代码	污水处理设施名称	设施编码	运行状态(已运行或建设中)	建立时间	日处理能力（吨/天）	经度	纬度	备注
1	北京市	密云县	110228	北京万家水务有限公司（溪翁庄污水处理厂）	FW11022800003	试运行	2012/7/19	12	116°49′52″	40°27′7″	
2	北京市	密云县	110228	北京自来水集团檀州污水处理有限责任公司	FW11022800002	已运行	2012/7/19	12	116°49′30″	40°21′23″	
3	北京市	密云县	110228	河南寨镇污水处理厂（北京力量科技发展有限公司）	FW11022800001	建设中	2012/7/19	12	116°46′53″	40°19′38″	

图 6-43 污水处理设施显示样例

在数据显示页面，可通过左下侧表格操作面板来显示当前记录及总记录条数，并可通过功能按钮实现记录移动及翻页功能。

若需要将当前显示数据导出为 Excel 表格，则在数据显示界面，点击右下侧的“导出为 Excel”按钮来实现当前表格内容的导出，导出格式为 Excel 文件。

若需要退出汇总数据查看界面，则点击该界面右上角的关闭按钮或右下角的“退出”按钮，汇总数据查看界面消失，返回至系统主界面。

6.3.4　证明材料上传

上传生态创建成效评估材料、自然保护地评估文件、保护红线年度监管材料及违反排污条例材料，菜单如图 6-44 所示。

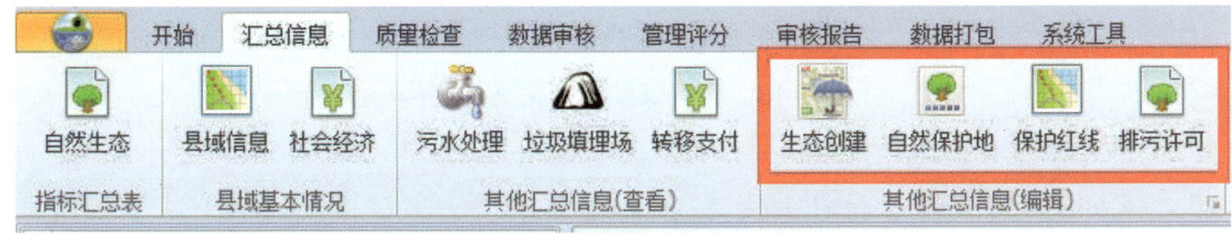

图 6-44　证明材料上传

6.3.4.1　生态创建成效评估材料上传

点击“生态创建”，弹出如图 6-45 所示的窗口，点击“成效评估材料”上传证明材料。

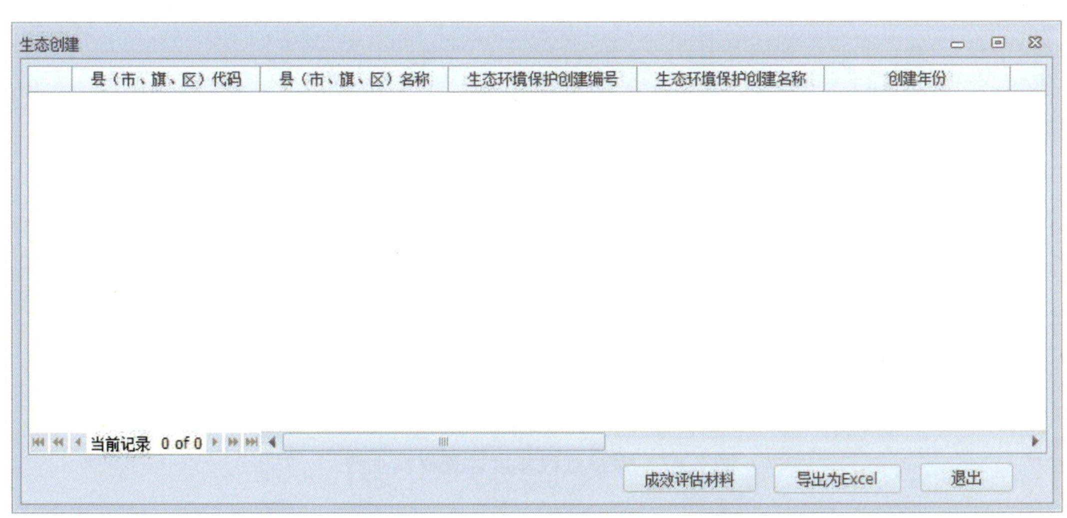

图 6-45　生态创建成效评估材料上传

6.3.4.2　自然保护地评估文件上传

点击“自然保护地”，弹出如图 6-46 所示的窗口，点击“评估文件”上传证明材料。

图 6-46　自然保护地评估文件上传

6.3.4.3　保护红线年度监管材料上传

点击“保护红线”，弹出如图 6-47 所示的窗口，点击“年度监管材料”上传证明材料。

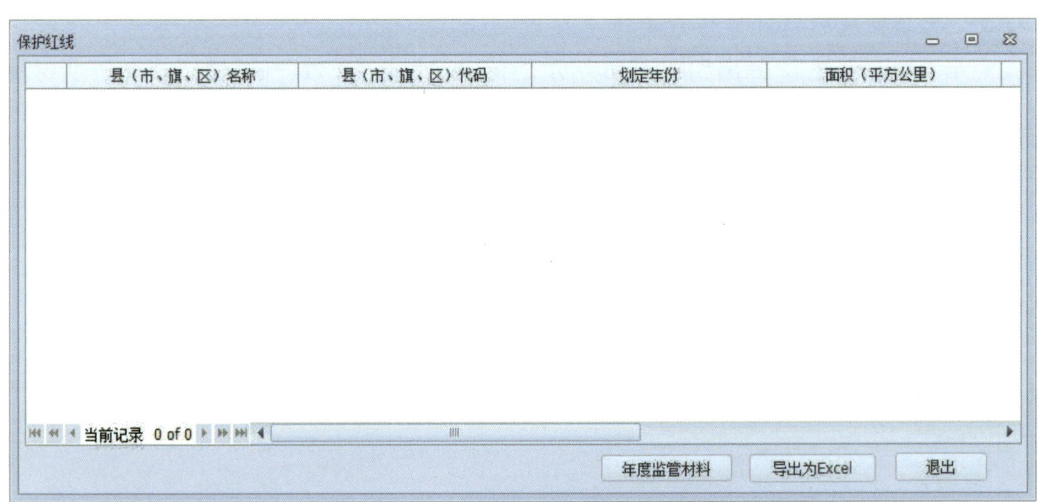

图 6-47　保护红线年度监管材料上传

6.3.4.4　违反排污条例材料上传

点击“排污许可”，弹出如图 6-48 所示的窗口，点击“违反排污条例材料”上传证明材料。

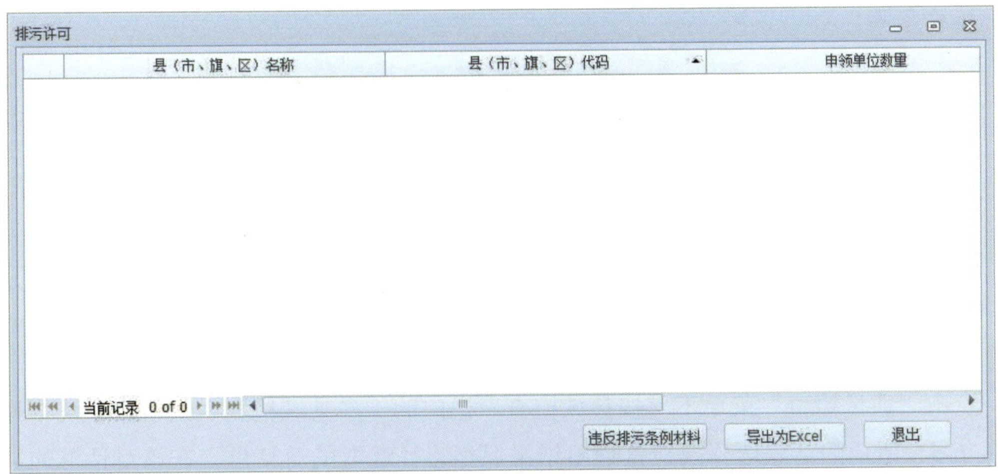

图 6-48　违反排污条例材料上传

6.4　质量检查

在部分县域或所有县域填的数据上报并导入系统后，即可进行质量检查。质量检查主要是针对县域填报的原始环境质量监测数据及相关辅助表的质量检查，检查监测数据填写是否规范，以及各监测项数据是否存在质量问题。质量检查功能主要是通过“质量检查”功能菜单面板中的功能按钮来实现，其布局如图 6-49 所示。

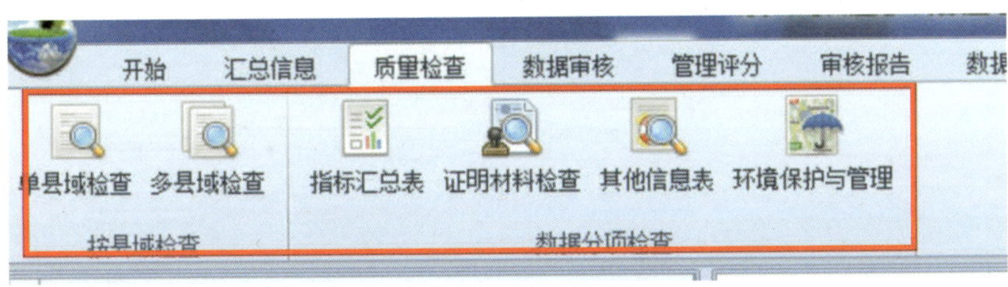

图 6-49　质量检查菜单面板

质量检查功能按其功用分为两类：按县域检查和数据分项检查。

6.4.1　按县域检查

按县域检查是选择需检查县域，批量检查该县域内所有填报数据的质量，具体分为单县域数据质量检查和多县域数据质量检查，通过“按县域检查”栏内的“单县域检查”和“多县域检查”两个功能按钮来实现，如图 6-50 所示。

两个功能的执行功能和步骤基本相同，只是“单县域检查”在选择检查县域时只能选择一个县域，“多县域检查”可以选择多个县域，下面以“多县域检查”为例来介绍具体操作步骤。

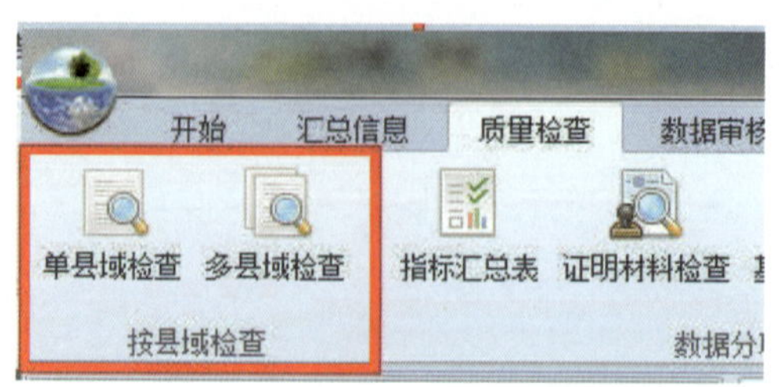

图 6-50　按县域检查功能按钮

点击“质量检查”菜单下“按县域检查”栏内的“多县域检查”按钮，系统将弹出如图 6-51 所示的县域选择及检查输出结果保存路径选取的对话框，在该对话框的县域列表框中将显示所有已上报并导入数据的县域名称。通过县域列表框各县域名称前的复选框来选择需要审核的县域（默认为全选中）。若县域较多，可通过县域列表左下方的“全选”和“反选”按钮来辅助选择。

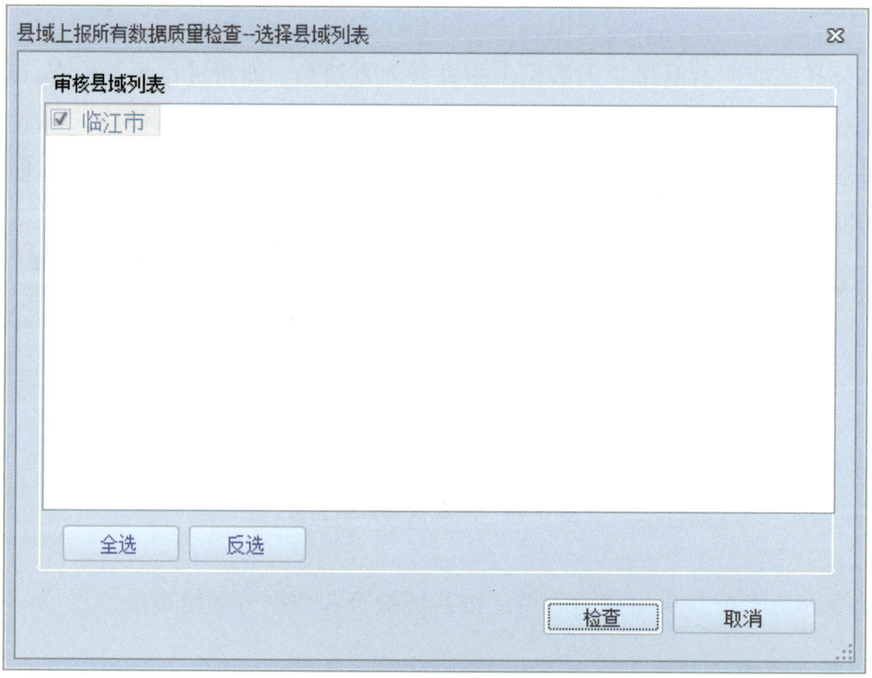

图 6-51　县域选择界面

选择县域列表后，点击“检查”按钮，则进入县域数据质量检查过程，系统将弹出检查进度提示框，如图 6-52 所示。

系统将依次检查所选各县域的填报内容，在检查过程中，将通过日志的方式动态显示检查提示和结果（图 6-52）。

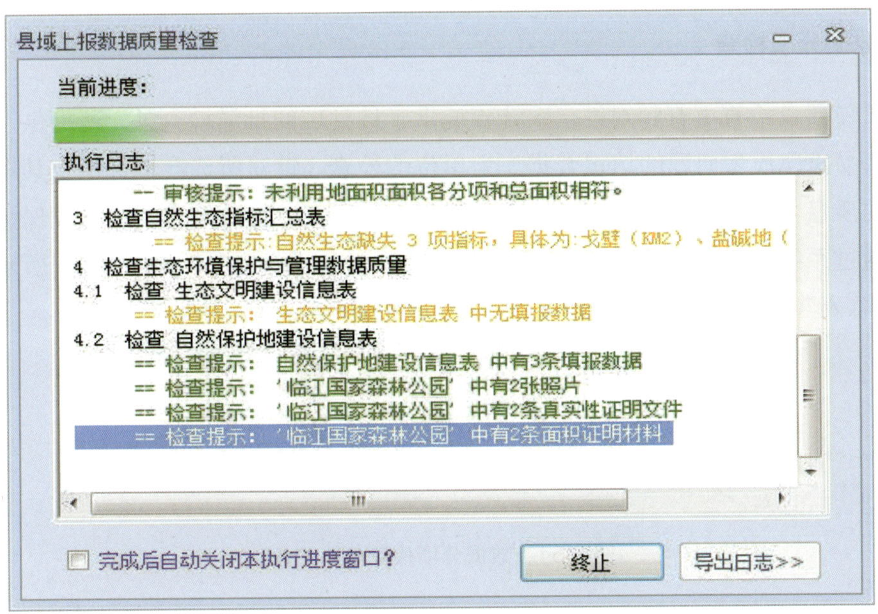

图 6-52　检查进度

检查结束后，将提示检查结果，如图 6-53 所示，并可通过“导出日志”按钮导出检查日志为文本文件。

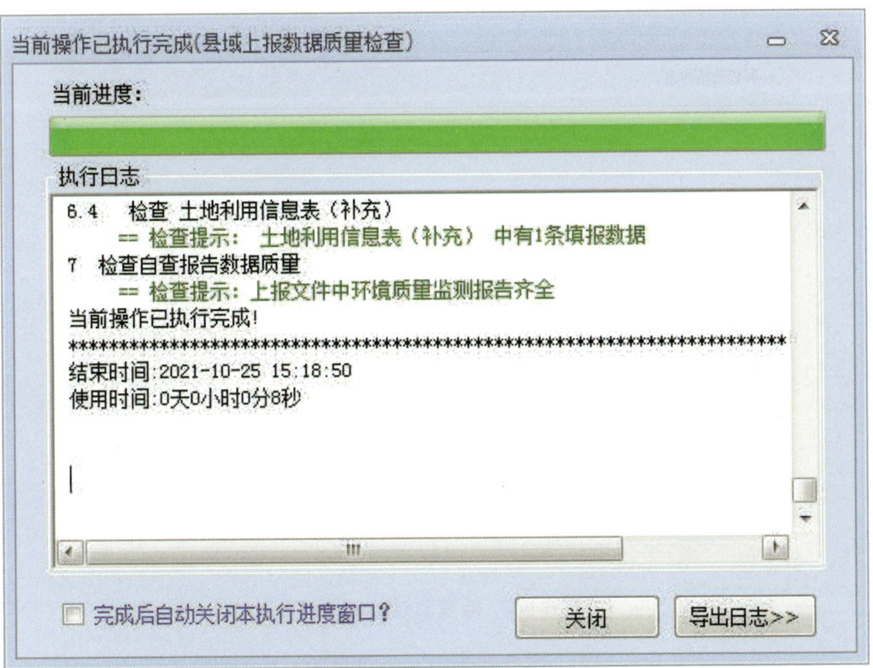

图 6-53　检查完成提示

6.4.2　数据分项检查

为了使质量检查更有针对性，系统除提供了按县域的批量检查外，还提供了以填报数据项（易出现质量问题的填报数据）为单位的检查，针对所选县域，检查其填报某一类数据的质量，具体包括：指标汇总表、证明材料检查、其他信息表及环境保护与管理信息，通过系统主界面中“数据分项检查”中的 4 个功能按钮，如图 6-54 所示来实现“指标汇总表”“证明材料”“其他信息表”“环境保护与管理”。

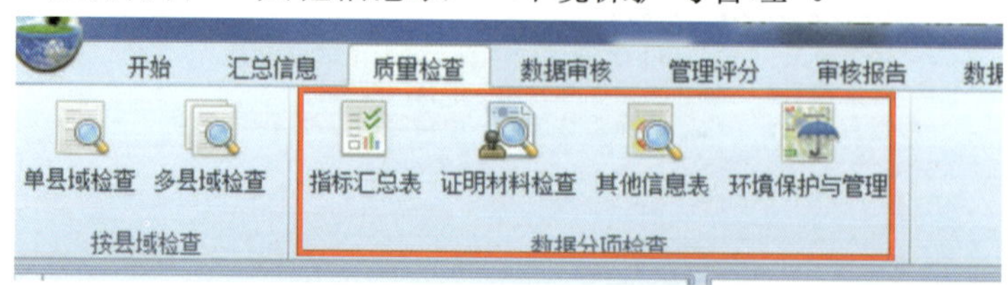

图 6-54　数据分项检查功能按钮

这 4 个功能针对不同类型数据进行检查，其操作步骤完全相同，只是在执行时所检查的对象不同，下面以“证明材料检查”为例来说明其操作步骤。

点击“质量检查”菜单下“数据分项检查”栏内的“证明材料检查”按钮，系统将弹出如图 6-55 所示的县域选择及检查输出结果保存路径选取的对话框。

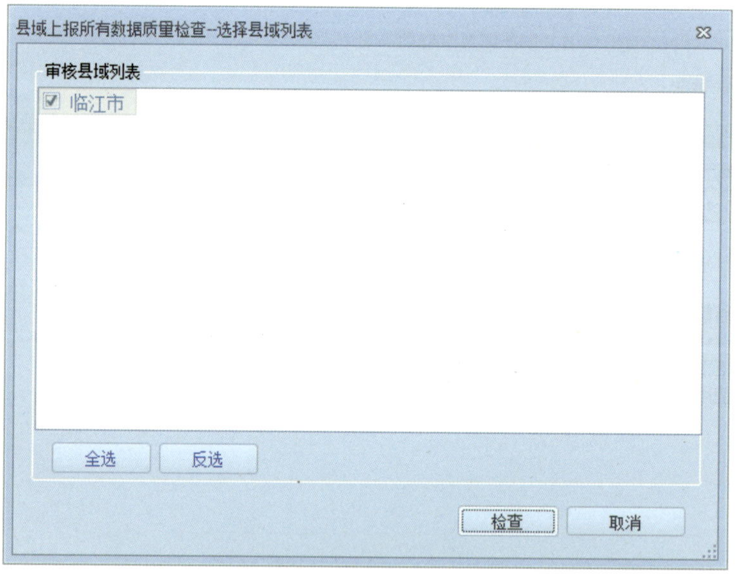

图 6-55　检查县域选择界面

在该对话框的县域列表框中将显示所有已上报并导入数据的县域名称。通过县域列表框各县域名称前的复选框来选择需要审核的县域（默认为全选中）。若县域较多，可通过县域列表左下方的“全选”和“反选”按钮来辅助选择。

选择县域列表后，点击“检查”按钮，则进入县域数据质量检查操作，系统将弹出检查进度提示框，如图 6-56 所示。

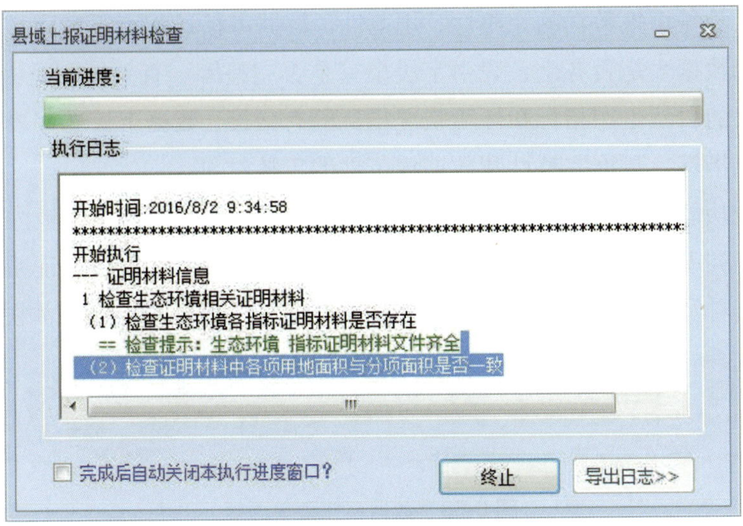

图 6-56　检查过程

系统将检查所选各县域证明材料，在检查过程中，将通过日志的方式动态显示检查提示和结果，如图 6-56 所示。

检查结束后，将提示检查结果，如图 6-57 所示，并可通过“导出日志”按钮导出检查日志为文本文件。

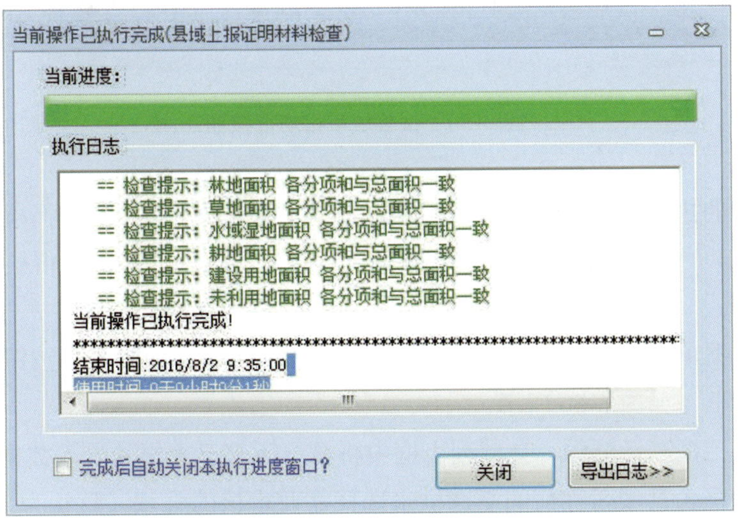

图 6-57　检查完成提示

6.5 数据审核

在部分县域或所有县域填写的数据上报并导入系统后，即可进行数据审核。数据审核主要是审核县域填报数据的完整性、规范性，数据审核过程查看和审核意见修改。完整性主要包括数据表是否齐全、表中字段填写是否完整等。有效性则是根据审核原则，审核县域填报的自然生态指标和环境状况指标的有效性。数据审核过程表是查看生态指标、环境状况指标、数据完整性和数据规范性的审核结果。

数据审核功能主要是通过系统功能菜单区的“数据审核”菜单面板内的功能按钮来实现，包括6类审核功能：按县域审核、完整性审核、规范性审核和证明材料核对，数据审核结果查看及审核意见修改功能，分县审核意见。具体功能布局如图6-58所示。

图6-58 数据审核菜单面板

6.5.1 按县域审核

按县域审核是选择需要审核的县域，以审核该县域所有填报数据的完整性和指标的规范性，包括单县域审核和多县域审核两个功能，如图6-59所示。

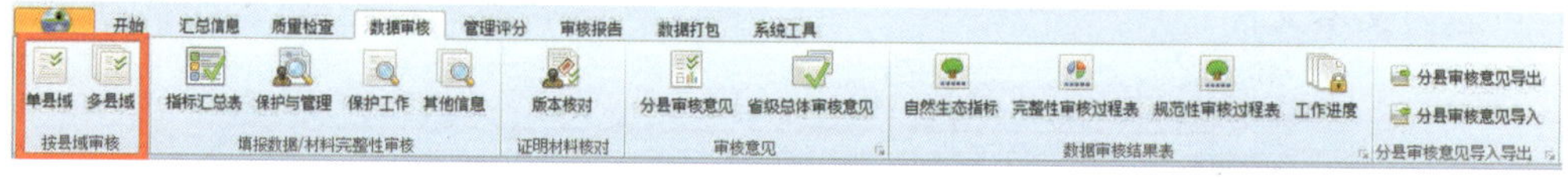

图6-59 按县域审核功能按钮

两个功能的执行功能和步骤基本相同，只是“单县域审核”在选择检查县域时只能选择一个县域，“多县域审核”可以选择多个县域，下面以“多县域审核”为例来介绍具体操作步骤。

点击“数据审核”菜单下“按县域审核”栏内的“多县域审核”按钮，系统将弹出县域选择对话框，如图6-60所示。

在选择对话框对话框中，县域列表框中将显示所有已上报并导入数据的县域名称。通过县域列表框各县域名称前的复选框来选择需要审核的县域（默认为全选中）。若县域较多，可通过县域列表左下方的“全选”和“反选”按钮来辅助选择。

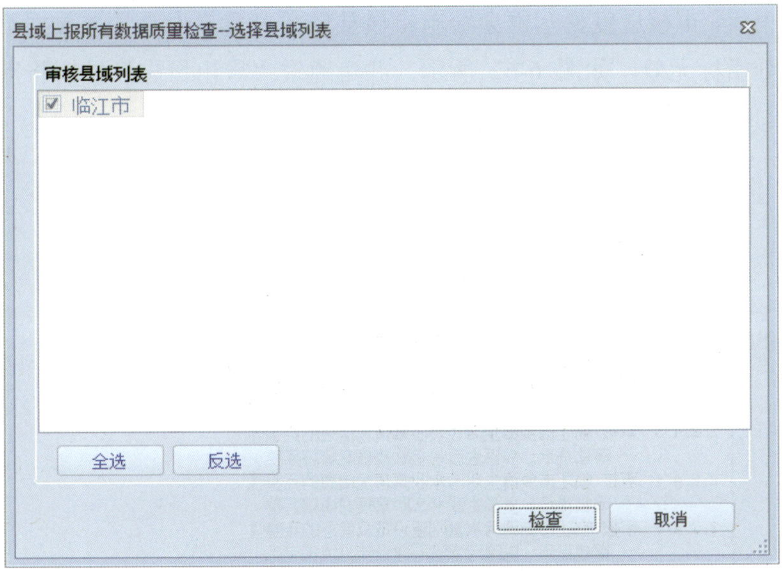

图 6-60 审核县域选择界面

在县域选择对话框内选中需审核县域后，点击“审核”按钮，则进入审核操作，并弹出审核进度提示框，如图 6-61 所示。

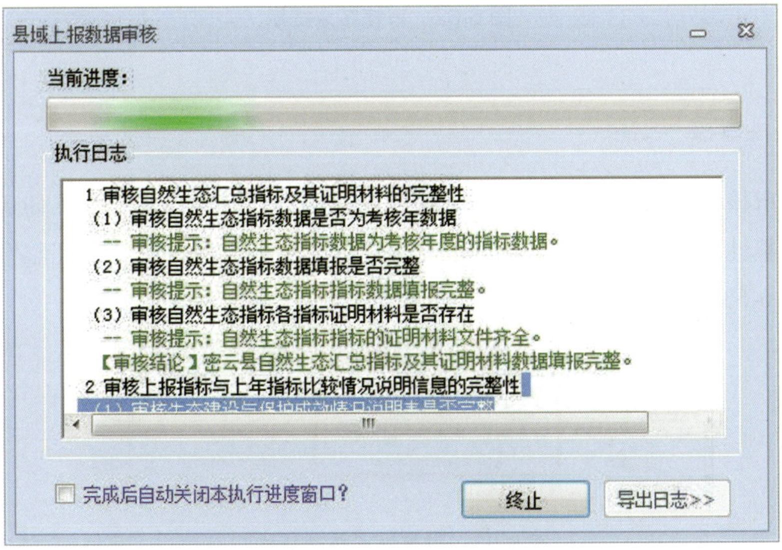

图 6-61 审核过程

系统将依次审核所选县域填报数据的完整性和有效性，审核过程将通过日志的方式动态的显示于日志框内，日志内容包括审核是否成功及审核结果（如是否完整、是否有效等）。

审核结束后，审核进度提示框会给出审核县域数目及多少个县域数据不完整以及多少个县域部分指标无效，如图 6-62 所示。并可通过“导出日志”按钮将审核日志导出为文本文件。

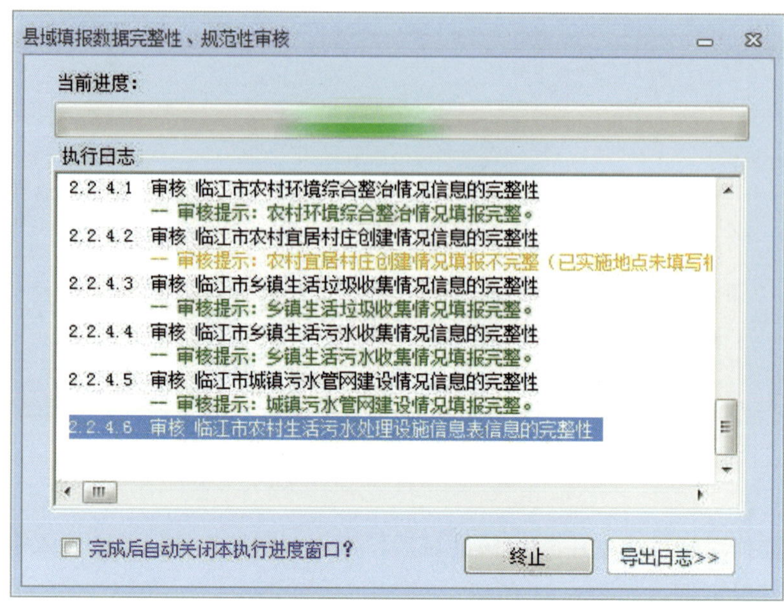

图 6-62 审核结果提示

6.5.2 完整性审核

完整性审核是针对各县域填报各项数据及材料进行完整性审核，具体包括：县域所有数据的完整性审核、指标汇总表的完整性审核以及自查报告材料的完整性审核。其功能按钮如图 6-63 所示。

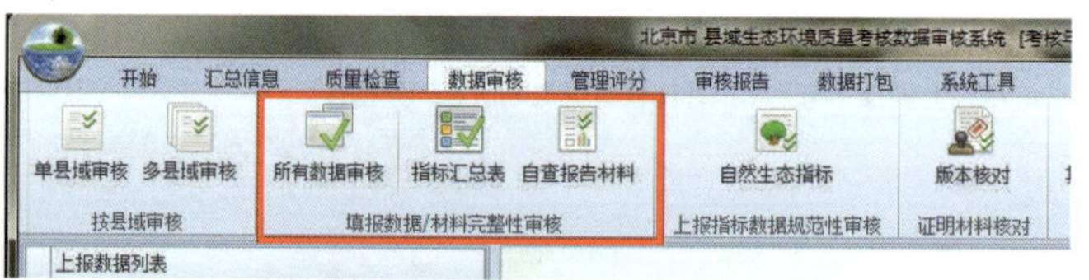

图 6-63 完整性审核功能按钮

针对各类数据的完整性审核的操作方法和流程完全相同，只是在审核过程所审核数据内容不同，下面以所有数据审核为例来说明该类功能的操作步骤。

点击“数据审核”菜单下“填报数据/材料完整性审核”栏内的“所有数据审核”按钮，系统将弹出县域选择对话框，如图 6-64 所示。

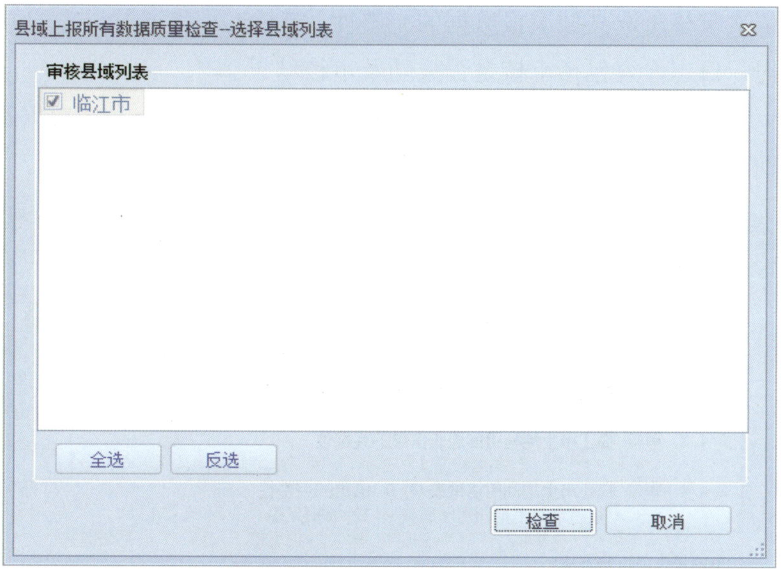

图 6-64　审核县域选择界面

在选择对话框中，县域列表框中将显示所有已上报并导入数据的县域名称。通过县域列表框各县域名称前的复选框来选择需要审核的县域（默认为全选中）。若县域较多，可通过县域列表左下方的“全选”和“反选”按钮来辅助选择。

在县域选择对话框内选中需审核的县域后，点击“审核”按钮，则进入审核操作，并弹出审核进度提示框，如图 6-65 所示。

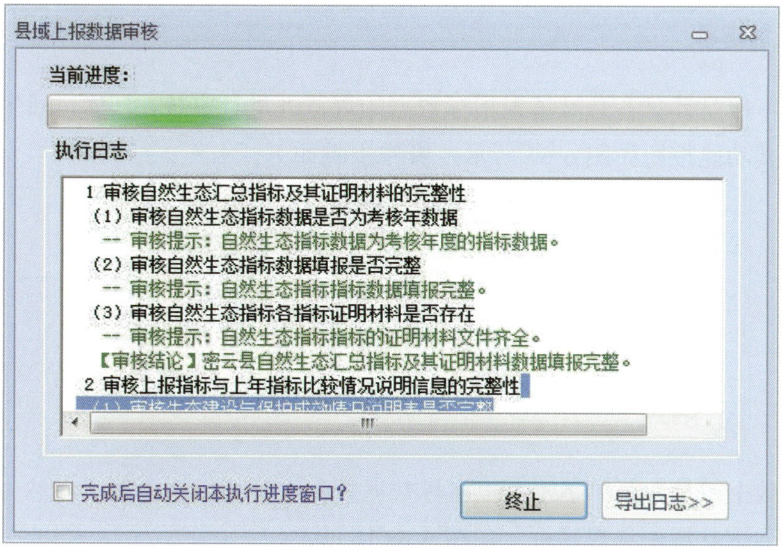

图 6-65　审核过程

系统将依次审核所选县域填报数据的完整性，审核过程将通过日志的方式动态的显示于日志框内，日志内容包括审核是否成功及审核结果。

审核结束后，审核进度提示框会给出审核县域数目及多少个县域数据不完整信息，如图 6-66 所示。并可通过“导出日志”按钮将审核日志导出为文本文件。

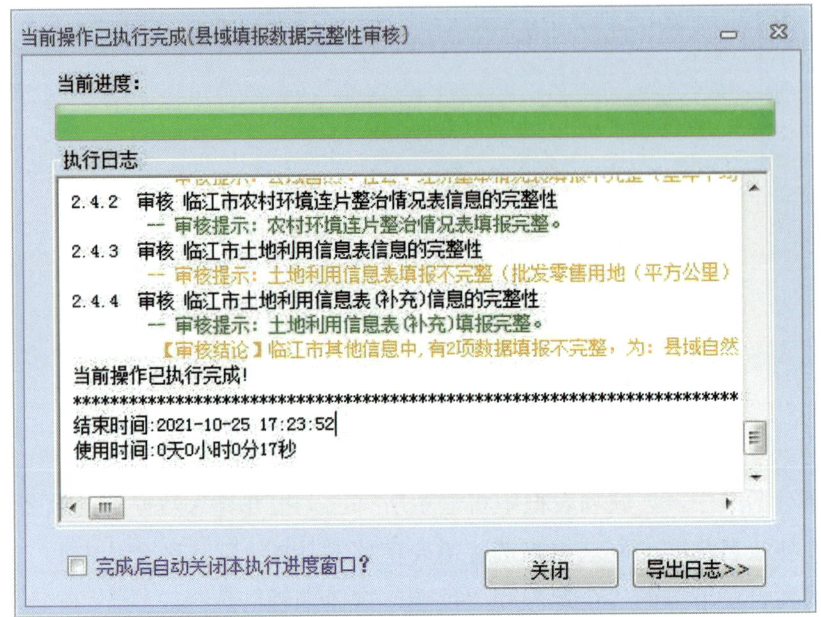

图 6-66 审核结果提示

6.5.3 规范性审核

规范性审核是针对各县域填报指标数据的规范性进行审核，具体包括生态指标的规范性审核。其功能按钮如图 6-67 所示，操作步骤如下。

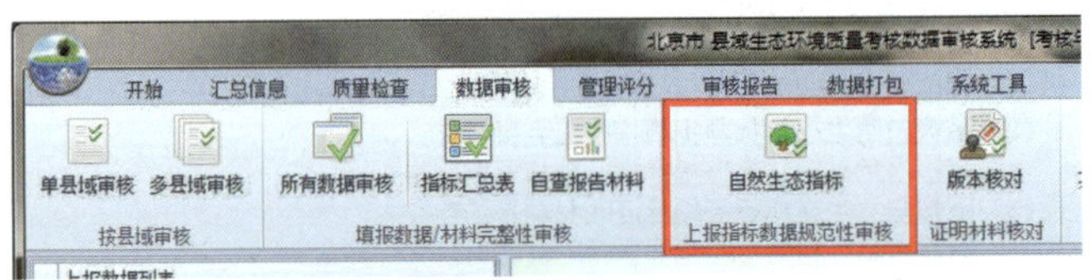

图 6-67 规范性审核功能按钮

点击“数据审核”菜单下“上报指标数据规范性审核”栏内的“自然生态指标”按钮，系统将弹出县域选择对话框，如图 6-68 所示。

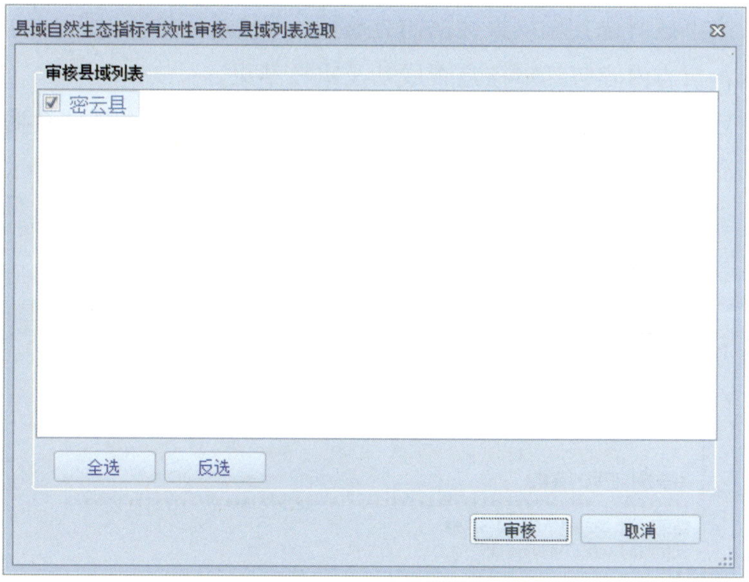

图 6-68　审核县域选择界面

在选择对话框中，县域列表框中将显示所有已上报并已导入数据的县域名称。通过县域列表框各县域名称前的复选框来选择需要审核的县域（默认为全选中）。若县域较多，可通过县域列表左下方的“全选”和“反选”按钮来辅助选择。

在县域选择对话框内选中需审核县域后，点击“审核”按钮，则进入审核操作，并弹出审核进度提示框，如图 6-69 所示。

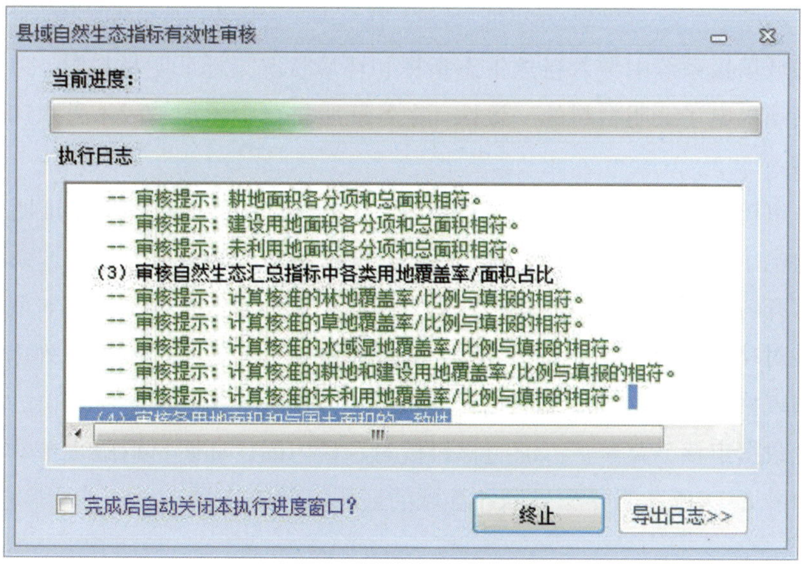

图 6-69　审核过程界面

系统将依次审核所选县域填报数据的完整性，审核过程将通过日志的方式动态的显示于日志框内，日志内容包括审核是否成功及审核结果。

审核结束后，审核进度提示框会给出审核县域数目及多少个县域数据不完整信息，如图 6-70 所示。并可通过“导出日志”按钮将审核日志导出为文本文件。

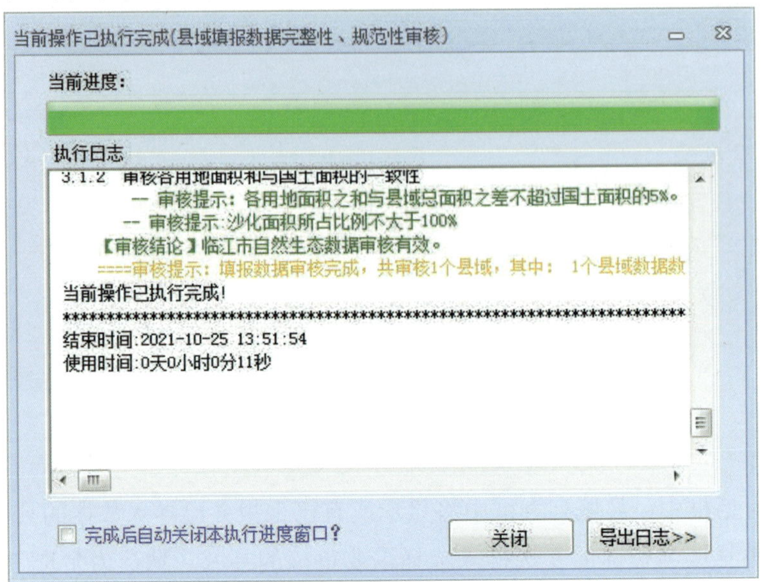

图 6-70　审核结果提示

6.5.4　证明材料核对

在各县域填报系统中导入自然生态指标和环境状况指标证明材料时，为保证纸质证明材料与系统内电子证明材料的一致性，在各证明材料中添加了版本号水印，水印样式如图 6-71 所示。

各省在审核考核县域提交的证明材料时，需核对打印并盖章的纸质证明材料上的水印与系统内电子证明材料的水印是否一致。常规模式是需要审核人员通过系统左侧数据列表树来打开各证明材料并与纸质材料进行核对，这种方法费时费力。本系统提供了简便的版本核对功能，即通过一个表格将各县域内证明材料的水印版本号列出，审核人员只需核对该表格内的版本号与纸质材料的水印一致即可。操作步骤如下。

点击“数据审核”菜单下“证明材料核对”栏内的“证明材料版本核对”按钮，系统将弹出如图 6-72 所示的界面显示各县域的证明材料版本号。

临江市林地指标证明材料

2020年临江市林地相关指标数据（因2021年林地指标数据未统计完成，请填报2020年统计数据）如下：

林地指标	指标值
有林地（平方公里）	2321.01
灌木林地（平方公里）	24.42
其他林地（平方公里）	103.52

与上年度相比，本年度林地变化情况（包括变化面积、变化地点、变化前后状况）以及变化原因如下：

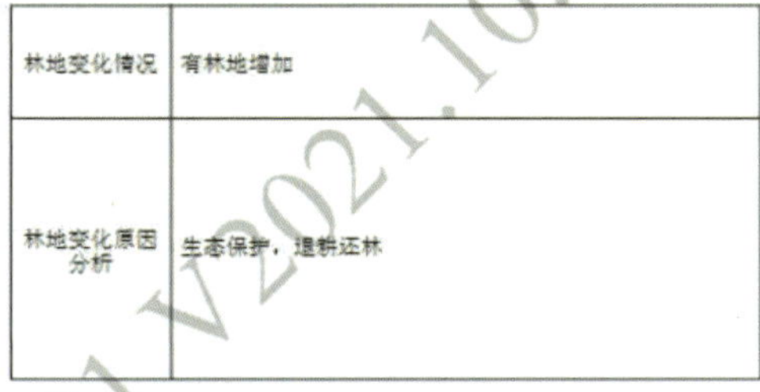

林地变化情况	有林地增加
林地变化原因分析	生态保护，退耕还林

本部门已知晓有关要求，并对提供材料的真实性和准确性负责。

（盖章）

年　月　日

图 6-71　水印样例

县域证明材料版本信息列表

临江市

	文档材料名称	文档材料版本号
1	专项转移支付资金证明材料	220681 V2021.10.14.11.11
2	国土面积指标证明材料	220681 V2021.10.14.11.11
3	林地指标证明材料	220681 V2021.10.14.11.11
4	草地指标证明材料	220681 V2021.10.14.11.11
5	水域湿地指标证明材料	220681 V2021.10.14.11.11
6	耕地和建设用地指标证明材料	220681 V2021.10.14.11.11
7	未利用地指标证明材料	220681 V2021.10.14.11.11
8	城镇生活污水集中处理率指标证明材料	220681 V2021.10.14.11.11
9	城镇生活垃圾无害化处理率指标证明材料	220681 V2021.10.14.11.11
10	产业增加值指标证明材料	220681 V2021.10.14.11.11
11	化肥施用指标证明材料	220681 V2021.10.14.11.11
12	农药施用指标证明材料	220681 V2021.10.14.11.11
13	畜禽粪污指标证明材料	220681 V2021.10.14.11.11
14	二氧化碳指标证明材料	220681 V2021.10.14.11.11
15	生态环境质量考核指标汇总表	220681 V2021.10.14.11.52
16	生态环境保护工作情况说明	220681 V2021.10.14.16.46

当前记录 1 of 16

图 6-72　水印号列表

在版本信息界面中，可通过点击左侧的县域名称列表中的县域名称来切换不同县域的文档材料的版本号。审核人员只需打开纸质自查报告证明材料部分，逐一核对版本号与水印是否一致即可。

6.5.5　审核意见结果查看、修改

系统通过主菜单中的“数据审核”菜单下的“数据审核结果表”栏中的按钮来查看已完成审核的县域情况，主要包括分县审核意见、省级总体审核意见，如图 6-73 所示。

图 6-73　数据审核情况功能按钮

点击“数据审核”菜单下“数据审核结果表”栏中的“分县审核意见”，如图 6-74 所示，则弹出县级审核意见表，表中显示各个县，点击各个县的按钮，则可查看每个县的审核情况，如图 6-75 所示。

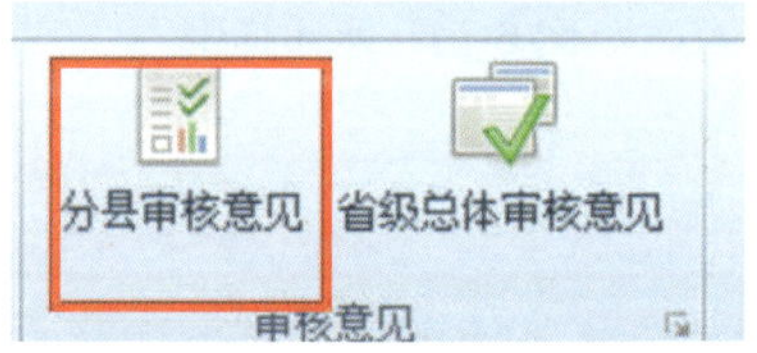

图 6-74　分县审核意见按钮

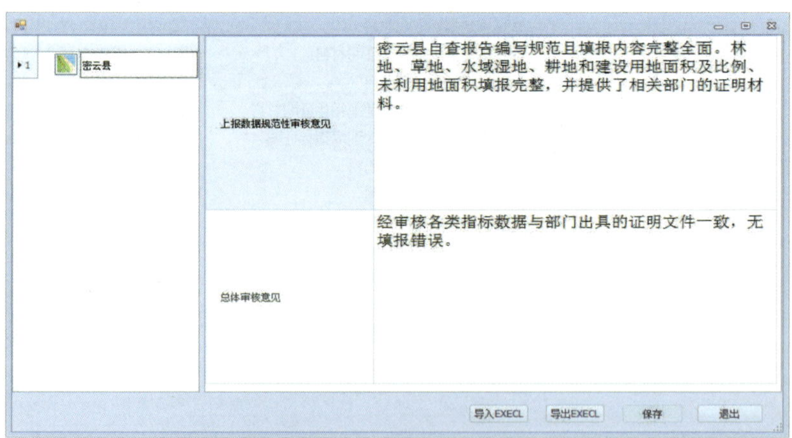

图 6-75　分县审核意见表

在审核意见表中，可以对表格进行修改，如果修改表格，关闭表格时会弹出如图 6-76 所示的对话框。

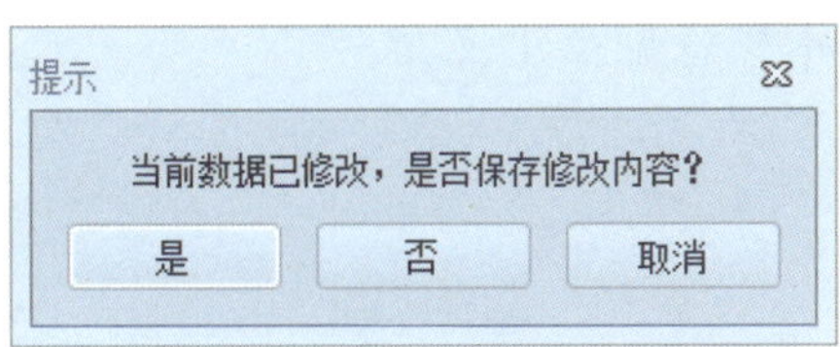

图 6-76　是否保存修改数据

如果保存修改则点击“是”，否则为“否”。

点击“数据审核”菜单下的“数据审核结果表”栏中的“省级总体审核意见”按钮，如图 6-77 所示，弹出省级审核意见及建议表，如图 6-78 所示。

图 6-77　省级总体审核意见按钮

省级审核意见及建议

省名称	北京市
年份	
审核人姓名	
现场核查开展情况	
现场核查县域名称	
核查结果	
国家现场核查建议	
环境监测质控情况	
地表水质控项目	
地表水质控县域名称	
水源地质控项目	
水源地质控县域名称	
空气自动站运维情况	
空气自动站运维情况县域名称	
污染源在线比对	
污染源在线比对县域名称	
第三方企业监测规范性检查	
第三方企业监测检查县域名称	
其他情况说明	
现场检查（PDF）	无文件
现场检查（WORD）	无文件
质控（PDF）	无文件
质控（WORD）	无文件

保存　清空　退出

图 6-78　省级审核意见及建议表

在省级审核意见及建议表中，依次添加各项内容，然后点击“保存”按钮，则弹出保存成功提示框，如图 6-79 所示；点击“清空”按钮，则清空表格中所有内容；点击“退出”按钮，关闭该省级审核意见及建议表。

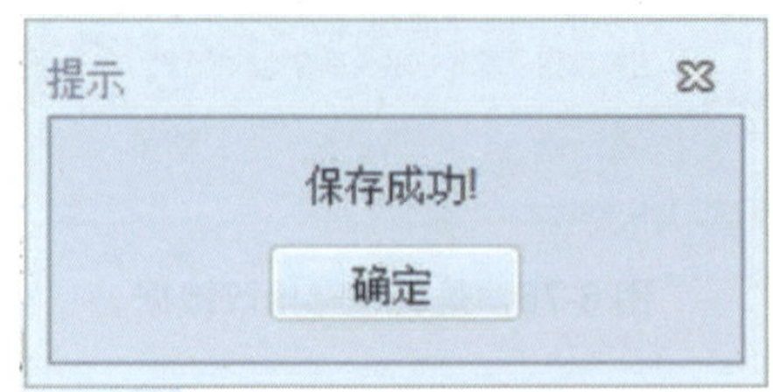

图 6-79　保存成功提示框

6.5.6　数据审核结果浏览

数据审核结果表是对数据完整性、有效性审核结果查看，包括数据完整性审核过程表和数据规范性审核过程表。两部分操作相同，以数据完整性审核过程表为例，其操作步骤如下。

“数据审核”菜单下的“数据审核结果表”栏中的“数据完整性审核过程表”，如图 6-80 所示。

图 6-80　自然生态数据完整性按钮

点击“数据完整性审核过程表”，则弹出数据完整性审核过程表表格，表中显示各审核并核准后的指标数据，同时显示各县域数据完整性审核结果。通过该表格可以检查是否所有县域都进行了填报的审核，以及审核结果如何，如图 6-81 所示。

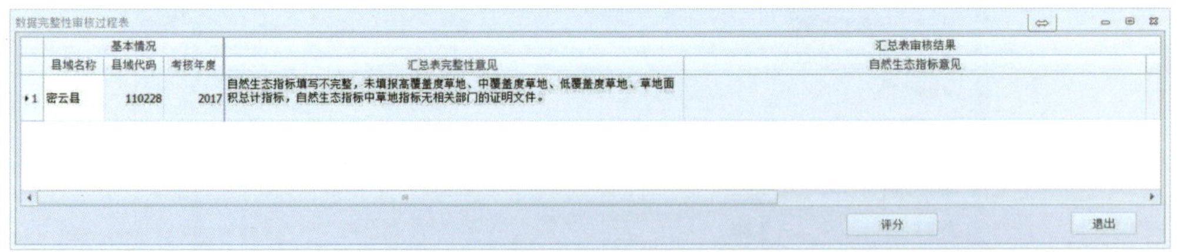
数据完整性审核过程表

	基本情况			汇总表审核结果	
	县域名称	县域代码	考核年度	汇总表完整性意见	自然生态指标意见
1	密云县	110228	2017	自然生态指标填写不完整，未填报高覆盖度草地、中覆盖度草地、低覆盖度草地、草地面积总计指标，自然生态指标中草地指标无相关部门的证明文件。	

评分　退出

图 6-81　数据完整性审核过程表

6.5.7　分县审核意见

实现分县审核意见导出、分县审核意见导入功能。菜单如图 6-82 所示。

图 6-82　分县审核意见

6.5.7.1　分县审核意见导出

点击菜单上的“分县审核意见导出”，弹出如图 6-83 所示界面，选择路径、县名称，点击“导出”。

图 6-83　分县审核意见导出

6.5.7.2　分县审核意见导入

点击菜单上的“分县审核意见导入”，弹出图 6-84 所示界面，选择路径、县名称，点击“导入”。

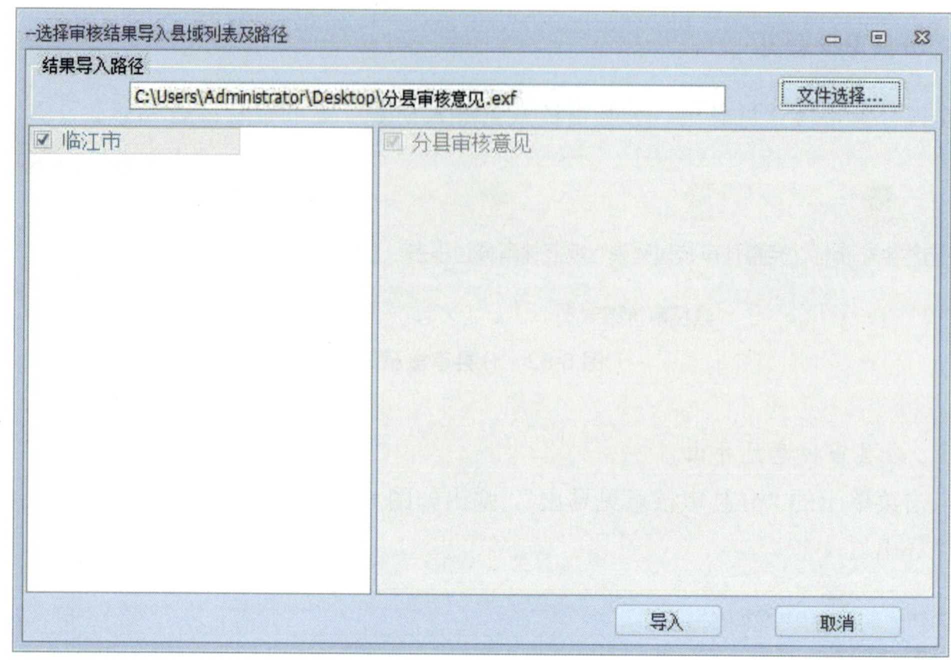

图 6-84　分县审核意见导入

6.6　管理评分

管理评分是对县域从生态保护成效、环境污染防治、环境基础设施运行、县域考核工作组织进行量化评价。如果多人管理打分，可通过管理评分导出、导入功能进行管理打分的合并，如图 6-85 所示。

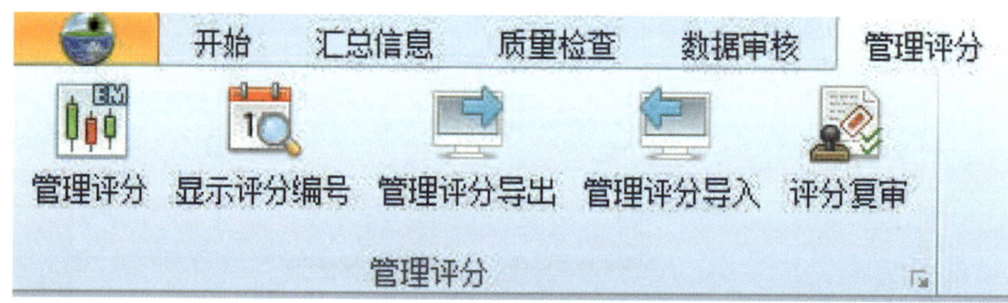

图 6-85　管理评分

6.6.1　管理评分

操作步骤如下。

（1）点击菜单上的“管理评分”，则弹出各县级表，表中显示各县级，点击每个县级可查看这个县级的情况，包括评分项目、评分的项目描述、评分方法、评分依据、数据展示、评分、评分说明，如图 6-86 所示。

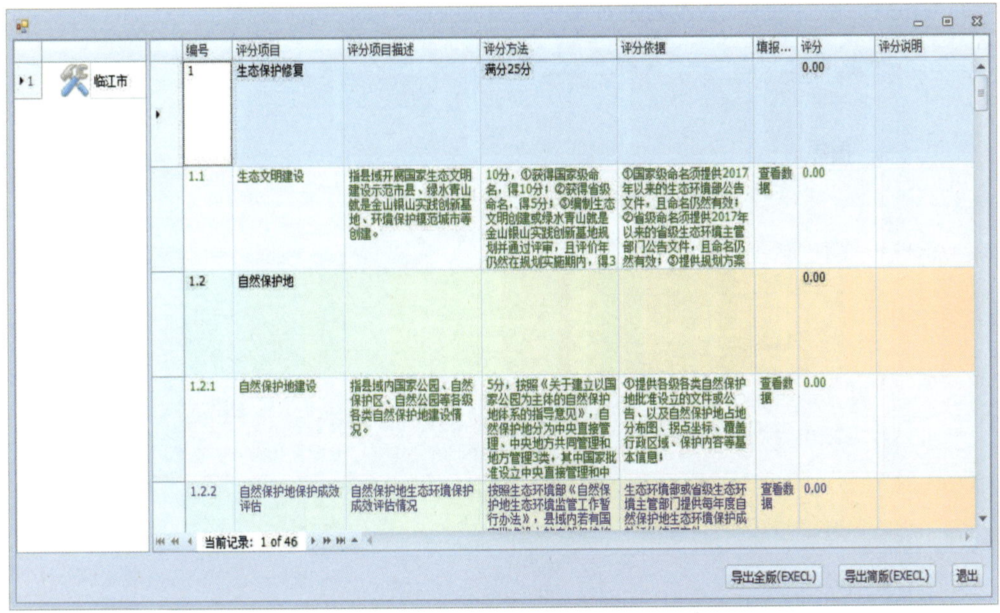

图 6-86　管理评分表

（2）文字显示为绿色为自动打分项，蓝色是手工评分项，黑色是不可评分项。若为自动打分项，点击“查看数据”，将弹出自动评分对话框，如图 6-87 所示，进行认定和审核说明填写，之后点击“自动评分”。

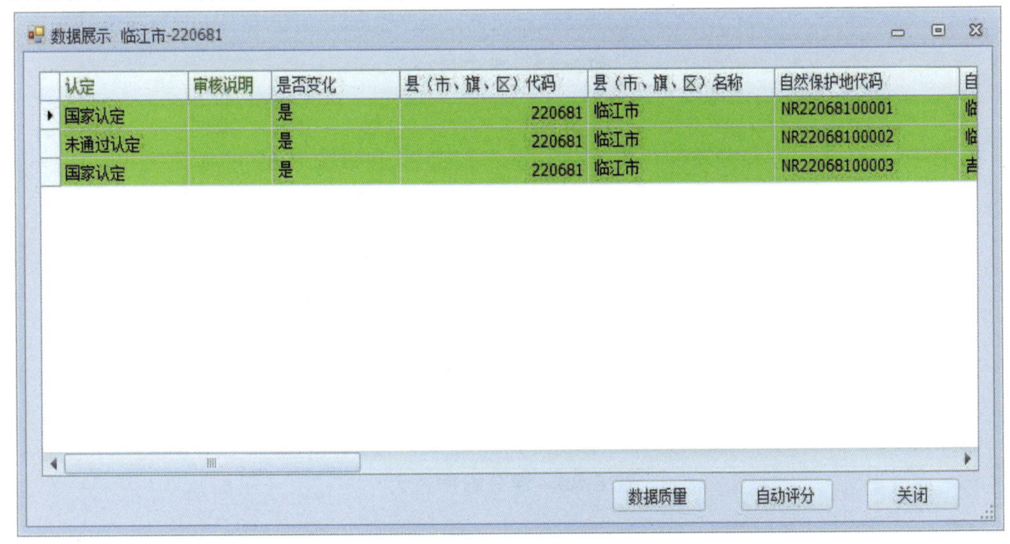

图 6-87　自动评分

如果是手工评分，点击“查看数据”，之后点击评分列，弹出如图 6-88 所示对话框，填写评分和评分说明，点击“保存”。

数据修改

编号	1.4
评分项目	生态保护修复工程
评分项目描述	指县级政府坚持新发展理念，统筹山水林田湖草沙系统保护和修复，为提升重点生态功能区生态产品供给能力而实施的诸如河湖湿地保护
评分方法	5分。根据县级政府生态保护修复规划，评价年按照资金投入大小提供不超过3个已经完工的生态保护修复工程，根据工程投入、生态环
评分依据	县级政府编制并实施生态保护修复规划；评价年已经完成验收的生态保护修复工程材料（包括但不限于设计（可研）方案、资金投入、实
评分	0
评分说明	

保存　取消

图 6-88　手工打分

如果填写的分数超过评分方法中的满分，则会弹出如图 6-89 所示对话框。

图 6-89　评分数据过大

点击“确定”，重新评分，如果填写的分数小于零，则弹出如图 6-90 所示对话框。

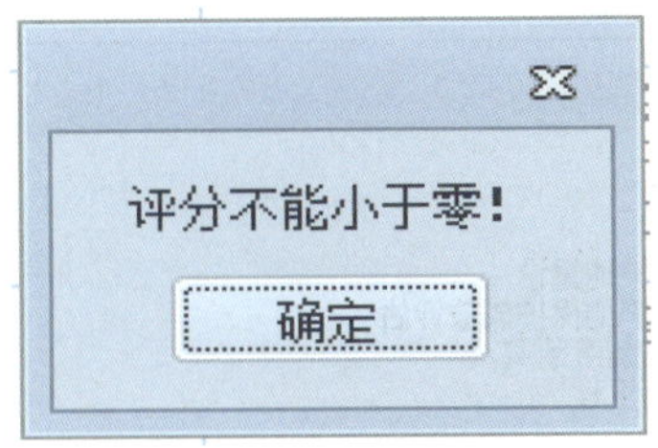

图 6-90　评分数据过小

点击“确定”，重新评分，如果填写的分数满足条件，但是没有填写评分说明，则弹出如图 6-91 所示对话框。

图 6-91　无评分说明

点击“确定”，重新填写，如果填写的分数满足条件，并且填写评分说明，则弹出如图 6-92 所示对话框，点击“确定”即可。

图 6-92　修改是否成功

6.6.2　显示评分编号

设置“管理评分”“管理评分导出”两个功能的显示内容。点击菜单上的“显示评分编号”，弹出设置管理评分编号窗口，设置要显示的打分项，点击“保存”，如图 6-93 所示。

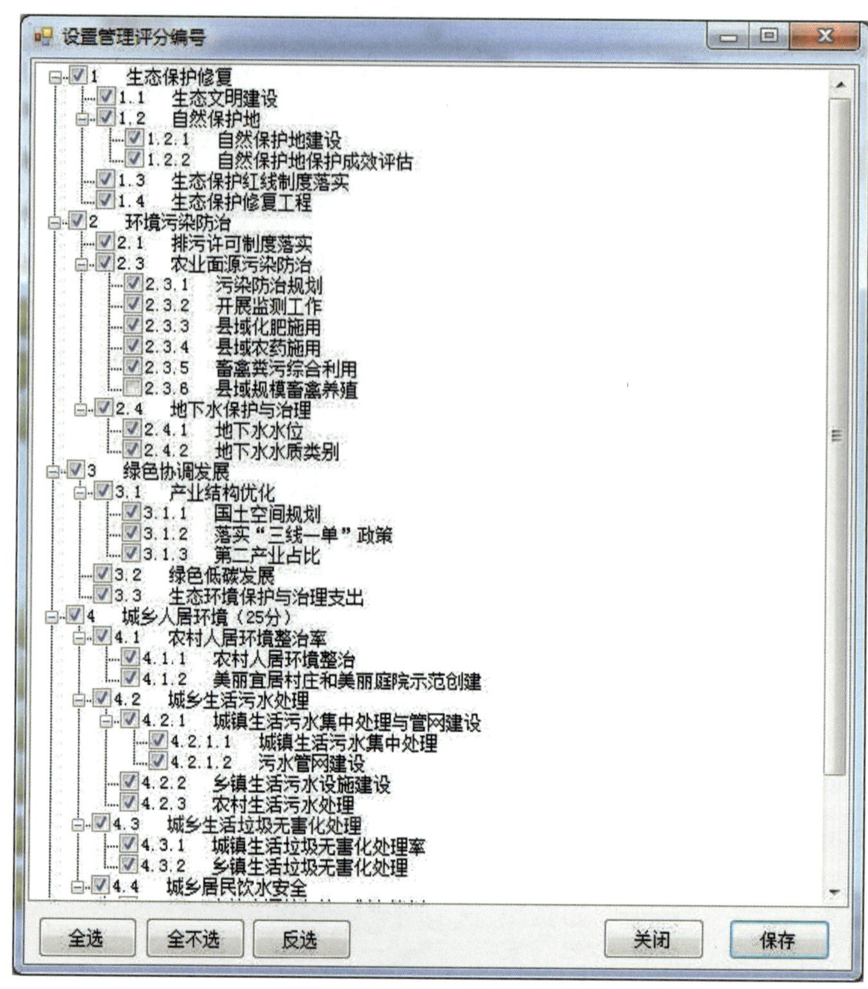

图 6-93 管理评分编号

6.6.3 管理评分导出

（1）点击“管理评分”菜单下“管理评分导出”按钮，如图 6-94 所示，弹出图 6-95。

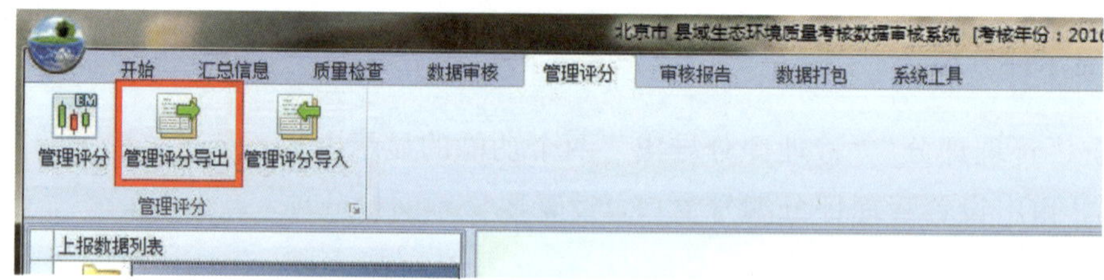

图 6-94 管理评分导出按钮

图 6-95　选择导出县域列表及途径

（2）如图 6-95 所示，在县域列表里选择需要导出的县域，在选择评分编号区域里选择需要评分的编号，点击文件选择，出现图 6-96，编辑文件名称，点击保存，则对话框如图 6-97 所示。点击“导出”，则出现导出的进度条，如图 6-98 所示。

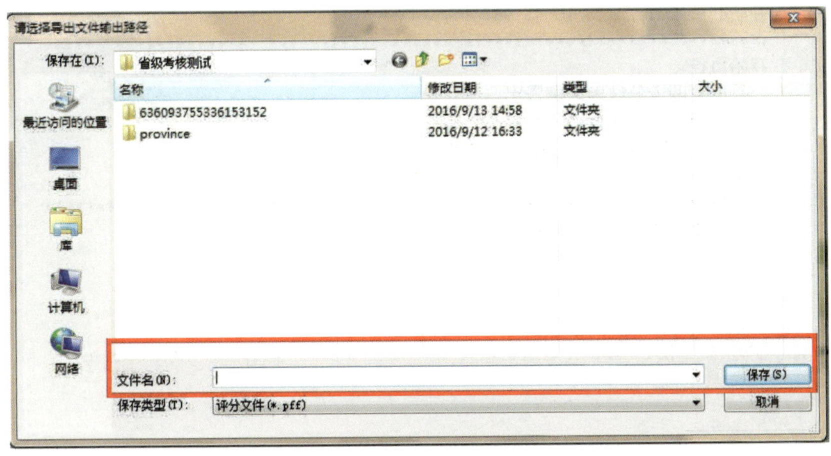

图 6-96　文件输出路径

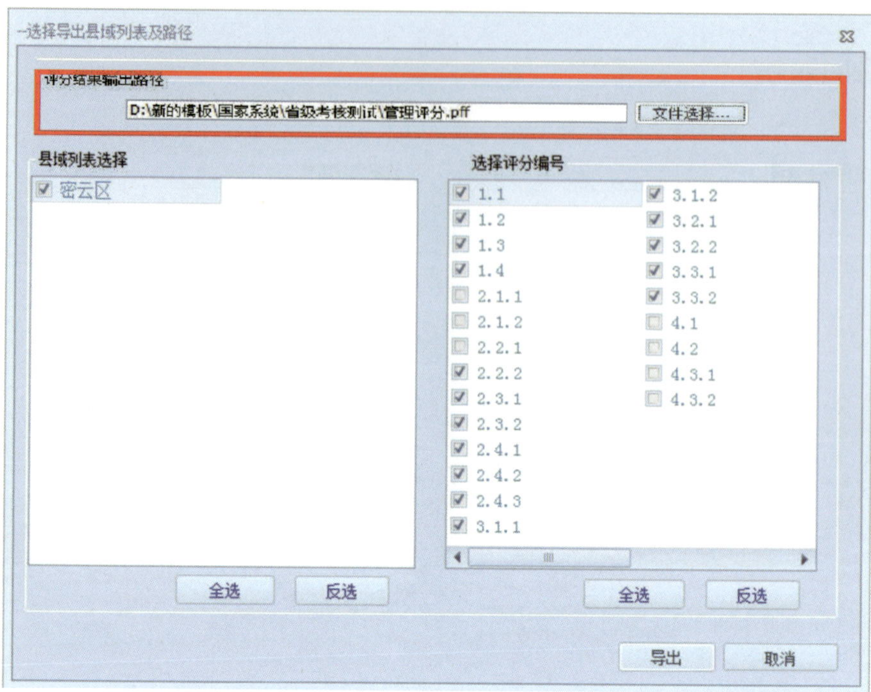

图 6-97　评分结果输出路径

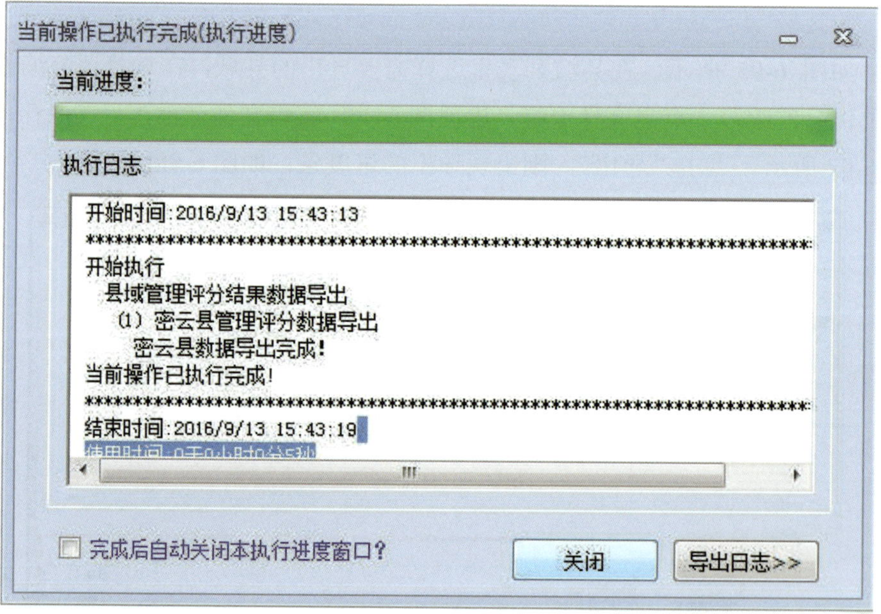

图 6-98　导出进度条

6.6.4 管理评分导入

（1）点击“管理评分”菜单下“管理评分导入”按钮，如图 6-99 所示，弹出图 6-100。

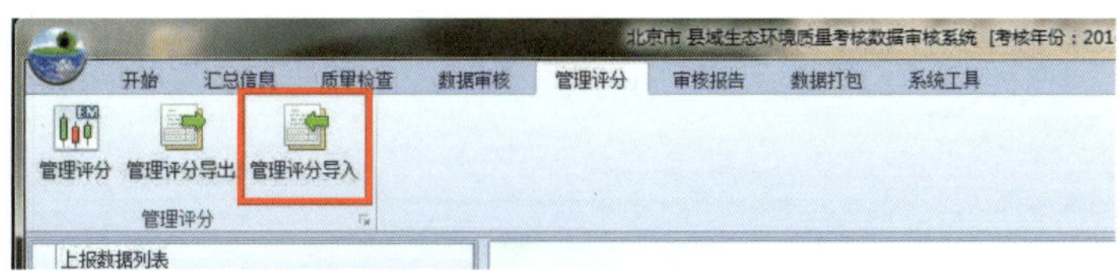

图 6-99 管理评分导入按钮

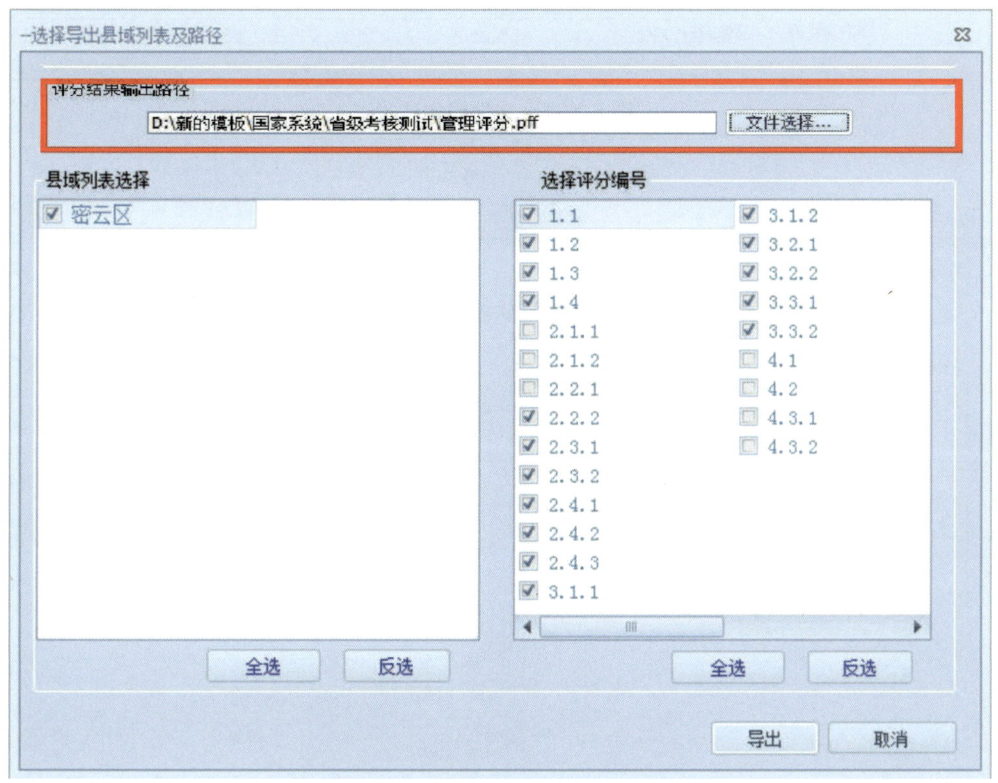

图 6-100 选择导入县域列表及途径

（2）在评分结果输出途径区域，点击文件选择，弹出图 6-101，选择管理评分文件，则有图 6-102，在县域选择区域选择需要导入的县域，在选择评分编号区域选择评分编号。点击“导入”，出现如图 6-103 所示提示，选择“是”，则导入继续进行出现如图 6-104 所示导入进度，如选择“否”则导入结束。

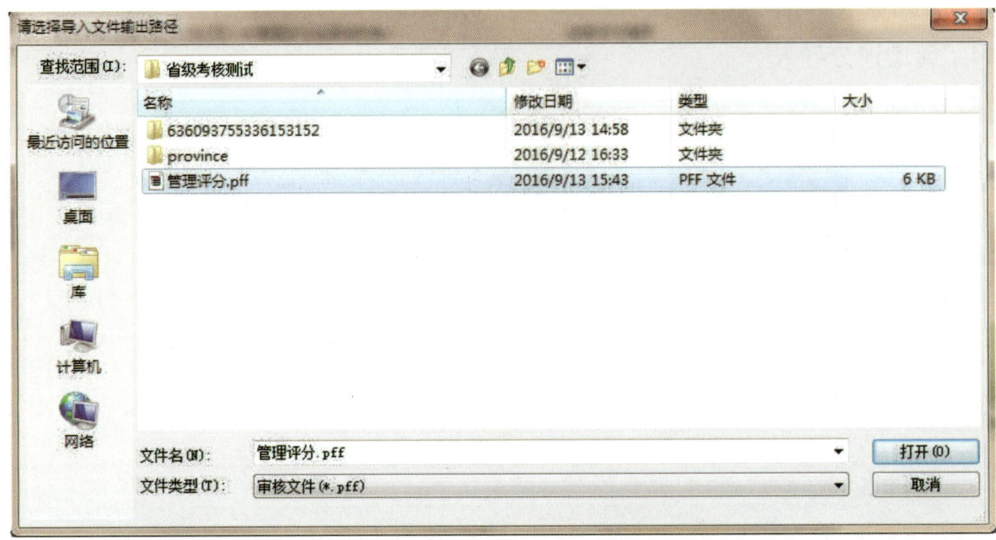

图 6-101　文件输出途径

图 6-102　选择县域与编号

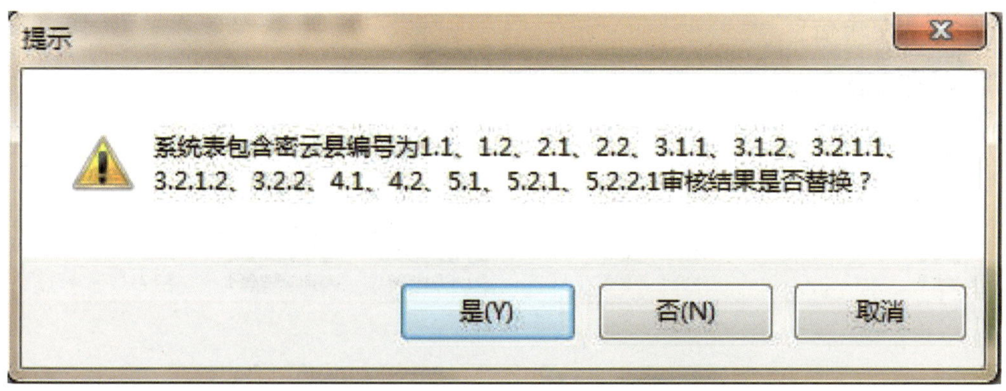

图 6-103　提示

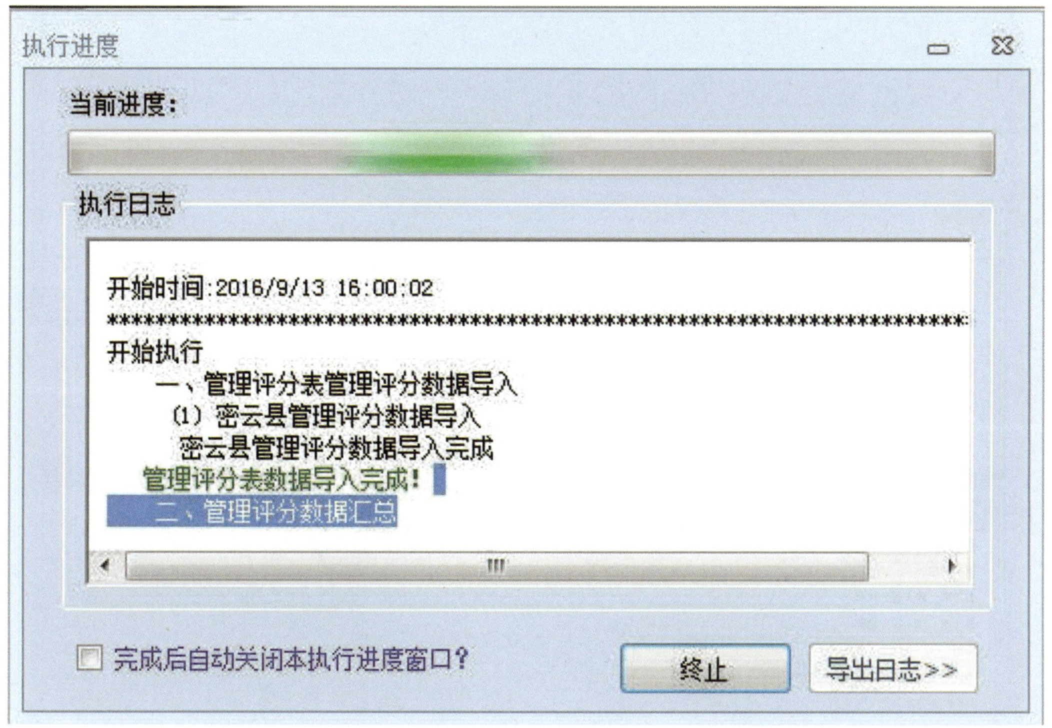

图 6-104　导入进度

6.6.5　评分复审

打分后若重新导入了县数据包，若打分相关数据发生变化，系统会自动产生需要重新打分的内容，如图 6-105 所示，若复审状态为未复审，则要通过县名称、项目名称和评分编号，到管理评分中进行复审，如图 6-106 所示，根据证明材料核对数据，并修改是否复审状态，并自动评分。另外，只有重新导入数据，并且数据变化后，打分界面才会出现是否复审信息。

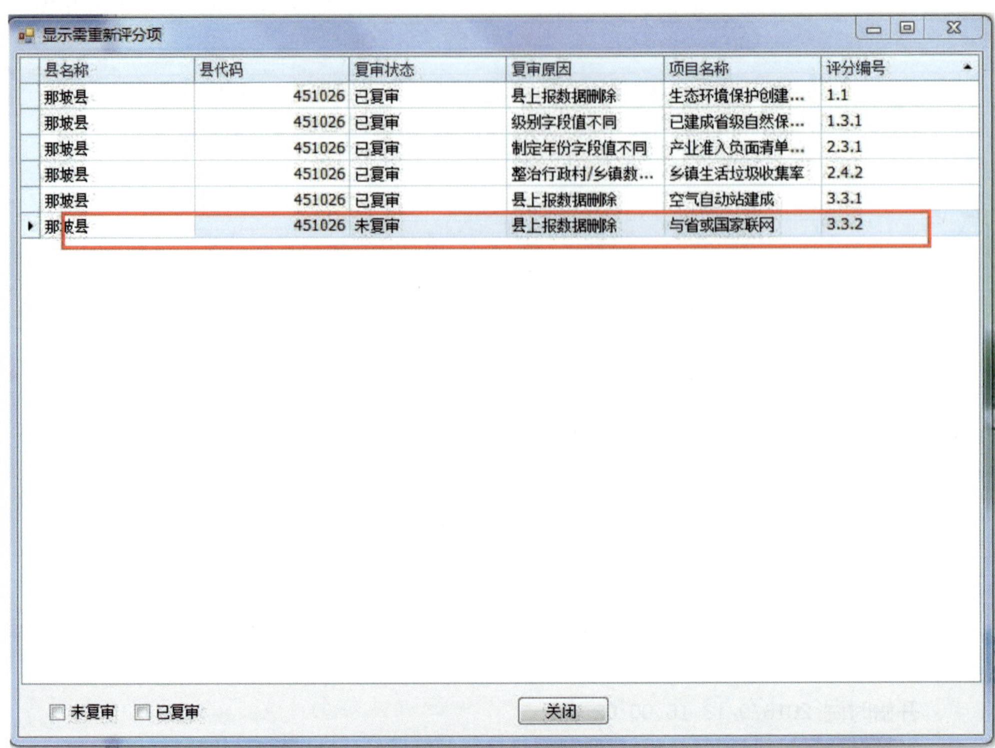

显示需重新评分项

县名称	县代码	复审状态	复审原因	项目名称	评分编号
那坡县	451026	已复审	县上报数据删除	生态环境保护创建...	1.1
那坡县	451026	已复审	级别字段值不同	已建成省级自然保...	1.3.1
那坡县	451026	已复审	制定年份字段值不同	产业准入负面清单...	2.3.1
那坡县	451026	已复审	整治行政村/乡镇数...	乡镇生活垃圾收集率	2.4.2
那坡县	451026	已复审	县上报数据删除	空气自动站建成	3.3.1
那坡县	451026	未复审	县上报数据删除	与省或国家联网	3.3.2

未复审 已复审 关闭

图 6-105 评分复审

数据展示

是否复审	未复审	
需复审原因	污染防治（21103）（万元）、其中：环境污染治理支	
审核单位	省审核	县上报
县（市、旗、区）代码	150421	1504
县（市、旗、区）名称	阿鲁科尔沁旗	阿鲁科尔沁旗
年份	2019	20
中央财政拨付的国家重点生态功能区转移支付经费（万	5643.26	5643.
县域财政支出预算（万元）	12581	125
环境保护管理事务（21101）（万元）		
环境监测与监察（21102）（万元）		
污染防治（21103）（万元）	144.91	1144.
能源节约利用（21110）（万元）		
污染减排（21111）（万元）		
可再生能源（21112）（万元）		

数据抽取 自动评分 关闭

图 6-106 复审

6.7 审核报告

审核报告菜单项主要是实现省级审核报告及附表的生成和导出。有审核报告工具功能，如图 6-107 所示，审核报告工具主要是实现省级审核报告及附表（报告和附表的内容为《国家重点生态功能区县域生态环境质量考核数据省级审核指南》规定的内容）的生成、查看及导出功能。

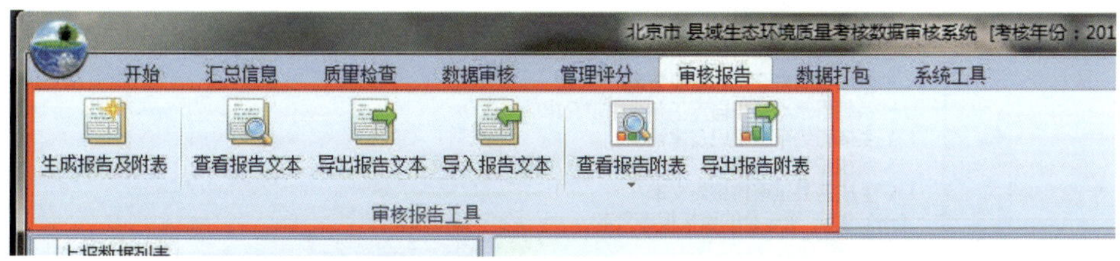

图 6-107 审核报告菜单面板

6.7.1 生成报告及附表

本功能主要是生成省级审核报告文本初稿及其附表，以供用户进行修改后的打印并上报。具体操作步骤如下。

点击“审核报告”菜单下“审核报告工具”栏内的“生成报告及附表”按钮，系统将开始自动生成审核报告文本及其附表。第一步为生成审核报告文本，若审核报告文本以前已生成，则弹出如图 6-108 所示的提示框，提示用户是否重新生成并替换。

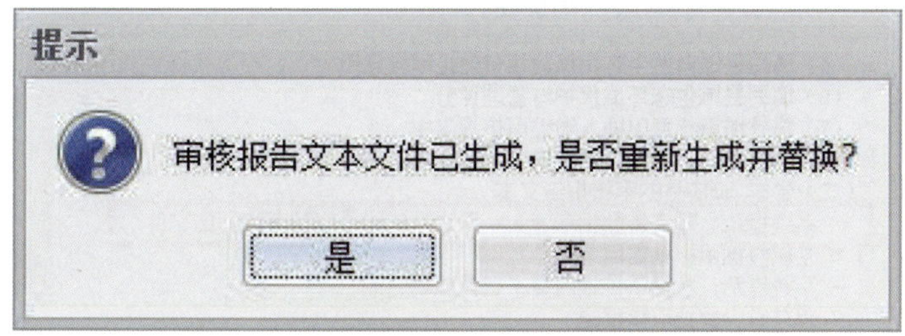

图 6-108 是否替换提示

在提示框中，若点击“是”按钮，则删除已有审核报告，重新生成新的审核报告，并在进度显示框内输出过程日志，图 6-109 为生成一个县的审核报告的过程日志。

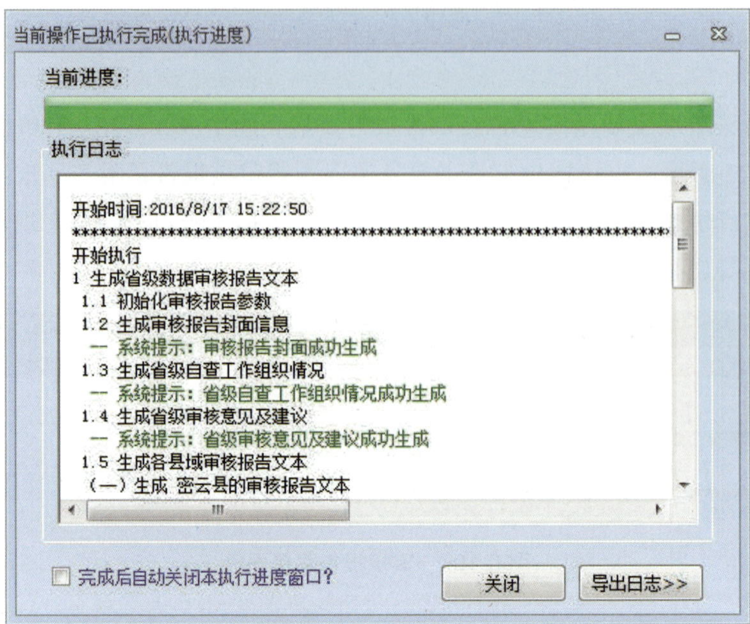

图 6-109　生成过程

若县域数据未导入或是县域数据未审核，则在日志框内输出如图 6-110 所示的相应提示。

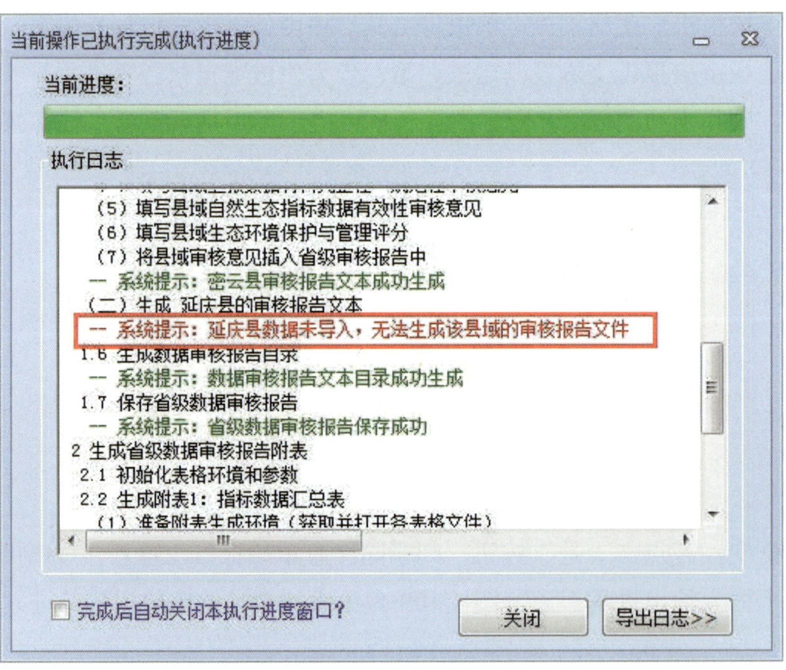

图 6-110　无数据提示信息

审核报告文本生成完成后，则进入报告附表生成阶段，数据附表共有三个：数据审核过程表、指标数据汇总表和辅助信息汇总表。若以前已生成过这些附表，则在生成具体附表前会弹出如图 6-111 所示的提示框，提示用户是否重新生成并替换。

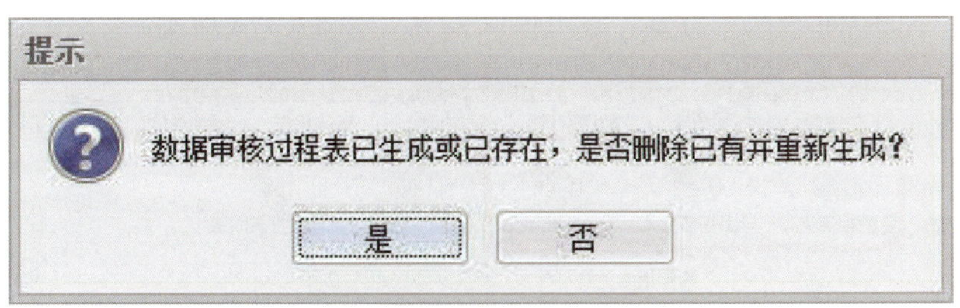

图 6-111　过程表是否替换提示

点击“是”则重新生成，“否”则跳过该步骤。

审核报告文本及附表生成成功后，系统会在数据显示窗口自动显示审核报告文本，并在进度提示框中显示报告成功生成，如图 6-112 所示。在进度提示框中，可通过“导出日志”按钮导出执行日志为文本文件。

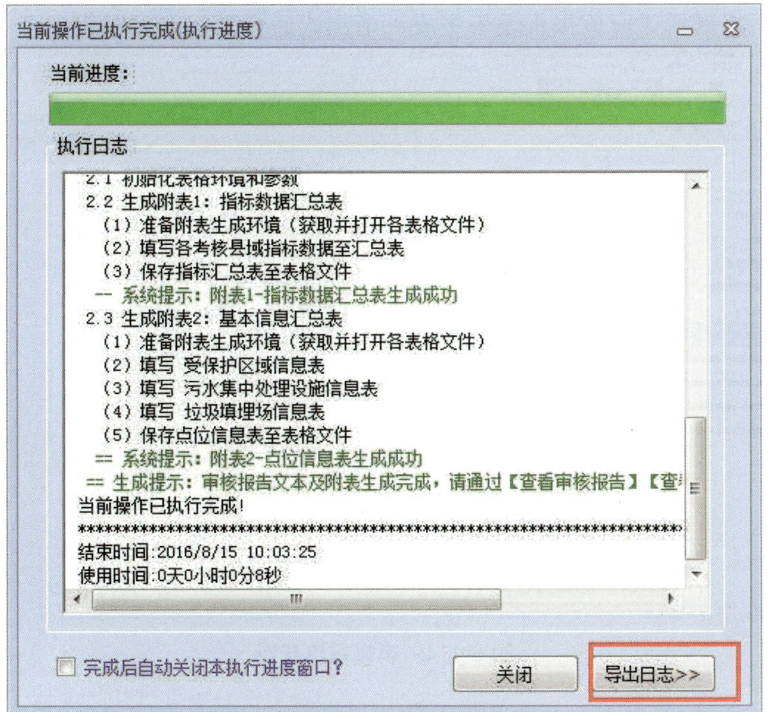

图 6-112　生成完成提示

6.7.2 报告文本工具

审核报告文本及附表生成后，可通过菜单“审核报告”下“审核报告工具”栏中的针对报告文本的功能按钮来查看、导出报告文本，如图 6-113 所示。

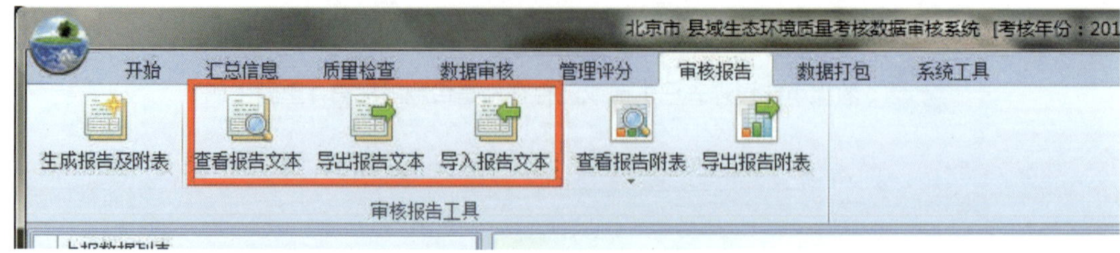

图 6-113 审核报告文本工具

各功能按钮的操作说明如下。

（1）查看报告文本

点击“审核报告”菜单下“审核报告工具”栏内的“查看报告文本”按钮，若审核报告文本已生成，则在系统的数据显示区内直接显示省级审核报告文本，如图 6-114 所示。否则系统将提示“审核报告还未生成，请生成后再试”的提示框。

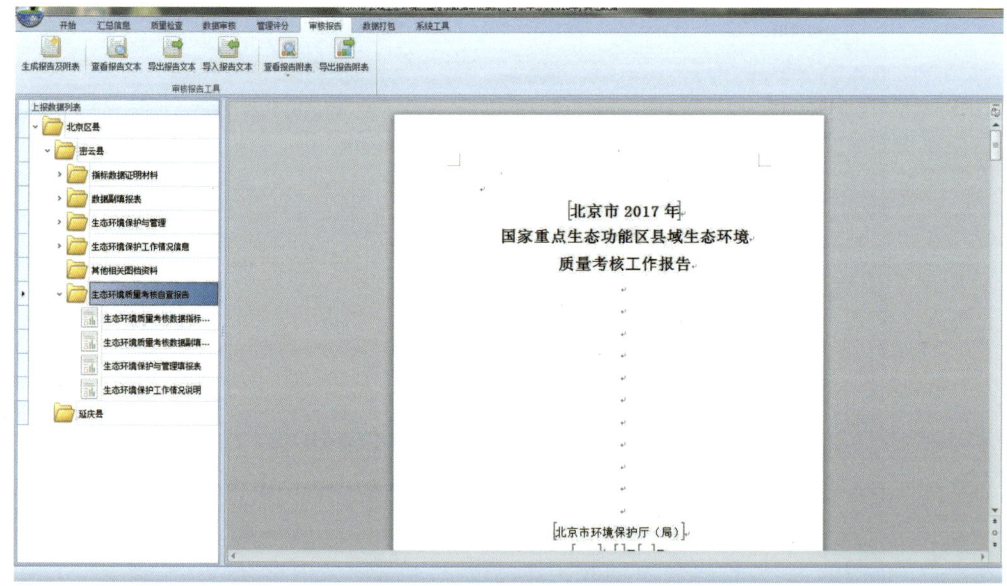

图 6-114 审核报告查看

（2）导出报告文本

审核报告文本导出是将系统生成的审核报告初稿导出为 PDF 文档。

点击“审核报告”菜单下“审核报告工具”栏内的“导出报告文本”按钮，则弹出文件保存对话框，并提示用户选择并输入报告文本保存路径及文件名，图 6-115 为选择了目录并输入文件名的对话框示例。

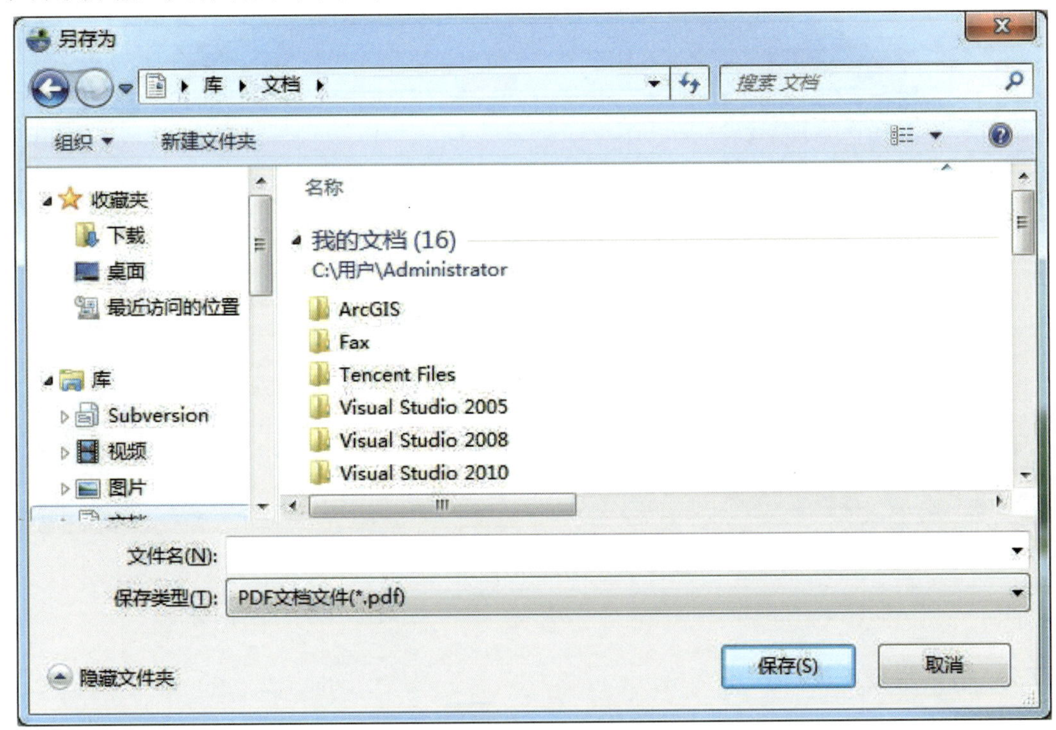

图 6-115　审核报告导出

选择好保存目录并输入文件名后，点击“保存”按钮，则将当前系统内的报告文本导出到指定的文件，若导出成功，则弹出如图 6-116 所示的提示框，提示用户是否现在打开报告并进行修改。

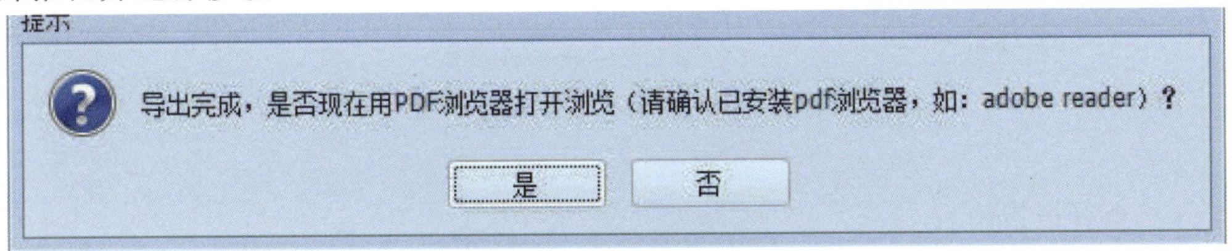

图 6-116　导出完成提示

在提示框中，若点击“是”按钮，则系统将通过 Adobe Reader 打开导出的报告文本，如图 6-117 所示。若点击“否”按钮，则返回系统主界面。

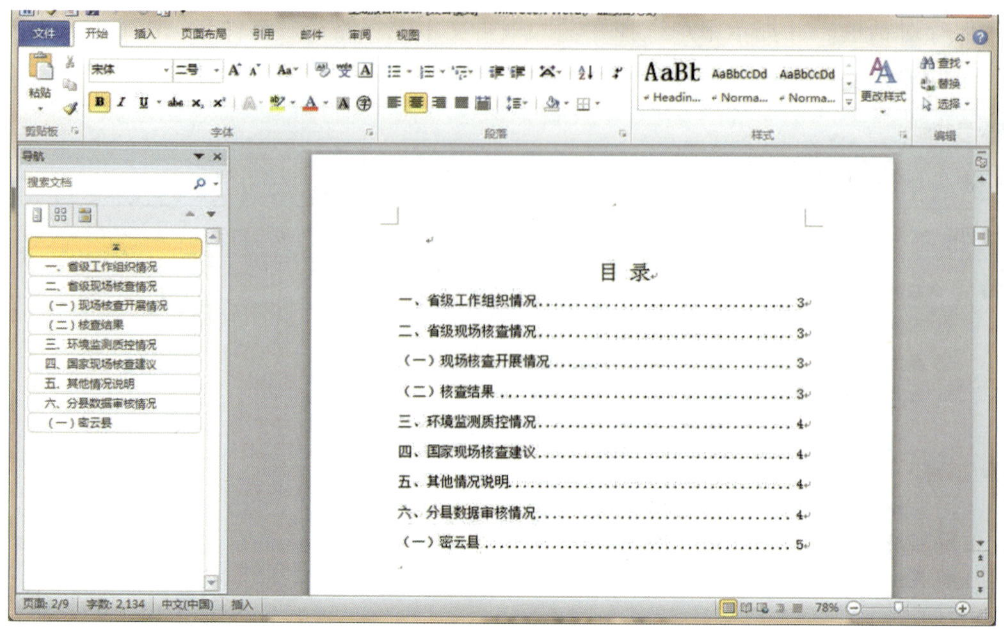

图 6-117　导出后的报告样式

6.7.3　报告附表工具

报告附表工具主是实现审核报告的附表的查看及导出功能，具体功能按钮如图 6-118 所示。

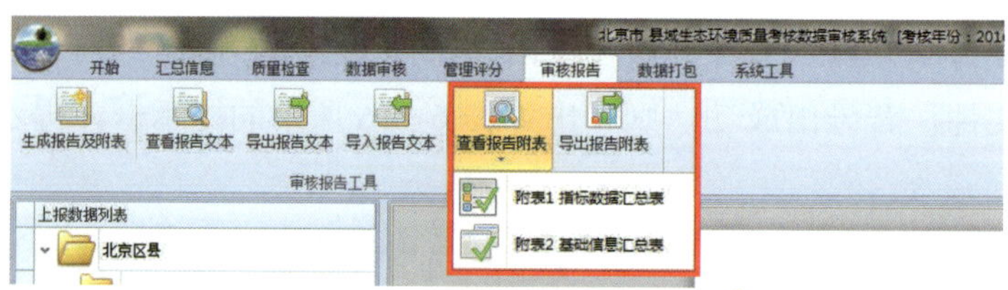

图 6-118　查看报告附表菜单项

（1）查看报告附表

查看附表下有两个功能子菜单，以分别查看审核报告的两张附表：指标数据汇总表、基础信息汇总表。各表查看的操作方法相同，具体操作步骤如下。

点击“审核报告”菜单下“审核报告工具”栏内的“查看报告附表”按钮的下拉子菜单项（查看哪张表点击其相应的按钮），若审核报告附表已生成，则在系统的数据显示区内以 Excel 的模式直接显示审核报告的相应附表（图 6-119 为审核过程表显示样例）。否则系统将提示“审核报告附表还未生成，请生成后再试”的提示框。

省 份	县名称	受保护区代码	受保护区域名称	类型（自然保护区、世界文化自然遗产、国家级风景名胜区、国家森林公园、国家地质公园）	级别（国家级、省级、市级、县级）	保护区面积（公顷）	设立时间	备注
北京市	密云县	NR11022800003	黄丝桥古城	风景名胜区	省级	290		
北京市	密云县	NR11022800002	两头羊自然保护区	自然保护区	省级	0		
北京市	密云县	NR11022800001	南华山森林公园	自然保护区	国家级	964.1	1992/7/2	

图 6-119　附表查看示例

（2）导出报告附表

导出附表功能是将已生成的审核报告附表导出为 Excel 文件以进行打印输出，具体操作步骤如下。

点击“审核报告”菜单下“审核报告工具”栏内的“导出报告附表”按钮，系统将弹出如图 6-120 所示的目录选择对话框。

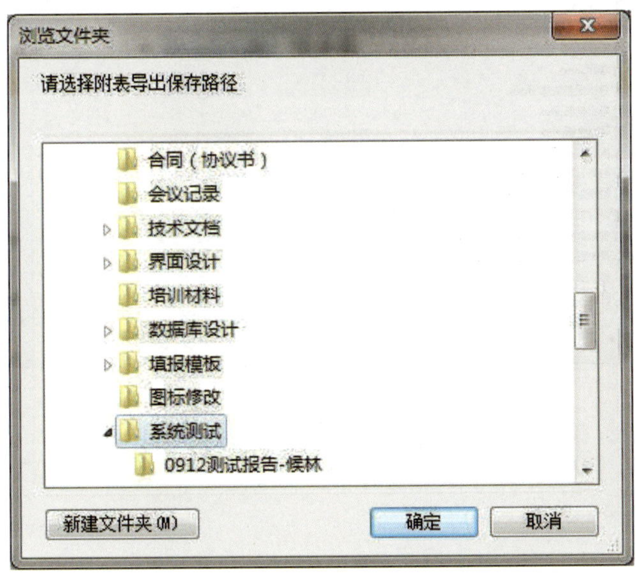

图 6-120　导出目录选择

在目录选择对话框中，选择附表将导出的目录，并点击“确定”按钮，则开始导出报告附表。在导出过程中，若有附表没有生成或不存在，则弹出相应提示框，提示用户附表未生成，并继续导出。

附表导出完成后，弹出如图 6-121 所示的提示框，提示用户是否现在打开导出附表所在的目录。

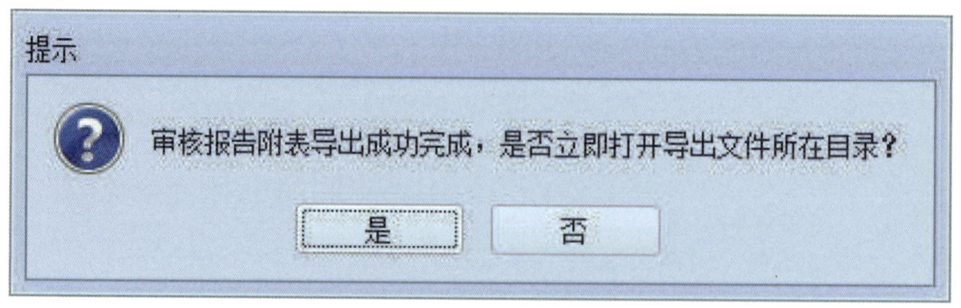

图 6-121　导出成功提示

在提示框中，点击“是”按钮，则弹出 Windows 的文件浏览对话框，并打开导出附表所在的目录，如图 6-122 所示。

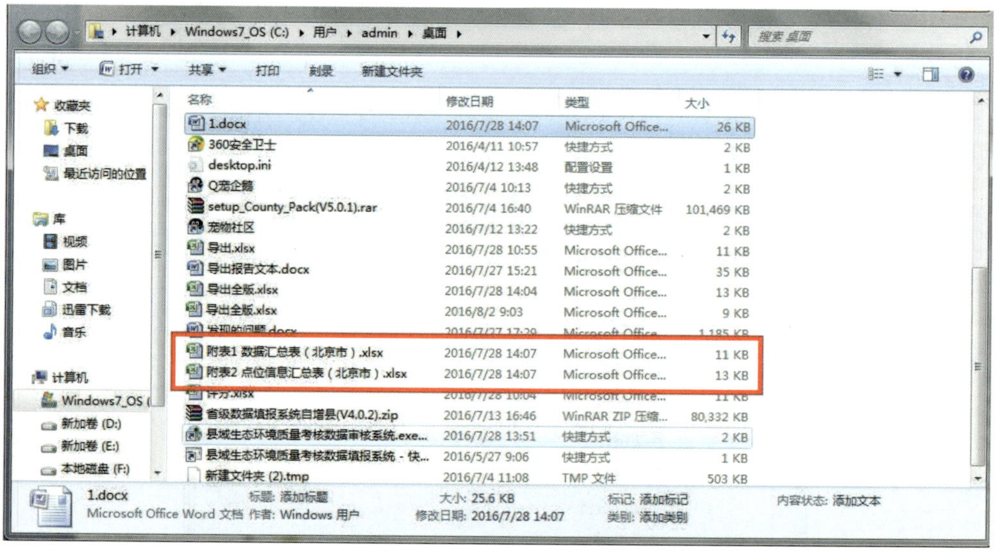

图 6-122　导出文件样例

6.8　数据打包

数据加密打包需要满足两个条件：一是省域内所有考核县域数据填报数据上报且已导入系统内；二是审核报告已生成，若审核报告需要修改，则修改后的报告已更新至系统中。审核结果导出、导入功能是将省域内部分考核县域审核结果相关数据导出，生成加密压缩包文件（*.zip），在通过审核结果导入功能集成到另一个省级审核系统，以实现审核系统多人审核功能。

数据打包包括数据预检、压缩打包、审核结果导出导入 4 个功能，如图 6-123 所示。

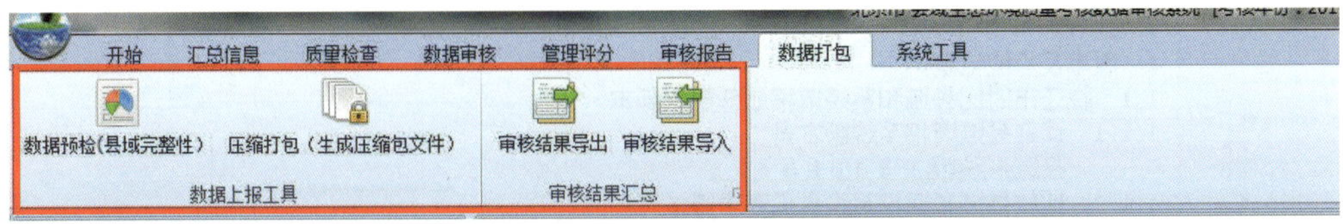

图 6-123　数据打包菜单面板

6.8.1　数据预检

上报数据预检是在数据打包上报前对省域内各考核县域的填报数据进行检查，一是检查县域是否完整（即所有县域都已上报数据并导入系统）；二是检查各县域上报的数据是否缺少关键文件，如自查报告、数据库文件等。具体操作步骤如下。

点击“数据打包”菜单下“数据预检（县域完整性）”按钮，若以前进行过数据预检操作且预检成功（即县域完整且县域填报数据完整），则弹出如图 6-124 所示的提示框，询问用户是否仍进行预检。点击“是”按钮则进入数据预检操作并弹出进度提示框。

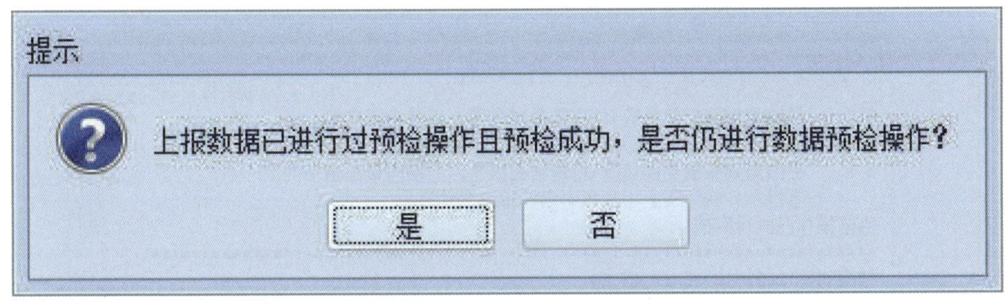

图 6-124　是否仍预检提示

若以前没有进行过数据预检操作或是进行过预检但预检不成功，则直接进入预检操作并弹出预检进度提示框，第一步是进行考核县域完整性检查（即考核县域填报数据是否导入），如图 6-125 所示。

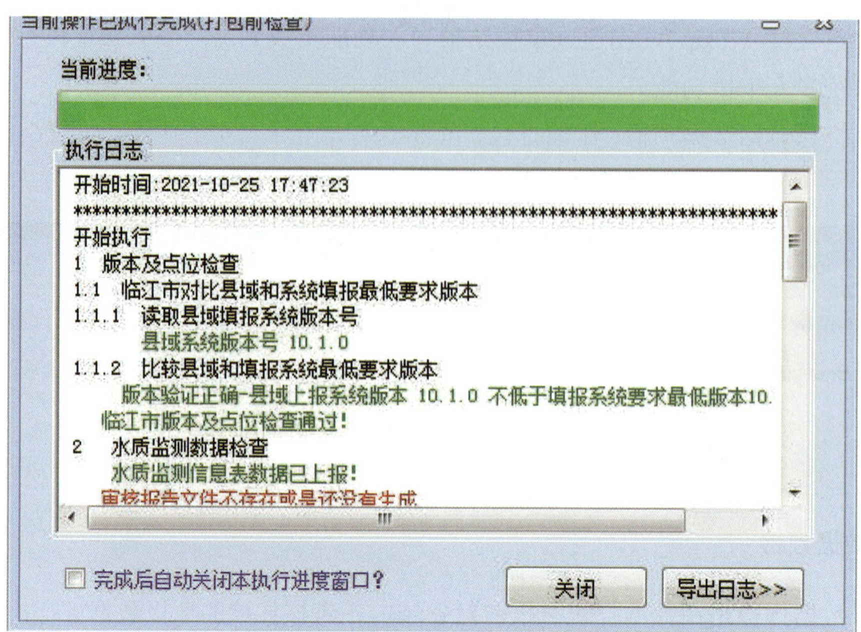

图 6-125　数据完整性检查提示

预检成功后，则提示有多少个县域数据未导入以及导入数据的县域的数据是否完整，具体提示如图 6-126 所示。

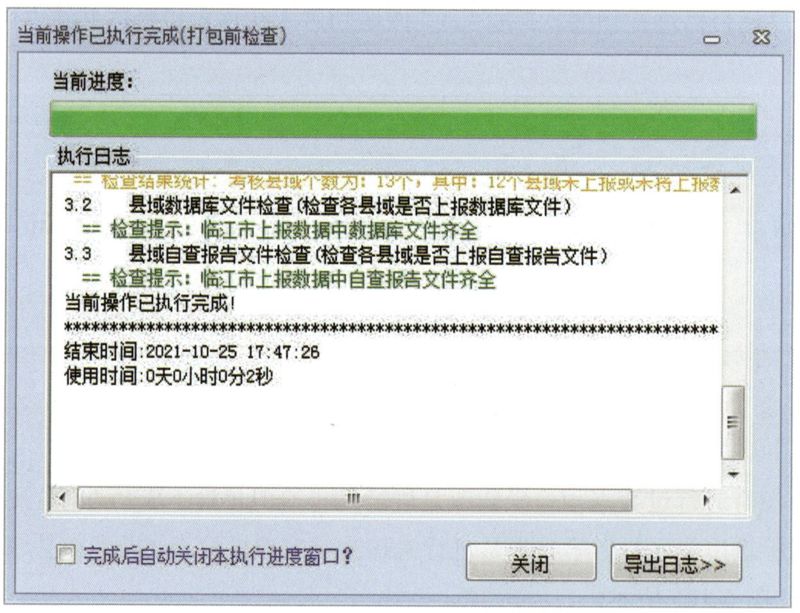

图 6-126　预检完成提示

预检成功后，可通过“导出日志”按钮将预检日志导出为文本。

6.8.2 加密打包

数据加密打包是将县域所有填报数据以及审核报告相关内容加密打包，生成加密压缩包文件（*.prf）以上报至上级主管部门。具体操作步骤如下。

点击“数据打包”菜单下“压缩打包（生成加密包文件）”按钮，若以前进行过数据预检操作且预检成功（即县域完整且县域填报数据完整），则弹出如图 6-127 所示的提示框，询问用户在打包前是否仍进行预检操作。点击“是”按钮，则在打包前重新进行数据预检；点击“否”按钮，则在打包前不重新进行数据预检。

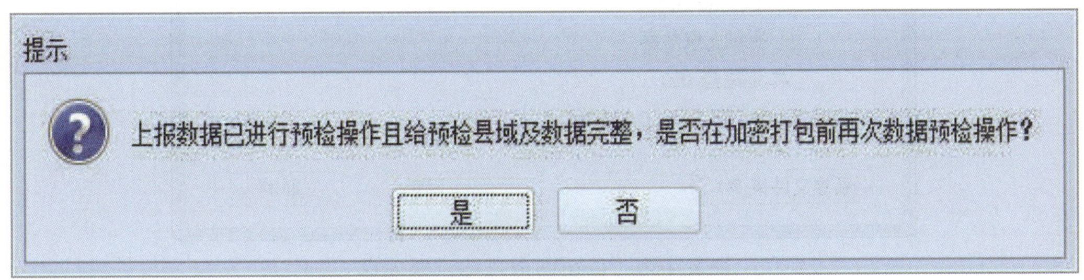

图 6-127 是否再次预检提示

若以前未进行过数据预检操作或预检不成功（即县域不完整或县域填报数据不完整），则弹出如图 6-128 所示的提示框，询问用户在打包前是否先进行预检操作。点击“是”按钮，则在打包前先进行数据预检；点击“否”按钮，则在打包前不进行数据预检。

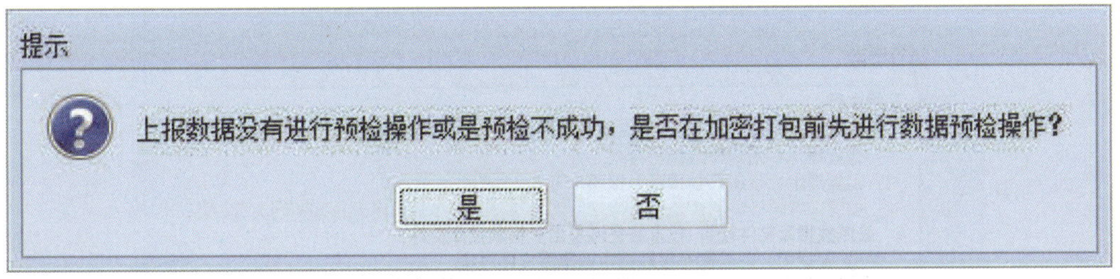

图 6-128 是否进行预检提示

在 1 步骤和 2 步骤中，无论是点击“是”还是“否”按钮，都会弹出目录选择对话框，提示用户选择打包文件保存到的目录，如图 6-129 所示。

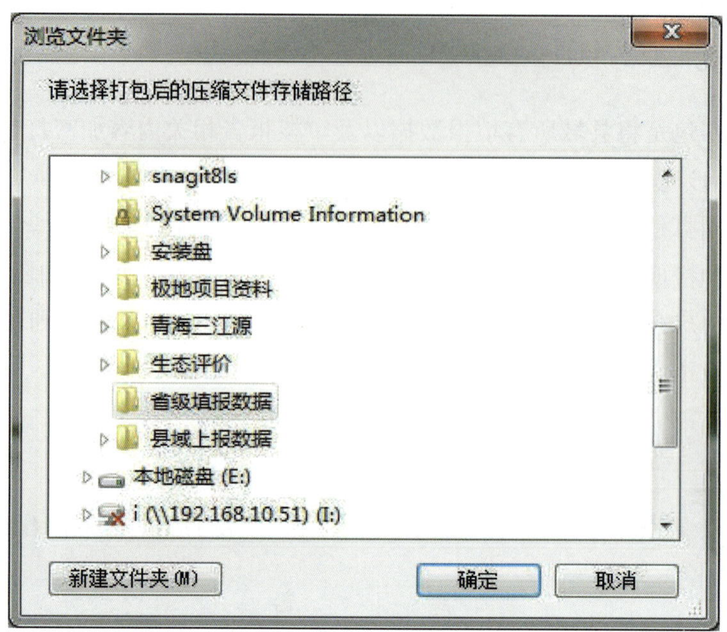

图 6-129　打包结果存储目录选择

在文件夹选择对话框中选择打包文件的存储目录，并点击“确定”按钮，则进入数据预检和打包进度提示框。若 1 步骤、2 步骤中选择“是”按钮，则先进行数据预检操作，并在日志中进行提示，如图 6-130 所示。

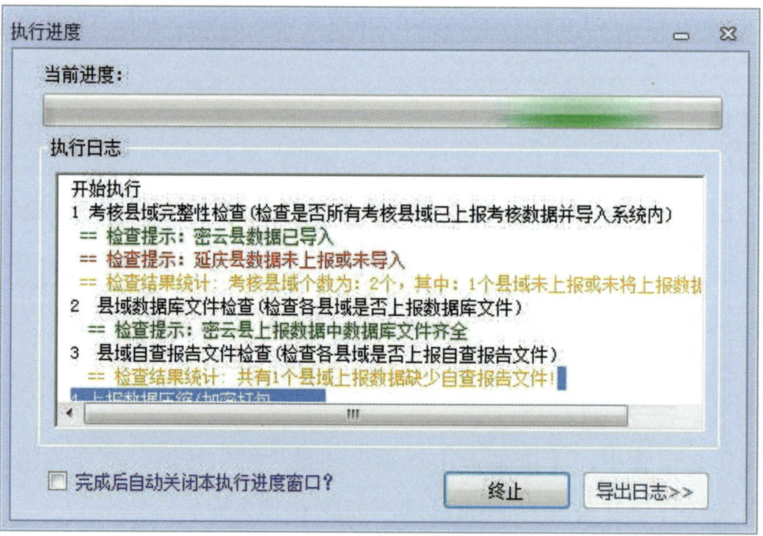

图 6-130　加密打包进度提示

否则直接进行数据加密打包，运行至加密打包步骤时，若所选目录中已存在县域打包文件，则弹出如图 6-131 所示的提示框提示用户是否覆盖。

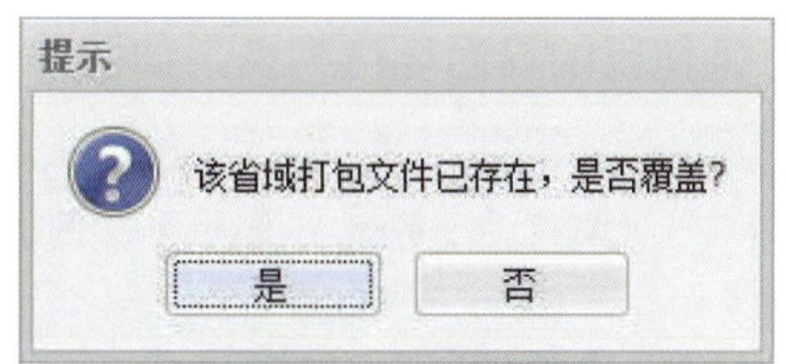

图 6-131　否覆盖提示

点击“是”按钮，则重新进行加密打包，并将新生成的打包文件替换已有的打包文件，点击“否”按钮，则不进行加密打包，保留已有打包文件。

6.9　系统工具

系统工具菜单项下提供了两类功能，一是切换系统界面风格；二是数据管理工具。切换系统界面风格是改变系统主界面的运行风格，包括颜色、界面样式等。数据管理工具是实现对当前系统中填报数据的备份和恢复，如图 6-132 所示。

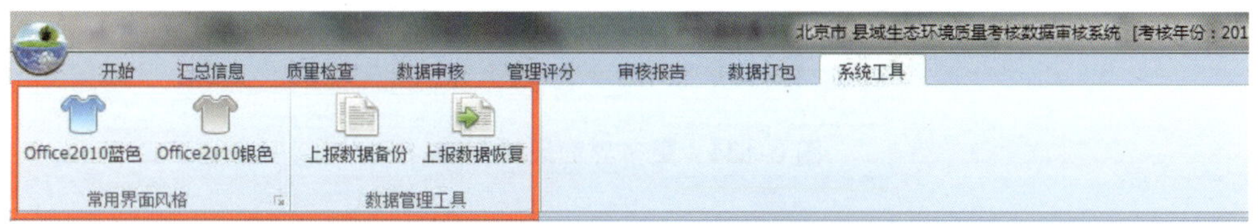

图 6-132　系统工具菜单面板

6.9.1　系统界面风格切换

系统默认的界面风格为 Office 2010 灰色风格，用户可以根据自己的喜好来切换不同的界面风格。系统提供了常用的两种界面风格（Office 2010 蓝色和 Office 2010 银色），若需要切换至该界面风格，直接点击“系统工具”菜单下“常用界面风格”栏内的相应的界面风格按钮即可。另外，系统还提供了一些非常用的界面风格，其切换操作步骤如下。

（1）点击“系统工具”菜单下“常用界面风格”栏右下角的下拉按钮，如图 6-133 红框内所示。

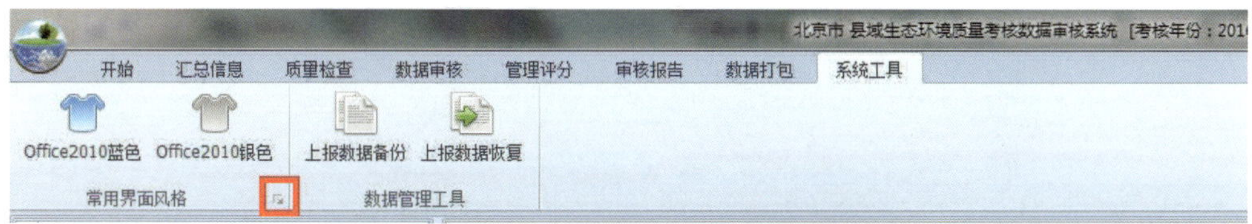

图 6-133　展开更多界面风格按钮

（2）系统将弹出所有可供使用的界面风格列表，如图 6-134 所示。

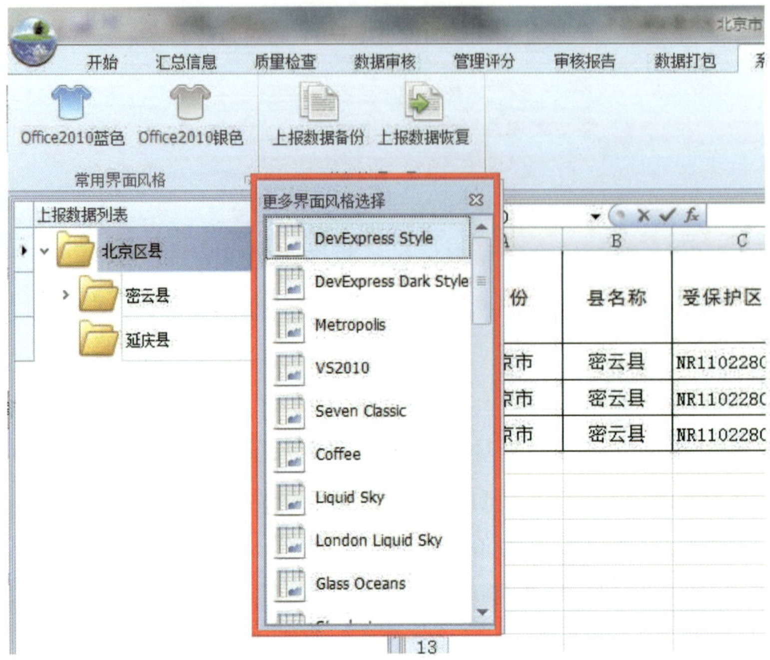

图 6-134　更多界面风格列表

（3）在弹出的界面风格选择下拉框内，双击将要切换至的列表项，则将系统主界面风格切换至该风格。图 6-135 为切换为“Office 2007 Green”风格后的系统主界面。

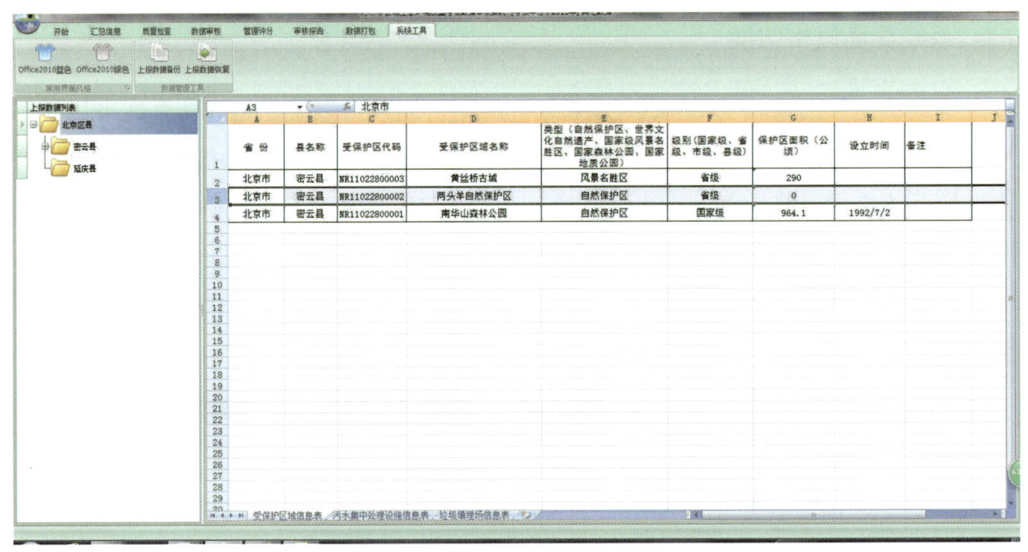

图 6-135　Office 2007 Green 风格样式

6.9.2 数据管理工具

数据管理工具主要是实现系统内已有县域上报数据的备份和恢复，以防操作系统崩溃时导致数据丢失。

（1）上报数据备份

建议用户每天做完数据导入或审核操作后，将数据进行一次备份。数据备份操作步骤如下。

点击“系统工具”菜单下“数据管理工具”栏内的“上报数据备份”按钮，系统将弹出如图 6-136 所示的文件保存路径选择对话框。

图 6-136　数据备份文件

在该对话框中，选中备份文件将存储的目录，在文件名框内输入备份文件名（建议以当前日期为文件名，如 20170122 为 2017 年 1 月 22 日的备份文件），并点击“保存”按钮，系统将对当前系统中的数据进行备份，备份文件的扩展名为 pdb20170。

备份完成后，系统将弹出如图 6-137 所示的提示框，提示用户备份已成功完成，以及备份文件保存的路径。

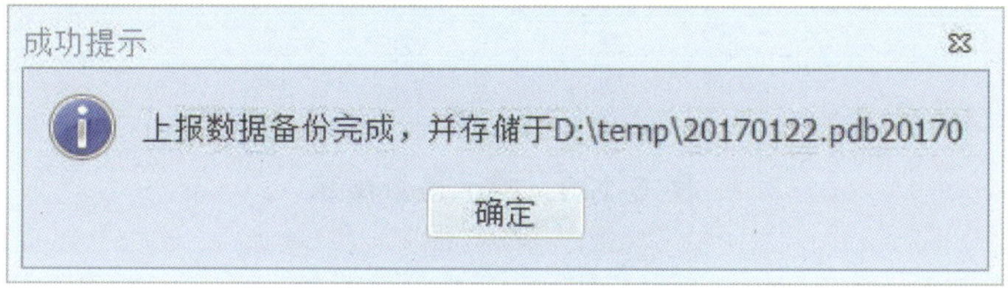

图 6-137　备份完成提示

（2）上报数据恢复

当操作系统或是本系统发生崩溃或是无法进入时，可重新安装或是对系统进行初始化操作后，将备份数据恢复至系统数据库中，数据恢复操作的步骤如下。

点击“系统工具”菜单下“数据管理工具”栏内的“上报数据恢复”按钮，系统将弹出如图 6-138 所示的文件选择对话框。

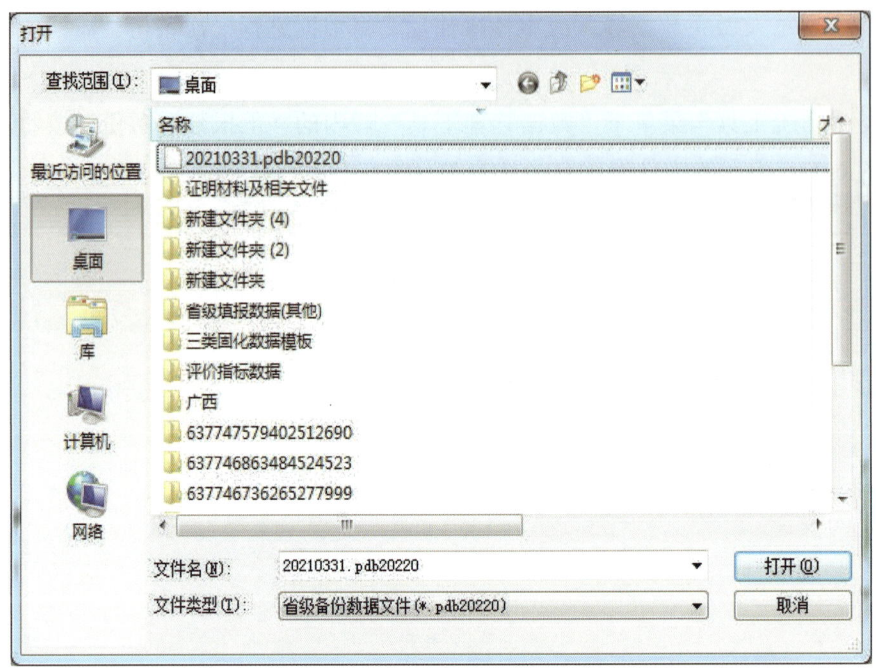

图 6-138　选择备份文件对话框

在该对话框中，选中最近时间的备份文件并点击“打开”按钮，系统将弹出如图 6-139 所示的提示框，提示用户是否确实要清除系统中已有数据，并将备份文件中的数据恢复至系统中。

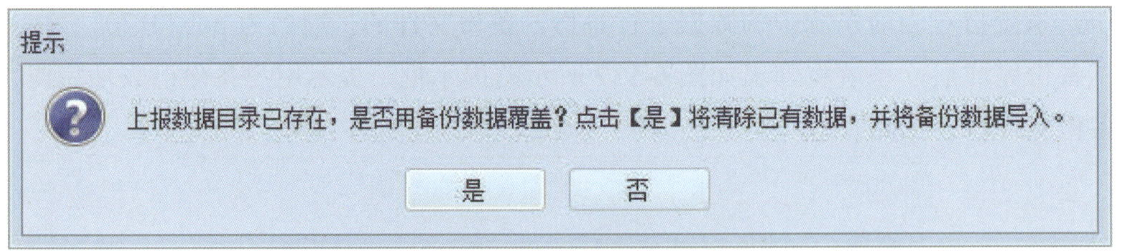

图 6-139　提示是否覆盖

在提示框中，点击“是”按钮，则将清除已有数据，并将备份数据导入系统中；点击“否”按钮，则退出恢复操作，系统将保留原有数据，并返回系统主界面。

数据恢复完成后，系统将弹出如图 6-140 所示的提示框，提示数据恢复完成，并可通过“填报数据目录区”进行查看。

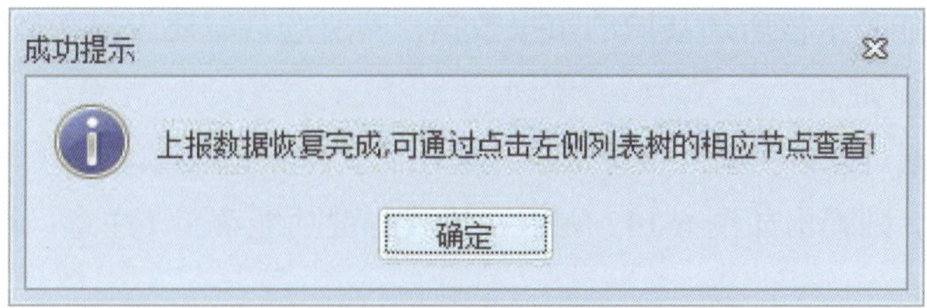

图 6-140　数据恢复完成提示

6.10　县域右键功能

该菜单项功能是清除所选县域的填报数据，若所选县域还未导入数据，则该菜单项不可见。具体操作步骤如下。

在“填报数据目录区”展开市级节点，并在需要清除数据的县域右键功能菜单，县域右键菜单通过右键点击“填报数据目录区”中县域名称节点时弹出，如图 6-141 所示，主要是实现针对所选县域（右键点击县域）的填报数据审核、填报数据导入、填报数据清除以及该县域基本信息查看。

图 6-141　县域右键菜单

6.10.1 审核上报数据

该菜单项功能是审核所选县域的填报数据，若所选县域还未导入数据，则该菜单项不可见。操作步骤如下。

在“填报数据目录区”展开市级节点，并在需要审核的县域名称（确认已导入数据）节点上右键点击，则弹出如图 6-142 所示的县域右键功能菜单（注意：若没有导入数据，则该菜单不可见）。

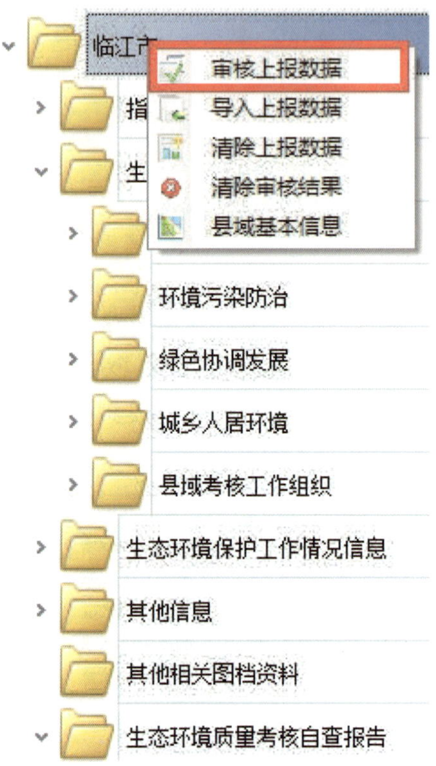

图 6-142 审核上报数据菜单项

在弹出的功能菜单中，点击“审核上报数据”菜单项，则系统开始审核所选县域的填报数据，审核过程与本章 6.5 节的数据审核过程类似，在此不再赘述。

6.10.2 导入上报数据

该菜单项功能是导入所选县域的填报数据，通过选择外部县域上报的数据包文件来导入。操作步骤如下。

在“填报数据目录区”展开市级节点，并在需要审核的县域名称（确认已导入数据）节点上右键点击，则弹出如图 6-143 所示的县域右键功能菜单。

图 6-143　导入上报数据菜单项

在弹出的功能菜单中，点击“导入上报数据”菜单项，弹出如图 6-144 所示的县域上报文件选择对话框。

名称	修改日期	类型	大小
2021-东昌区-220502-第三季度监测数据.crf	2021-10-23 11:24	CRF 文件	15,855 KB
2021-临江市-220681-其他数据.crf	2021-10-14 16:55	CRF 文件	69,551 KB

图 6-144　上报数据包选取对话框

在文件选择对话框中选择该县域的上报的其他数据包文件（图 6-144），并点击“打开”按钮。若该县域数据以前已导入，则弹出如图 6-145 所示的提示框，提示用户是否重新导入。

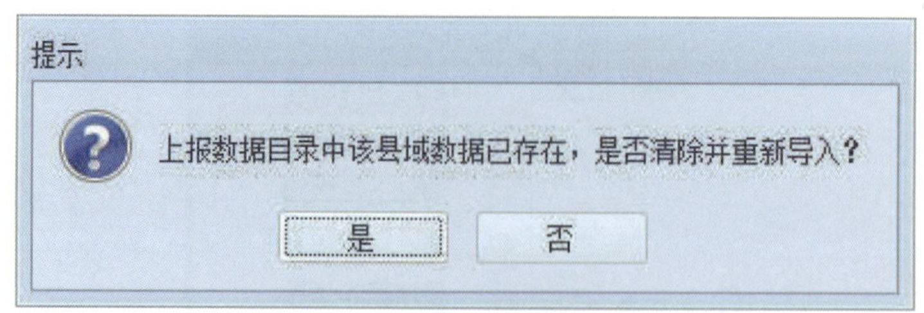

图 6-145　是否重新导入提示框

点击“是”按钮，则进入县域填报数据导入进度提示框（具体操作请参见 6.2.2 节的数据导入功能操作说明）；点击“否”按钮，则退出导入，并返回系统主界面。

6.10.3　清除上报数据

县域名称（确认已导入数据）节点上右键点击，则弹出如图 6-146 所示的县域右键功能菜单（注意：若没有导入数据，则该菜单不可见）。

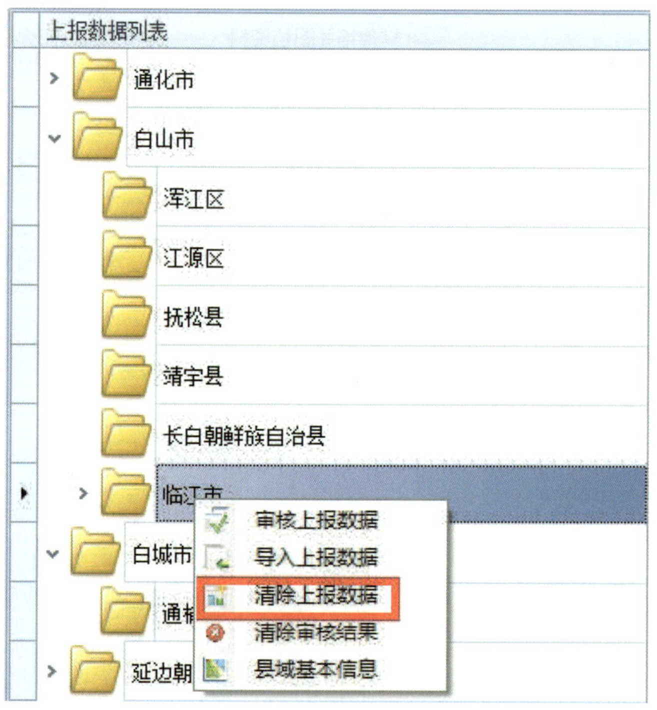

图 6-146　清除上报数据菜单项

在弹出的功能菜单中，点击“清除上报数据”菜单项，弹出如图 6-147 所示的县域上报清除确认提示框，提示用户是否确实要清除该县域数据。

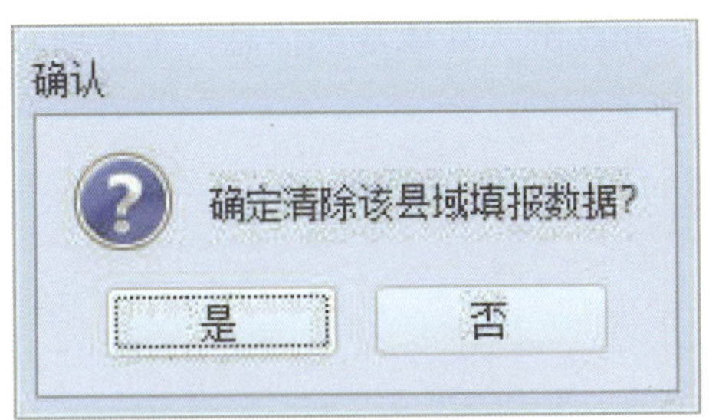

图 6-147　确认清除提示框

在提示框中，点击“是”按钮，则开始清除该县域数据，系统鼠标状态为等待状态；点击“否”按钮，则不清除，并返回系统主界面。

6.10.4　县域基本信息

该菜单项是查看所选县域的基本信息，包括名称、编号、所在市、所在生态功能区等信息。具体操作步骤如下。

在“填报数据目录区”展开市级节点，并在需要清除数据的县域名称（确认已导入数据）节点上右键点击，则弹出如图 6-148 所示的县域右键功能菜单。

图 6-148　县域基本信息菜单项

在弹出的功能菜单中，并点击“县域基本信息”菜单项，则弹出如图 6-149 所示县域基本信息显示界面。

县域基本信息

县（市、旗、区）名称	东昌区
县（市、旗、区）代码	
所在州、市	通化市
所在生态功能区	长白山森林生态功能区
功能区类型	水源涵养功能区
是否南水北调水源地	否

图 6-149 县域基本信息显示界面

6.11 系统菜单

系统菜单位于功能菜单区的左上角的系统图标处，通过点击图标来弹出菜单，如图 6-150 所示。该菜单中提供审核数据设定、帮助文档、版权信息功能。

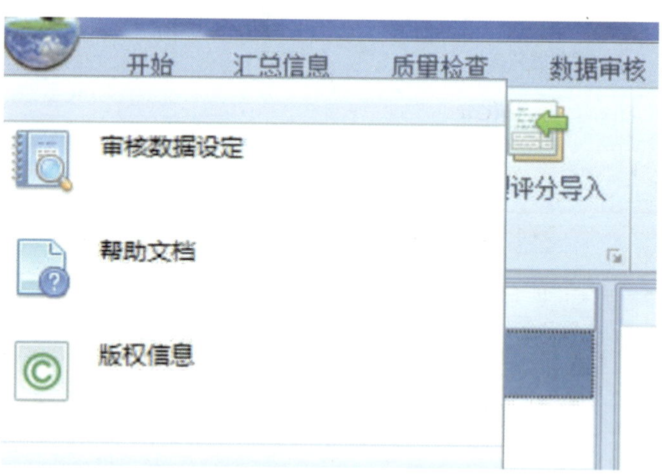

图 6-150 系统菜单样式

6.11.1　审核数据设定

该功能是设定系统审核分季度或其他数据，用来实现系统审核数据之间的切换，操作步骤如下。

在系统主界面中，左键点击左上角的系统图标，则弹出如图 6-151 所示的系统菜单。

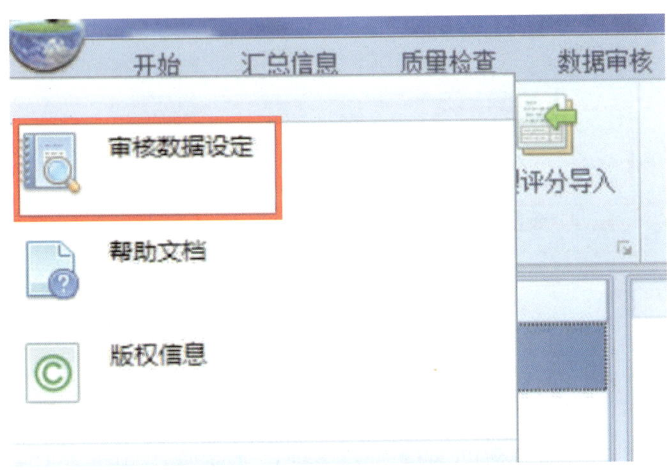

图 6-151　数据审核设定单项

在弹出的菜单中，点击“审核数据设定”菜单项，系统弹出如图 6-152 所示的审核数据设定界面。

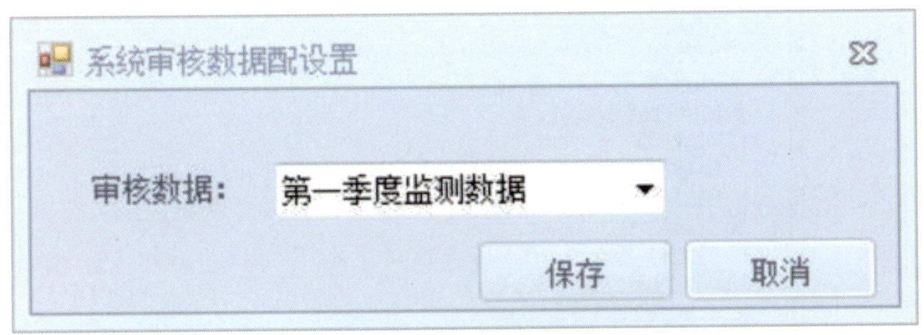

图 6-152　审核数据设定

在审核数据设定界面，用户可设定审核数据，点击“保存”按钮系统刷新系统功能菜单区和数据列表区。

6.11.2 帮助文档

该功能是打开并以主题的方式显示系统帮助文档，操作步骤如下。

在系统主界面中，左键点击左上角的系统图标，则弹出如图 6-153 所示的系统菜单。

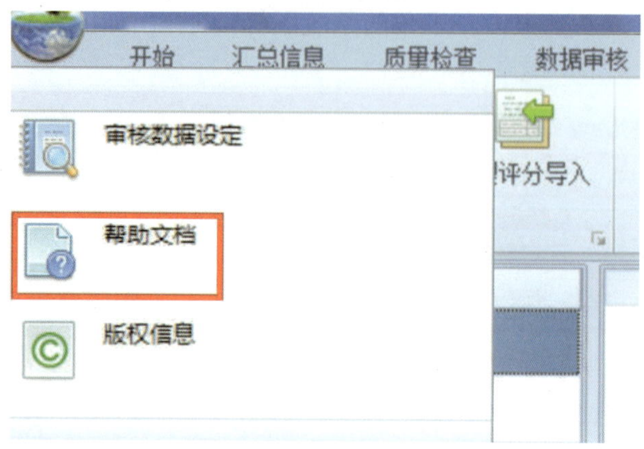

图 6-153 帮助文档菜单项

在弹出的菜单中，点击“帮助文档”菜单项，系统弹出如图 6-154 所示的系统帮助文档。

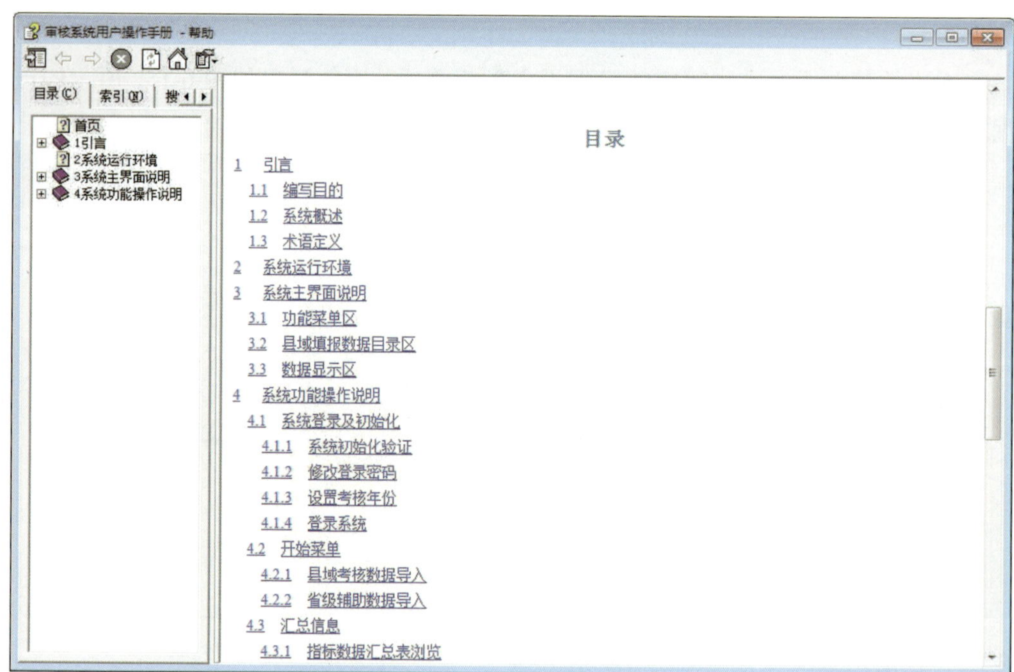

图 6-154 系统帮助界面

在帮助文档界面，用户可浏览系统帮助文档，并可通过主题查找以及关键字查找的方式快速定位至所关心的文档部分。

6.11.3　版权信息

该功能是显示系统版权及版本信息，操作步骤如下。

在系统主界面中，左键点击左上角的系统图标，则弹出如图 6-155 所示的系统菜单。

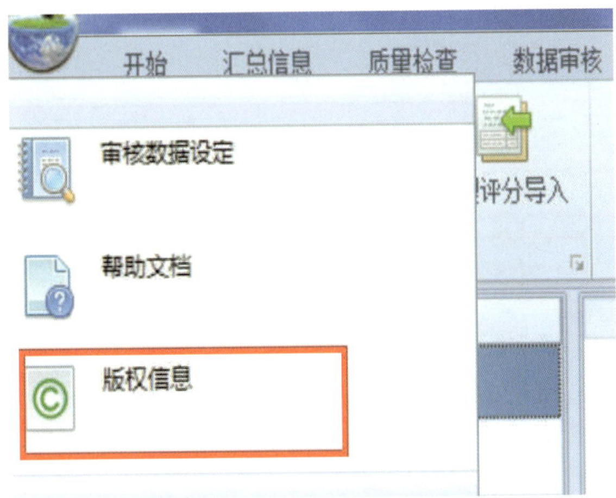

图 6-155　版权信息菜单项

在弹出的菜单中，点击“版本信息”菜单项，系统弹出所示的系统版权信息，包括系统名称、版本号、开发单位、使用单位以及版权单位等。